普通高等教育"十一五"国家级规划教材

材料科学与工程导论

主　编　王高潮
副主编　蔡　璐　翟红雁
参　编　谢小林　刘　好
　　　　王云英　郑海忠
主　审　冯小明　李建萍

机械工业出版社

本书系统地介绍了材料科学与工程领域的基本专业知识。主要内容包括材料概述，工程材料的基本性能，材料的原子结构和原子间的结合键，金属材料，陶瓷材料，高分子材料，复合材料，新材料，材料的强化与表面处理，材料设计与选择。本书在内容上注重系统性、实用性和先进性。

本书主要作为普通高等学校材料科学与工程类学生的专业技术基础课教材，也可作为其他工科专业的选修课教材，并可供有关工程技术人员参考。

图书在版编目（CIP）数据

材料科学与工程导论/王高潮主编．—北京：机械工业出版社，2006.1（2024.8重印）

普通高等教育"十一五"国家级规划教材

ISBN 978-7-111-18047-0

Ⅰ．材… Ⅱ．王… Ⅲ．材料科学-高等学校-教材 Ⅳ．TB3

中国版本图书馆 CIP 数据核字（2007）第 044673 号

机械工业出版社（北京市百万庄大街22号 邮政编码100037）
策划编辑：冯春生 张祖凤
版式设计：冉晓华 责任校对：程俊巧
责任印制：单爱军
北京虎彩文化传播有限公司印刷
2024年8月第1版·第17次印刷
169mm×239mm·19.25印张·371千字
标准书号：ISBN 978-7-111-18047-0
定价：35.00元

凡购本书，如有缺页、倒页、脱页，由本社发行部调换

电话服务 网络服务
服务咨询热线：010-88379833 机 工 官 网：www.cmpbook.com
读者购书热线：010-88379649 机 工 官 博：weibo.com/cmp1952
 教育服务网：www.cmpedu.com
封面无防伪标均为盗版 金 书 网：www.golden-book.com

普通高等教育系列教材编审委员会名单

主　任：刘国荣
副主任：左健民　陈力华　鲍　泓　王文斌
委　员：(按姓氏笔画排序)
　　　　　刘向东　任淑淳　何一鸣　陈文哲　陈　崚
　　　　　苏　群　娄炳林　梁景凯　童幸生

材料成形及控制工程专业教材编委会

主　任：计伟志
副主任：李　尧　王卫卫
委　员：(按姓氏笔画排序)
　　　　　王高潮　邓　明　齐晓杰　肖小亭　李慕勤
　　　　　张　旭　周述积　侯英玮　胡礼木　胡成武
　　　　　施于庆　贾俐俐　翁其金　付建军

前　言

本书为普通高等教育"十一五"国家级规划教材，在编写中根据应用型本科教育的特点、专业培养目标和教学要求确定内容安排，力求通过本课程的学习，使学生系统掌握材料科学与工程的基本理论知识和常用工艺方法，了解新材料技术及其发展趋势，为深入学习材料科学与工程领域的专业知识奠定基础。

本书主要作为普通高等学校材料科学与工程类学生的专业技术基础课教材。内容上在满足了课程教学大纲的前提下，兼顾了其他工科相关专业选修课的需要，并可供有关工程技术人员参考。

本书系统地介绍了材料科学与工程领域的专业基本知识。主要内容包括材料概述，工程材料的基本性能，材料的原子结构和原子间的结合键，金属材料，陶瓷材料，高分子材料，复合材料，新材料简介，材料的强化与表面处理，材料设计与选择。本书在论述了材料与人类文明及生存、材料与能源及环境、材料的可持续发展、材料科学与工程领域大背景、工程材料概论的基础上，以材料的原子结构和结合键为主线，找出了各大材料的共性和特性，将各类材料有机联系在一起；然后介绍了新材料，反映了材料科学与工程领域发展的最新成果；最后阐述了材料的强化、设计及选用等方面的问题。全书在内容上注重系统性、实用性和先进性。

书中各章均附有本章小结和一定量的复习思考题，供教学使用。复习思考题可巩固学生所学的知识，每章小结部分可起到画龙点睛之效。

参加本书编写的教师有：南昌航空大学王高潮、谢小林、王云英、郑海忠；南京工程学院蔡璐；北华航天工业学院翟红雁；广东茂名学院刘好。本书由王高潮担任主编，蔡璐和翟红雁担任副主编。陕西理工学院冯小明教授和南昌航空大学李建萍教授担任主审。

材料科学与工程领域的科学技术仍然在迅速发展之中，加之作者水平有限，书中错误和不足之处在所难免，恳请读者提出批评和改进意见。

编　者

目　　录

前言
第一章　绪论 ··· 1
第一节　材料的发展与人类的文明 ··································· 1
第二节　材料的分类 ·· 9
第三节　材料科学与工程 ·· 15
第四节　材料的发展趋势 ·· 22
本章小结 ··· 23
复习思考题 ··· 24

第二章　工程材料的基本性能 ·· 25
第一节　材料的力学性能 ·· 25
第二节　材料的物理、化学性能 ···································· 33
第三节　不同种类材料的主要性能比较 ·························· 41
本章小结 ··· 44
复习思考题 ··· 44

第三章　材料的原子结构和原子间的结合键 ······················ 46
第一节　材料结构和原子特性 ······································· 46
第二节　原子间作用力和结合能 ···································· 51
第三节　原子间的结合键 ·· 52
第四节　原子间结合键与材料类型及性质 ······················· 56
本章小结 ··· 61
复习思考题 ··· 61

第四章　金属材料 ··· 62
第一节　金属材料的制备与合成 ···································· 62
第二节　金属的晶体结构及晶体缺陷 ····························· 76
第三节　纯金属的结晶和铸锭 ······································· 83
第四节　金属材料的成型工艺 ······································· 87
本章小结 ··· 103
复习思考题 ··· 103

第五章　陶瓷材料 ··· 105

第一节　陶瓷材料简介 ………………………………………………… 105
　　第二节　陶瓷材料的结构与性能 ………………………………………… 114
　　第三节　陶瓷材料的制备工艺 …………………………………………… 127
　　本章小结 …………………………………………………………………… 131
　　复习思考题 ………………………………………………………………… 131
第六章　高分子材料 …………………………………………………………… 132
　　第一节　高分子的制备反应和高分子材料的组成 ……………………… 132
　　第二节　高分子的结构及性能 …………………………………………… 141
　　第三节　高分子材料的成型加工 ………………………………………… 152
　　本章小结 …………………………………………………………………… 175
　　复习思考题 ………………………………………………………………… 175
第七章　复合材料 ……………………………………………………………… 177
　　第一节　复合材料基础 …………………………………………………… 177
　　第二节　复合材料的基体材料 …………………………………………… 179
　　第三节　复合材料的增强材料 …………………………………………… 182
　　第四节　常用复合材料 …………………………………………………… 186
　　本章小结 …………………………………………………………………… 199
　　复习思考题 ………………………………………………………………… 199
第八章　新材料简介 …………………………………………………………… 200
　　第一节　纳米材料 ………………………………………………………… 200
　　第二节　超导材料 ………………………………………………………… 205
　　第三节　生物材料 ………………………………………………………… 213
　　第四节　智能材料 ………………………………………………………… 219
　　第五节　非晶态合金 ……………………………………………………… 225
　　第六节　形状记忆材料 …………………………………………………… 232
　　本章小结 …………………………………………………………………… 234
　　复习思考题 ………………………………………………………………… 235
第九章　材料的强化与表面处理 ……………………………………………… 236
　　第一节　金属材料强化与韧化的途径 …………………………………… 236
　　第二节　非金属材料强化与韧化的途径 ………………………………… 255
　　第三节　金属表面强化与表面改性技术 ………………………………… 264
　　本章小结 …………………………………………………………………… 279
　　复习思考题 ………………………………………………………………… 279
第十章　材料的设计与选择 …………………………………………………… 281
　　第一节　材料的设计 ……………………………………………………… 281
　　第二节　材料的选择 ……………………………………………………… 290
　　本章小结 …………………………………………………………………… 297
　　复习思考题 ………………………………………………………………… 297
参考文献 ………………………………………………………………………… 298

第一章 绪 论

材料是人类生产活动和生活必需的物质基础，人类社会的发展离不开材料。材料是人类进步的里程碑，时代的发展需要材料，而材料又推动时代的发展，所以人们把材料视为现代文明的支柱之一。在新的世纪里，信息、生物技术和新材料已成为最重要、最有发展潜力的领域，在制定21世纪科学和社会发展总的规划时，世界各国无一不把材料科学与工程作为最重要发展的领域之一。从某种意义上说，材料是一切文明和科学的基础，材料无处不在，无处不有，它与人类及其赖以生存的社会、环境存在着紧密而有机的联系。

第一节 材料的发展与人类的文明

一、材料与人类文明及社会现代化

1. 材料与物质

材料是什么？材料是宇宙间可用于制造有用物品的物质。材料是物质，但不是所有物质都可以成为材料，只有当一种物质具有可供利用的性质，而且可以被制造成有用的物品时才成为材料。有用指除了使用价值外，还需具有一定的性质，如物理性质、化学性质和力学性质等。物品可以是单件的器件和元件，可以是组装的机器与仪器，也可以是集成的系统。材料与物质不能划等号，材料的概念比物质窄得多。人们用材料制成用于生活和生产的器件、构件、机器和其他各种产品。就材料种类而言，金属、陶瓷、半导体、超导体、聚合物（塑料）、玻璃、介电材料、纤维、木材、砂子、石块等，还有许多复合材料都属于材料的范畴。

2. 材料是人类文明的里程碑

自古以来，人类文明的进步都是以材料的发展为标志的。人类的历史也是按制造生产工具所用材料的种类划分的，由史前时期的石器时代，经过青铜器时代、铁器时代，而今正跨入人工合成材料的新时代。纵观人类发展的历史，可以清楚地看到，每一种重要材料的发现和利用，都会把人类利用和改造自然的能力提高到一个新的水平，给社会生产和人类生活带来巨大的变化。人类发展的历史证明，材料是人类文明进步的里程碑。

早在100万年以前的旧石器时代，人类就开始以石头做工具。1万年以前，人类知道对石头进行加工，使之成为更精致的器皿和工具，从而进入新石器时代。在新石器时代，人类还发明了用粘土成型，再火烧固化而制成的陶器。同时，人类开始用毛皮遮身。中国在8000年前就开始用蚕丝做衣服；印度人在4500年前开始培植棉花。这些材料在被人类使用的同时，也为人类的文明奠定了重要的物质基础。在新石器时代，人类已经知道使用天然金和铜，但因其尺寸较小，数量也少，不能成为大量使用的材料。

后来人类在找寻石料的过程中认识了矿石，在烧制陶器的过程中又还原出金属铜和锡，创造了炼铜技术，生产出各种青铜器物，从而进入青铜器时代。这是人类大量利用金属的开始，是人类文明发展的重要里程碑。中国在商周（即公元前17世纪初～公元前256年）就进入了青铜器的鼎盛时期，在技术上达到了当时世界的顶峰。

5000年前，人类开始用铁。公元前12世纪，在地中海东岸已有很多铁器。由于铁比铜更易得到，更好利用，在公元前10世纪铁工具已比青铜工具更为普遍，人类从此由青铜器时代进入铁器时代，一直延续到现在。公元前8世纪已出现用铁制造的犁、锄等农具，使生产力提高到一个新的水平。中国在春秋（公元前770～公元前476年）末期，冶铁技术有很大的突破，遥遥领先于世界其他地区，如利用生铁经过退火制造韧性铸铁及以生铁制钢技术的发明，标志着中国生产能力的重大进步，这成为促进中华民族统一和发展的重要因素之一。从战国至汉代这些技术相继传到朝鲜、日本、西亚和欧洲地区，推动了整个世界文明的发展。

到了近代，18世纪蒸汽机的发明和19世纪电动机的发明，使材料在新品种开发和规模生产等方面发生了飞跃。如1856年和1864年先后发明了转炉和平炉炼钢，使世界钢产量从1850年的6万吨突增到1900年的2800万吨，大大促进了机械制造、铁路交通的发展。随后不同类型的特殊钢种也相继出现，这些都是现代文明的标志，使人类进入了钢铁时代。在此前后，铜、铅、锌也得到大量应用，而后铝、镁、钛等稀有金属相继问世，因此金属材料在20世纪中占据了材料的主导地位。

20世纪初期，人工合成高分子材料问世，其发展十分迅速，如今世界年产量在1亿吨以上，论体积已超过钢。有些发达国家，如美国，使用高分子材料的体积已是钢的两倍，所以有人说现在是高分子时代。应该指出，有些材料如木材、砖瓦、石料、水泥及玻璃等一直占有十分重要的位置，因为这些材料资源丰富，性能和价格上在所有材料中最有竞争力。20世纪50年代，通过合成化工原料或特殊制备方法，制造出一系列的先进陶瓷。由于其资源丰富、密度小、耐高温等特点，很有发展前途，成为近三四十年来研究工作的重点，且用途不断扩大，有人甚至认为"新陶瓷时代"即将到来。

随着科学技术的发展，功能材料越来越重要，特别是半导体材料出现以后，促进了现代文明的加速发展。1948年发明了第一只具有放大作用的晶体管，10年后又研制成功集成电路，使计算机的功能不断提高，体积不断缩小，价格不断下降，加之高性能的磁性材料不断涌现，激光材料与光导纤维的问世，使人类社会进入了"信息时代"。因此，功能材料占据了重要的地位，包括金属、陶瓷、高分子和复合材料所构成的各种功能材料，应用范围广泛，发展非常迅速，已成为研究与发展的热点。

近、现代历史表明，材料与社会经济发展、地区开发乃至国家振兴是休戚相关的。以英国和美国的铁路作为材料技术与社会经济变化为例，早在1830年就尝试以蒸汽为动力并用于交通运输，有几种明显的理由急需铁路运输，然而当时铁轨仅仅是软钢带钉在厚木板上，故急需一种便宜的、具有所需性能的金属。倘若没有KELLEY（美国）和BESSEMER（英国）制钢技术的发展，铁路事业也不可能发展，那么美国就不可能开发西部，英国也不可能工业化。反过来，若无工业、农业对交通运输的需求，那么就缺乏对钢铁工业发展的刺激以及资本投入，钢铁制造技术进步的机会也许就会失去。

材料与人类文明的另一个例子是硅材料。硅材料触发了一个数十亿美元工业的兴起。从助听器、遥测技术、信息传输到文化娱乐、各种个人计算机硅材料的应用，使我们的日常生活已经和正在发生巨大的变化。

人类进入21世纪后，世界各发达国家都把材料科学和工程作为重大科学研究领域之一。根据材料及其在各领域的应用可划分为以下几大部分：

(1) 信息功能材料 与信息获取、传输、存储、显示及处理有关的材料。

(2) 工程结构材料 与宇航事业的发展、地面运输工具的要求相适应的高温、高比刚度和高比强度的材料，包括先进的陶瓷材料。

(3) 能源材料 与能源领域有关的能源结构材料、功能材料和含能材料。

(4) 纳米材料 以纳米材料为代表的低维材料，也是当前材料科学技术的前沿。

(5) 生物材料 与医学、仿生学及生物工程相关的材料。

(6) 智能化材料 与信息产业相关的材料。

(7) 生态材料 与环境工程相关的环境材料，又称绿色材料。

综上所述，材料是人类赖以生存的基础，材料的发展和进步伴随着人类文明发展和进步的全过程。材料是国民经济建设、国防建设和人民生活不可缺少的重要组成部分。

3. 材料是社会现代化的物质基础与先导

材料既是人类社会进步的里程碑，又是社会现代化的物质基础与先导。材料,尤其是新材料的研究、开发与应用反映着一个国家的科学技术与工业水平。例如,从电子技术的发展史来看,新材料研制与开发起了举足轻重的作用。1906年发明了电子管,从而出现了无线电技术、电视机、电子计算机;1948年发明了半导体晶体管,导致了电子设备的小型化、轻量化、节能化、成本的降低,以及可靠性的提高与寿命的延长;1958年出现了集成电路,使计算机及各种电子设备的发展发生一次飞跃。此后,集成电路发展十分迅速,这就是以硅为主的半导体材料相应发展的结果。进入20世纪90年代,集成电路的集成度进一步提高,加工技术达到$0.3\mu m$(研究水平已达$0.1\mu m$),每位存储器的价格就降低了。这些都与硅单晶体的生长和硅片的加工技术密切相关,即对单晶纯度与缺陷的要求不断提高,单晶直径不断增加,晶片的加工精度和表面质量提高,使芯片成品率大为提高,而价格急剧降低。这就是硅材料研究与加工水平提高的直接结果,也是为什么计算机的功能越来越好而其价格却不断下降的重要原因。半导体材料的发展所导致的集成电路的发明与发展,其直接结果是微型计算机可以普及到世界的每一个角落,使人类文明发展又发生一次飞跃,成为人类进入"信息时代"的里程碑。随着计算机速度与容量的增加,以电子作为传输媒介受到限制,因而考虑光传输更为理想,即利用光子而不是电子作为携带信息的载体,于是发展了光电子材料,用光子器件制成的光计算机具有大容量、高速度,而且有利于向智能化方向发展。现代的计算机信息存储手段也在不断革新与进步(一要容量大、密度高,二要易于快速随机存取,三要能擦除和反复使用)。这些要求都要靠材料的不断进步来满足。近几年出现的光盘一张可以存储10万幅图像或50万页以上的文字信息,比一般磁盘高几百倍。计算机又是工业自动化的关键设备,但需要精度很高、性能很稳定的传感器,才能实现自动控制。因此,开发各种用途的敏感材料便成为重要环节。

通信一般采用微波、电缆来传输信号。自从1966年在理论上提出可用光波进行通信后,经过10年研究,1976年出现了国际上第一条试验性光纤通信线路,1988年建成第一条横贯大西洋的海底光缆,其造价只是1956年所建同轴电缆的百分之一。光纤传输信号容量大,且具有造价低、中继站少、保密性强等特点。因此,光导纤维的研制成功,改变了整个通信体系,为信息的传输做出了重要贡献。除了光导纤维以外,激光技术与电子技术的发展是其重要的促成因素,而这些都与材料密切相关。也正是由于材料科学的发展,使20世纪90年代初期提出来的"信息高速公路"的设想成为现实。

又如,现代文明的另一个标志是航空航天技术的发展。由于战争的需要,20世纪40年代出现了喷气技术。而这种技术的实现是以耐高温材料及高性能结构材料为依托,特别是耐高温合金和钛合金的发展,不断提高了歼击机的性能,而且为今天大型客机的安全及有效载荷的提高,持续航行时间的延长及飞机与发动机的长寿命提供了可能。作为航空航天所用的材料，其比强度、比刚度尤为重要，因为飞机发动机每减重1kg，就可使飞机减重4kg；航天飞行器每减重1kg，就可使运载火箭减轻500kg。所以对高速飞行器来说，要不惜一切代价来减轻重量。新开发出来的高强度高分子纤维芳纶，其比强度较之高强度钢高出近100倍。有人设想用这种材料制成飞机，飞行速度可达15马赫，从纽约到东京只需两小时。比刚度对于飞行器也是十分关键的，高比刚度材料在相同受力条件下变形量小，从而保证了原设计的气动性能。这就是为什么要大力发展纤维增强的树脂基及金属基复合材料的重要原因。另外，热机的工作温度越高，其效率也越高，但是目前所用的金属材料由于熔点及抗氧化能力所限，不能保证更高的使用温度。因此，现代功能陶瓷就成为当前研究的重点。

综上所述可以看出，材料，特别是新材料，与社会现代化及现代文明的关系十分密切，新材料对提高人民生活，增加国家安全，提高工业生产率与经济增长提供了物质基础，因此新材料的发展十分重要。1991年美国商业部公布的资料表明，到2000年，先进材料在美国12项新兴技术中的产值居首位，即在3560亿美元中先进材料占1500亿美元，达43%。从全世界看，先进材料的产值为4000亿美元，占整个新兴技术产值10000亿美元的40%，如果把因采用新材料而得到的附加值计算在内，将10～100倍于此。

二、材料、能源与环境

1. 材料的单向循环

材料已被公认为是人类的基本资源之一。长期以来，人们形成了传统的思维或传统产业的"资源开采—生产加工—消费使用—废物丢弃"的材料单向循环模式。图1-1给出了材料的单向循环模式。

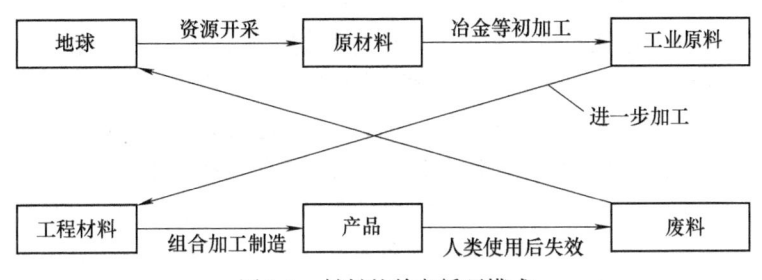

图1-1 材料的单向循环模式

由图1-1可知，人类在地球上通过采矿、钻探、挖掘、采集等得到原材料，这些原材料（矿石、矿物、煤、原油、天然气、石头、砂子、木材、生橡胶等）通过冶炼及初加工被制成工业用原料（金属、化学产品、纤维、橡胶、电子晶体等），然后进一步加工成工程材料（合金、玻璃或陶瓷、半导体、塑料、合成橡胶、混凝土、建筑材料、纸、复合材料等）。这些工程材料通过完成相应设计要求的加工制造，组成结构件、机器、装置和其他社会需要的产品为人类所使用（军用、民用）。当这些由工程材料制成的产品被人类使用后，或因服役后失效，或到了工程要求的服役期，或完成了某一特定使用要求后，人们通常称之为废品，这些废品作为废料又回到大地上。上述循环涉及到化工、冶金、能源、材料、环境等多个学科、多个工业部门。统计表明，与材料相关的产业既是资源消耗的大户，也是能源消耗的大户，又是环境污染的主要来源。随着这些工业的飞速发展，在不断促进人类生产和生活水平提高的同时，也越来越严重地造成了对环境的污染。例如，2000年我国工业废弃物已达10亿吨，其中80%属于化学品污染。化学燃料能源转化过程的SO_2、NO_2和CO_2的污染排放分别达2000余万吨、1000余万吨和20余亿吨。全球每年化学燃料燃烧造成的硫排放已超过自然界生态过程硫循环量的4倍，严重破坏了自然生态系统硫的循环平衡。CO_2的排放造成的温室效应也是世人关注的焦点。这种单向循环模式必然造成资源紧缺—能源浪费—环境污染的严重后果。

2. 材料的双向循环

材料与化工、冶金、能源、环境工程等被称为过程工业。过程工业从传统意义上说就是"资源开采—生产加工—消费使用—废物丢弃"这样一套单向循环模式，这必然会带来地球有限资源的紧缺和破坏，同时带来能源浪费，造成人类生存环境的污染。审视20世纪过程工业的发展历程，人们开始认识到现有的"消耗资源能源—制造产品—排放废物"这一单向生产模式已无法持续下去，而应当代之以仿效自然生态过程物质循环的模式，建立起废物能在不同生产过程中循环、多产品共生的工业模式，即所谓的双向循环模式（或理论意义上的闭合循环模式）。过程工业是主要以生产流程性材料为主的工业分支。在流程性材料生产中，如果一个过程的输出变为另一个过程的输入，即一个过程的废物变成另一个过程的原料，并且经过研究真正达到多种过程相互依存、相互利用的闭合的产业"网"、"链"，那么也就真正达到了清洁生产，达到了无害循环。例如，近年来国内开发成功的数十万吨级用于磷石膏分解成二氧化硫和氧化钙的工业技术，就可以把磷肥厂、水泥厂、高硫煤矿、硫酸厂联合形成"生产产业网"，有效地解决了磷石膏污染问题，而且使资源得到充分的利用，这种"粘合"技术的优先开发无疑是发展生态工业的重要途径。这种循环可以粗略地用图1-2来表示。

3. 材料的可持续发展战略与生态环境材料

（1）材料的可持续发展战略　国际材料界在审视材料发展与资源和环境关系时发现，过去的材料科学与工程是以追求最大限度发挥材料的性能和功能为出发点的，而对资源、环境问题没有足够重视，没有充分考虑材料的环境协调性问题。在全球经济必须可持续发展的今天，对理解和认识材料科学与工程的内涵时

还应予以拓宽,主要有以下几方面:

1) 在尽可能满足用户对材料性能要求的同时,必须考虑尽可能节约资源与能源,尽可能减少对环境的污染,要改变片面追求性能的观点。

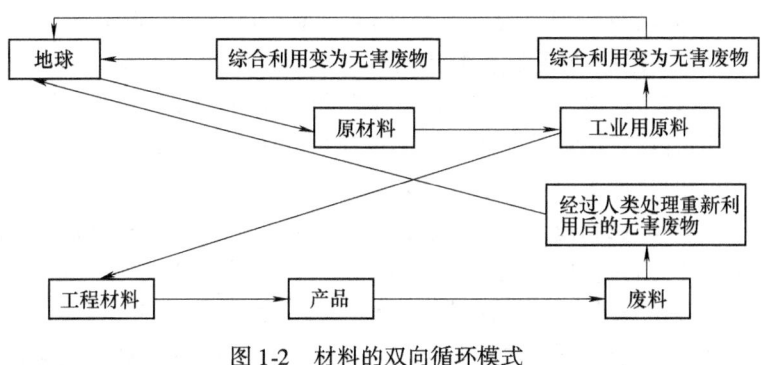

图 1-2　材料的双向循环模式

2) 在研究、设计、制备材料以及使用、废弃材料产品时,一定要把材料及其产品整个寿命周期对环境的协调性作为重要评价指标,改变只管设备生产、不顾使用和废弃后资源再利用及环境污染的观点。

3) 这个定义的拓宽将涉及多学科的交叉,不仅是理工交叉,且具有更宽的知识基础和更强的实践性,不但要讲科学技术效益、经济效益,还要讲社会效益,最终把材料科技与产业的具体发展目标和各国、各地区可持续发展的大目标结合起来。

材料的可持续发展战略是一个多学科、多部门联合作用的复杂系统工程,最重要的思想就是建立"生态工业园区"。所谓"生态工业园区"就是实施生态工业的系统工程基础,其目标是通过多种产业的综合协调发展,使某一个产业的副产物或废料成为另一个企业的原料加以利用,进而形成物流的"生态产业链"或"生态产业网",能流形成多次梯级利用,使在一定界区内的多行业、多产品联合发展,不仅可使资源在产业链中得到充分或循环利用,而且使能量资源和信息资源同时得到充分利用。

在生态工业园区规划的过程中,会发现许多"网"、"链"的断点,这就为以后的深入的实验研究和工业开发指明了方向。这种无限循环,不断深入研究,不断深入开发、应用,向着生态过程工业和可持续发展逐渐逼近,最终每一个环节和每一个单元都将是清洁的,用环境友好的生产工艺取代污染工艺,以实现良性循环的可持续发展的目标。

美国麻省理工学院在全美首先开设了生态工业学的课程,设立了跨院系的研究项目,致力于生态工业可持续发展的研究,并组织相关领域的各种定期和不定期会议,以促进学术界、政府、公司之间合作网络的建立;耶鲁大学 1997 年建立了生态工业研究中心，并出版了世界第一份生态工业学杂志；普林斯顿大学的能量与环境研究中心在生态工业学研究中也取得了很好的成绩；澳大利亚、荷兰等国也开展了生态工业学的研究。

(2) 生态环境材料研究与开发的兴起　生态环境材料正是在上述背景下提出来的，它是 20 世纪 90 年代国际上材料科学与工程发展的最新趋势之一，已在世界各国达成共识，兴起了全球性的环境材料的研究、开发和利用热潮。生态环境材料是指同时具有优良的使用性能和最佳环境协调性能的一大类材料。这类材料对资源和能源消耗少，对生态和环境污染小，再生利用率高或可降解化和可循环利用，而且要求在制造、使用、废弃直到再生利用的整个寿命周期中，都必须具有与环境的协调共存性。因此，所谓环境材料，实质上是赋予传统结构材料、功能材料以特别优异的环境协调性的材料，它是材料工作者在环境意识指导下，或开发新型材料，或改进、改造传统材料。任何一种材料只要经过改造达到节约资源并与环境协调共存的要求，它就应被视为环境材料。这种定义、概念有助于调动更广大的材料工作者的积极性，鼓励和支持它们结合本职工作，对量大面广的材料产品进行生产技术改革，实现节能、降耗和治理污染的目的。同时，要大力提倡和积极支持开发新型的环境材料，取代那些资源和能源消耗高、污染严重的传统材料。还应该指出，从发展的观点看，生态环境材料是可持续发展的，应贯穿于人类开发、制造和使用材料的整个历史过程。

国际上的材料科学技术工作者和各国政府都对材料产业环境协调发展给予了高度重视。日本和欧洲的一些国家相继成立了环境材料及相关的研究学会，组织专门的学术和相关政策研究。日本学者山本良一教授等撰写了环境材料方面的专著，首先系统介绍了环境材料的基本观点和研究的基本方法。德国能源和环境学家 von Weizsaecker 教授提出了"四倍因子理论：半份消耗，倍数产出"，其意思是在经济活动和生产过程中通过采取各种措施，将资源消耗降低一半，同时将生产效率提高一倍，由此在同样资源消耗的水平上，得到了四倍的产出。四倍因子理论的提出，得到了世界上许多政治家、经济学家、社会学家、生态学家、环境科学家以及许多其他学者的赞同，被认为对有效利用资源、改善生态环境、实现社会和经济的可持续发展具有战略性的意义。在四倍因子理论的基础上，一些其他学者陆续提出了十倍因子等有关提高资源效率、减少物质消耗的各种理论。

近年来，围绕生态环境材料这一主题，国际上开展的广泛研究，可以划分为材料的环境协调性评价和具体的生态环境材料设计、研究与开发两大主题。

自 1998 年起，国家 863 计划支持了首项"材料的环境协调性评价研究"，开始对钢铁、铝、水泥、塑料、陶瓷、建筑涂料等量大面广的几大类主要基础材料进行初步的全寿命周期评价 LCA (Life Cycle Asseccment)。到目前为止，已经完成了各类材料基本数据的调研和初步分析，并且在 LCA 数据库的建立和软件的开发中做了一些建设性的尝试，初步建立了相应的 LCA 数据库和评估软件。

第二节　材料的分类

通常人们所说的材料是指固体材料。材料多种多样，按照材料的用途，可分为结构材料和功能材料。结构材料是指利用材料的强度、韧性、弹性等力学性能，用于制造在不同环境下工作时承受载荷的各种结构件和零部件的一类材料，即机器结构材料和建筑结构材料。这类材料对国民经济各部门如交通运输、能源开发、海洋工程、建筑工程、机械制造等的发展影响很大。功能材料是指具有某种优良的电学、磁学、热学、声学、力学、光学、化学和生物学功能及其相互转化的功能，被用于非结构目的高技术材料。如电功能材料、磁功能材料、热功能材料、声功能材料、光功能材料、能源功能材料、化学功能材料、医用功能材料、机械功能材料、核功能材料等等。还有从专业用途来分，如电子材料、航空航天材料、核材料、建筑材料、能源材料、生物材料等。

材料按其物理、化学属性，可以分为四类：即金属材料、无机非金属材料、有机高分子材料和复合材料。国外也有把固体材料分成金属、陶瓷（和玻璃）、聚合物、复合材料、半导体材料等五类。

一、金属材料（metallic materials）

金属可以定义为坚硬、反光、有光泽、热与电的良导体。金属材料是由金属元素或以金属元素为主形成的具有金属特性的材料的统称。包括金属和金属合金（alloy），金属间化合物以及金属基复合材料等。金属材料是最重要的工程材料之一，绝大多数为结晶质材料。

工业上把金属及其合金分成两大部分：

（1）黑色金属　铁和以铁为基的合金（钢、铸铁和铁合金）。黑色金属又称铁类金属（ferrous alloys）。

（2）有色金属　黑色金属以外的所有金属及其合金。有色金属又称非铁金属（nonferrous alloys）。

黑色金属应用最广，以铁为基的合金材料占整个结构材料和工具材料的90%以上，黑色金属的工程性能比较优越，价格也比较便宜。铁族金属有 Mn、Fe、Co、Ni 等。

用铁制造工具始于公元前 1300 年的巴勒斯坦，在我国则始于战国时代。钢与铸铁都基本上为铁和碳的合金，钢的碳的质量分数不超过 2%，铸铁的碳的质量分数为 2% ~ 4%。碳的质量分数超过 2% 的合金非常脆，无法用压力加工的方法成型，只能用铸造的方法成型，铸铁由此得名。95% 的汽车发动机底座、活塞环、千斤顶、机床床身等都用铸铁制造。钢具有强度高、延展性好、来源丰富和价格低廉等优点,在今后很长一段时期内仍占据结构材料的主流。钢虽是历史最悠久的材料之一,近年来仍不断有新的品种问世,每种都在现代设计中占有一席之地。

按照性能的特点,有色金属大致可分成:

轻金属:Be、Mg、Al等;

易熔金属:Zn、Ga、Ge、Cd、In、Sn、Sb、Hg、Pb、Bi;

难熔金属:Ti、V、Cr、Zr、Nb、Mo、Tc、Hf、Ta、W、Re;

贵金属:Cu、Ru、Rh、Pd、Ag、Os、Ir、Pt、Au;

稀土金属:Y、La、镧系(58~71号);

铀金属:Ac、锕系(90~103号);

碱金属及碱土金属:Li、Na、K、Rb、Cs、Fr、Ca、Sr、Ba、Ra、Sc。

主要的有色金属包括铝、铜、镍、镁、钛和锌。这六种金属的合金占了有色金属总量的90%。每年使用的铝、铜和镁有30%得到了回收利用,这就进一步增加了它们的用量。这六种金属之外值得一提的是铅,铅一般不作合金使用,而以纯态作电池的屏蔽材料。

新型金属材料除黑色金属、有色金属外,还包括特种金属材料,即指那些具有不同用途的结构和功能金属材料。其中有急冷形成的非晶态、准晶、微晶、纳米晶等金属材料和用于隐身、抗氢、超导、形状记忆、耐磨、减振阻尼等的金属材料。

二、无机非金属材料(inorganic nonmetallic materials)

以某些元素的氧化物、碳化物、氮化物、卤素化合物、硼化物以及硅酸盐、铝酸盐、磷酸盐、硼酸盐等物质组成的材料。无机非金属材料是20世纪40年代以后,随着现代科学技术的发展从传统的硅酸盐材料演变而来的。目前已与金属材料、高分子材料一起并列为经济建设的三大材料。

无机非金属材料就其组成物质的形态、性质可分为单晶体(各种宝石、工业用矿物晶体、人工合成晶体等)、多晶体(陶瓷、水泥、废渣、粉煤灰、烧结矿等),以及非晶质体(玻璃)等三类物质状态。实际上许多已开发使用的材料属于复杂的物质状态和复杂体系,其组成既可以有晶体,同时亦可有非晶质体存在。欧美把无机非金属材料统称为陶瓷材料(ceramics materials)。新型无机材料,也有人称之为新型陶瓷或特种陶瓷(advanced ceramics)。狭义的陶瓷又称传统陶瓷(traditional ceramic)。前苏联则笼统地称之为无机材料。日本将普通陶瓷统称为"窑业制品",新型材料又称"精细陶瓷"。

陶瓷是人类应用最早的固体材料,陶瓷坚硬、稳定,可制造工具、用具,在一些特殊情况下可作结构材料。陶瓷材料就化学组成而言是一种或多种金属与一种非金属元素(通常为氧)组成的化合物,其中较大的氧原子为陶瓷的基质,较小的金属（或半金属如硅）原子处于氧原子之间的空隙中，氧原子同金属原子化合时形成很强的离子键，同时存在着一定成分的共价键，但离子键是主要的。这些化学键的特点是高的键能、键强。离子键、金属键性强的材料常呈结晶态，而某些共价键性强的材料容易形成无定形或玻璃质。因此，陶瓷的硬度和稳定性高，而脆性大。图1-3是结晶质陶瓷与非晶质玻璃的原子结构示意图。

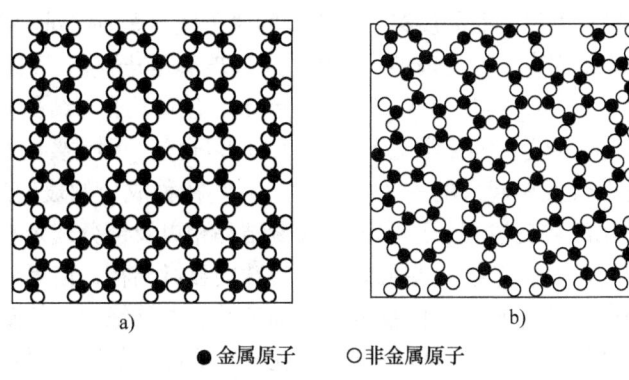

● 金属原子　　○ 非金属原子

图1-3　原子结构示意图
a）结晶质陶瓷　b）非晶质玻璃

按照组成成分和用途，工业陶瓷材料又可分为：

（1）普通陶瓷（传统陶瓷）　主要为硅、铝氧化物的硅酸盐材料。

（2）特种陶瓷（新型陶瓷）　主要为纯氧化物、碳化物、氮化物、硅化物等的烧结材料。按应用可分为结构陶瓷、功能陶瓷和生物陶瓷等。

（3）金属陶瓷　指用陶瓷生产方法制造的金属与碳化物或其他化合物构成的粉末材料，也是一种复合材料。

举例来说，铝是一种金属，但铝的氧化物 Al_2O_3 却是一种典型的陶瓷材料，由于 Al_2O_3 具有化学上的稳定性，熔点高达2020°C（金属铝660°C），可以在各种恶劣的环境下应用，而金属铝就容易被氧化。利用这些特性，Al_2O_3 被广泛用作耐火材料、高温支撑材料和工业窑炉材料。Al_2O_3 陶瓷的这些优良性质，不由得又促使人们产生新的想法：为什么不能用 Al_2O_3 来取代金属铝或其他金属作发动机？答案就在于其脆性，而铝及其他金属有良好的延展性，不易产生断裂。近年来陶瓷技术的发展，使之扩大应用到结构材料中去，并不是通过改变其固有的脆性，而是将它们的强度提到足够高，典型的一般大于700MPa（兆帕），经得起机械负荷而不产生断裂，为此研究设计出的新材料，如 Si_3N_4 被选择来作为耐高温、能效高的发动机材料，这对于传统陶瓷来说是一种无法想象的应用。

典型的传统陶瓷除 Al_2O_3 外，还有 MgO、SiO_2 等，此外 SiO_2 还是硅酸盐这一复杂大家族的基础。这个大家族也包括粘土和似粘土矿物。Si_3N_4 是一种重要的非氧化物陶瓷，在商业上有重要价值的陶瓷中绝大多数是由至少一种金属元素和五种非金属元素（C、N、O、P或S）中的一种组成的化合物，许多商业（工业生产的）陶瓷既包括化合物，也包括那些由超过二种以上的元素组成的固溶体，就如金属合金由多种元素组成一样。在原子范围内，通常来说，陶瓷和金属有相似的结构特点，它们的原子组成为规则的排列，呈结晶质，但如果经过简单的加工，许多陶瓷就可以是非晶质组成，它们的原子呈不规则排列，这种非晶质的固体相对结晶质陶瓷而言，称为玻璃。大多数普通玻璃是硅酸盐，如普通窗玻璃由72%（质量分数）的 SiO_2 再加上 Na_2O、CaO 组成，玻璃具有与结晶质陶瓷相似的脆性，由于玻璃具有透光性和化学上不活泼性，所以也是一种重要的材料。

玻璃陶瓷是近代发展起来的一个新品种。一些特种成分的玻璃经过热处理，可通过核化与晶化的转变过程，形成含有大量结晶相以及部分残余玻璃相的陶瓷状材料。这样得到的晶化产物有些可能产生特殊的显微结构，使得新产品具有许多传统结晶陶瓷所无法达到的机械强度、可加工性、电绝缘性、热膨胀性以及其他声、光、磁等特性。例如，含锂铝硅酸盐化合物具有低热膨胀系数，提高了它们在温度快速变化时抵抗断裂的能力，而且强度高，亦可具有透明性等，可供制造日用餐具、炊具和一些军工产品。

新型无机非金属材料是指20世纪中期以后发展起来的、具特殊性能与用途的材料。它们是现代新技术、新兴产业和传统工业技术改造的物质基础。主要有新型陶瓷、非晶态材料、人工晶体、无机涂层、无机纤维等。

三、高分子材料（polymer materials）

高分子材料又称聚合物材料，它主要指以高分子化合物为基础制得的材料，它是由许多相对分子质量特别大的大分子所组成，而每个大分子由大量结构相同的单元（链节）相互连接而成。"polymer"中的"mer"是指单个碳氢化合物分子，如乙烯（C_2H_4），Polymer 即是由许多"mer"连接在一起形成的长链分子群。最普通的例子就是聚乙烯（C_2H_4）$_n$（Polyethylene），这里的 n 大致可以为 100~1000。许多重要的聚合物（包括聚乙烯）是简单的碳与氢的化合物，另一些可含氧（如聚丙烯酸 acrylic）、含氮（尼龙 nylon）、含氟（氟塑料 fluoroplastic）和含硅（聚硅酮或称硅树脂 silicone）。与聚合物有关的元素并不多，有 C、N、Si、F、Cl 等。大部分情况下，碳元素形成大分子的主链，大分子内的原子之间由很强的共价键结合，而分子之间的结合力为范德华力（物理键），作用力不大，但由于大分子链很长，分子间接触面较大，特别当分子链交缠时，分子与分子之间结合力不容忽视，它对材料的强度有很大的作用。与无机材料一样，聚合物按其分子链排列有序与否，可以分成结晶聚合物和无定形聚合物两种，聚合物的结晶度决定于分子链排列的有序程度。

高分子材料种类多样，分类繁杂，通常根据工程应用中的力学性能和使用状态分为三类：

（1）塑料 以合成树脂或化学改性的天然高分子为主要成分，加入（或不加入）填料、增强剂和其他添加剂，在一定温度和压力下成型的高分子材料。主要指强度、韧件、耐磨性好的、可制造机器零部件的工程塑料，又可分热塑性塑料和热固性塑料两种。

（2）橡胶 主要指经过硫化处理，弹性优良的高分子材料，有天然橡胶和合成橡胶之分。橡胶具有良好的物理、力学性能和化学稳定性。

（3）纤维 指强度很高的单体聚合而成的、呈纤维状的高分子材料，分天然纤维和合成纤维两种。

高分子材料有像金属一样良好的延展性，有无机非金属材料那样优良的绝缘性、耐腐蚀性，还具有价格低廉、密度小的优点。其缺点是强度比金属差，熔点低和化学活动性高，稳定性也不及无机非金属材料。尽管有这些不足之处，高分子材料仍是一种用途非常广泛的材料，在工程上是发展较快的一类新型结构材料。

四、复合材料（composite materials）

前面介绍的三类材料，它们的元素和化合物可用化学键来分类，并且广泛地被选择作为结构材料。但随着科学技术的发展，人们仍在不断地寻找新的更优良的材料，于是人们发明了复合材料。

复合材料是一个比较宽的概念。一般认为，复合材料是由两种或两种以上化学本质不同的材料组合在一起，使之互补性能优势，从而制成的一类新型材料。其结构为多相，一类组成（或相）为基体，起粘结作用，另一类为增强体或功能体组元，起增加强度或功能的作用。除惰性气体外，其他元素均可作为复合材料的组成成分。复合材料结合键非常复杂，某些性能比各组成相的性能都好。用以下语言可以形容其优良性质："复合材料具有组成这种复合物的每种材料的最优良的性质，同时，这种新材料的总体性质又优于组成它的每一种材料。"另一方面，复合材料还具有可设计性的特点。

自然界的许多物质都可看作是复合材料，竹材和木材是纤维素（抗拉强度大）和木质素（把纤维素粘结在一起）的复合物，动物的骨骼是由硬而脆的无机磷酸盐和软而韧的蛋白质骨胶复合而成的既强又韧的物质。人类很早就仿效自然，利用复合的原理，在生产和生活中创制了许多人工复合材料，例如在泥浆中掺入麦秸作为原始的建筑用复合材料；混凝土是水泥、砂子、石子组成的复合材料，砂石增强了硅酸盐水泥基体；轮胎是纤维和橡胶的复合体等。

玻璃纤维是复合材料又一个很好的例子。直径很小的玻璃纤维具有高强度特点，将玻璃纤维嵌在聚合物的基体（母体）中，构成了新的复合材料，既有玻璃纤维的高强度，又保留了聚合物特有的延展性。这样构成的高强度、高韧性的新材料，足以抵抗作为结构材料所需承受的高负荷。玻璃纤维是许多人造纤维增强材料（fiber-reinforced materials）中最典型的一种。

复合材料可根据基体分为聚合物基、陶瓷基、金属基等几类。也可以根据复合的结构分为层合型、纤维型与颗粒型三类，见图1-4。

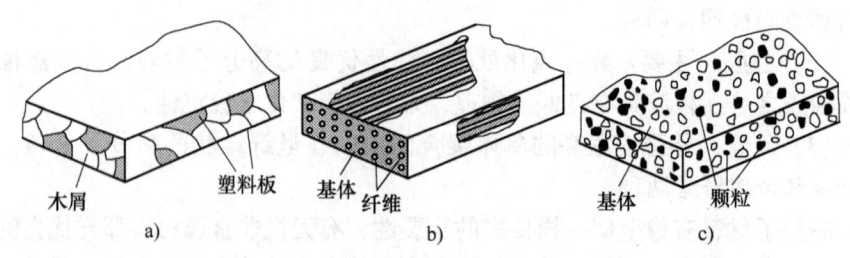

图1-4 复合材料的种类
a) 层合复合材料 b) 纤维复合材料 c) 颗粒复合材料

近代科学技术的发展，特别是航天、导弹火箭、原子能工业等对材料提出越来越高的性能要求（高比强度、高比刚度、耐热、耐磨损、耐腐蚀等），促进了复合材料的快速发展。由于它性能比单纯的金属、陶瓷或聚合物都优越，是一类独特的材料，具有广阔的发展前景，它将可能成为21世纪的"钢"。

五、半导体材料（semiconductors）

如果说高分子材料作为一种新材料的出现，对现代社会产生了巨大的冲击力，那么半导体材料的发现相对来说并不那么引人注意，但对现代社会同样也有一定的冲击力。"技术明显地改变了社会，而电子仪器又改变了技术本身。"极少的元素和化合物却有着重要的电性质——半导性，它既不是电的良导体，也不是良好的绝缘体，它们的导电能力居于中间（电导率为 10^{-5} S·m^{-1} ~ 10^{-7} S·m^{-1}）。一般来说，半导体不同于上面所提到的四类材料，而这些材料是以原子键为基础的。金属是电的良导体，非金属（陶瓷和聚合物）导电性很差，是绝缘体。元素周期表上有三个半导体元素 Si、Ge、Sn，它们位于金属元素和非金属元素的分界上。Si、Ge 广泛用作元素半导体，它们是半导体材料的优秀代表。硅是最重要的、用途最广的半导体材料，硅器件占半导体器件总数的90%以上，锗的重要性次之。如果能精确控制化学纯度，就能精确控制电性。现代技术已经能做到在某种物质里的微小区域造成化学纯度的变化，导致了在这微区内产生复杂的电子环流，这种微环流（microcircuitry）就是当代技术革命的基础。

除去 Si、Ge、Sn 半导体元素外，还有其周围的元素可形成半导性化合物。在元素周期表上这些半导性化合物由ⅢA 与 VA 族或ⅡB 与ⅥA 族元素对组成（见表1-1）。GaAs 可被用来作为一种高温检波器（整流器）和激光材料，CdS

被用来作为太阳能电池，价格低廉，可将太阳能转变为有用的电能。这些不同的化合物有时表现出与许多陶瓷化合物相似的性质，某些陶瓷材料经适宜的掺杂，将可显示半导性，例如 ZnO 广泛用作彩电屏幕的荧光物质。

表 1-1　周期表上的元素半导体和可以形成半导体化合物的元素

←B		A→			
ⅠB	ⅡB	ⅢA	ⅣA	ⅤA	ⅥA
					O
		Al	Si	P	S
	Zn	Ga	Ge	As	Se
	Cd	In	Sn	Sb	Te
	Hg				

典型的半导体是以共价键结合为主，其晶体大多为四面体结构。大量的研究工作表明有各种类型的半导体存在，包括元素、化合物、固溶体、非晶材料、有机材料等。人们还设计并制造出人工半导体超晶格材料。半导体材料制成的半导体电子器件和集成电路、光电子器件和光电子集成电路、电力电子器件，以及各种传感器等，已进入到电子产品的各个领域。

其他处于发展中的新型材料还有光学光电子材料、磁性材料、超导材料、生物医学材料和核材料等。

第三节　材料科学与工程

一、材料科学的兴起

"材料"这一名词已延用了很长时间，但"材料科学"的提出仅是 20 世纪 60 年代初的事。1957 年苏联人造卫星发射成功，1962 年美国北极星导弹发射失败，美国朝野上下为之震惊，剖析自己落后的原因之一乃是先进材料的落后。因此从 20 世纪 60 年代初，一些大学相继成立"材料科学研究中心"或"材料科学系"。例如：美国麻省理工学院（MIT）1966 年将"冶金系"改为"冶金与材料科学系"；1975 年又将"冶金与材料科学系"改为"材料科学与工程系"。这标志着人们开始把材料的研究作为自然科学的一个分支，事实上"材料科学"的形成是科学技术发展的必然结果。

首先，固体物理、无机化学、有机化学、物理学等相关基础学科对物质结构和物性的深入研究，促进了对材料本质的了解；同时，冶金学、金属学、陶瓷学、高分子科学等相关应用学科的发展也大大加强了对材料本身的研究，从而对材料制备、结构与性能以及它们之间的相互关系的研究也越来越深入，为材料科学的形成打下了比较坚实的基础。

其次，在材料科学这个名词出现以前，金属材料、高分子材料与陶瓷材料都已自成体系，目前复合材料也正在形成学科体系。但它们之间存在着颇为相似之处，不同类型的材料可以相互借鉴，从而促进本学科的发展。如马氏体相变本来是金属学家提出来的，而广泛地被用来作为钢热处理的理论基础，但在氧化锆陶瓷中也发现了马氏体相变现象，并用来作为陶瓷增加韧性的一种有效手段。又如，材料制备方法中的溶胶—凝胶法，是利用金属有机化合物的分解而得到纳米级高纯氧化物粒子，现在成为改进陶瓷性能的有效途径。复合材料更需要借鉴利用其他材料的基础知识和制备方法。

第三，各类材料的研究设备与生产手段有颇多共同之处。虽然不同类型的材料各有其专用测试设备与生产装置，但许多方面是相同或相近的，如光学显微镜、电子显微镜、表面测试设备及物理性能与力学性能的测试设备等。在材料生产中，许多加工装置也是通用的。如挤压机，可用于金属材料的成型及冷加工以提高强度；而某些高分子材料，在采用挤压成丝工艺后，可使有机纤维的比强度和比刚度大幅度提高。研究设备与生产装备的通用不但节约资金，更重要的是相互得到启发和借鉴，加速材料的发展。

第四，许多不同类型的材料可以相互代替和补充，能更充分发挥各种材料的优越性，达到物尽其用的目的。但长期以来，金属、高分子及无机非金属材料相互分割，自成体系。由于互不了解，各分支的人员习惯只在本身的"小领域"内考虑问题，思路难以开阔。设计人员"因循守旧"，对采用异种类型材料持怀疑态度，这既不利于材料的推广，又有碍于使用材料行业的发展。显然，材料使用的综合而互补式思路是有益的。

最后，复合材料在多数情况下是不同类型材料的组合，如果对不同类型材料没有一个全面的了解，作为新材料发展之一的复合材料的研究开发必然受到影响。

二、材料科学与工程（MSE）

材料科学的核心内容之一是研究材料的组织、结构与性质之间的关系。另一方面，材料又是面向实际为经济建设服务的。它是一门应用科学，研究与发展材料的目的在于应用，而人类又必须通过合理的工艺流程才能制备出具有实用价值的材料来，通过批量生产才能成为工程材料。所以，在"材料科学"这个名词出现后不久，就提出了"材料工程"与"材料科学与工程"。材料工程是指研究材料在制备、处理加工过程中的工艺和各种工程问题。许多大学的冶金系、材料系也就此改变了名称，多数改为"材料科学与工程系"，偏重基础方面的就称为"材料科学系"，偏重工艺方面的就称"材料工程系"。同时，有关材料科学与工程方面的杂志和书籍应运而生。第一部《材料科学与工程百科全书》自1986年陆续由英国 Pergamon 出版，它对材料科学与工程下的定义为：材料科学与工程是研究有关材料组织、结构、制备工艺流程与材料性能和用途的关系，以及其知识的产生及其应用。换言之，材料科学与工程的研究对象是材料组成（成分、组织与结构）、性能、生产流程（工艺）和使用效能以及它们之间的关系，简称四要素。要素之一的合成或生产流程，有时亦可简称为加工工艺或工艺，这也是金属材料领域的习惯说法。使用效能（或简称为使用性能或效果）这一要素是指材料在使用条件下的表现，如使用环境、受力状态对材料特征曲线以及寿命的影响。效能往往决定着材料能否得到发展和使用。有些材料的实验室测定值（性能）是有吸引力的，而在实际使用过程中却表现很差，从而也就难以得到推广。只有不断调整组成、改变工艺条件或采用其他有效措施来改进材料的使用性能，材料才能真正得到发展。

三、材料科学与工程的特点

材料科学与工程具有物理学、化学、冶金学、金属学、陶瓷学、计算数学等多学科交叉与结合的特点，并且具有鲜明的工程性。实验室的研究成果必须通过工程研究与开发以确定合理的工艺流程，经过中间实验后才能生产出符合要求的工程材料。各种工程材料用于信息、交通运输、能源及制造工业方面，而后根据使用情况，把需要改进的地方反馈于研究与开发，进行改善，再回到各种应用领域。如此通过应用与改进多次反复，才能成为成熟的材料。即使是成熟的材料，随着科学技术的发展与需求的推动，还需要不断加以改进。因此，在材料的基础与应用研究中，材料研究、工艺改进、试验测试、中间试验、推广应用以及完善改进等各阶段，从事材料及材料工程的工作者有大量工作可做。

现在，材料科学与工程被看做是知识的开发和知识的传输体系，这个体系包括从基础科学和基本研究，直到人类的需要和社会的经验这样的知识链。这个链的中心就是材料的内部结构关系到它的外部性能，从而关系到使用性能（使用效能），再加上工艺过程的影响，这就是前面所说的四要素；而且，它们之间存在着相互作用（后述）。和上述平行的，MSE 也力图使这种相互作用进一步通过材料制作工序有关的知识来影响社会。MSE 既不能代替又不能限制任何学科，但它是各种材料分支学科的基础，促进另一些分立学科的相互勾通。因此，通过图 1-5，很明显，MSE 的作用就像一条传导知识的带子，把科学与研究和社会需求与人类有机地结合起来，它是材料与人类关系的桥梁与纽带。

事实上，以这种方式认识材料是比较新的概念。几千年来，人类一直用材料作工具并发展了材料的实用价值。但是，长期存在的是材料性能、工艺、使用特性之间的关系，并且这种关系是以实践和经验为基础的。诚然，在材料的工艺和技术上也曾达到显著而辉煌的成就（如在陶瓷业、纺织业、工具、武器以及珠宝的美化、装饰品、艺术和建筑等方面广泛地显示出这种经验知识的实用性），却花费了人类数百年，乃至数千年手工技艺的积累与进化，但是缺乏解释与对事物本质的认识。

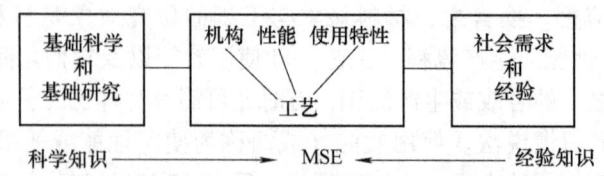

图 1-5　表示 MSE 的中心因素及其他科学和经验知识的对流关系

只有 20 世纪以来，科学思想、基础学科的成果以及工艺实践在材料领域汇集到了一起，最后锻冶了科学的连接链——使材料的外部性能和材料的内部结构发生了联系，这是很重要的一步，这也是历史的飞跃。发现材料包含的多层结构的内在复杂体系后，对解释材料的复杂性能才有了基础。用光学显微镜显示显微组织，用电子显微镜显示亚结构，用 X 射线衍射仪揭示晶体和分子结构，用激发光谱显示原子结构，用高能轰击观察核结构等。所揭示的材料内部的各种结构构成了了解固态物质的科学支架，从而把对材料的本质的认识理解及材料的行为与现象的科学解释添加到实验中，把理论加到实践中。因而从科学意义上构成了以上人类对材料的认识与应用的两个时代间的本质差别，并经过长时期后方诞生了现代的"材料科学与工程"。

MSE 的材料科学部分主要研究材料的结构与性能之间所存在的关系，即集中了解材料的本质，提出有关的理论和描述，说明材料结构是如何与其成分、性能以及行为相联系的。而另一方面，与此相对应，材料工程部分是在上述结构—性能关系的基础上，设计材料的组织结构并在工程上得以实施与保证，产生预定的种种性能，即涉及到对基础科学和经验知识综合、运用，以便发展、制备、改善和使用材料，满足具体需要。显然，材料科学和材料工程之间的区别主要在于着眼点的不同，它们当中并没有一条明确的分界线。一般在使用材料科学这一术语时，通常都包含了材料工程的许多方面；而材料工程的具体问题的解决，毫无疑问，都必须以材料科学作为基础与理论依据，所以 MSE 是一个整体。

四、材料成分—结构—合成与加工—性能—使用效能

1. 材料科学与工程的组成要素

材料的基础研究是发展新材料的先导和改进现有材料的依据，必须给予充分的重视。材料科学与工程由四个要素组成，它们形成一个四面体。但应该认识到结构与成分并不是一回事，同样成分的材料因处理方法不同，可得出不同结构的材料，从而导致性能与使用效能并不一样。因此，材料科学家提出了应将成分、结构、合成与加工、性能及使用效能这五者视为材料科学与工程的五要素，把它

们连接在一起，组成一个六面体，而使用效能就是材料性能在工作状态（受力状态、气氛、温度）下的表现。材料性能可视为材料的固有性能，而使用性能则随工作环境不同而异，当然它与材料的固有性能密切相关。理论与材料工艺设计位于六面体的中心，它直接和其他几个要素相联，表明他的中心地位。上述五大要素及其形成的六面体模型较好地描述了近代材料科学技术作为一个系统工程的内涵与特点，如图1-6所示。

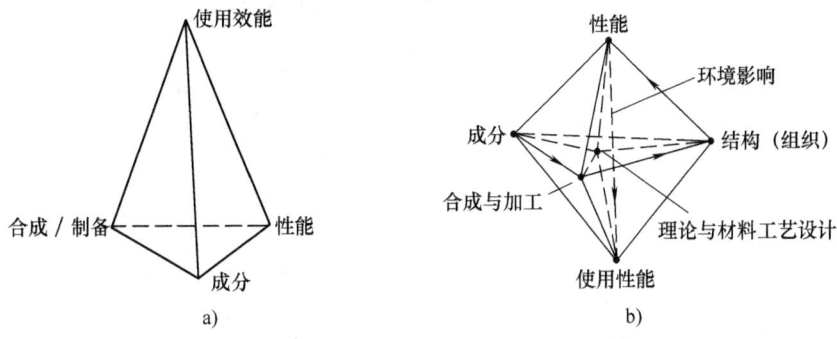

图1-6 材料科学与工程的内涵
a) 四面体 b) 六面体

2. 材料加工工艺方法

利用材料的加工工艺可以将未经过成型的坯料加工成零件所要求的形状，见表1-2。其中金属的加工方法很多：有将液体金属注入模子中的方法（铸造），有将分离的金属连接在一起的方法（焊接、胶接），有在高压下将固体金属加工成有用形状的方法（锻、拉、挤、轧、弯），有将金属粉末压制成固体的方法（粉末冶金），或去除多余材料（机械加工）将固体金属加工成所需形状的方法。同样地，采用相应的工艺方法，如通常在湿态下进行铸造、成型、拉挤或压制加工可以使陶瓷材料成型。采用将软化的塑料注入模具（类似铸造）、拉制和成型的方法，可以生成高分子聚合物制品。为了使材料结构发生合乎要求的变化，往往在其熔点以下的某个温度对材料进行热处理，但是要指出所采用的工艺类型，至少部分地取决于材料的性能，其次是材料的结构。

加工并不仅仅限于改变材料的形状，而且常常还会影响材料的组织结构，从而改变材料的性能。例如，当用锥形模口拉制丝材时，随着直径的缩小，材料强化变硬，这种硬化效应对于导电用的铜丝是不希望的，然而，工程技术人员凭借此方法制成高强度钢丝，其用途如钢丝绳、弹簧、自行车辐条等。再如使用铸造方法生产出来的铜棒，其内部组织与成型工艺制造的铜棒完全不同，晶粒的形状、尺寸和取向可能不同。铸造组织可能还有收缩或气泡生成的空洞，而且组织内部可能夹带着非金属夹杂物；变形的材料一般含有被拉长的非金属夹杂物和内部原子排列的缺陷。铸造的组织和相应的最终性能与加工成型产品的组织和性能也是完全不同的。因此，不论人们愿意与否，只要材料的制造工艺过程改变了材料的内部结构，那么性能肯定会改变，同样，材料的热处理过程也会改变材料的内部结构（但一般不改变材料的形状与尺寸），这个加工过程包括退火，高温淬火以及许多别的热处理。我们的目的是要懂得材料在加工过程中的结构变化规律，从而确定适合的加工方法与步骤，获得所需要的材料性能。

表 1-2 典型的材料加工工艺

材料类别	工艺方法	工艺原理
金属材料	铸造：砂型、压铸、永久铸型、连续铸造	将液态金属浇入或注入固体模中得到所要求的形状
	成型：锻造、拉丝、深冲、弯曲	通常在热状态下用高压力将固体金属变形为有用形状
	连接：气焊、接触焊、钎焊、氩弧焊、摩擦焊、扩散焊	采用液态金属、变形或高压、高温将几块金属连接在一起
	机械加工：车、钻、磨等	切削加工去掉多余金属，获得成品件
	粉末冶金	先在高温下将金属粉末压制成需要的形状，然后进行高温加热，使微粒连接成整体
陶瓷材料	铸造：包括涂泥釉	将液体陶瓷或液体加固体的陶瓷泥浆浇注成所需形状
	压制：挤压、压制、等静压成型	将液体陶瓷或液体加固体的陶瓷泥浆压制成有用形状
	烧结	将压制成的固体陶瓷进行高温加热，使之粘连成块
聚合物	模制：注模法、转移注模法	将热的甚至液态的聚合物压入模具中，其类似铸造
	成型：旋压、挤压、真空成型	将受热的聚合物强迫通过模孔或包裹在模胎上，以获得某种形状
复合材料	铸造：包括渗透	液体组分包围着另一种组分，以获得完整的复合材料
	成型：	用强力迫使一个软质组分围绕复合材料的第二个组分发生变形
	连接：胶粘剂粘结、爆炸连接、扩散连接	通过胶接、变形或高温过程将两种组分连接在一起
	压制或烧结：	将粉末状组分压制成型，然后加热使粉末连接在一起

另一方面，原始组织和性能又决定着采用何种方法将材料加工成所需要的形状。含有大缩孔的铸件，在随后的压力加工过程中可能开裂；通过增加微观结构缺陷而强化的合金，在成型过程中也会变脆和破裂；金属中被拉长的晶粒在以后的成型过程中有可能获得不均匀的形状。热固性塑料不能通过一般方法成型，而热塑性塑料则很容易成型。

3. 性能与使用效能

成品状态的材料具有一整套满足实际设计要求的性能——强度、硬度、导电性、密度、色彩等。倘若在使用过程中，材料的内部结构没有变化，那么它将永远保持这些性能。但是，如果产品在使用中材料内部结构发生了变化，那么，可以肯定地说材料的性能与行为也会发生相应的变化。当橡胶暴露在阳光和空气中时会逐渐地硬化；铝用在超音速飞机中会软化；金属在周期性的载荷作用下会产生疲劳；普通钢的钻头不能像高速钢钻头那样飞快地切削；磁体在射频场中会失去它的磁性；半导体在核辐射下会损坏。这类例子数不胜数。因此，不仅要考虑初始条件（具有一定材料性能的初始状态），而且要考虑那些使用条件（受力状态、气氛、温度等）将使材料内部结构发生变化，因而也导致材料性能发生变化。

总之，材料科学与材料工程工作者不断以新的实验数据和工作经验，结合从其他基础学科引进的基本理论，能得心应手地设计材料的原子和分子组成，制定合适的加工工艺以达到理想的组织结构，并试图应用已知规律大幅度提高现有材料性能、效率和使用寿命。

为达到这一总目标，其先决条件要求材料工作者从组成材料的各个结构层次加深认识与理解、探索本质、建立规律，最终达到对材料成分—结构—合成与加工—性能—使用效能之间关系的全面、统一、深刻的认识。

4. 材料设计和选用材料

（1）**材料设计**　材料设计是应用已知理论与信息，预报具有预期性能的材料，并提出其制备合成方案。材料设计可根据设计对象所涉及的空间尺度划分为显微结构层次、原子分子层次和电子层次设计，以及综合考虑各个层次的多尺度材料设计。这是材料工作者需要不断奋斗的一项长期目标。

从工程角度，材料设计是依据产品所需材料的各项性能指标，利用各种有用信息，建立相关模型，制定具有预想的微观结构和性能的材料及材料生产工艺方法，以满足特定产品对新材料的需求。材料设计最关键步骤是建立物理模型与数学模型。随着计算机及其软件系统的发展，建模方法也很多。一般规律而言，综合分析产品结构需要下述指标：强度指标，塑性指标，韧性指标，耐介质腐蚀性能指标，加工性能指标（如焊接性、成型性等）。考虑到所设计的材料系统的各组分及各主要成分的合金化特性，通过有限个小试样，建立各性能指标与成分之间的数学回归方程，并建立起相应的数学模型。在此基础上进行优化设计，经过计算，建立起可以预见的合金成分，再经过有限个实验确定出成分—结构—合成与加工—性能—使用效能的最佳材料成分，然后经过扩大的实验室试验—半工业化生产阶段—工业化生产阶段，而每个阶段都必须进行工况条件下的应用研究、性能实验，最终达到工程上所需要的材料设计。

（2）**选用材料**　在进行产品设计选材时，面临着许多种可能选择的结果，但选材有其基本原则：①胜任某一特定功能；②综合性能比较好；③材料性能差异定量化；④成本、经济与社会效益；⑤与环境保护尽可能地一致，即对环境尽可能友好。

要实施这一基本原则，重要的问题是材料参数的定量化。参数分为基本参数和特殊参数，前者可以直接用于设计计算，后者一般不易度量或不能参加直接设计计算，而对于十分重要的参数，只能按重要性先后次序排列，以满足产品设计、制造、使用和经济与环境一致的原则，从综合比较中选优。

事实上，一个好的材料的选用应是设计—工艺—材料—用户最佳组合的结果。

第四节　材料的发展趋势

20 世纪以来，现代科学技术与生产的发展日新月异，材料、信息与能源已成为当代文明的三大支柱。材料，特别是新型材料，在国民经济中具有举足轻重的地位，高技术的发展不仅需要多品种、多规格、性能特殊的材料，而且对材料的要求也越来越严格。目前，人们对新一代材料大致有四个要求：①材料的结构与功能要结合起来，做到多功能应用。②开发智能性材料。智能材料，必须具备对外界反应能力可以达到定量的水平。由于技术水平所限，现在还只能提机敏材料，因为智能材料与机敏材料是不同档次的材料。机敏材料目前还只能做到对外界反应有定性的适应。③要求材料本身少污染，生产过程也要少污染，而且能够再生。④要求制造材料的能耗少，而且本身最好又能创造新能源或能够充分利用能源。

随着金属、非金属等多种材料的迅速发展，以及彼此间相互渗透、相互结合，已经形成了一个完整的材料体系。在现代物理学和化学等学科的基础上，材料科学已成为一门新兴的综合性学科。从科学技术发展历史来看，对材料的研究与开发，往往是新技术发展成败的关键。因此，随着高技术发展给材料研究提出了新的要求，首先是要重视材料科学的发展，强调基础研究在工艺中的重要性，因为基础研究是为工艺作指导的。所谓的基础并不是纯粹的基础，而是应用基础，其最终目的是要能够进行材料设计。这种设计包括材料组成上的设计和材料显微结构的设计两部分，进而向分子设计前进。第二要研究材料组成、材料显微结构与材料性能之间的关系。第三是要研究材料的相的关系，因为在不同的相中，材料所表现出的性能是完全不同的。第四要研究材料的缺陷和损坏规律。第五要研究材料的无损检测和寿命预测，因为材料总是要坏的，预测材料的使用寿命，以及怎样来延长使用寿命，同时不断研究开发具有特殊性能的新材料，这些都是材料研究要做的工作。

材料科学发展和材料研究的趋向介绍如下：

(1) 研究多相复合材料　多相是指两个主晶相或三个主晶相都在一个材料之中,例如多相复合陶瓷材料、多相复合金属材料、多相复合高分子材料、无机和有机复合材料、金属-陶瓷、金属-有机物以及梯度功能材料(表面材料和内层材料是完全不一致的,功能上的变化却是渐变的,可以缓和因热膨胀率不同而产生的热应力)等。

(2) 研究并开发纳米材料　它指的是原料及最终的显微结构都是纳米量级的,把这种纳米量级(大小约1nm)晶粒混合到材料中,以改善材料脆性。而且纳米材料本身由于具有巨大的表面能,可以表现出完全意想不到的优异性能,极有发展前途。

(3) 开发机敏材料　这种材料同时具有感知外界环境或参数变化和驱动的双重功能,机敏材料最简单的例子就是变色眼镜,机敏材料还包括那些具有热敏感、化学敏感、光敏感以及电磁敏感等功能的材料。

(4) 研究开发生物医学材料(又称生物材料)　用以和生物系统结合,以诊断、治疗或替换机体中的组织、器官或增进其功能的材料。这是一项典型的跨学科的工作,它将由医学家提出建议与要求,材料学家进行材料设计与研制,整个研究过程必须由两方面的科学家紧密合作才能奏效。

据报道,日本TDK公司和东京医学院联合研制成功一种新型的牙科和骨科材料,这是一种无磷酸盐的透辉石类陶瓷,具有高强度、生物相容性好等多种优点。这些陶瓷材料由钙、镁及硅的氧化物混合后烧结而成。测试结果表明,其机械强度比用碱式磷灰石制造的传统骨科材料大2倍,而其抗压强度为300MPa,与正常的天然人骨差不多。研制人员对这种材料做过动物试验,他们将它植入兔子的股骨中,手术后两周内可看到植入的透辉石与股骨的相接处有新骨形成。4周后透辉石已完全被新骨覆盖,而植入传统的碱式磷灰石材料则需12周才能达到这样的效果。目前正进入临床试验阶段,不久将会有产品投放市场。

(5) 材料制备工艺、检测仪器和计算机的应用研究　这将是今后材料科学技术发展的重要内容。现代化的制备工艺往往与极端条件密切联系着,如利用空间失重条件进行晶体生长、强磁场、强冲击波、超高压、超高真空以及强制冷都将成为新型材料制备的有效手段。检测是控制工艺流程及产品质量的主要手段,研制高精度、高灵敏度与高稳定性,并能适应各种恶劣环境的检测仪器将会有力推动材料科学技术的进步和发展。

本 章 小 结

材料与人类密切相关,材料是人类物质文明的基础。材料、信息、能源是现代文明的三大支柱,而材料又是一切发展和进步的前提。人类进入21世纪后开始认真思考材料、能源和环境的密切关系,越来越重视材料的可持续发展与生态环境材料的研究,怎样考虑材料科学与工程的发展思路,从单向循环模式向双向循环模式过渡,向无公害、零排放方向设计材料工业与相关的工业,从全方位全过程规划未来材料及相关产业是人们今后研究的方向。

材料从各个分散的分支学科向着统一的大材料发展,这也是材料科学发展的必然。材料科学和材料工程密不可分,人们统称为"材料科学与工程"系列。现代材料观最重要的思想就是把材料的成分—结构—合成与加工—性能—使用效能作为材料科学与工程的五大要素来综合考虑,而且要特别重视材料使用效能的作用。正确地进行材料设计并用系统而全面的观点进行选材、用材也是一切材料科学与工程工作者的一个主要任务。

复习思考题

1. 为什么说材料的发展是人类文明的里程碑?
2. 何为材料的单向循环模式?何谓材料的双向循环模式?两者的差别是什么?
3. 何谓生态环境材料?
4. 为什么说材料科学和材料工程是密不可分的系统工程?
5. 现代材料观的六面体是什么?怎样建立起一个完整的材料观?
6. 何谓材料的使用效能?
7. 试讲一下材料设计与选用材料的基本思想与原则。

第二章　工程材料的基本性能

要正确地选择和使用材料必须首先了解材料的性能。材料的性能一般可分为两类：一类是工艺性能，是指制造工艺过程中材料适应加工的性能。金属材料的工艺性能包括铸造性能、锻造性能、焊接性能、切削加工性能和热处理性能等；另一类是使用性能，是指材料制成零件或产品后，在使用过程中能适应或抵抗外界对它的力、化学、电磁、温度等作用而必须具有的能力。金属材料的使用性能包括力学性能（如强度、塑性、韧性、硬度等），物理性能（如密度、熔点、导电、导热、磁性以及膨胀系数等），化学性能（如耐蚀性、抗氧化性等）。在机械设计选材与制造中，力学性能是首要考虑的性能指标。

第一节　材料的力学性能

材料的力学性能是材料在承受各种载荷时的行为。载荷类型通常分为静载荷、动载荷和变载荷。通过不同类型的试验，可以测得材料各种性质的性能判据。

一、弹性、塑性及强度

金属的弹性、塑性及强度一般是通过金属拉伸试验来测定。将圆柱形或板状光滑试样装夹在拉伸试验机上，沿试样的轴向以一定速度施加载荷，使其发生拉伸变形直至断裂。通过力与位移传感器可获得载荷（F）与试样伸长量（ΔL）之间的关系曲线，称为拉伸曲线或 $F-\Delta L$ 曲线。若将纵坐标以应力 σ（$\sigma = F/A_0$，A_0 为试样原始截面积）表示，横坐标以应变 ε（$\varepsilon = \Delta L/L_0$，$L_0$ 为试样标距）表示，则这时的曲线与试样的尺寸无关，称为应力—应变曲线（$\sigma-\varepsilon$ 曲线），也称为名义应力—应变曲线或工程应力—应变曲线。图 2-1a 为退火低碳钢的应力—应变曲线。Oa 阶段载荷与伸长量成线性正比关系，Oe 阶段中，当载荷去除后，试样恢复原状。我们把卸去载荷后，试样能恢复到原状的这种变形称为弹性变形。e 点以后，试样的变形发生变化，这时当卸去载荷后，试样不能恢复到原状，即留有残余变形。这种卸去载荷后，试样产生永久残余变形而不断裂的变形称为塑性变形。到达 s 点时，试样开始产生明显塑性变形，在拉伸曲线上出现了水平的或锯齿形的线段，这种现象称为"屈服"。b 点即载荷最大值，此时试样局部截面缩小，产生所谓"缩颈"现象。z 点为拉伸曲线终点，表示试样已发生断裂。

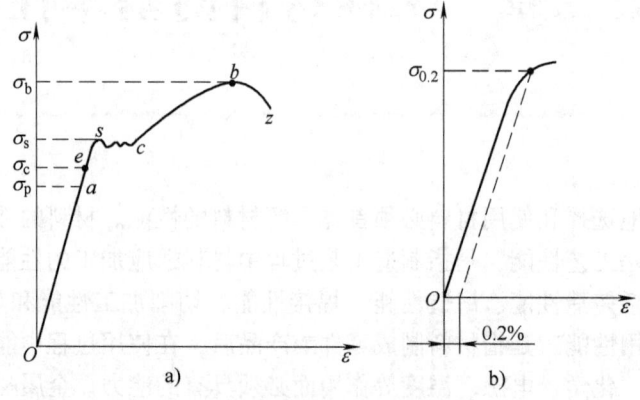

图 2-1　应力—应变曲线
a) 低碳钢　b) 铸铁

1. 弹性和弹性模量

物体在外力作用下改变其形状和尺寸，当外力卸除后，物体又回复到原始形状和尺寸，这种特性称为弹性。

(1) 弹性极限　材料产生完全弹性变形时所承受的最大应力值即为弹性极限。也就是应力—应变曲线中 e 点所对应的应力值，用 σ_e 表示。

(2) 弹性模量　金属材料在弹性状态下的应力与应变比值即为弹性模量，也就是应力—应变曲线中 Oe 直线的斜率。用字母 E 表示。

$$E = \frac{\sigma}{\varepsilon} \qquad (2-1)$$

弹性模量 E 值表征材料产生弹性变形的难易程度，单位为 MPa。E 值越大，产生一定量弹性变形所需应力值就越大。

2. 塑性

断裂前材料发生不可逆永久变形的能力称为塑性。常用的塑性判据是材料断裂时最大相对塑性变形，如拉伸时的断后伸长率和断面收缩率。

(1) 断后伸长率　是指试样拉断后标距的伸长与原始标距之比，即

$$\delta = \frac{L_1 - L_0}{L_0} \times 100\% \qquad (2-2)$$

式中，L_1 为试样拉断后的标距（mm）；L_0 为试样原始标距（mm）。

(2) 断面收缩率　是指试样拉断后缩颈处横截面积的最大缩减量与原始横截面积的百分比，即

$$\psi = \frac{S_0 - S_1}{S_0} \times 100\% \tag{2-3}$$

式中，S_1 为试样断裂处的最小横截面积（mm^2）；S_0 为试样的原始横截面积（mm^2）。

任何零件都要求具有一定塑性。零件在使用中偶然会发生过载，但由于有一定塑性，会产生一定塑性变形而防止了零件的突然脆断。另外，塑性变形还有缓和应力集中、削减应力峰的作用，因而在一定程度上保证了零件工作安全。

3. 强度

强度是材料在外力作用下抵抗塑性变形和断裂的能力。

（1）屈服强度（屈服应力） 如前所述，在拉伸过程中出现载荷不增加而材料还继续伸长的现象成为屈服，那么在材料开始屈服时所对应的应力称为屈服应力，或称屈服强度，以 σ_s 表示，单位 MPa。即

$$\sigma_s = \frac{F_s}{S_0} \tag{2-4}$$

式中，F_s 为材料屈服时的拉伸力。

有些金属材料（如高碳钢、铸铁等），在拉伸试验中并没有明显的屈服现象发生，如图 2-1b 所示。对这种情况，工程上规定材料发生一定残余变形时的应力作为该材料的屈服强度，亦称条件屈服强度。对于大多数机械零件，通常用 $\sigma_{0.2}$，即产生 0.2% 的残余伸长所对应的应力作为条件屈服强度。屈服强度是零件（特别是不允许产生明显变形的零件）设计的主要依据，也是材料强度的重要指标。

（2）抗拉强度 材料在试样拉断前所承受的最大应力值，即

$$\sigma_b = \frac{F_b}{S_0} \tag{2-5}$$

式中 F_b 为试样在断裂前所承受的最大载荷。

对于塑性材料，抗拉强度表示材料抵抗大量均匀变形的能力。对于脆性材料，它表示材料抵抗断裂的能力。抗拉强度是零件设计时的重要依据，同时也是评定金属材料强度的重要指标之一。

二、硬度

硬度是衡量金属材料软硬程度的指标。它是表征材料强度与塑性的一个综合判据。硬度试验设备简单，操作迅速方便，又可直接地、非破坏性地在零件或工具上进行试验。根据所测硬度值可近似估计出材料的抗拉强度和耐磨性。此外，硬度与材料的切削加工性、焊接性、冷成型性间存在着一定联系，可作为选择加工工艺时的参考。因此，在工程上被广泛地用以检验原材料和热处理件的质量，鉴定热处理工艺的合理性以及作为评定工艺性能的参考。

硬度试验方法很多，一般可分为三类：①压痕法，如布氏硬度、洛氏硬度、维氏硬度、显微硬度、超声波硬度；②有划痕法，如莫氏硬度、锉刀硬度；③有回跳法，如肖氏硬度等。目前机械制造生产中应用最广泛的是布氏硬度、洛氏硬度和维氏硬度。

(1) 布氏硬度　用一定大小的试验力 F，把直径为 D 的淬火钢球或硬质合金球压入被测金属的表面如图 2-2 所示，保持规定时间后卸除试验力，测量试样表面的压痕直径 d，并计算出压痕球缺表面积 S 所承受的平均应力值，此值即为布氏硬度值，以 HB 表示。当压头为淬火钢球时，硬度符号为 HBS，适用于布氏硬度值低于 450 的金属材料；当压头为硬质合金球时，硬度符号为 HBW，适用于布氏硬度值为 450～650 的金属材料。

布氏硬度的单位为 N/mm^2 或 kgf/mm^2，习惯上只写明硬度的数值而不标出单位。硬度值位于符号前面，符号后面的数值依次为压头直径、载荷大小及载荷保持时间（10～15s 不标注）。例如：500HBW5/750 表示用直径 5mm 硬质合金球在 750kgf（7500N）载荷作用下保持 10～15s，布氏硬度值为 500。120HBS10/1000/30 表示用直径 10mm 钢球，在 1000kgf（10000N）载荷作用下保持 30s，布氏硬度值为 120。

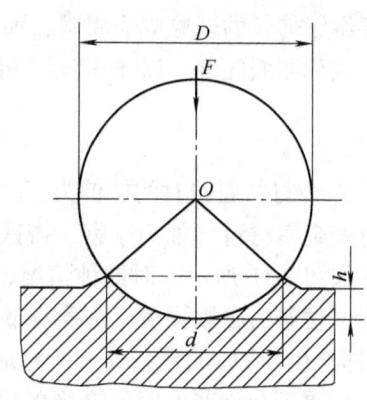

图 2-2　布氏硬度测试原理

(2) 洛氏硬度　洛氏硬度测试法是目前工厂中应用最广泛的测试方法。它是用一个锥顶角为 120° 的金刚石圆锥体或直径为 $\phi 1.588mm$ 的淬火钢球为压头，在规定载荷作用下压入被测金属表面，通过测定压痕深度来确定硬度值。为了能用同一硬度计测定从极软到极硬材料的硬度，可采用不同的压头和载荷，从而组成了多种不同的洛氏硬度标尺，国家标准规定了 A、B、C、D、E、F、G、H、K 等标尺，其中 A、B、C、D 标尺应用最广。图 2-3 为洛氏硬度测试原理示意图。其中 h_0 为施加主试验力前在初始试验力下的压痕深度，单位 mm；h_1 为主试验力下的压痕增量，单位 mm；e 为去除主试验力后，在初始试验力下的残余压痕深度增量，用 0.002mm 为单位表示。洛氏硬度的计算公式：

$$HR(A,C,D) = 100 - e$$
$$HRB = 130 - e$$

国家标准规定 HR 之前的数字为硬度值，符号后为标尺类型，例如 50HRC 表示标尺 C 下测定的洛氏硬度为 50。表 2-1 为四种标尺试验条件和应用范围。

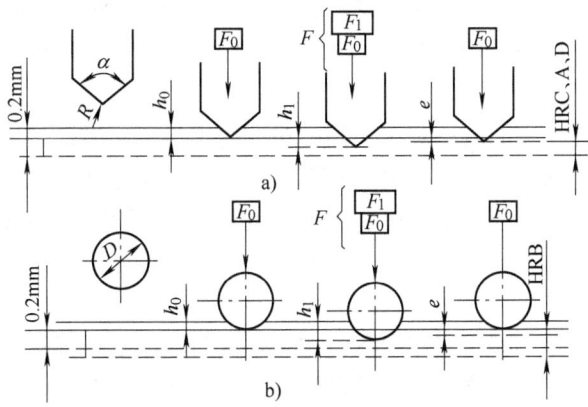

图 2-3 洛氏硬度测试原理

表 2-1 常用四种洛氏硬度的试验条件及应用

硬度代号	压头类型	总试验力 F/N	洛氏硬度范围	应用范围
HRA	120°金刚石圆锥体	588.4	20~88HRA	碳化物、硬质合金等
HRB	1.588mm 钢球	980.7	20~100HRB	非铁金属、退火、正火钢等
HRC	120°金刚石圆锥体	1471	20~70HRC	淬火钢、调质钢等
HRD	120°金刚石圆锥体	980.7	40~77	薄钢板、中等厚度表面硬化零件

洛氏硬度测试法的优点是操作迅速简便，由于压痕较小，故对工件损伤较小，并可在工件表面或较薄的金属上进行试验。其缺点是因压痕较小，对组织比较粗大且不均匀的材料，测得的硬度不够准确。

(3) 维氏硬度 洛氏硬度测试法虽可采用不同的标尺来测定由极软到极硬金属材料的硬度，但不同标尺的硬度值间没有简单的换算关系，使用上很不方便，为了能在同一硬度标尺上，测定由极软到极硬金属材料的硬度值，特制定了维氏硬度测试法。

维氏硬度的测试原理基本上和布氏硬度测试相同。它是用一个相对面间夹角为 136° 的金刚石正棱锥体压头，在规定载荷 F 作用下压入被测试样表面，保持一定时间后卸除载荷，测量压痕对角线长度 d，进而计算出压痕表面积，最后求出压痕表面积上的平均压力，即为金属的维氏硬度值，用符号 HV 表示。在实际测量中，并不需要进行计算，而是根据所测 d 值，直接进行查表得到所测硬度值。

维氏硬度表示方法为：符号 HV 前面为硬度值，HV 后面数值依次表示载荷和载荷保持时间（保持时间为 10~15s 时不标注），单位一般不标注。例如

640HV30 表示在 30kgf（300N）载荷作用下保持 10～15s 测定的维氏硬度值为 640；640HV30/20 表示用 30kgf（300N）载荷作用下，保持 20s 测定的维氏硬度值为 640。

维氏硬度测试法加载小，压入深度浅，适用于测试零件表面淬硬层及化学热处理的表面层（如渗碳层、渗氮层等），当试验力小于 1.961N 时，又称显微硬度试验法；同时维氏硬度是一个连续一致的标尺，硬度值不随载荷变化而变化。但维氏硬度测试法测定较麻烦，工作效率不如洛氏硬度测试法高。

三、疲劳极限

材料在循环应力和应变作用下，在一处或几处产生局部永久性累积损伤，经一定循环次数后产生裂纹，或突然发生完全断裂称为疲劳。疲劳失效与静载荷下的失效不同，断裂前没有明显的塑性变形，发生断裂也较突然。这种断裂具有很大的危险性，常常造成严重的事故。

金属材料承受的最大交变应力越大，则断裂时应力交变次数越小，反之最大交变应力越小，则断裂时应力交变次数越大。当应力低于某值时，应力循环到无数次也不会发生疲劳断裂，此应力值称为材料的疲劳极限，用 σ_D 表示。光滑试样在对称应力循环条件下的纯弯曲疲劳极限，用 σ_{-1} 表示。

按 GB/T 4337—1984 规定，一般钢铁材料取循环周数为 10^7 次（有色金属取 10^8 次）时能承受的最大循环应力为疲劳极限。

疲劳断裂一般是由于在局部应力集中或强度较低部位首先产生裂纹，裂纹随后进行扩展导致的。所以，为了提高机件的抗疲劳能力，防止疲劳断裂，在进行机件设计时，应选择合理的结构、形状，尽量减小表面缺陷和损伤。由于金属表面是疲劳裂纹易于产生的地方，因此表面强化处理是提高疲劳极限的有效途径之一。

四、蠕变极限

金属材料在较高温度和应力作用下产生缓慢塑性变形的现象称为蠕变。工程上通常使用的高温材料，一般要在 300～400°C 以上的高温下才有显著的蠕变现象产生。由蠕变产生的塑性变形称为蠕变变形。

典型的蠕变曲线如图 2-4 所示。图中 AB 段为第一阶段，称减速蠕变阶段，这一阶段开始蠕变速率增大，随着时间的延长，蠕变速率逐渐减小。BC 段为第二阶段，称为恒速蠕变阶段，这一阶段蠕变速率几乎保持不变。通常蠕变速率就是以这一阶段的变形速率来表示。CD 段是第三阶段，称为加速蠕变阶段，至 D 点产生蠕变断裂。同一种材料的蠕变曲线随应力的大小和温度的高低而不同。当应力较小或温度较低时，蠕变第二阶段持续时间较长，甚至可能不产生第三阶段。相反，当应力较大或温度较高时，蠕变第二阶段很短，甚至完全消失，试样在很短时间内断裂。

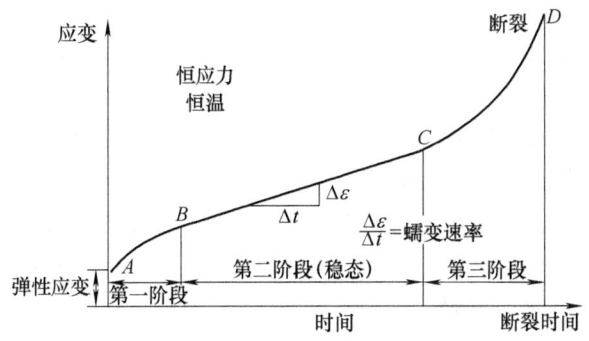

图 2-4　典型蠕变曲线

常见的蠕变性能指标包括蠕变极限和持久强度。

（1）蠕变极限　以在给定温度 $T(℃)$ 下和规定的试验时间 t（h）内，使试样产生一定蠕变伸长量的应力作为蠕变极限，用符号 $\sigma^{T}_{\delta/t}$（MPa）表示，例如 $\sigma^{900}_{0.3/500}=600\text{MPa}$ 表示材料在 900°C，500h 内，产生 0.3% 变形量的应力为 600MPa。试验时间及蠕变伸长量的具体数值是根据零件的工作条件来规定的。

（2）持久强度　表征材料在高温载荷长期作用下抵抗断裂的能力，以试样在给定温度 T（°C）经规定时间 t（h）发生断裂的应力作为持久强度，用符号 σ^{T}_{t}（MPa）表示。例如 $\sigma^{800}_{600}=700\text{MPa}$，表示材料在 800°C，经 600h 断裂的应力为 700MPa。

五、冲击吸收功

许多零件和工具在工作过程中，往往受到冲击载荷的作用，如冲床的冲头、锻锤的锤杆、内燃机的活塞销与连杆等。由于冲击载荷的加载速度高，作用时间短，使金属在受冲击时，应力分布与变形很不均匀。故对承受冲击载荷的零件来说，仅具有足够的静载荷强度指标是不够的，还必须具有足够抵抗冲击载荷的能力。

目前最常用的冲击试验方法是摆锤式一次性冲击试验，其原理如图 2-5 所示。

把准备好的标准冲击试样放在试验机的机架上。试样缺口背向摆锤（如图 2-5），将摆锤抬到一定高度，使其具有势能，然后释放摆锤，将试样冲断，摆锤继续上升到一定高度，在忽略摩擦和阻尼等条件下，摆锤冲断试样所

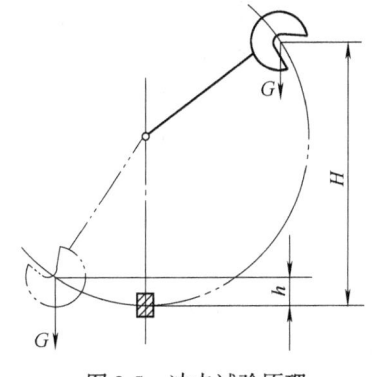

图 2-5　冲击试验原理

做的功，称为冲击吸收功，以 A_k 表示。

A_k 值对材料组织缺陷十分敏感，是检验冶炼和热加工质量的有效方法。另外，温度对 A_k 影响较大，实验表明，A_k 随温度的降低而减小，当温度降低到某一温度范围时，其冲击吸收功值急剧降低，表明断裂由韧性状态向脆性状态发生转变，此时的温度称韧脆转变温度。

韧脆转变温度的高低是金属材料质量指标之一，韧脆转变温度越低，材料的低温冲击性能就越好。这对于在寒冷地区和低温下工作的机械结构（如运输机械、输送管道等）尤为重要。

六、断裂韧度

一般认为零件在许用应力下工作是安全可靠的，既不会发生塑性变形，更不会断裂。但实际情况却并不总是如此，有些高强度钢制造的零件和中、低强度钢制造的大型零件，往往在工作应力远低于屈服强度时发生脆性断裂。这种在屈服强度以下的脆性断裂称为低应力脆断。试验研究表明，大量的低应力脆断和机件内部存在微裂纹有关。因此，这些微裂纹在外力作用下是否易于扩展，扩展速度的快慢成为材料抵抗低应力脆断的一种重要指标。

当材料受外力作用时，裂纹尖端附近会出现应力集中，形成一个裂纹尖端的应力场，反应这个应力场强弱程度的联系参量称为应力场强度因子 K_I，单位 $MPa \cdot m^{1/2}$，脚标 I 表示 I 型裂纹强度因子。K_I 越大，应力场的应力值也越大。当外加拉应力逐渐增大或裂纹逐渐扩展时，裂纹尖端的应力强度因子随之增大，故应力场的应力也随着增大，当增大到某一临界值时，就能使裂纹扩展，最终使材料断裂。这个应力强度因子 K_I 的临界值称为材料的断裂韧度，用 K_{IC} 表示。

断裂韧度是用来反映材料抵抗脆性断裂能力的性能指标。根据应力强度因子 K_I 和断裂韧度 K_{IC} 的相对大小，可判断含裂纹的材料在受力时，裂纹是否会扩展而导致断裂。

断裂韧度是材料固有的力学性能指标，是强度和韧性的综合体现。它与裂纹的大小、形状、外加应力等无关，主要取决于材料的成分、内部组织和结构。

七、摩擦与磨损

两个相互接触的物体或物体与介质间相对运动时出现的阻碍作用称为摩擦。由于摩擦而导致材料表面逐渐损失以致表面损伤的现象称为磨损；磨损是摩擦的必然结果。根据运动状态，摩擦可分为静摩擦及动摩擦。动摩擦又可分为滑动摩擦和滚动摩擦。物体由静止到开始运动时所需克服的摩擦力称为静摩擦力；在运动状态下，保持匀速运动所需克服的摩擦力称为动摩擦力。根据润滑状态不同，摩擦又可分为有润滑摩擦和干摩擦，其中干摩擦的磨损最为严重。磨损必然会导致质量和体积的减少。为了对比不同材料的磨损特性，特引入了耐磨性——用体积磨损或质量磨损表征的材料抵抗磨损的性能指标，即体积和质量磨损量越少，则材料耐磨性越好。

第二节 材料的物理、化学性能

一、材料的物理性能

1. 材料的电学性能

材料的电学性能是材料物理性能的重要组成部分。材料的电学性能，首先是材料的导电性，它与材料的结构、组织、成分等因素有关。研究材料的导电性，既有助于对导电材料的了解，也可以通过电阻分析研究材料的相变及组织转变等。

(1) 电阻率与电导率　电阻率是微观水平上阻碍电流流动的度量。电阻率用符号 ρ 表示，在数值上等于单位长度和单位面积的导电体的电阻值。但电阻率与电阻有很大区别，电阻其值不仅与材料的性质有关，而且还与试验材料的长度及截面积有关，电阻率只与材料本性有关，而与导体的几何尺寸无关，因此评定导电性的基本参数是电阻率而不是电阻。电阻的单位为 Ω、电阻率单位为 $\Omega \cdot m$。在研究材料的导电性时，还常用电导率，电导率为电阻率的倒数，用符号 σ 表示，单位为 S/m，其值愈大，材料导电性能就越好。

根据导电性能的好坏，常把材料分为导体、绝缘体和半导体。导体的电阻率值小于 $10^{-2}\Omega \cdot m$；绝缘体的电阻率值大于 $10^{10}\Omega \cdot m$；半导体的电阻率值介于 $10^{-2} \sim 10^{10}\Omega \cdot m$ 之间。

(2) 超导电性　1911 年卡茂林·昂内斯（Kameringhonnes）在实验中发现：在 4.2K 温度附近，水银的电阻突然下降到无法测量的程度，或者说电阻为零。这种在一定的低温条件下材料突然失去电阻的现象称为超导电性。超导态的电阻小于目前所能检测的最小电阻，可以认为超导态没有电阻。材料有电阻的状态称为正常态。由于超导体中有电流而没有电阻，说明超导体是等电位的，超导体内没有电场。材料由正常状态转变为超导状态的温度称为临界温度，用 T_c 表示。

超导体有两个基本特性。一个基本特性是它的完全导电性。例如，在室温下把超导体做成圆环放在磁场中，并冷却到低温使其转入超导态，这时把原来的外磁场突然去掉，则通过磁感应作用，沿着圆环将产生感生电流，由于圆环的电阻为零，感生电流将永不衰竭，称为永久电流。环内感应电流使环内的磁通保持不变，称做冻结磁通。超导体的另一基本特性是它的完全抗磁性，即处于超导状态的金属，内部磁感应强度 B 始终为零。1933 年迈斯纳（Meissner）和奥克森弗尔德（R. Ochsenfeld）发现，不仅是外加磁场不能进入超导体的内部，就是原来处于磁场中的正常态样品，当温度下降使其变成超导体时，也会把原来在体内的磁场完全排出去。完全抗磁性通常称为迈斯纳效应。这说明超导体是一个完全抗磁体,超导体具有屏蔽磁场和排除磁通的性能。

超导体有三个重要性能指标。第一个性能指标是临界转变温度 T_c。超导体温度低于临界转变温度时,便出现完全导电和迈斯纳效应等基本特征,超导材料的临界转变温度越高越好,越有利于应用;超导体的第二性能指标是临界磁场 H_c。当 $T<T_c$ 时,将超导体放入磁场中,如果磁场强度高于临界磁场强度,则磁力线穿入超导体,超导体被破坏而成为正常态。H_c 值随温度降低而增加;超导体的第三个性能指标是临界电流密度 J_c。除上述两个因素影响着材料超导态以外,输入电流也起着重要作用,他们都是相互依存和相互关联的。如果输入电流所产生的磁场与外磁场之和超过临界磁场,则超导态被破坏。这时输入的电流为临界电流 I_c,相应的电流密度称为临界电流密度 J_c。随着外磁场的增加,J_c 必须相应地减小,以使它们磁场的总和不超过 H_c 值而保持超导态,故临界电流就是材料保持超导态状态的最大输入电流。

超导现象发现后,科学家们对金属及其金属化合物进行了大量的研究。目前发现具有超导性的金属元素有 28 种,超导合金也很多,如二元合金 NbTi、Nb_3Ge,三元合金 Nb—Ti—Zr 等。超导化合物中著名的有 Nb_3Sn,$T_c \approx 18.1 \sim 18.5K$;$Nb_3Ge$,$T_c \approx 23.2K$。

为了寻找 T_c 更高的超导体,人们自 20 世纪 60 年代开始在氧化物中寻找超导体,并取得了很大成绩。1986 年,J. G. Bednorz 和 K. A. Muller 发现了 T_c 为 35K 的 Ba—La—Cu 系氧化物超导体,并为此获得诺贝尔奖;1987 年 2 月我国科学家赵忠贤等人得到 T_c 在液氮以上温度的 Y—Ba—Cu—O 系超导体,即所谓的 123 材料。目前已发现了超导温度达 133K 以上的超导氧化物。对于超导氧化物的超导机理,人们也进行了大量研究,提出了一些模型,但其超导理论以及对所发现的新材料的解释还未被人们完全接受,人们仍在努力寻找高 T_c 的超导体。近年来,超导技术发展很快,已在电力、能源、交通、电子学技术、生物医学等领域得到应用。

(3) 影响材料导电性的因素 影响材料导电性能的因素主要有温度、化学成分、晶体结构、杂质及缺陷的浓度及其迁移率等。但不同种类的材料导电机理各异,影响因素及其影响程度也不尽相同。例如以自由电子为机理的金属材料,电导率随温度的升高而下降,而以离子电导为机理的离子晶体型陶瓷材料,电导率却随温度的升高而上升,因而对于具体材料应作具体分析。下面仅对影响金属材料导电性的主要因素进行分析。

1) 金属电阻率随温度升高而增大。温度升高会使离子振动加剧、热振动振幅加大、原子的无序度增加等,这些因素都使电子运动的自由程减小,散射几率增加而导致电阻率增大。大多数金属在熔化成液态时,其电阻率会突然增大约 1~2 倍。这是由于原子长程排列被破坏,从而加强了对电子的散射所引起的。但也有些金属如锑、铋、镓等，它们在熔化时电阻率反而下降。锑在固态时为层状结构，具有小的配位数，主要为共价键型晶体结构，在熔化时共价键被破坏，转为以金属键结合为主，故使电阻率下降。铋和镓在熔化时电阻率的下降也是由于近程原子排列的变化所引起的。

2) 冷塑性变形使金属的电阻率增大。这是由于冷塑性变形使晶体点阵畸变和晶体缺陷增加，特别是空位浓度的增加，造成点阵电场的不均匀而加剧对电磁波散射的结果。此外，冷塑性变形使原子间距有所改变，也会对电阻率产生一定影响。回复处理过程可以显著降低点缺陷浓度，因此使电阻率有明显的恢复。而再结晶过程可以消除形变时造成的点阵畸变和晶体缺陷，所以再结晶退火可使电阻率恢复到冷变形前的水平。

拉应力使金属原子间距增大，点阵畸变增大，因而使电阻率上升；压应力则相反，使金属离子间距减小，点阵畸变减小，因而使电阻率下降。另外，由于淬火可以保留高温时形成的点缺陷，因而可使金属的电阻率升高。

3) 合金化对导电性有显著影响。纯金属的导电性与其在元素周期表中的位置有关，这是由不同的能带结构决定的，而合金的导电性则表现得更为复杂，这是因为金属元素之间形成合金后，异类原子引起点阵畸变，组元间相互作用引起有效电子数的变化和能带结构的变化以及合金组织结构的变化等，这些因素都会对合金的导电性产生明显的影响。

一般情况下，形成固溶体时合金的电导率降低，电阻率增高，即使是溶质的电导率比溶剂的电导率高时也是如此。固溶体电阻率比纯金属高的主要原因是溶质原子的溶入引起溶剂点阵的畸变，增加了电子的散射，使电阻增大。同时由于组元间化学相互作用的加强使有效电子数减少，也会造成电阻率的增长。

金属化合物的导电能力都较差，它们的电导率比各组元的要小得多，这是因为组成化合物后原子间的金属键部分地转化为共价键或离子键，使导电电子数减少所致。金属化合物的导电能力较差，它们的电导率比各组元的要小得多。这是因为组成化合物后原子间的金属键部分地转化为共价键或离子键，使导电电子数减少所致。键合性质的变化还常使形成的化合物变成半导体或完全丧失导体的性质。

2. 材料的磁学性能

磁性不仅是磁性材料的一种使用性能，而且是许多材料的重要物理参数。了解材料的磁性，不仅对于发展和应用新型磁性材料是必需的，而且对于研究材料结构及相变也是非常重要的。磁性材料被广泛使用于计算机、通信、自动化、影像、电机、仪器仪表、航空航天、农业、生物以及医疗等技术领域，是重要的功能材料。

(1) 磁化率和磁导率　材料磁性的本源是材料内部电子的循轨和自旋运动，

就是由于电子的这些运动产生了物质的磁性。由物理学可知任一封闭电流都具有磁矩,其方向与环形电流法线方向一致,大小为电流与封闭环面积的乘积。

材料内部电子的循轨运动和自旋运动都可以看作是一个闭合的环形电流,因而必然产生磁矩,由电子循轨运动产生的磁矩称为轨道磁矩,电子自旋运动产生的磁矩称为自旋磁矩。因此,运动电子的磁矩,一般是轨道磁矩和自旋磁矩的矢量和。

在受磁场的作用下,由于材料中磁矩排列时取向趋于一致而呈现出一定的磁性,这种现象称为磁化。凡是能被磁场磁化的物质称为磁质或磁介质。实际上包括空气在内所有的物质都能被磁化,因此从广义上讲都属磁介质。材料磁化的程度可用单位体积的磁矩总即磁化强度 M 来表示。当一个物体在外加磁场中被磁化时,物体所在空间的总磁场强度是外加磁场强度 H 和材料磁化强度 M 之和。磁化强度 M 与磁场强度 H 的比值称为磁化率,用 χ 表示,其值可正、可负。它表征物质本身的磁化特性。磁感应强度 B 与磁场强度 H 的比值称为磁导率,用 μ 表示,它反应了磁感应强度随外磁场变化的速率。μ_0 为真空磁导率,$\mu_r = \mu/\mu_0$ 定义为相对磁导率。

磁感应强度 B 是指通过磁场中某点,垂直于磁场方向单位面积的磁力线数。它与磁场强度 H 的关系是

$$B = \mu_0 (H + M) \tag{2-6}$$

(2) 抗磁性与顺磁性　材料被磁化后,磁化矢量与外加磁场方向相反的称为抗磁性,此时 $\chi < 0$;材料被磁化后,磁化矢量与外加磁场方向相同的称为顺磁性,此时 $\chi > 0$。根据上述材料被磁化后对磁场所产生的影响,可以把材料分为三类:使磁场减弱的物质称为抗磁性材料;使磁场略有增强的物质为顺磁性材料;使磁场强烈增加的物质为铁磁性材料。通常抗磁性材料与顺磁性材料对于磁性材料来说都视为无磁的,因为它们只有在外磁场存在下才被磁化,且磁化率极小。还有一类材料的磁化率与铁磁性材料具有相同的规律,在宏观性能上也与铁磁性材料相类似,区别在于其饱和磁化强度比铁磁性的低,通常把这一类材料称为亚铁磁性材料。

(3) 磁化曲线和磁滞回线　磁感应强度或磁化强度与外加磁场强度的关系曲线称为磁化曲线。抗磁性和顺磁性材料的磁化曲线如图 2-6 所示。其中磁化强度与磁场强度之间均呈直线关系,磁化率常数很小,但磁化方向相反,而且当去除外磁场之后,仍恢复到未磁化前的状态,即存在磁化可逆性;但铁磁性材料和亚铁磁性材料的磁化曲线与前两种有很大不同,其磁化曲线比较复杂,如图 2-7 所示。它们的磁化曲线可分为三部分:第一部分为在微弱的磁场中,磁感应强度 B 和磁化强度 M 均随外磁场强度 H 的增大缓慢地上升;磁化强度 M 与外磁场强度 H 之间近似呈直线关系,并且磁化是可逆的。第二部分为随外磁场强度 H 继

续增大,磁感应强度 B 和磁化强度 M 急剧增高,磁导率增长得非常快,并且出现极大值。这个阶段的磁化是不可逆的,即去掉磁场仍保持部分磁化。第三部分为随外磁场强度 H 再进一步增大,B 和 M 增大的趋势逐渐变缓,磁化进行得越来越困难,磁导率减小,并趋向于 μ_0。当磁场强度达 H_s 时,磁化强便达到饱和值,即外磁场强度再继续增大时,磁化强度不再变化,而此时磁感应强度($B = M + H$)仍随外磁场强度增大而增大,我们把磁化强度的饱和值称为饱和磁化强度,用 M_s 表示,它与材料有关。与 M_s 相对应的磁感应强度称为饱和磁感应强度,用 B_s 表示。

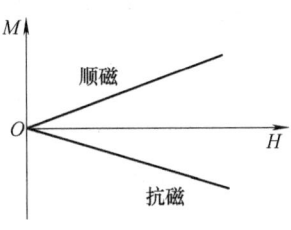

图 2-6 抗磁性、顺磁性材料的磁化曲线

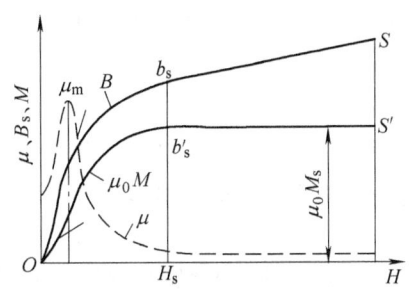

图 2-7 铁磁材料的磁化曲线

如图 2-8 所示,沿 Oab 曲线达到饱和磁化状态的铁磁材料和亚铁磁性材料,当逐渐减小磁场强度时,磁感应强度将缓慢减小,这个过程称为退磁过程。当磁场强度 H 减小到零时,磁感应强度并未下降为零,而是保留一定大小的数值,这就是铁磁金属的剩磁现象,该值称为剩余磁感应强度,用 B_r 表示。此时要使 B 值继续减小,则必须加一个反向磁场 $-H$,当 H 等于一定值 H_c 时,B 值才等于零,H_c 称为矫顽力。从图可以看到,磁感应强度的变化总是落后于磁场强度的变化,这种现象称为磁滞效应。它是铁磁材料的重要特性之一。由于磁滞效应的存在,磁化一周得到一个闭合回线,称为磁滞回线,如图 2-8 所示。回线所包围的面积相当于磁化一周所产生的能量损耗,称为磁滞损耗。

磁性材料(铁磁性体和亚铁磁性体)按磁滞特性可分为软磁材料和硬磁材料两种。软磁材料的特性是磁滞回线瘦小、较高的磁导率、较高的饱和磁感应强度、较小的矫顽力和较低的磁滞损失。这种材料在磁场的作用下非常容易磁化,而取消磁场后又很容易退磁。软磁性材料主要用于制造磁导体,例如变压器、继电器的铁心、电动机转子和定子、磁路中的连接元件、磁极头、感应

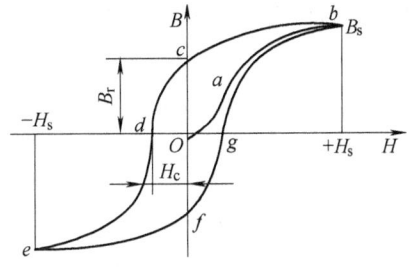

图 2-8 铁磁合金的磁滞回线

圈铁心、电子计算机的开关元件和存储元件等。此外，还要求软磁材料的电阻率比较高，以减少因磁场变化在磁性材料中产生电涡流的能量损失。因此，常用的软磁材料除工业纯铁外，常用固溶体合金，如铁—硅、铁—镍合金和陶瓷铁氧体材料。生产中用得最多的软磁材料是 Fe—3%Si。硬磁材料又称永磁材料，是指那些难于磁化又难于退磁的材料。它磁滞回线肥大，具有较大的矫顽力和剩磁。硬磁材料是用于制造各种永久磁铁的材料，可用于各类电表和电话、录音机、电视机以及磁性牵引力的举重器、分料器和选矿器中。钢和钨或铬的合金已经得到广泛的应用。这是因为钨和铬在适合的热处理条件下很容易和钢中的碳结合成钨和铬的碳化物沉淀颗粒，能有效地阻碍磁畴壁的运动，从而提高矫顽力，保持永久磁性。

3. 材料的热学性能

材料在一定温度环境下使用，对不同的温度表现出不同的热物理性能，这些热物理性能称为材料的热学性能。材料的热学性能主要有热容、热膨胀、热传导等。

（1）热容的基本概念　材料在温度上升或下降时要吸热或放热，在没有相变或化学反应的条件下，材料温度升高 1K 时所吸收的热量称做该材料的热容，单位为 J/K。不同种类的材料，热容不同。单位质量材料的热容又称为比热容或质量热容，单位为 J/(kg·K)；1mol 材料的热容则称为摩尔热容，单位为 J/(mol·K)。同一种材料在不同温度时的比热容也往往不同，通常工程上所用的平均比热容是指单位质量的材料从温度 T_1 到 T_2 所吸收的热量的平均值。

在一般情况下，热容是随着温度连续变化的，但是一旦发生物态变化（如相变），热容的改变会不连续。如纯金属的三态变化、同素异构转变、合金的共晶与共析转变等。某些物态变化如非磁性—磁性转变，是在一个温区内逐步完成的，其热容在转变温度附近有剧烈变化。例如，铁在居里温度的比热容非常高，这是由于整齐排列的磁矩忽然变得无规则了。相变对热容的影响是材料研究中经常使用的热分析技术的分析基础。

（2）热膨胀的概念及线膨胀系数　物体的体积或长度随温度升高而增大的现象成为热膨胀。大多数固体材料都会随着环境温度的升高而发生膨胀。研究表明，膨胀的原因是原子受热后其能量增大，由于在平衡位置两侧受力情况并不对称，发生了偏离平衡位置的振动，导致了原子间距离的增加，从而使材料在宏观上表现出体积或线尺寸的增大。在晶格振动理论中，曾近似地认为质点的热振动是简谐振动，温度的升高只能增大振幅，并不会改变平衡位置，因此质点间平均距离不会因温度升高而改变，热量变化不能改变晶体的大小和形状，也就不会有热膨胀。这样的结论显然是不正确的。造成这一错误的原因是，晶格振动中相邻质点间的作用力实际上是非线性的，即作用力并不简单地与位移成正比。

材料的热膨胀性常用线膨胀系数（α）表示。其含义为温度上升1K，单位长度的伸长量，单位K^{-1}。实际上固体材料的线膨胀系数值并不是一个常数，通常随温度升高而加大。无机非金属材料的线膨胀系数一般较小，约为$10^{-5} \sim 10^{-6} K^{-1}$。各种金属和合金在0～100℃的线膨胀系数也为$10^{-5} \sim 10^{-6} K^{-1}$，钢的线膨胀系数多在$(10 \sim 20) \times 10^{-6} K^{-1}$范围。

（3）热导率 当固体材料一端的温度比另一端高时，热量就会从热端自动地传向冷端，这个现象就称为热传导。不同的材料在导热性能上可以有很大差别，因此有些材料是极为优良的绝热材料，而有些又会是热的良导体。

由气体分子运动理论可知，气体的传热是依靠分子的碰撞来实现的，但固体材料的热传导却并非如此。在固体中，由于质点都处在一定位置上，并且只能在平衡位置附近作微振，所以不能像气体那样依靠质点间的直接碰撞来传递热能。固体中的导热主要是由晶格振动的格波和自由电子的运动来实现。对于金属材料，由于有大量的自由电子存在，所以迅速地实现热量的传递，因此金属一般都具有较大的热导率（晶格振动对金属导热也有贡献，只是相比起来是次要的）。但对于非金属材料，如一般离子晶体，晶格中自由电子极少，所以晶格振动是它们的主要导热机构。

实验证明，一根两端温度分别为T_1和T_2的均匀的金属棒，当各点温度不随时间而变化时（稳态），单位时间内通过垂直截面上的热流密度q正比于该棒的温度梯度，其数学式为

$$q = -\kappa \frac{dT}{dx} \tag{2-7}$$

式中负号表示热量向低温处传播。该式称为简化的傅里叶（Fourier）导热定律。比例系数κ称为热导率（亦称导热系数），单位为W/(m·K)或J/(m·K·s)，是指在一定的温度梯度下，单位时间内通过单位垂直面积的热量。不同材料的导热能力有很大差异，例如：

金属 $\kappa = 50 \sim 415$ W/(m·K)　　　　合金 $\kappa = 12 \sim 120$ W/(m·K)
绝热材料 $\kappa = 0.03 \sim 0.17$ W/(m·K) 非金属液体 $\kappa = 0.17 \sim 0.7$ W/(m·K)
大气压气体 $\kappa = 0.007 \sim 0.17$ W/(m·K)

二、材料的化学性能

1. 材料的耐腐蚀性

腐蚀是物质的表面因发生化学或电化学反应而受到破坏的现象，是指物质本身的质的变化（化学变化或电化学变化）。这种质的变化是外界环境、介质影响的结果。因此，也可以把由于环境介质作用于材料或物质本身，使之发生质的变化的现象称为腐蚀。

材料的腐蚀是一种自发进行的过程，是物质由高能态向低能态的转变形式。

材料的腐蚀具有双重性质：金属构件的腐蚀是相当有害的，它会造成设备的毁坏；而用腐蚀现象对金属材料进行电化学加工，制备信息硬件的印制线路板，制取奥氏体不锈钢粉末，利用金属的阳极氧化膜对金属进行保护等都是利用腐蚀机理而派生的技术。所以，不能片面地只把腐蚀视作一种破坏、失效，而应当利用腐蚀的有利效应为人类服务。

由于金属的腐蚀现象与机理比较复杂，因此金属腐蚀的分类方法也多种多样，根据金属腐蚀的机理不同，可以分为化学腐蚀和电化学腐蚀。

(1) 化学腐蚀　金属表面与非电解质直接发生化学作用而引起的破坏称为化学腐蚀。在化学腐蚀过程中，电子的传递是在金属与氧化剂之间直接进行的，因而没有电流产生。非电解质通常是指干燥气、高温气体、非电解质溶液等，所以化学腐蚀又分为干燥气体腐蚀和非电解质溶液腐蚀两类。例如金属在干燥大气中的氧化就属于化学腐蚀。

金属在非电解质溶液中的腐蚀，是指金属在不导电液体中发生的腐蚀。例如金属在有机物液体（酒精、石油）中的腐蚀，铝在四氯化碳或乙醇中的腐蚀，镁和钛在甲醇中的腐蚀等都属于化学腐蚀。

应该指出的是，金属的高温氧化引起的腐蚀在50年前一直作为化学腐蚀，而近代理论则认为，高温氧化的腐蚀产物——氧化物、硫化物也是固体电解质，因此现在把金属的高温氧化归入了电化学腐蚀的范畴。

发生化学腐蚀的金属表面都要形成一层氧化物薄膜，通常该氧化膜较疏松、不稳定，与金属基体结合不牢固，易脱落，从而使工件不断被耗损；但当该氧化膜很稳定、致密，且与基体结合较牢固，可使金属表面与介质隔开，从而阻止腐蚀的发生，起到保护作用，这种膜称为"钝化膜"，这种现象成为"钝化现象"。

(2) 电化学腐蚀　金属表面与电解质溶液发生电化学反应而引起的破坏成为电化学腐蚀。任何一种按电化学机理进行的腐蚀反应至少包括一个阳极反应和一个阴极反应，并有电流产生。当两种电极电位不同的金属同时处在一个电解质溶液中时，将形成原（微）电池，使电极电位较低的金属成为阳极并不断被腐蚀，电极电位较高的金属为阴极而不被腐蚀。在同一合金中，也有可能产生电化学腐蚀。例如，钢中珠光体由铁素体和渗碳体两相组成，前者的电极电位较低，当存在电解质溶液时，铁素体成为阳极而被腐蚀。金属中存在的化学成分与组织的不均匀性，以及物理状态的不均匀性，例如基体与第二相、基体与夹杂物、晶界与晶内、不同取向的晶粒、化学成分或组织的偏析、内应力大小不同的区域等，均会引起电极电位差，在与电解质溶液接触时，组成微电池，使电极电位较低的相或微区造成阳极腐蚀。电化学腐蚀是金属腐蚀中最常见、最普遍的腐蚀类型，例如金属在大气、海水、土壤腐蚀均属于电化学腐蚀。

2. 高分子材料的老化

高分子材料在加工、贮存和使用过程中，要经受热、光照、潮湿等各种环境因素的影响，使性能下降，最后丧失使用价值，这种现象称为老化。高分子材料的老化一般有以下几种情况：

1）外观的变化，如出现污渍、斑点、银纹、裂纹、喷霜、粉化及光泽和颜色的变化。

2）物理性能的变化，如溶解性、溶涨性、流变性能、耐寒、耐热、透水、透气以及绝缘电阻、电击穿强度等性能的变化。

3）力学性能的变化，如抗拉强度、弯曲强度、抗冲击强度的变化。这些性能的变化都将使高分子材料失去原有的使用价值，引起有关机械、电子产品或其他构件的失效，从而造成巨大的经济损失。

因此对高分子材料的老化和稳定性能的研究已成为现代材料科学与技术中的重要组成部分。高分子材料的老化，从其本质上讲，可以分为化学老化和物理老化两大类。

高分子材料的化学老化是一种不可逆的化学反应，它是高分子材料分子结构变化的结果。例如塑料的脆化、橡皮的龟裂等变化是不可逆的、不能恢复的；化学老化主要有降解和交联两种类型。降解是高分子化学键受到光、热、机械作用力等因素的影响，分子链发生断裂从而引发自由基连锁反应的结果；交联是指断裂了的自由基再相互作用产生交联结构的结果。降解使高分子的相对分子质量下降，材料变软发粘，抗拉强度下降；交联使材料变硬、变脆，延伸率下降。

高分子材料的物理老化是指处于非平衡态的不稳定结构，在玻璃化转变温度（T_g）以下存放过程中会逐渐趋向稳定的平衡态，从而引起材料物理、力学性能随存放或使用时间而变化的现象。

第三节　不同种类材料的主要性能比较

一、弹性模量的比较

在工程中弹性模量是表征材料对弹性变形的抗力，即材料的刚度，其值越大，则在相同应力下产生的弹性变形就越小。在机械零件或建筑结构设计时为了保证不产生过大的弹性变形，都要考虑所选用材料的弹性模量。因此弹性模量是结构材料的重要力学性能之一。在某些情况下，例如选择空间飞行器用的材料，为了既保证结构的刚度，又要求有较轻的质量，就要使用"比弹性模量"的概念来作为衡量材料弹性性能的指标。比弹性模量是指材料的弹性模量与其单位体积质量的比值，亦称为"比模量"或"比刚度"。在结构材料中，具有共价键、离子键或金属键的陶瓷材料和金属材料都有较高的弹性模数，一般陶瓷的比弹性模数都比金属材料的大；而在金属材料中，大多数金属的比弹性模数相差不大，只有铍的比弹性模数显得特别突出。高分子聚合物由于分子键结合力较弱，因而其弹性模量较低。复合材料由于结构的特点，其弹性模量也很高，对于树脂基的复合材料，其弹性模量远比基体树脂高。常见工程材料的弹性模量如图2-9所示。

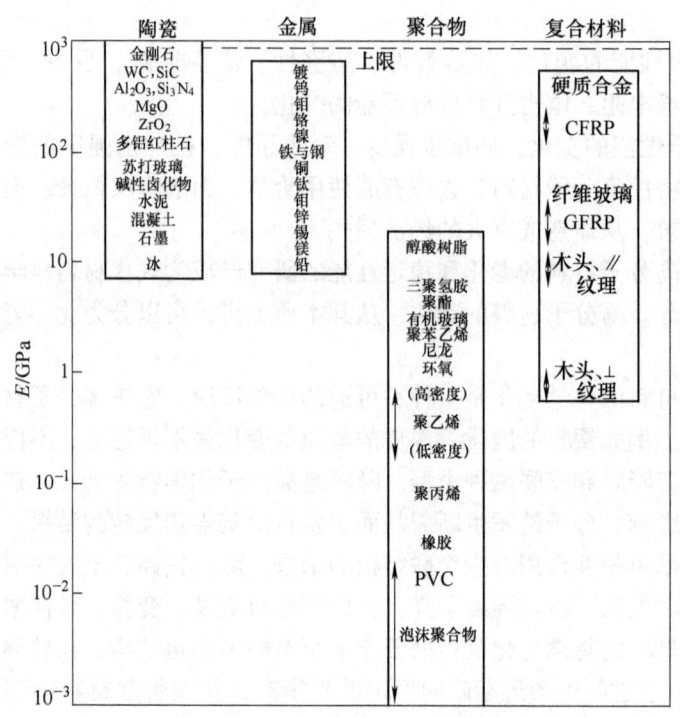

图2-9　各类工程材料弹性模量对比

二、屈服强度的比较

屈服强度是材料的重要力学性能指标之一，标志着材料在承受载荷时抵抗塑性变形的能力。各类材料的屈服强度范围如图2-10所示。

常见工程陶瓷的屈服强度都很高，SiC、Si_3N_4、Al_2O_3及各种碳化物的强度值高于所有金属，但它们塑性极低，断裂应变值几乎为零。

纯金属的屈服强度很低，且强度随着材料纯度及合金成分的不同可在很大范围内变化。超纯金属的屈服强度仅为1~20MPa，而工业纯金属的强度可提高一个数量级，加入合金元素后强度又可再提高一个数量级。与陶瓷不同的是金属常具有良好的延性，这一优点为材料的冷成型提供了必要条件，同时冷成型时的加工硬化又显著提高了金属材的强度。此外，不少金属可以进行热处理，热处理也能大幅度改变材料的强度和塑性。

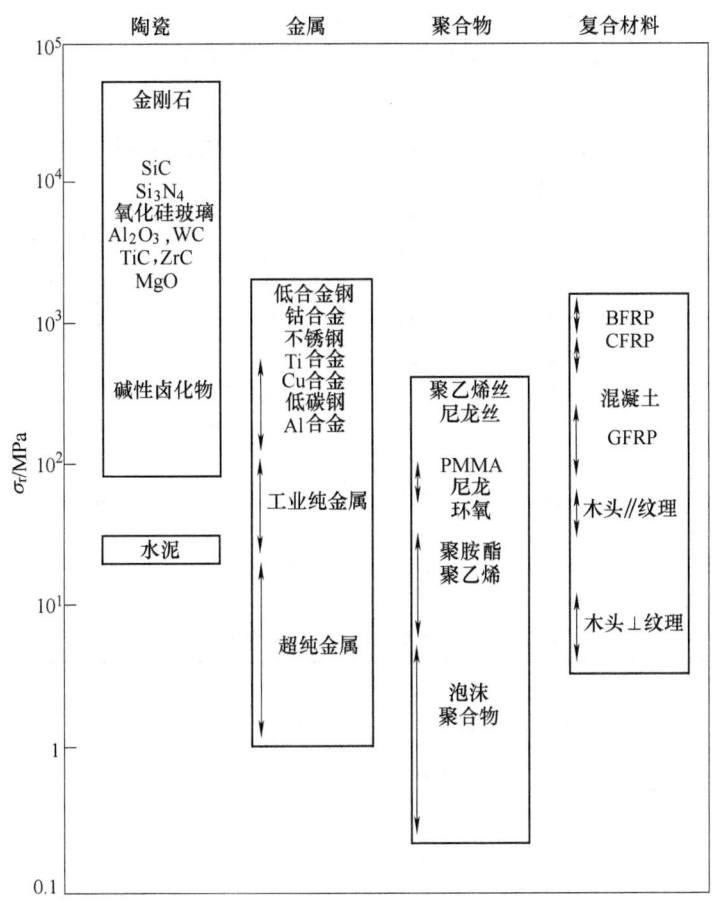

图 2-10 各类工程材料的屈服强度对比

聚合物的强度一般比金属低得多,即使是强度最高的聚合物,仍低于金属中强度较低的铝合金。然而用聚合物制成复合材料后,其强度可大幅度地提高,如用碳纤维增强的聚合物,其强度已经明显地超过铝合金的水平,若以比强度来考虑,复合材料更优于金属。

三、热导率和比热容的比较

金属材料由于大量自由电子的存在,因而具有较大的热导率,但金属内部的杂质和缺陷会妨碍自由电子的运动,减少传导作用,所以合金的热导率明显变小。对于非金属材料,扩散速率取决于邻近原子的振动和结合的基团。在较强的共价键合的材料中，有序晶体的传热效果较好，因此，如晶态二氧化硅（石英）和金刚石之类的材料，由于所有原子都由强力的共价键构成晶体结构，因此都是较好的热导体。高分子材料呈远程无序结构，热量的转移主要是由热能激发的分子产生的振动波激励邻近分子的形式传递的。这种由分子向分子转移热量的方式，传递速度很慢，所以高分子材料的热导率很低，一般约为金属的1/100～1/150，结晶聚合物的热导率稍高一些。常见一些材料的热导率见表2-2。

表 2-2 某些工程材料的热导率和比热容

材料	热导率 /$W\cdot m^{-1}\cdot K^{-1}$	比热容 /$J\cdot kg^{-1}\cdot K^{-1}$	材料	热导率 /$W\cdot m^{-1}\cdot K^{-1}$	比热容 /$J\cdot kg^{-1}\cdot K^{-1}$
铝	247	900	氧化铝	30.1	775
铜	398	389	氧化镁	37.7	940
金	315	130	尖晶石	15.0	790
铁	80.4	448	钙钠玻璃	1.7	840
镍	90	443	聚乙烯	0.38	2100
银	428	235	聚丙烯	0.12	1880
钨	178	142	聚苯乙烯	0.13	1360
25钢	51.9	486	聚四氟乙烯	0.25	1050
316不锈钢	16.3	502	酚醛树脂	0.15	1650
黄铜	120	375	尼龙-66	0.24	1670

高分子材料的比热容主要有化学结构决定的，一般在 $1\sim 3kJ\cdot kg^{-1}\cdot K^{-1}$ 之间，比金属及无机材料的比热容要大。常见一些材料的比热容见表2-2。

本 章 小 结

在实际生产中，根据产品的用途对所选材料提出各种各样的性能要求，而不同的工程材料，其力学性能、物理性能、化学性能以及工艺性能有着很大的差异，从而能够满足不同产品的性能要求。材料的性能取决于其内部结构，下面章节将详述这一内容。

复习思考题

1. 拉伸实验可以得到哪些力学性能指标？在工程上这些指标是怎样定义的？
2. 有一低碳钢拉伸试样，其 $d_0=10.0mm$，$L_0=50mm$，拉伸试验时测得 $F_s=20.5kN$，$F_b=31.5kN$，$d_1=6.25mm$，$L_1=66mm$，试确定此钢材的 σ_s、σ_b、ψ、δ。
3. 下列各种工件应该采用何种硬度测试法来测定其硬度：
锉刀、黄铜轴套、供应状态的各种非合金钢钢材、硬质合金刀片、耐磨工件的表面硬化层、调质态的机床主轴。

4. 为什么金属的电阻随温度升高而增大,而半导体的电阻却因温度升高而减小?
5. 表征超导体性能的三个主要指标是什么?
6. 什么是抗磁性和顺磁性?对比抗磁性材料、顺磁性材料和铁磁性材料的异同点。
7. 分析铁磁材料磁化曲线的特点。对比软磁材料和硬磁材料的特点。
8. 解释固体材料热膨胀的原因。
9. 对比化学腐蚀和电化学腐蚀的特点。
10. 什么叫老化现象?高分子材料的老化现象有哪几种情况?

第三章 材料的原子结构和原子间的结合键

在外界条件固定时,材料的性能取决于材料内部的构造。这种构造就是组成材料的原子种类和含量以及它们的排列方式和空间分布。习惯上将前者称为成分,后者称为组织结构,我们把这两者统称为结构。因此我们研究材料结构与性能之间的关系的,首先必须弄清楚组成材料的原子结构以及相互之间的结合特点。

第一节 材料结构和原子特性

一、材料结构的涵义

材料结构是指组成材料的原子(或离子、分子)相互结合的方式或构成的形式(这些形式称为结构要素)以及结构要素按一定次序的组合、排列及相互间的各种联系。不同材料有各种不同的结构要素,例如材料各种各样的相、组织、缺陷、单体、大分子链等都属于材料的结构要素。

材料的内部结构可随化学成分和外界条件的变化而改变,从而改变材料的性能。例如碳的质量分数在0.25%以下的低碳钢,通常具有良好的塑性和韧性,但强度和硬度较低;碳的质量分数在0.6%~1.4%范围的高碳钢,其强度和硬度较高,而塑性和韧性较差。又如碳的质量分数为0.8%的共析碳钢,退火后的硬度约为15HRC,淬火后的硬度高达62HRC,这是因为碳钢经不同的热处理之后得到了不同的结构。因此,了解材料成分、结构与性能之间的关系以及材料加工、处理和使用过程中结构的变化规律是非常重要的。

材料结构包括以下内容:

(1)组成材料原子(或离子、分子)的构造 组元原子有它本身的结构特点,例如原子的半径大小、电负性的强弱、电子浓度的高低等,这些特征直接影响材料结构及其性能。高分子材料由很多大分子链构成,而形成它们的大分子链本身也有它的结构特点。

(2)组成材料原子(或离子、分子)间的结合 它们之间靠着各种键力相互结合起来。结合键可有金属键、离子键、共价键、分子键……。

(3) 组成材料原子（或离子、分子）的排列　包括有规则的晶体排列、无规则的非晶体排列或晶体与非晶体的混合排列。

(4) 材料结构内存在的缺陷　有规则原子排列的晶体内，并不是完全的理想状态，实际存在各种缺陷，根据缺陷在空间的形貌特征，可分为面缺陷、线缺陷、点缺陷。

材料结构从宏观到微观，即按研究的层次，大致可分为宏观组织结构、显微组织结构、原子或分子排列结构、原子中的电子结构等。宏观组织结构是指人们用肉眼或放大镜所能观察到的晶粒或相的集合状态。显微组织结构是借助光学显微镜和电子显微镜观察到的晶粒或相的集合状态，其尺度约为 $10^{-7} \sim 10^{-4}$ m。例如金属铸锭经外压加工或热处理后，晶粒（或相区）变细，用肉眼和放大镜已观察不清楚，而需要用显微镜。由于金属不透明，故需先制备金相样品，包括样品的截取、磨光和抛光等步骤，把观察面制成平整而光滑如镜的表面，然后经过一定的浸蚀，在金相显微镜下观察。

原子或分子排列结构是较显微组织结构更细，其尺度约为 10^{-10} m。对于金属晶体来说，其原子排列结构称为晶体结构，具体结构类型可用 X 射线衍射来分析。

原子中的电子结构是指原子中电子的分布规律。这种结构的尺度约为 10^{-13} m。当原子聚集成固体时，原子的电子之间相互作用对材料的物理性能和力学性能产生重要影响。因此电子结构的研究是由孤立原子的电子结构研究和固体中原子聚合体的电子结构研究两部分组成。

二、原子特性

1. 原子结构

通常，原子被认为是物质的基本组成物，原子胶态地连接在一起，形成晶体和非晶体材料。原子的集合物可有气体、液体或固体等形态。原子之间的差异以及表现在机械的、物理的、化学的性能方面的不同，主要是由于各种原子或电子的结构不同。在结构上，原子核是由带正电荷的粒子即质子和不带电荷的粒子即中子组成。质子数也即原子序数（Z），决定了元素的本性。核内质子和中子的总数决定了原子量。每个原子的原子核周围有电子围绕。电子是很小的带电粒子，质量为质子的 1/1836。电子的电荷总数与质子的电荷数相等，但电性相反，即一个原子的电子数和质子数是相等的。原子直径以埃（Å）为量级单位。由于 $1\text{Å} = 10^{-10}$ m，所以，当我们考虑单个原子时，涉及的是极其微小的量。

虽然常简单地把原子看作离散的、均匀的刚性球形模型，但事实上原子是个相当分散而不均匀的柔体。现代的原子结构概念是把原子的电子描绘为没有固定边界的"气态"云。电子云的密度越接近原子核越大。原子的轨道电子或电子云，能被电力、磁力和机械力所改变或干扰。这种改变和干扰对工程材料的性能，如导电性、导热性、磁性和抗腐蚀性等产生很大的影响。

2. 量子力学几个基本概念

（1）微观粒子的波粒两象性　1905年爱因斯坦提出光子理论，认为电磁辐射是由光子组成。每个光子能量 E 和动量 p 为

$$E = h\nu = \hbar\omega \tag{3-1}$$

$$p = \frac{h\nu}{c} = \frac{h}{\lambda} = \hbar K \tag{3-2}$$

式中，h 为普朗克常量；ω 为圆频率，ν 和 λ 分别是辐射的频率和波长；K 是波矢量，其值为 $2\pi/\lambda$；c 是光速。式（3-1）称为爱因斯坦关系式。

我们知道不仅光具有波粒二象性，而且静止质量不为零的电子、质子、中子、介子和分子等微观粒子都具有这种性质。因此各种微观粒子也同样符合如下关系

$$\omega = E/\hbar \tag{3-3}$$

$$\lambda = h/p \tag{3-4}$$

式（3-3）、式（3-4）称为德布罗意公式。

按照波动力学观点，电子和一切微观粒子都具有二象性，既具有粒子性，又具有波动性。联系二象性的基本方程为

$$\lambda = \frac{h}{p} = \frac{h}{mv} \tag{3-5}$$

式（3-5）表明，一个动量为 $p = mv$ 的微观粒子的属性如同波长为 $\lambda = h/p$ 的波的属性一样。从上式可以看出，如果通过改变外场而改变电子的动量，微观粒子的波长也就随之而变。将实验中通常遇到的电子速率和质量值代入上式计算出波长 λ 后即可发现，λ 值正好和晶体中相邻原子间的距离为同一数量级，因而有可能满足布拉格公式而发生电子衍射效应。因此上式可以认为是一切有关原子结构和晶体性质的理论和实验基础。

（2）海森堡测不准原理　海森堡（Heisenberg）提出，对于微观粒子，要同时确定位置和动量，原则上是不可能的，若将其中一个量测量到任何的准确程度，则对另一个量的测量准确度就会相应降低。设测不准量分别为 Δx 和 Δp，则有

$$\Delta x \cdot \Delta p \approx \frac{h}{2\pi} = \hbar \tag{3-6}$$

能量 E 和时间 t 存在类似的关系，则有

$$\Delta E \cdot \Delta t \approx \frac{h}{2\pi} = \hbar \tag{3-7}$$

海森堡原理表明了量子力学的一个基本特点：我们不能决定某一物理量的确切数值，而只能从宏观大量的测量中得到它的几率分布；如果要使这个几率范围达到极窄，则只有牺牲该体系中要测量的其他物理量的精度才能达到。

(3) 薛定谔方程 由于电子具有波动性，谈论电子在某一瞬时的准确位置就没有意义。我们只能讨论电子出现在某一位置的几率。为此，人们往往用连续分布的"电子云"来表示单个电子出现在各处的几率，电子云密度最大的地方就是电子出现几率最大的地方。

在量子力学中，微观粒子具有波动性，并且是一种统计意义下的几率波，它是位置和时间的函数，写为 $\Psi(x,y,z,t)$ 或 $\Psi(r,t)$，称为波函数。在光的电磁波理论中，光波是用电磁场 E 及 H 来描述的，光在某处的强度与该处的能量 E 或 H 成正比。仿照这点，几率波的强度应与 $\Psi(r,t)$ 成正比。但是，微观粒子的几率波与其他波出现的几率总和等于1，故粒子在空间各点出现的几率只取决于波函数在空间各点强度的比例，而不取决于强度的绝对大小。

微观粒子的状态用波函数 $\Psi(r,t)$ 来描述，当时间改变时，粒子状态（波函数）将按照薛定谔方程进行变化，即

$$i\hbar \frac{\partial}{\partial t}\Psi(r,t) = \left[-\frac{\hbar^2}{2m}\nabla^2 + U\right]\Psi(r,t) \tag{3-8}$$

式中，U 是粒子在外场中的势能；m 是粒子的质量，$\nabla^2 = \frac{\partial^2}{\partial x^2} + \frac{\partial^2}{\partial y^2} + \frac{\partial^2}{\partial z^2}$ 是拉氏符号。由于 $|\Psi(r,t)|^2 d\tau$ 表示瞬间 t 在体积元 $d\tau$ 所找到粒子的几率，因此这个函数必须满足归一化条件

$$\int |\Psi|^2 d\tau = 1 \tag{3-9}$$

此积分是整个空间的。如果 U 与时间无关，则 Ψ 可以表示为

$$\Psi(r,t) = \Psi(r)\exp^{-i(E/\hbar)t} \tag{3-10}$$

式中，E 为常数，那么与空间有关的 $\Psi(r)$ 应满足方程

$$\left(-\frac{\hbar}{2m}\nabla^2 + U\right)\Psi(r) = E\Psi(r) \tag{3-11}$$

式(3-11)称为定态薛定谔方程。只要给定了 U，用一定的边界条件解此方程，就可以求出可能的 E 及它们对应的波函数。分析表明，此时粒子的总能量就是 E。

3. 核外电子

原子中电子的分布和运动需要用量子力学的方法进行研究。测不准原理表明，电子在原子中的位置不能被严格地确定，但是理论和实验都能精确得到电子在原子核势场的作用下所处的一些特定能量状态——能级以及在某处出现的几率。因此，对电子绕核作高速运动的描述，已放弃经典理论中具体的"轨道"概念，而是按电子所具有的能量和在空间各点出现的几率（像有疏有密的云雾一样，称为电子云）来说明。如果沿用"轨道"或"壳层"这个惯用词，则仅是代表电子的一种能量状态或某一波函数。

最简单的情况是氢原子，它由一个带正电的质子和一个带负电的电子组成。

其势能 U 仅取决于两电荷的距离 r，即

$$U = -\frac{1}{4\pi\varepsilon_0}\frac{e^2}{r} \tag{3-12}$$

式中，ε_0 为真空介电常数。将此式代入式（3-11），可求出方程的解

$$E_n = \frac{-me^4}{8\varepsilon_0^2 h^2}\frac{1}{n^2} = -13.6\frac{1}{n^2} \tag{3-13}$$

式中，n 为主量子数，可为 1，2，3，…。由此可见，电子在原子核势场作用下只能处在这样的不连续能量状态，称之为能量的量子化。n 越大，能级间距离越小，当 $n=\infty$ 时，电子的能量为零，电子就不受束缚。E_∞ 与电子基态（$n=1$）能量 E_1 之差称为电离能。氢原子的电离能为 $E_1 = -13.6\text{eV}$。

在多电子的原子中，电子的能量也是不连续的，它们分布在不同能级上。这种按"层"分布称为电子壳层，以主量子数 n 来标定。n 为 1 时，电子受核引力最大，值最负，故能量最低，习惯上称为 K 壳层。n 为 2 时，能级较高，称为 L 壳层，类推依次为 M，N，O，…。

电子绕核运动不仅具有一定能量，而且也具有一定的角动量。量子力学证明，这种角动量也是量子化的，即 $p_l = \frac{h}{2\pi}\sqrt{l(l+1)}$，$l$ 为角量子数，按光谱学的习惯，将 $l=0$，1，2，3，4 的状态分别称为 s，p，d，f，g 状态。具有不同 l 的电子，在空间各方向的分布状态不同。对同一个主量子数 n，l 的可能值为 0，1，2，…，$(n-1)$。不同 l 的壳层称为支壳层，例如 $n=1$ 时，l 只能为 0，处于这种状态的电子称为 1s 电子；$n=2$ 时，l 可以有 $l=0$，1 两种状态，处于这种状态的电子分别称为 2s，2p 电子。

如果在磁场 H 中进行实验，则电子轨道运动角动量 p_l 不仅在数值上不能任意取值，而且相对于磁场方向的取向也不能任意。量子力学证明：p_l 沿磁场方向的分量 p_z 也是量子化的，$p_z = m_l\frac{h}{2\pi}$，其中 m_l 称为磁量子数，它决定了轨道角动量 p_z 在空间的方位。对同一个角量子数 l，m_l 的可能值为 0，±1，±2，…，±l，共有 $2l+1$ 个不同的值。例如 s 电子只有一个状态，波函数为球形对称。p 电子则有，$2l+1=3$ 个不同空间分布的状态，对应于 $m_l=0$，±1。

电子除绕核运动外，还有自旋运动，并且自旋运动仍是量子化的，其自旋角动量 p_s 只取 $m_s\frac{h}{2\pi}$，其中 m_s 值为 $\frac{1}{2}$ 或 $-\frac{1}{2}$，称为自旋量子数。

综上所述，电子在原子中的运动状态是由 n，l，m_l，m_s 4 个量子数确定的，它们分别为主量子数、角量子数、磁量子数和自旋量子数，对应着一个特定的波函数 Ψ_{nlm}。

另外，在多电子的原子中，电子的分布必须遵守泡利不相容原理、能量最低

原理和最多轨道原理（洪特规则）。

第二节　原子间作用力和结合能

一、原子的聚集态

除了在某些特殊条件下之外，元素难得以原子态存在，基本上均以分子或液态及固态存在，后二者统称为凝聚态。凝聚态之所以成为物质常见的存在状态，说明原子间存在着把它们束缚在一起的相互作用力，或称它们之间存在结合键。不同材料内部存在着不同类型的结合键，工程材料的力学和物理性能，很大程度上取决于原子之间力即结合键的性质。根据结合键的不同状态，可把凝聚态分成五大类：液体、液晶、橡胶态、玻璃态和晶态。液体的体积模量很大，但其切变模量却为零，这是由于内部结合键已经熔化，原子处于无序运动中，故只能承受压力，经不起剪切力的作用；液晶的情况与液体相似，其结合键基本熔化，它的切变模量和弹性模量都趋于零；后三种状态为固态，其中晶态和玻璃态的结合键均处于固化状态，故体积模量及弹性模量很大，而橡胶态的情况就不同了，其体积模量很大，但弹性模量却很小，这是由于材料内大量二次键已经熔化所致。除弹性模量外，材料的许多性质与行为均直接或间接地与材料内部的结合键性质密切相关。

二、聚集态原子间作用力和结合能

不同类型的固体有不同的结合键，但它们在定性上具有共同的规律。下面我们来分析原子间力作用的方式及原子的势能随原子间距离是怎样变化。图 3-1 示意这种关系的基本特征。从图中可看到，当原子间距 r 很大时，原子之间的作用力很小；当原子离开得更远时（无限距离），相互间作用力趋近于零，位能也是如此。当原子间距离 r 较小时，存在着很大的吸引力，势必把原子拉在一起，当

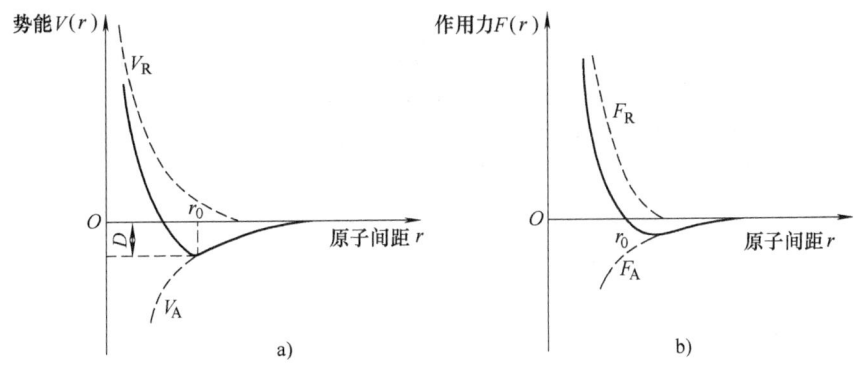

图 3-1　势能及作用力与原子间距的关系

原子更接近即 $r = r_0$ 时，终于达到原子间吸引力与排斥力相平衡，换言之，力的和等于零，此时原子对的位能为最小值，该能量代表了原子间的键能，该位置是原子最稳定的构型，该间距称为平衡间距。

与原子之间的键合有关的能量，强烈地取决于原子间距离。如要增加或减少变原子间距，都需要施力。这种情景可用想象的圆柱弹簧将圆球连接起来比拟。平衡时，圆球间隔为等距离 r_0，要使两球更靠近，必需加力压缩两球之的弹簧；同样，要使两球分开，需加力使弹簧伸长。在原子处于平衡位置时，原子间距的任何改变都使位能急剧增加。由于功或能等于力与距离的乘积，故相邻原子间相互总作用势能可用数学式表示为

$$V_N = \int_\infty^r F_A dr + \int_\infty^r F_R dr = V_A + V_R \tag{3-14}$$

其中，F_A、F_R 为吸引力和排斥力，V_N、V_A、V_R 分别为总作用势能、吸引能和排斥能。当 $r = r_0$ 时，有 $F_A + F_R = 0$，此时对应着势能最小值，即势能谷。势能曲线最低点的能量数值就是这两个原子的结合能 E_0，它表示把这两个原子分开到无穷远处所需的能量，或需要做的功。

对于多原子间的相互作用来说，要复杂得多。其结合能的大小以及势能曲线的形状是随材料的类型而变化的，这二者都取决于原子间结合的性质。多数固体材料都是晶体。晶体的结合能可定义为

$$E_B = E_N - E_0 \tag{3-15}$$

式中，E_0 为晶体的总能量，E_N 为组成该晶体的 N 个原子在自由状态时的总能量。一块晶体处于稳定状态时的总能量比组成该晶体的各原子在自由状态时的总能量低。这二者之差就是结合能 E_B。对它的研究，有助于了解组成晶体的粒子间相互作用之本质。一些晶体的结合能可粗略地表示为

$$E(r) = -\frac{A}{r^m} + \frac{B}{r^n} \tag{3-16}$$

式中，A、B、m、n 为常数。右边第一项为吸引能，第二项为排斥能。对于一些离子晶体，$m = 1$，$n = 9$；而一些金属，$m = 1$，$n = 3$。不同类型的材料，有不同的 m 和 n，这说明不同晶体的结合性质（结合键）在定性上具有共同的性质，而在定量上却是不同的。

第三节　原子间的结合键

原子之间的结合力，也称结合键。它主要表现为原子间吸引力和排斥力的合力结果。当原子间互相作用处于平衡位置时，这两种力的合力为零，相对应的位能曲线是一个最低点。在固体材料中，原子之间排斥力作用大致具有相同的形

式，而吸引力作用则表现出不同的形式，从而产生不同的原子结合方式，即不同的键型。这些结合键可大致分为两类：化学键和物理键，或称一次键和二次键。化学键（一次键）通常指离子键、共价键和金属键，而物理键（二次键）则是范德华键和氢键。

一、离子键

当周期表中相隔较远的一正电性元素原子和一负电性元素原子接触时，前者失去最外层价电子变成带正电荷的正离子，后者获得电子变成带负电荷的满壳层负离子。正离子和负离子由于静电引力相互吸引，当它们充分接近时会产生排斥，引力和斥力相等即形成稳定的离子键。离子键要求正负离子相间排列，而且要使异号离子之间的引力最大，同号离子之间的斥力最小。

氯化钠晶体是典型的靠离子键结合的离子晶体。钠原子有一个价电子处于稳定的八个电子所组成的壳层以外，氯原子有七个价电子，需要一个电子以形成八个电子的稳定壳层。钠原子失去一个电子成为带正电荷的 Na^+，氯离子获得一个电子成为带负电荷的 Cl^-。这两种离子依靠静电引力相互吸引，直至引力被斥力所平衡形成离子化合物。

一个 Na^+ 可以和几个 Cl^- 相结合。一个 Cl^- 也可以和几个 Na^+ 结合，钠离子和氯离子交错分布，整个晶体呈电中性。由于整个晶体可以看作一个大分子，所以离子键没有饱和性；同时，离子的电荷分布呈球形对称，在各个方向都可以吸引电荷相反的离子，因而离子键没有方向性。

离子键的结合力比较大，所以离子晶体的硬度高，强度大，热膨胀系数小，但脆性大。例如 MgO、Al_2O_3 和钢中的某些非金属夹杂等。离子键中很难产生可以自由运动的电子，所以离子晶体都是良好的绝缘体。在离子键结合中，由于离子的外层电子比较牢固地束缚在离子的外围，可见光的能量一般不足以使其外层电子激发，因而不吸收可见光，所以典型的离子晶体往往是无色透明的。从上可见，离子晶体的性能在很大程度上取决于离子的性质及其排列方式。

二、共价键

处在周期表中间位置的一些具有三、四、五个价电子的元素，距表两边惰性元素的距离相当，获得和丢失电子的能力相近，原子既可能获得电子变为负离子，也可能丢失电子变为正离子。当这些元素原子之间或与周期表中位置相近的元素原子形成分子或晶体时，由共用价电子形成稳定的电子满壳层的方式结合。被共用的价电子同时属于两相邻的原子，使它们的最外层均为电子满壳层。价电子主要在这两个相邻原子核之间运动，形成一负电荷较集中的地区，因而对带正电荷的原子核产生吸引力，将它们结合起来。这种由共用价电子对产生的化学键叫做共价键。由共价键形成的晶体为共价晶体。共价晶体中的粒子为中性原子，所以也叫做原子晶体。具有代表性的共价晶体为金刚石。金刚石是由碳原子组成的，每个碳原子贡献出四个价电子与周围的四个碳原子共有，形成四个共价键，构成正四面体结构：一个碳原子在中心，与它共价的另外四个碳原子在四个顶角上。硅、锗、锡等元素也是共价晶体，属于共价晶体的还有 SiC、Si_3N_4、BN 等化合物。有些元素，如碲、硒、砷、锑、铋等的原子之间近似于共价结合。H_2、N_2、O_2、Cl_2 等单质分子和 HCl、H_2O、NH_3 等化合物也是靠共价键结合。

一般，两个相邻原子只能共用一对电子。故一个原子的共价键数，即与它共价结合的原子数，最多只能等于 8−N，N 表示这个原子最外层的电子数。所以共价键具有明显的饱和性。另外，在共价晶体中，原子以一定的角度相邻接，各键之间有确定的方位，因此共价键有着强烈的方向性。

共价键的结合力很大，所以共价晶体具有强度高、硬度大、脆性大、熔点高、沸点高和挥发性低等性质，结构也比较稳定。由于相邻原子所共有的电子不能自由运动，共价晶体的导电能力较差。

三、金属键

周期表左边的Ⅰ、Ⅱ、Ⅲ族元素均在满壳层外有一个或几个价电子。满壳层在带正电荷的原子核和价电子之间起屏蔽作用，原子核对外面轨道上的价电子吸引力不大，所以原子很容易丢失其价电子而成为正离子。当大量这样的原子相互接近并聚集为固体时，其中大部或全部原子都会丢失其价电子。同离子键或共价键不一样，这里被丢失的价电子将不为某个或某两个原子所专有或共有，而是属于全体原子所公有。这些公有化的电子叫做自由电子，它们在正离子之间自由运动，形成所谓电子气。正离子则沉浸在电子气中。在理想情况下，当价电子从原子上脱落形成对称的正离子，其电子云的分布呈球对称。由于这种对称性，正离子在三维空间或电子气中呈高度对称的规则分布。正离子和电子气之间产生强烈的静电吸引力，使全部离子结合起来，这种结合力就叫做金属键，由金属键结合起来的晶体为金属晶体。

由于存在自由电子，金属就具有高导电性和导热性，自由电子能吸收光波能量，产生跃迁，从而表现出有金属光泽、不透明。另外，在金属晶体中，价电子弥漫在整个体积内，所有的金属离子皆处于相同的环境之中，全部离子（或原子）均可看作是具有一定体积的圆球，所以金属键无所谓的饱和性和方向性。

四、分子键（范德华力）

原子状态已经形成稳定电子壳层的惰性气体元素在低温下可结合为固体，VIIB 族元素的双原子分子也能结合成晶体。在它们结合的过程中，没有电子的得失、共有或公有化。原子或分子之间的结合力是很弱的范德华力。这种存在于中性原子或分子之间的结合力叫做分子键，其本质上是一种物理键。因为在离子键、共价键和金属键等化学键中，原子的价电子分布同孤立原子的很不相同，而在形成分子键时，价电子的分布几乎没有变化。

范德华键是以弱静电吸引的方式使分子或原子团连接在一起的。它有 3 个来源：①偶极间的静电力（葛生力）。这是由极性分子（其内部正、负电荷的中心不重合）的固有偶极矩产生的，如 HCl 分子。②诱导力（德拜力）。这是由诱导偶极矩产生的。当体系中同时含有极性分子和非极性分子时，极性分子的偶极必使邻近的非极性分子极化，即非极性分子的电子云与其核发生了相对位移，分子发生变形使原先重合的正、负电荷彼此分离，成为诱导偶极。③色散力（伦敦力）。非极性分子没有偶极矩，是指一般情况而言。实际上非极性分子在每一瞬时，分子（或原子）上电子云分布的密度是不均匀的，正负电荷中心不重合，分子一端带负电，另一端带正电，出现分子的极化现象，形成瞬时偶极矩。例如惰性气体原子或饱和分子（CO_2、CH_4 等）虽都是非极性的，但由于电子运动的结果，可在原子核和分子内部发生短暂的极化，从而导致吸引作用。

以上三种分子键中，色散力最弱，德拜力次之，葛生力不涉及诱导偶极，其键能大于其他两种力。在分子中，这三种力各占的比例要看相互作用的分子极性和变形性而定。极性越高，葛生力的作用越重要；变形性越大，伦敦力的作用越重要；德拜力则与这二者均有关。显然，无论如何，范德华吸引力很弱，且随原子距离的增大迅速下降。例如液氮在 $-198°C$ 保持液态正是靠共价结合的氮分子之间的范德华力，若将液氮倒在地面上，室温下的热扰动就足以破坏这一键力，液氮便转化为气体，由此可见，这种键力之微弱。然而，如果没有这种键，大部分气体就不能液化，人们就不能从大气中分离出工业用气体来。又如由大分子链组成的高聚物（聚氯乙烯塑料），其大分子链内部通常具有共价键，应该是很脆的，但因链与链之间的结合（大分子与大分子之间）是范德华键，由于这种键的结合力很弱，在外力作用下，键易破坏平衡，导致分子链的滑动，致使高聚物产生很大的变形。这说明范德华键可在很大的程度上改变材料的性质，由范德华键结合的材料会有很高的塑性。

晶体几种不同结合键中，离子键结合能最高，共价键其次，金属键第三，而范德华键最弱。因此，反映在不同结合键的材料特性上也会有明显的差异。

五、氢键

在含氢的物质中，特别是含氢的聚合物中，经常可以见到由氢离子所引起的键。一般一个中性氢原子只和一个另外的原子形成共价键。但是在一定的条件下，一个氢原子可以同时与两个电子亲合能大的，半径较小的原子（F、O、N 等）相结合，这种结合力叫氢键。

氢键的产生主要是由于氢原子与某一原子形成共价键时，共有电子向这个原子强烈偏移，使氢原子几乎变成一个半径很小的带正电荷的核，因而这个氢原子还可以和另一个原子相吸引，形成附加的键。例如 F—H⋯F，O—H⋯O，N—H⋯O 等，式中实线为共价键，虚线即表示氢键。此时若有第三负离子再要与该氢核结合，就要受到已与该氢核结合的两个负离子的排斥作用，故而不能实现。氢键是一种较强的键，比范德华键强得多，但比离子键、共价键等要小得多。它属于特殊类型的物理键，具有方向性和饱和性。氢键在许多情况下起了重要的作用。

由氢键结合起来的晶体为氢键晶体。水、冰中都含有氢键，化工材料硼酸就是典型的氢键晶体。由于氢键，才使水分子 H_2O 之间发生缔合而呈凝聚态（范德华力也起部分作用），从而使冰要比干冰（固态 CO_2）稳定得多，熔点也高得多。

第四节　原子间结合键与材料类型及性质

一、原子间结合键与材料类型

固体材料可以有各种不同的分类方法。工程上主要根据固体中的结合键的特点或本性进行分类。从而可以将主要用于制作结构、机件和工具等的固体材料分为金属材料、高分子材料、陶瓷材料、复合材料四大类。对于每一类材料来说，原子的结合方式具有很大差异，甚至截然不同，从而也决定了此类材料的基本属性。

1. 金属材料

金属材料是最重要的工程材料，包括金属和以金属为主的合金。最简单的金属材料是纯金属。周期表中的金属元素分简单金属与过渡族金属两种。凡是内电子壳层完全填满或完全空着的那些元素均属于简单金属；内电子壳层未完全填满的元素属于过渡金属。简单金属的结合键完全为金属键，过渡金属的结合键为金属键和共价键的混合，但以金属键为主。所以以金属为主体的工程用金属材料，其原子间的结合键基本上为金属键，原子作周期性规则排列，为金属晶体。

工业上把全部金属和其合金分成两大部分：

（1）黑色金属　铁和以铁为基的合金（钢、铸铁和铁合金）。

（2）有色金属(又称非铁合金)　黑色金属以外的所有金属及其合金。

应用最广的是黑色金属。以铁为基的合金材料占整个结构材料和工具材料的 90% 以上。黑色金属的工程性能比较优越，价格也较便宜。

按照性能的特点，有色金属又可分为轻金属、易熔金属、难熔金属、贵金属、铀金属、稀土金属和碱土金属。

2. 高分子材料

高分子材料主要指有机合成材料。它具有较高的强度、良好的塑性、强耐腐蚀性、绝缘性、密度小等优良性能，在工程上是发展较快的一类新型结构材料。

高分子材料又叫聚合物，是由许多相对分子质量特别大的大分子所组成。每个大分子由大量结构相同的单元（链节）相互连接而成。有机物质都含有碳元素（通常还含有氢）作为其主要的结构组成。在大部分情况下，碳元素形成大分子的主链。大分子内的原子之间由很强的化学键（共价键）结合，而大分子与大分子之间的结合力为物理键（范德华力），作用力不大。但由于大分子链很长，分子之间的接触面比较大，特别当分子链交缠时，分子与分子之间的结合力不可忽视，它对材料的强度有很大的作用。分子间最强的相互作用是氢键。

和无机材料一样，聚合物按其分子链排列有序与否，可以分成结晶聚合物和无定形聚合物两种。聚合物的结晶度决定于分子链排列的有序程度。

高分子材料种类多样，分类也很繁杂。在工程应用中，通常根据力学性能和使用状态分为以下三类：

（1）塑料　主要指强度、韧性和耐磨性较好的可制造机器零件或构件的工程塑料，有热塑性塑料和热固性塑料两种。

（2）橡胶　主要指经过硫化处理，弹性特别优良的聚合物，有通用橡胶和特种橡胶两种。

（3）纤维　指强度很高的由单体聚合而成的聚合物。

高分子材料与具有某些迁移电子的金属不同，它们的重要组成原子是周期表右上方的非金属元素，具有吸引或共有额外电子的亲和力。每个电子都与特定原子（或原子对）相联系。如塑料的导电性和导热性很有限，这是因为全部热能必须依靠原子振动从热区传到冷区，这比金属中发生的由电子传导能量的过程要缓慢得多。另外，范德华键对材料的性质影响也很大。一般来说，聚合物原子主要由共价键构成，因而性能应很脆，但实际情况并不是这样。这是因为共价键仅反映在主链内，而链与链之间的结合则是范德华键。由于范德华键是很弱的键，因此，只要在分子键间彼此滑动时，范德华键逐步发生局部破裂（此时大分子链内的共价键并不破坏），就可使聚合物产生很大的变形。同样，一定程度的热扰乱，尽管尚未对链内的共价键产生损伤，却会破坏整个分子链间的范德华键合，因此聚合物通常不耐高温。

3. 陶瓷材料

陶瓷是人类应用最早的固体材料。陶瓷坚硬、稳定，可以制造工具、用具，在一些特殊情况下也可用作结构材料。陶瓷材料是一种或多种金属同一种非金属元素（通常为氧）的化合物。其中较大的氧原子为陶瓷的基质，较小的金属（或半金属如硅）原子处于氧原子之间的空隙里。氧原子同金属原子化合时形成很强的离子键，同时存在有一定成分的共价键，但离子键是主要的。金属正离子（失去电子的原子）与非金属负离子（获得电子的原子）相互之间产生了强的吸引力。为了使正负离子分离，通常需要相当大的能量。因此，陶瓷材料都相当的硬和脆。

陶瓷材料属于无机非金属材料的一种。无机非金属材料是指不含碳氢氧结合的化合物，主要是金属氧化物和不含氧的金属化合物。由于大部分无机非金属材料含有硅和其他元素的各种化合物，所以又通称为硅酸盐材料，一般包括无机玻璃（硅酸盐玻璃）、玻璃陶瓷（微晶玻璃）和陶瓷等三种。作为结构和工具材料，工程上应用最广的是陶瓷。

按照成分和用途，工业陶瓷材料可分为：

（1）普通陶瓷（或传统陶瓷）　主要为硅、铝氧化物的硅酸盐材料。

（2）特种陶瓷（或新型陶瓷）　主要为纯氧化物、碳化物、氮化物、硅化物等的烧结材料。

（3）金属陶瓷　主要指用陶瓷生产方法制造的金属与碳化物或其他化合物构成的粉末材料。

事实上，硬和脆是陶瓷的一般属性，除此之外，它们往往比金属和高分子材料更耐高温和更能抵抗恶劣环境。这些特性是组分原子的电子行为所致。离子键的基本特征为金属元素放出外层电子给非金属原子，并保留在其中，其结果是电子不再能自由活动，所以典型的陶瓷材料既是良好的电绝缘体，又是良好的热绝缘体。

4. 复合材料

复合材料就是两种或两种以上材料的组合物质。其性能是它的组成材料所不具备的。复合材料可以由各种材料复合组成，因而其结合键非常复杂。它在强度、刚度和耐蚀性方面比单纯的金属、陶瓷和聚合物都优越，是一类独特的工程材料，具有广阔的发展前景。

二、原子间结合键与材料性质

材料是原子的聚集态，如金属通常是排列成某种晶体结构的原子聚合体。因此，材料的性质不仅取决于组成原子的本性，而且也取决于原子聚合的方式。材料的许多力学性能是结构敏感的，即取决于结合键的类型、原子或分子的排列、所含杂质的类型和数量等。可以认为，不同元素的原子形成不同的结合键，而原子间的结合方式就直接、间接地决定或影响着材料的许多重要性质。

1. 原子间结合键与材料的弹性模量

弹性模量是固体材料的一个重要的性能指标。材料的弹性模量与材料内部的结合键密切相关。弹性模量的物理本质可以通过原子的相互作用探知。下面以晶体为例来探究材料弹性模量与结合键的关系。

晶体中相邻原子间相互吸引又相互排斥，综合的结果是原子之间将保持恒定的距离，此时晶体处于最低的能量状态。在外力作用下，原子间距的弹性变形（拉长或缩短）都会引起系统能量的升高，并在内部产生一个内力与外力相平衡，外力消除后，原子间距恢复到原始距离。显然这种微量变形的难易程度取决于作用力—原子间距曲线的斜率 S_0，参见图 3-1b。

$$S_0 = \mathrm{d}F/\mathrm{d}r \approx \mathrm{d}^2V/\mathrm{d}r^2 \tag{3-17}$$

由于原子距离只在平衡距离 r_0 附近变化，因此实际材料的弹性变形量很小（0.1%），这小段的斜率 S_0 也可近似看成常数，于是对于一对原子来说，弹性变形所需外力 F 为

$$F = S_0(r - r_0) \tag{3-18}$$

此式为胡克定律的基本形式，其中 S_0 的物理意义为结合键的刚性。

对于实际晶体材料，我们习惯上使用应力 σ 来分析，相应要考虑单位面积中键的数目 N，因而上式可改写为

$$\sigma = NS_0(r - r_0) \tag{3-19}$$

式中，N 与晶体中原子排列的特征有关，粗略地看，$N = 1/r_0^2$（r_0^2 可看作原子的平均面积）。由于应变 $\varepsilon = (r - r_0)/r_0$，则上式可变为

$$\sigma = \frac{S_0}{r_0}\varepsilon \tag{3-20}$$

因此弹性模量 $E = \sigma/\varepsilon = S_0/r_0$。

表 3-1　各类结合键典型的弹性模量数值

结合键类型	计算的 E 值/GPa
共价键（C—C 键）	1000
纯离子键如：Na—Cl 键	30～70
纯金属（Cu—Cu 键）	30～150
氢键（H_2O—H_2O）	8
范德华键（石蜡、多种聚合物）	2

表 3-1 给出根据各类结合键能量曲线及材料中原子排列特征推算出来的弹性模量，把上述理论值与第二章的性能测量值进行比较，发现具有晶体结构的金属与陶瓷的计算值和实验值吻合较好，说明上述关于弹性变形内部过程分析是正确的。

金属材料弹性模量主要由晶体中原子的本性，晶格类型以及晶格常数等因素决定。过渡族金属因其 d 层电子参与键合，引起较大的结合力，故弹性模量较高，这也是铁等金属元素在生产中广泛应用的原因之一。温度对金属材料弹性模量影响较大。当温度升高时，金属晶体常数（相当于 r_0）增大，从而弹性模量减小。如每升高 100°C，铁的 E 值约下降 4%。另外，金属等晶体的弹性模量对材料内部组织不大敏感，加工方法、热处理状态以及加入少量合金元素都不能显著地改变晶格常数，因此也不能使金属等晶体的弹性模量发生显著变化。

在无机非金属材料中，金刚石具有极高的弹性模量，这是由于其空间高度对称的三维强大共价键所致。硅酸盐材料一般也具有较高的弹性模量，在应力作用下变形非常小，其原因在于硅酸盐材料的结合键主要是共价键和离子键，故键合力大。

有机高分子材料的弹性模量很低，且在相当大的范围内变化，这与其结合键的性质有关。高分子聚合物多为长链状结构，长链分子间的结合键性质决定了聚合物的弹性模量。而一般长链分子是靠分子键相互结合的，所以聚合物的弹性模量很低。然而，有时长链分子间存在少量共价键交联结合，这会对弹性模量值产生影响，并且随着交联数的增加，弹性模量迅速升高。

2. 原子间结合键与材料其他性能

材料的密度由原子量、原子半径和配位数控制。其他因素基本相同时，配位数大的材料，其密度也大。熔点高的材料具有较大的原子结合力，因而其弹性模量较高，同时也具有较高的硬度，例如金刚石、Al_2O_3、TiC 等。相反，在结合键较弱的材料中，其柔软性与低熔点常常联系在一起，例如铅、塑料和油脂。

强度受双原子模型的合力曲线的影响。当考虑到横截面时，这个力就决定了分开原子所需的应力。原子堆积系数相似的材料，其熔点越高，热膨胀系数就越小。存在这种间接关系是因为高熔点材料的能谷较深且更对称，因此，在给定的热能作用下，平均间距的增加较小。由此可以推断，以离子键合或主要以离子键合的陶瓷材料的热膨胀系数最小，大分子链间分子键结合的高聚物的热膨胀系数最大。

电导率与原子键的性质密切相关。离子键和共价键的材料都是极不良导体，因为电子不能自由地离开它们所属的原子。半导体材料的电导率也受电子运动的自由程度所控制。金属键材料的热导率高，因为自由电子既是电能的有效载体，也是热能的有效载体。陶瓷和高聚物之类非金属材料都是热的不良导体。三大类材料中，高聚物的热导率最低，约为 0.3W/m·K，其中结晶高聚物的热导率要比无定形高聚物的高一些。反过来，高聚物材料是良好的绝热材料，而且可以通过引进小孔使绝热效果更佳，熟知的泡沫塑料或泡沫橡胶已被广泛用于绝热系统中（包括日常生活）。

原子间键合方式影响材料性能的最典型例子为碳的两种自然形态——石墨与金刚石的差异。金刚石是纯共价键晶体，具有极高的硬度，对电、热的绝缘性很好；石墨却具有层状结构，为六方排列的层（或片），每一层内的每一个碳原子以 3 个电子与邻近的 3 个碳原子以共价键结合，另一个价电子则为该层内所有碳原子所共有，形成金属键，层与层之间则以范氏键相互作用。因此，石墨的碳原子层具有非定域电子，电子在层内是容易移动的，然而层间却不易。石墨具有一定的金属性质，其导电性是沿层间进行的，具有明显的各向异性。由于键合方式的不同带来它们力学性能的巨大差异。金刚石的三维强大且高度对称的立体结构，使之可作刀具材料。石墨尽管层内有强大共价键，但层与层间的结合却是很弱的范德华键，而且层间距大，所以层与层间易相对滑动，故可用作润滑材料。正因为石墨晶体具有多种性质的结合键，从而使得石墨表示出固态物质的多种性质：质地柔软光滑，易磨碎，密度轻，熔点高，不透明，有光泽，导电率高等。

本 章 小 结

材料具有多种层次的结构。原子中电子的状态和原子间的结合与材料性能紧密相关。原子的电子状态可以用 4 个量子数来描述。原子之间的相互作用使材料处于聚集态，从而使材料具有一定体积，且存在平衡的原子间距。电子结构对于决定原子间的键合方式起决定作用，因此可以根据电子结构和原子结合性质来确定每种类型材料的一般性能。金属中的非局域电子与正离子之间形成金属键，因而具有较强的结合及良好的延性和导电性。陶瓷和许多聚合物的电子分布局域化和具有共价键和离子键结构，它们的延性和导电性都不好，陶瓷材料结合强，性质硬但很脆。某些聚合物具有延性是因为具有范德华键。

复习思考题

1. 材料结构的具体涵义是什么？它们与性能的关系如何？
2. 怎样理解波函数 Ψ 的物理意义？
3. 核外电子的运动状态是如何确定的？
4. 写出决定原子轨道的量子数的取值规定，并说明其物理意义。
5. 从原子外层电子相互作用角度，说明各种结合键的具体特征。
6. 原子间有哪两种相互作用？材料为何具有一定的体积？
7. 说明三大类材料的键性及与其性质的关系。
8. 试分析弹性模量 E 的微观表达式的含义及其意义。
9. 试对比金刚石与石墨，为何它们的性质如此截然不同？
10. 范德华键与氢键有何异同点？

第四章 金属材料

金属材料是现代工业、农业、交通、建筑和国防等部门用材的主体。据统计，各种车辆、飞机、轮船、武器等所用的材料中，金属材料约占90%以上。金属材料之所以得到广泛地应用，是由于它具有优良的工艺成型性能和使用性能，而这些性能与其内部的微观结构、材料的制备方法及材料成型技术有着密切的关系。

第一节 金属材料的制备与合成

材料制备的质量直接影响零件的后续生产制造和使用性能。因此，如何严格控制材料的成分，采用合理的制备技术和方法，提高金属材料制品的使用寿命，一直是材料科学工作者关注的问题。

下面对工程领域中常用的钢铁材料、铝、铜及粉末金属材料的制备方法及特点进行简要介绍。

一、高炉炼铁

1. 高炉炼铁原料

炼铁的主要原料是铁矿石（赤铁矿石、磁铁矿石、褐铁矿石、菱铁矿石），它是由铁的氧化物和含 SiO_2、Al_2O_3、CaO、MgO 等成分的脉石构成。铁矿石的主要作用是提供铁元素。冶炼前铁矿石经选矿筛分后，破碎磨成粉料，然后烧结成块以备后续冶炼使用。另外，炼铁原料还有燃料（焦炭）和造渣用的熔剂（石灰石）。焦炭在高炉中的主要作用一是为炼铁提供热源，二是作为还原剂把铁和其他元素从矿石中还原出来。熔剂石灰石的作用是在高炉内受热分解形成 CaO 和 MgO，它们在炉温达到 1100~1200℃ 时，与矿石中的杂质和焦炭中的灰分（SiO_2、Al_2O_3）结合，形成低熔点、密度小的硅酸盐炉渣浮在铁液表面，以便顺利排出。

2. 炼铁设备及过程

炼铁是在高炉（炼铁炉）中进行的，高炉炉体是由耐火材料砌成，外面包裹钢板的圆截面炉子，如图 4-1 所示。为了使矿石在炉内充分还原，炉子高度可达几十米。

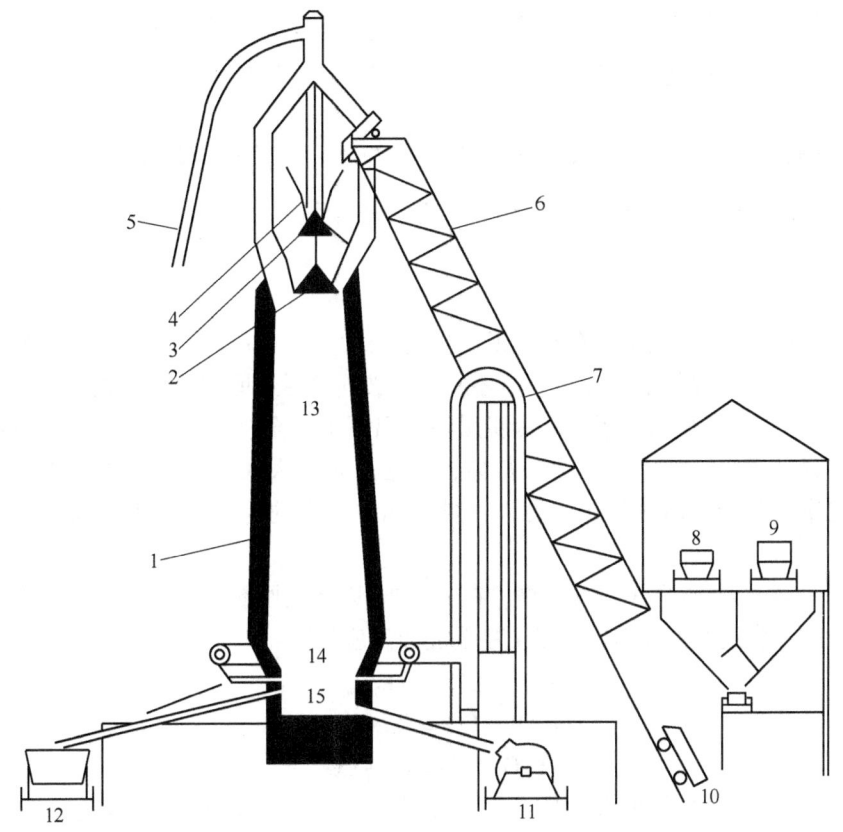

图 4-1 高炉设备示意图
1—高炉 2—大料钟 3—小料钟 4—料斗 5—煤气排气管 6—加料装置
7—热风炉 8—焦炭车 9—矿石车 10—料车 11—铁液包
12—盛渣桶 13—炉身 14—炉腹 15—炉缸

高炉底部和炉腹被焦炭填充,炉身中装有层层相间的铁矿石、焦炭和石灰石。冶炼过程中,炉底焦炭燃烧产生的高温炉气向上运动,把热量传给炉料,经过一系列的物理化学过程,形成铁液和炉渣滴入炉缸。每隔 3~4h 放一次铁液,每隔 1~1.5h 放一次炉渣。

3. 高炉内发生的基本反应

自然界中铁都是以化合物形式存在于铁矿石中,炼铁的实质是在高炉中将铁矿石中的铁还原;将氧化物、磷酸盐、焦炭和矿石中的锰、硅、磷、硫还原,并与碳一起溶于铁液中的一系列物理化学过程。

(1) 燃料的燃烧 焦炭的燃烧反应因条件不同,碳与氧之间可能发生四种不同的化学反应。

空气供给充足时，发生完全燃烧反应：$C + O_2 \rightarrow CO_2 + 34070 kJ/kg$

空气供给不充足时，发生不完全燃烧反应：$C + \frac{1}{2}O_2 \rightarrow CO + 10270 kJ/kg$

CO遇到空气时，则会再燃烧：$CO + \frac{1}{2}O_2 \rightarrow CO_2 + 23800 kJ/kg$

焦炭除以上氧化放热外，还有一个还原吸热反应：$CO_2 + C \rightarrow 2CO - 12628 kJ/m^3$

（2）冶金反应

1）铁的还原。铁主要存在于矿石中的Fe_2O_3、Fe_3O_4内，其还原过程是靠高价氧化物向低价转化来实现的。欲还原铁，必须使用还原剂。炼铁的主要还原剂是CO，它是由高炉底部厚厚的焦炭层在高温下不完全燃烧产生的。它的还原能力并不强，但由于容易在矿石中扩散，故还原效果大大提高。固体碳也是还原剂，它来自剩余的燃料焦炭。另外，燃料和空气中的水分解产生的氢也是还原剂。

i）一氧化碳还原铁的氧化物。在1000℃以上还原能力大大提高，它是炼铁过程中的主要还原剂。570℃以上主要还原反应如下：

$$3Fe_2O_3 + CO = 2Fe_3O_4 + CO_2$$
$$Fe_3O_4 + CO = 3FeO + CO_2$$
$$FeO + CO = Fe + CO_2$$

ii）固体碳还原铁的氧化物。固体碳的还原作用主要是经CO的还原和碳的气化反应共同完成的，即

$$FeO + CO = Fe + CO_2$$
$$CO_2 + C = 2CO$$

iii）氢还原铁的氧化物。反应式如下：

$$3Fe_2O_3 + H_2 = 2Fe_3O_4 + H_2O$$
$$Fe_3O_4 + H_2 = 3FeO + H_2O$$
$$FeO + H_2 = Fe + H_2O$$

2）锰的还原。矿石中锰也是以氧化物的形式存在，从氧化物中还原锰的过程与还原铁一样，CO依次将从锰的高价氧化物还原为锰的低价氧化物。然后再由固体碳直接将MnO还原成锰。由于MnO与C作用是一个强吸热反应，因此高温有利于锰的还原，其反应为

$$MnO + C = Mn + CO$$

3）硅的还原。硅一般存在于矿石中的SiO_2氧化物内，SiO_2很稳定，所以绝大部分进入炉渣，仅有少量被固体碳还原后进入生铁。SiO_2被还原的程度与炉温有关，温度高，硅容易还原，其反应为

$$SiO_2 + 2C = Si + 2CO$$

4) 磷的还原。磷一般存在于矿石中的磷酸钙内,在 1000°C 以上通过固体碳直接还原,其反应为

$$(CaO)_3P_2O_5 + 5C = 3CaO + 2P + 5CO$$

磷酸钙中的 CaO 可以与 SiO_2 作用,使 P_2O_5 游离出来,从而加速上式的还原,其反应为

$$2(3CaO \cdot P_2O_5) + 3SiO_2 = 3(2CaO \cdot SiO_2) + 2P_2O_5$$

P_2O_5 容易挥发,而且与焦炭的接触条件较好,故有利于 P_2O_5 的还原,其反应为

$$2P_2O_5 + 10C = 4P + 10CO$$

磷除少量挥发外,大部分还原后都溶入铁液中。

5) 脱硫反应。硫是钢铁材料中的有害元素之一。它主要来自于矿石和燃料焦炭,常以硫化铁形式存在,当与石灰石中的 CaO 及固体碳作用后生成炉渣,可以使铁液脱硫。还原剂越多,温度越高,脱硫效果越佳。脱硫后大部分硫进入炉渣,一部分随炉气排出,其余溶于铁液中,其反应为

$$FeS + CaO + C = Fe + CaS + CO$$

6) 铁的溶碳过程。由高炉顶部加入的炉料,当下降至 1000～1100°C 温区时,从铁矿石中还原出来的铁与一氧化碳、焦炭相互作用会溶进大量的碳,使铁的熔点降低,铁在高炉下部开始熔化成铁液流入炉缸。

综上所述,炼铁过程主要发生的是还原反应,在铁被还原的同时,其他非铁元素锰、硅、磷、硫也分别从它们的化合物中被还原,并与碳一起溶入铁中,故生铁中除了含有较高的碳外,常常还有一定数量的锰、硅、磷、硫,其中磷、硫属于有害元素,应在冶炼时严格控制其含量,因为它们的存在将增加钢铁材料的脆性。

(3) 造渣 熔炼过程中,铁料表面的锈蚀物及粘附的泥砂、燃料中的灰分、金属元素氧化烧损形成的氧化物以及侵蚀剥落的炉衬材料等相互作用,结成炉渣,其主要成分为 SiO_2 和 Al_2O_3。这种粘滞的炉渣包覆在焦炭表面,不仅阻碍燃烧,而且不利于冶金反应的充分进行。所以,必须加熔剂中和稀释,以便顺利排除。主要采用的熔剂是石灰石,造渣时所发生的化学反应为

石灰石分解:$CaCO_3 \rightarrow CaO + CO_2$

硅酸盐的形成:$CaO + SiO_2 \rightarrow CaO \cdot SiO_2$

熔剂石灰石不仅具有清除杂质和灰膜、加速燃烧反应进行的作用,同时炉渣还可以直接参与冶金反应。

4. 产品

(1) 生铁和铁合金 生铁是高炉冶炼的主要产品,根据不同的使用要求,

其产品有两类：一是炼钢生铁，不同炼钢方法对生铁成分要求不同。二是铸造生铁，占生铁总产量10%~20%，用于生产各种铸造零件的原料。除此之外，高炉中还可以冶炼用于炼钢的脱氧剂和合金添加剂，如硅铁、锰铁等。

(2) 炉渣和煤气　炉渣和煤气是高炉冶炼的副产品，炉渣成分与水泥类似，可用来制造水泥、渣砖、陶瓷等材料。高炉煤气可作为燃料，用于炼焦、炼钢和各种加热炉，具有较高的经济价值。

二、炼钢

炼钢的基本原料是生铁和废钢，根据工艺要求，还需要加入各种金属料以及造渣剂等。钢与生铁的主要差别是含碳量不同，钢中碳的质量分数小于2.11%（生铁碳的质量分数一般在3.5%~4.5%）。碳钢的成分以Fe、C元素为主，另外，还有少量的硅、锰、硫、磷、氢、氧、氮等非特意加入的杂质元素，它们主要来自炼钢时所加的废钢、铁矿石、脱氧剂等，其中硫、磷是杂质元素，对钢的性能有不良影响，需在冶炼时加以控制，其他元素的含量则需要在炼钢时通过各种化学反应来调整，使成分最终达到技术要求。

任何一种炼钢方法，其原理就是将生铁中多余的碳和各种杂质元素通过有选择的氧化、形成气体或炉渣等方式降低其含量。因此，炼钢是一个氧化过程。在1500~1700°C高温下炼钢，首先是铁与氧反应生成氧化铁，然后氧化铁又与生铁中的碳、硅、锰、磷等元素发生反应，将它们氧化，从而使铁被还原，反应后的产物以炉气或炉渣形式排出，最后获得符合成分要求的钢液。炼钢过程主要发生以下基本反应。

1. 炼钢过程的基本反应

(1) 脱碳反应　由于钢的含碳量比生铁低，所以炼钢要进行碳的氧化以便去除多余的碳，其过程是通过高温溶解在金属液中的氧[O]、炉渣中的氧化铁等与金属液中的碳进行氧化反应，生成CO气体，然后从金属液中排出，具体反应如下：

$$[C] + [O] \rightarrow CO$$
$$2[C] + O_2 \rightarrow 2CO$$
$$[C] + FeO \rightarrow Fe + CO$$

前两个反应进行时放热，后一个反应需要吸热。提高温度可以加速脱碳反应，当CO气体从金属液体中排出时，金属液体含碳量逐渐降低到规定的范围，同时部分非金属夹杂和气体被CO气泡粘附，并随之一同排除，从而有利于提高钢的质量。

(2) 硅的氧化反应　硅与氧的亲和力很强，容易在炼钢初期直接与金属液中的氧、气相中的氧、炉渣中的氧化铁发生氧化反应，同时放出大量的热，其具体反应为：

$$Si + 2[O] \rightarrow SiO_2$$
$$Si + O_2 \rightarrow SiO_2$$
$$Si + 2FeO \rightarrow SiO_2 + 2Fe$$

采用碱性炼钢炉，由于上述反应生成的 SiO_2 可以与加石灰所形成的碱性炉渣中的 CaO 相互作用生成硅酸盐，所以硅的氧化反应可以进行到底，其造渣反应为

$$2CaO + SiO_2 \rightarrow Ca_2SiO_4$$

（3）锰的氧化反应　锰与氧的亲和力也很强，容易与金属液中的氧、气相中的氧、炉渣中的氧化铁发生放热氧化反应。反应在炼钢初期就开始，氧化程度受炉渣成分的影响，其反应为

$$Mn + [O] \rightarrow MnO$$
$$Mn + \frac{1}{2}O_2 \rightarrow MnO$$
$$Mn + FeO \rightarrow MnO + Fe$$

（4）脱磷反应　磷主要来自生铁、铁合金、废钢料，它大量溶解在铁中，必须通过碱性炉熔炼，才能满足脱磷对碱性炉渣的要求。通常脱磷程序首先是溶于金属中的磷与炉渣中的 FeO 氧化，生成 P_2O_5，然后再与碱性炉渣中的 CaO 反应生成稳定化合物磷酸钙，进入炉渣被清除，具体反应如下：

$$2P + 5FeO \rightarrow P_2O_5 + 5Fe$$
$$P_2O_5 + 4CaO \rightarrow 4CaO \cdot P_2O_5$$

由于上述反应均为放热反应，在炼钢初期温度较低时就可以进行，所以温度升高将会影响脱磷效果。

（5）脱硫反应　硫主要来源于生铁、废钢和煤气或重油等燃料，与磷一样，硫的存在将给钢材的性能带来有害的影响，所以炼钢过程应尽可能将硫从钢液中除去。脱硫也必须在碱性炼钢炉内进行，最常用的脱硫剂是石灰或石灰石。硫常以硫化铁形式存在，与 CaO 炉渣发生以下反应：$FeS + CaO \rightarrow CaS + FeO$，其中形成的 CaS 化合物不溶于钢液，可随炉渣排除。

（6）脱氧反应　为了调整铁液中的碳、硅、锰、磷、硫元素含量，炼钢时需要加入铁矿石或吹氧，以保证上述反应所需要的氧。随着氧化反应的进行，钢中含氧量也不断增加，这会降低钢材的力学性能。因此，炼钢末期要进行脱氧。常用的脱氧方法有扩散脱氧和沉淀脱氧两种。

1）扩散脱氧。常用的扩散脱氧剂有硅铁粉、炭粉。渣面上加脱氧剂后，渣中的氧化铁含量随之减少，钢液中氧便逐渐向炉渣中扩散，从而钢中的氧含量就会下降，具体脱氧反应为

$$2FeO + Si \rightarrow 2Fe + SiO_2$$

$$FeO + C \rightarrow Fe + CO$$

由于扩散脱氧的产物是在炉渣中形成，不是在钢液内部形成，故钢液中无非金属夹杂物，钢材的纯净度较高，质量好。

2) 沉淀脱氧。常用的脱氧剂有锰铁、硅铁和铝以及各种复合脱氧剂。加入到钢液中的脱氧剂与溶解在钢液中的氧发生反应，形成一种溶解度很低、密度小于钢液的氧化物，氧化物上浮随炉渣排除，具体脱氧反应为

$$Mn + O \rightarrow MnO \text{（放热）}$$
$$Si + 2O \rightarrow SiO_2 \text{（放热）}$$
$$2Al + 3O \rightarrow Al_2O_3 \text{（放热）}$$

由于沉淀脱氧在钢液内部进行，所以脱氧速度快。但钢液中存在可能残留的非金属夹杂物，影响材料的力学性能。

2. 炼钢方法

(1) 转炉炼钢

1) 冶炼过程。转炉因装料和出钢时需要倾转炉体而得名。转炉炼钢以生铁为主要原料，利用氧气将铁液中的杂质元素氧化。图4-2是目前广泛应用的氧气顶吹转炉示意图。冶炼过程主要分三个阶段：

第一阶段是装料，按炉料配比加入废钢（＜30%）、造渣原料，将炉子倾转至装铁液位置，倒入1250~1400℃铁液。

第二阶段是吹炼，装料完毕后摇正炉子降下氧枪吹炼。由于铁的浓度远远高于杂质浓度，故铁首先氧化生成氧化铁溶于熔渣，从而使铁液的氧含量大幅度增加，铁液中的碳、硅、锰、磷等先后被迅速氧化成 FeO、CO、SiO_2、MnO、P_2O_5，其含量相应降低。在吹氧冶炼的同时向炉内加入石灰等造渣材料，以便为脱硫、脱磷创造条件。吹炼初期主要进行的是硅、锰氧化，同时大比例脱磷和小比例脱硫。另外，还进行铁及部分碳的氧化反应。吹炼中期主要是碳的氧化，并有部分脱磷、硫反应。吹炼后期部分硫与钢液和炉渣中的氧反应生成 SO_2 炉气排出，进行再次脱硫。当钢液中的P、S、Si、Mn、C达到要求后即提前停止吹炼，然后取样分析检测和测量炉温，炉温过高时可加入废钢调温，待钢液温度符合浇注要求后准备出钢。

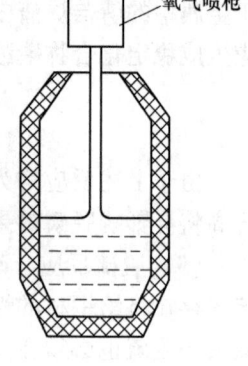

图4-2 氧气顶吹转炉示意图

第三阶段是出钢，出钢时应进行脱氧处理，将残留在钢中的氧去除，常用的脱氧剂有硅铁、锰铁、铝块等。对于合金钢而言，还应按要求加入合金料进行合金化。

2) 转炉炼钢的特点。氧气顶吹转炉炼钢是目前广泛采用的炼钢方法，它效

率高、成本低、投资少、质量好。碳素钢和低合金钢大多采用转炉冶炼。钢中杂质、气体和非金属夹杂物的含量对钢的质量有极大的影响，由于顶吹转炉炼钢直接向熔池吹氧，空气不易进入熔池，故这种冶炼方法得到的钢其气体含量较低，适合于深冲、冷轧薄板、焊接钢管、无缝钢管的生产。

（2）电弧炉炼钢　电弧炉炼钢是现代重要的炼钢方法之一，它是以交流电为电源，利用电极和炉料之间产生高温电弧使电能转换为热能来实现炼钢的一种方法。图4-3是电弧炉炼钢示意图。

电弧炉炼钢有酸性、碱性之分，酸性电弧炉对炉料要求严格，故很少采用。下面介绍使用最广的氧化法碱性电弧炉熔炼方法。

1）炼钢过程。氧化法碱性电弧炉熔炼以废钢为主要炉料，加料时，由于炉衬受到较强的撞击和温度的急剧变化等因素的影响，故炉衬容易损坏。因此，出钢后必须及时用镁砂或焦油等粘结剂补炉。装料是冶炼的第一阶段，通常在炉底铺一层石灰，以保护炉底和早期成渣，然后按一定配料和次序装料。熔化是第二阶段，目的是熔化和造渣，在此期间去除30%~40%的磷以减轻氧化期任务。第三阶段氧化期，以氧化钢液中的碳、磷，降低其含量为目的，并去除气体和夹杂。第四阶段是还原期，目的是脱氧、脱硫，调整钢液成分、温度和进行合金化。出钢是冶炼的最后阶段，当钢液成分和温度合格，并进行最终脱氧后即可出钢。通常出钢温度应比钢的熔点高70~120℃，并用铝进行终脱氧。电弧炉出钢有两种方法，采用先出钢再出渣工艺，不会出现夹渣现象，但钢液会二次氧化。而采用钢渣混出工艺，可强化脱氧、脱硫的效果，因此，这种工艺被广泛使用。

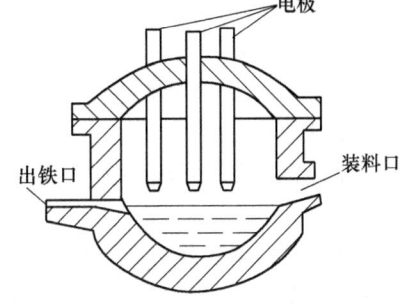

图4-3　电弧炉炼钢示意图

2）冶炼特点。电弧炉炼钢可以最大限度地脱磷、脱硫。因炉温较高，还原期大部分夹杂物能上浮到渣中被排除，所以钢中夹杂物含量低。电弧炉炼钢成分易控，适合冶炼高质量的合金钢。但它耗能大、成本高。

3. 钢的浇注和钢锭

钢液出炉后除少数直接浇注成铸钢件外，大部分要浇注成钢锭。然后根据用户需要，再将钢锭轧制成板材、型材、管材、线材或锻压成各种形状的零件。浇注是控制钢材冶金质量的关键环节，因为大部分冶金缺陷都是在浇注和钢锭凝固时产生的。

（1）钢的浇注　浇注前钢液应在盛钢桶中静置一段时间，以便脱氧、均温、杂质上浮和合金化。浇注方法有上注和下注之分。前者是直接从钢锭模上口注入，钢锭内部质量好，适合生产大钢锭、高质量钢材的钢锭，如轴承钢等。后者是钢液经流钢砖从钢锭模底部注入,液面自下而上平稳上升,钢锭表面质量好,适合生产表面质量要求高的钢锭,如薄板、不锈钢、硅钢。

钢液浇注时的温度和速度是影响钢锭质量的最基本的工艺参数,钢中的疏松、偏析、裂纹等缺陷都与其有密切关系。首先,浇注温度应根据钢种、锭型和浇注方法确定。其原则是浇注裂纹倾向大、钢液粘性大、流动性差的钢种,以及采用下注方式浇注时,过热度应高些。为了减少钢锭在浇注过程中的二次氧化,可以采用气封和保护渣等措施进行防护。

浇注速度的控制原则是高温慢注,低温快注,以调整钢液带入的热量。此外,下注方式及裂纹倾向大的钢种浇注速度要慢;流动性差、易氧化的钢种浇注速度要快。

(2) 钢锭　根据钢液脱氧程度不同,浇注后可得到沸腾钢、镇静钢和半镇静钢钢锭。

沸腾钢是用弱脱氧剂锰铁进行脱氧的钢,一般采用下注法浇注。由于脱氧不完全,浇注时残存的氧与碳发生反应,生成的CO气体引起钢锭内钢液的沸腾,凝固后钢锭内残留有CO小气孔,如图4-4所示。这些小气孔在以后的轧制过程中可以焊合。因此,沸腾钢的成材率高,成本低。但组织不致密,钢材力学性能不够均匀。多用于轧制板材、管材和线材。

镇静钢是用锰铁、硅铁和铝块进行完全脱氧。浇注时不再发生碳氧反应,钢液保持平静的钢。凝固后除上部有集中缩孔外,钢锭组织致密、成分均匀、力学性能较好。但由于在钢材轧制时要将头部的缩孔切除,故成材率较低,成本高。一般用于有重要用途的钢。

半镇静钢是脱氧程度介于镇静钢和沸腾钢之间的钢,首先在盛钢桶内用硅铁脱氧,然后在钢锭中加少量铝补充脱氧。一般用于生产普通碳素钢和普通低合金钢。

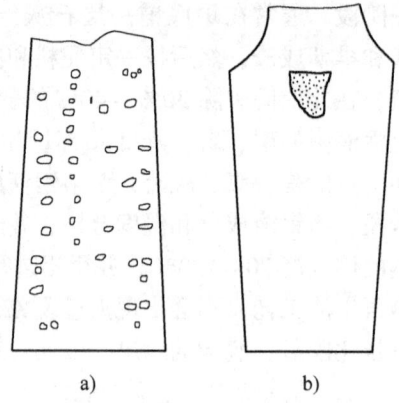

图4-4　沸腾钢和镇静钢钢锭
a) 沸腾钢　b) 镇静钢

(3) 连续铸钢　连续铸钢是通过连铸机直接将钢液凝固成钢坯的一种连续化、自动化生产工序,它可以代替传统的铸锭浇注和钢锭开坯工序,图4-5是目前广泛使用的弧形连铸机工艺流程示意图。盛钢桶内的钢液经过水冷结晶器散热后,凝固成一定厚度的钢坯。为避免钢坯与结晶器表面粘结,通过振动装置使钢坯与结晶器之间产生相对运动,从而实现脱模。结晶器下方的拉坯机把结晶形成的钢坯拉出,使其进入二次冷却装置继续冷凝,待凝固完毕后,经矫直机矫直,可切成一定长度的钢坯。连铸工艺需要控制的主要参数是浇注温度、浇注速度和冷却速度。

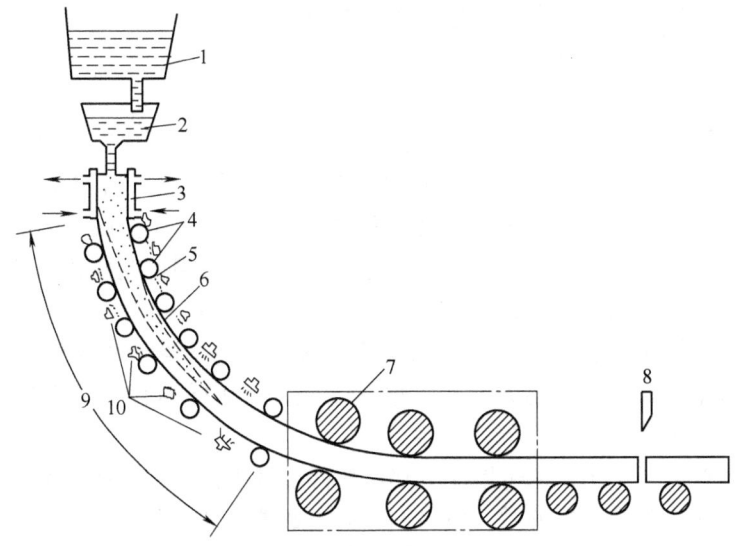

图 4-5 弧形连铸机工艺流程示意图
1—盛钢桶 2—中间罐 3—结晶器 4—夹辊 5—液相穴（铸坯未凝固区域）
6—铸坯 7—拉矫机 8—切割装置 9—二次冷却区 10—冷却水喷嘴

连铸比模铸的冷却速度快，钢坯结构致密，内在质量好。不需要整模、脱模设备，工艺流程短，节省人力，减轻了劳动强度，提高了生产率。所有的钢种几乎均可以采用这种生产方式浇注。

随着航天航空、核工业和现代工程技术等领域的迅速发展，对钢材质量的要求日益严格化。为了提高钢材冶金质量，可以在上述一般炼钢方法的基础上，采用钢包吹氩、真空处理等炉外精炼技术，或采用电渣重熔等特殊的炼钢技术，制备出成分波动小，纯洁度高的材料，以保证材料性能的稳定性和可靠性，满足各种行业对高质量金属材料的需求。

4. 钢中杂质元素对其力学性能的影响

钢中常存的杂质元素有硅、锰、磷、硫、氢、氧、氮等，它们是冶炼过程中原料、燃料、耐火材料带入或产生的，其存在是不可避免的，显然杂质元素的含量会直接钢的性能。

（1）硅、锰的影响 硅、锰是随脱氧剂进入钢中的。它们均可以提高钢的强度、硬度，但将使钢的塑性、韧性降低。硅与氧容易形成 SiO_2 脆性夹杂物；锰与硫则形成 MnS 塑性夹杂物，从而降低钢的加工和使用性能。因此，作为杂质元素存在时，一般应控制它们的含量（$w_{Si}<0.5\%$；$w_{Mn}<0.8\%$）。

（2）磷、硫的影响　硫在钢中以硫化铁形式存在时，将产生热脆。磷会使钢在凝固时产生偏析；含量高时还会发生冷脆。

三、铝及铝合金熔炼

1. 金属铝的生产

炼铝主要原料是铝土矿，其主要化学成分为 Al_2O_3，占40%~70%，其余为 SiO_2、Fe_2O_3、TiO_2 和少量的 CaO、MgO。因为铝容易与氧、卤族化学元素结合成稳定的化合物，所以，采用各种化学方法不能直接获得粗金属。因此，金属铝的生产工艺一般为：从铝土矿中先制取纯净氧化铝→采用比较成熟的熔盐电解法从氧化铝中得到纯铝→再熔或精炼成铝锭。

由于氧化铝是两性氧化物，既能溶解于酸中，又可溶于苛性碱溶液中，因此，从矿石中提取氧化铝的方法分为酸法及碱法。因酸对设备具有腐蚀性，所以，目前工业上采用碱法生产氧化铝。

碱法生产的氧化铝，通过熔盐电解可获得金属铝，其方法是用氧化铝、冰晶石及其他氟化盐等作为电解质，把它们放入有碳素阳极和阴极组成的电解槽内，并通入直流电，使电解质发生一系列物理化学变化，结果在阴极得到液体铝；阳极产生的氧与碳阳极作用析出 CO 和 CO_2。铝液用真空抬包抽出，经净化浇注成成品铝锭。

由于用各种方法生产得到的无水氧化铝，均呈固体粉末状，本身不导电，必须将其加热到熔融状态才能电解，而氧化铝的熔点较高（2050℃），这将对电解设备的性能提出较高的要求，故采用冰晶石熔盐电解铝。因为熔点为1100℃的冰晶石作为熔剂，可以使氧化铝溶解于其中，二者形成的熔体温度能降低到1000℃以下。如在上述电解质中加入少量的有利于提高电解效率氟化盐，则电解更易实现。

2. 铝合金的熔炼特点

纯铝虽然具有良好的导电性、耐腐蚀性等优点，但由于其强度和硬度较低，不适宜作为工程结构材料使用。若在铝中加入 Si、Cu、Mg、Mn、Zn 等元素形成铝合金，则可以提高它的强度，同时又保持纯铝的特性。

铝合金在熔炼时因具有易氧化、吸气、吸收金属杂质的特点，故容易在表面形成氧化铝保护膜随熔体进入铸锭，形成气孔和疏松的倾向比较大，因而对材料的质量产生不良影响。

铝合金熔炼有以下特点：

（1）熔化时间长　虽然铝合金熔点低，但对热的反射能力强，所以比铁、铜熔化慢。

（2）易氧化　与氧的亲和力强，易在熔体表面形成氧化膜，悬浮在熔体中随后进入铸锭，给材料加工质量带来影响。

（3）易吸气　在水蒸气和还原性气氛中吸氢能力强，结晶时因溶解度下降易形成气孔和疏松。

（4）易吸收金属杂质　铝及铝合金中的一些合金元素很活泼，可直接吸收铁质坩埚和熔炼工具中的铁，还能置换炉衬等辅料中的金属杂质，这些都将严重影响合金的性能。

3. 铝合金熔炼过程的一般原理

熔炼、浇注的关键在于控制气体、氧化夹杂物含量，使元素或杂质含量符合技术要求，保证铸件性能。为提高铝合金液体的熔炼质量，应注意以下几点：

（1）铝液中气体和夹杂物的防止　氧化夹杂物主要来源于水，水是来自于铝液表面的氧化膜、炉料熔炼工具、变质剂等。所以，炉料在加入铝液前要先预热；坩埚和工具使用前应除垢、涂料、预热烘干；变质剂等使用前也应烘干。

（2）铝液中气体和夹杂物的去除（精炼过程）　常用吸附精炼和非吸附精炼方法。吸附精炼是通过铝熔体直接与吸附剂相接触，使吸附剂与熔体中的气体和夹杂物发生物理化学、机械等作用，从而达到去气、除渣的方法。净化程度取决于熔体与吸附剂的接触条件。

非吸附精炼不依靠在熔体中加入吸附剂，而是通过真空、超声波、密度低等物理作用，改变金属—气体系统或金属—夹杂物系统的平衡状态，从而使气体和固体夹杂物与铝合金液体分离的方法。

4. 铝合金一般熔炼过程

由于铝合金材料的牌号较多，所以，每种牌号的合金具体熔炼工艺也各不相同，但基本原则是一致的。下面以 ZL104 合金在电阻式坩埚熔化中的熔炼为例，介绍其熔炼工艺。

（1）配料　合金主要成分为 Si、Mn、Mg，其余为 Al。因 Mg 在熔炼时易烧损，在配料计算时应注意。铁是铝合金中的有害杂质，它的存在会使铝合金的力学性能恶化，特别是塑性。因此，合金中的铁量应严格控制。另外，在晶界上如有铁的析出相，还会降低抗腐蚀性。

（2）熔化前的准备及加料　凡是与铝液接触的用具，如坩埚、搅拌用具等均必须干燥、预热（150~200°C）、然后刷涂料，以防铁杂质溶入铝液。坩埚加热到暗红色（300~500°C），先将预热的回炉料铝硅合金锭和纯铝锭加入炉内，待其全部熔化后升温至 690~710°C，再加入预热的铝锰中间合金，同时，轻轻搅拌以加速其熔化，并保证铝液的成分尽可能均匀。当温度达到 680~700°C 后迅速将纯镁块压入熔池。

（3）精炼　精炼处理是熔炼工艺的重要环节，其目的在于去除熔液中的气体、非金属夹杂物和其他有害元素，提高合金的冶金质量。当炉料全部熔化后，在700～720°C时通氯气、扒去液面熔渣,然后进行炉前检验。

(4) 变质处理及浇注　合金的性能与它的组织形态有密切关系,通过加入变质剂进行变质处理可以改变合金结晶时的形态,从而提高合金的力学性能。ZL104精炼后,可将铝液升温至730～760°C采用钠盐进行变质处理,经检查合格后,在740～750°C浇注。

四、铜及铜合金熔炼

1. 炼铜

铜矿石是炼铜的主要原料,其次是回收的铜及合金。铜矿主要由硫化矿、氧化矿、自然铜矿构成。开采出来的铜矿石,因含有多种金属,不能直接用于冶炼。90%的铜是采用火法炼铜制取的,其生产工艺流程如图4-6所示。

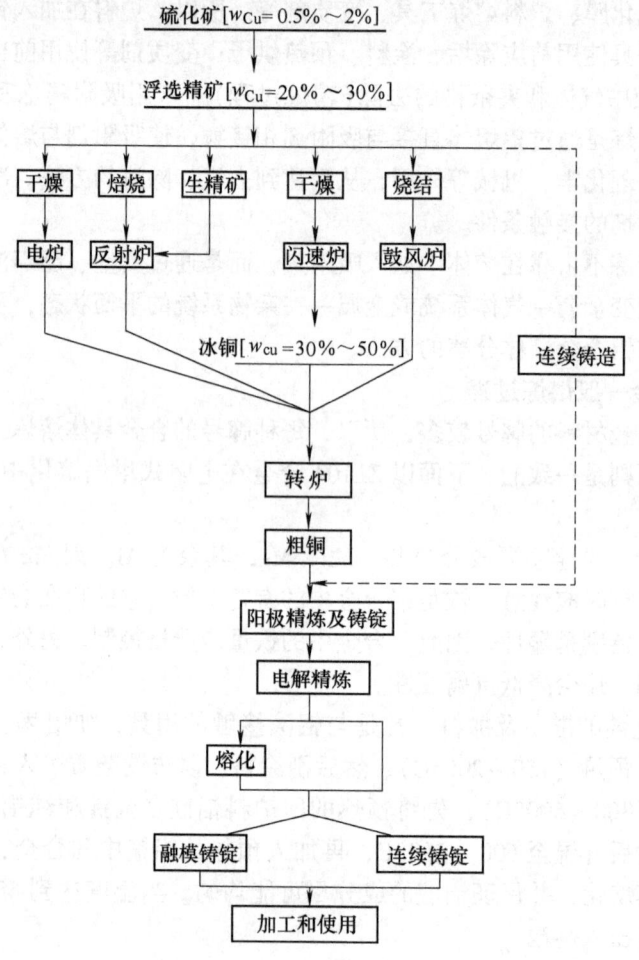

图4-6　火法炼铜工艺流程

2. 铜合金的熔炼

（1）脱氧处理　氧以 Cu_2O 形式有限地溶解于液态纯铜中，铜液中溶有少量的氧在其凝固时，就可以与 α 铜形成共晶体，在 α 铜晶界析出，使材料的塑性和导电性下降。但 Cu_2O 的稳定性较差，可加入与 Cu_2O 亲和力大的元素使铜还原出来。这个过程称为脱氧，常见脱氧方法如下：

1）表面扩散法：将木炭、碳化钙等脱氧剂制成粉末放入液面搅拌，在界面上进行脱氧。因脱氧剂不溶于金属液，所以在金属液中不会有过剩的脱氧剂，可获得高纯度的合金。

2）沉淀法：由于表面扩散脱氧法速度慢，故实际生产中使用并不广泛，而常使用沉淀脱氧法。这种方法用磷、锂作为脱氧剂，脱氧反应在整个熔池内进行，所以反应速度快。缺点是脱氧剂可能会残留在合金液体中，影响合金的性能。

（2）脱氢处理　铜与氢不发生化学反应，高温时氢在铜中的溶解度较大，合金凝固时因溶解度下降易形成气孔。常采用以下方法去氢：

1）通氮法：氮对铜合金而言是惰性气体，不发生化学反应，不污染合金液体，所以可在铜液中通氮形成气泡以除氢。

2）氧化-还原法：在熔铜时，先使铜液氧化以降低液体中氢的浓度，然后在浇注前再脱氧，这样就可以得到致密的合金材料。为避免合金元素过多烧损，在进行铜液氧化时，炉内应保持弱氧化气氛。

五、金属粉末材料的制备

粉末冶金工艺生产出的零件可获得最终的尺寸精度和形状，实现了少、无切削加工，节省了材料和加工费用，经济效益显著。粉末冶金与金属的熔炼、铸造方法不同，整个工艺包括粉末材料的制备、成型、烧结及烧结后的处理等工序。金属粉末及其制品的质量与经济性在很大程度上取决于制粉方法。如粉末颗粒的大小、形状、化学成分、压缩性、烧结性等皆与制粉方法密切相关。金属粉末包括纯金属粉末、合金、化合物或复合金属粉末，常用方法有以下三种：

1. 机械法

在不改变原料化学成分的条件下，采用球磨机、锤式破碎机、涡流研磨机等将金属破碎制粉或锤捣、研磨、辊轧使脆性材料破碎制粉的方法称机械研磨法。气流研磨法是另一种机械制粉法，金属粉末可以用惰性气体或还原性气体进行研磨，粉料随着高速气流的运动获得动能，粉末通过颗粒间的相互摩擦、撞击以及与制粉装置的碰撞使大颗粒细化。由于没有机械研磨中的磨球、研磨介质的作用，所以这种方法获得的粉料化学纯度较好。

2. 物理法

物理法是将金属蒸汽冷凝制取金属粉末的物理蒸发冷凝方法。首先使金属汽化，然后使其在冷凝壁上沉积，从而获得金属粉末。为防止这种超细金属粉在制备时产生氧化,冷凝室中应通入惰性气体。此方法生产率低,但可以获得纳米级微粒粉。

雾化法也是常采用的物理制粉方法,具体制粉过程如下,高压气体喷向熔化的、从雾化塔的小孔中流出的液态金属,在气流和急冷的共同作用下,液态金属被雾化、冷凝成细小粒状金属粉末,落入雾化塔下的盛粉桶内。

3. 化学法

常用的化学方法有还原法、电解法等。

还原法是以固体金属氧化物或金属化合物作原料,在低于金属熔点的温度下,用气体或固体还原剂进行还原,制取金属或合金粉末的方法。这种工艺成本低、方法简便,是最常用的金属粉末生产方法。如氧化铁粉用固体碳将其氧化还原可制成铁粉。除了固体碳还原剂外,还有常用的气体还原剂,如氢气、各种煤气等,它可以制取合金粉、铁粉、镍粉、铜粉、钨粉……。气体还原法制取的粉料比固体碳还原粉的纯度高。

电解法主要包括水溶液电解、熔盐电解、有机电解质电解、液体金属电解。生产上常用电解金属盐水溶液制取金属粉末及多种类合金粉末,这种方法制得到的粉料品种多、纯度高、压制性及烧结性都很好。但因生产成本高,故仅在对材料有高纯度、高密度、高压缩性要求时采用。

第二节　金属的晶体结构及晶体缺陷

金属材料是非常重要的工程材料,各种金属材料具有不同的力学性能。即使同一种金属材料,由于内部组织结构不同,其力学性能也是不同的。金属材料力学性能上的差异是由其化学成分和组织结构所决定的,因此,有必要了解金属材料的内部的结构,以便合理选材、用材。

一切固体物质,按其结构可分为晶体和非晶体。晶体是指原子在空间按一定的几何规则周期重复排列的物质。所有固体金属以及其合金一般均为晶体。原子在空间杂乱无序排列的物质称非晶体,例如普通玻璃、松香、石蜡等。

由于晶体与非晶体内部结构存在以上差异,故它们的性能也不同。晶体中原子在每个方向上的排列不同,所以在不同方向上具有不同的性能,我们把这种现象称各向异性。非晶体因其在各个方向上原子的排列大致相同,故表现为各向同性。晶体具有固定的熔点,而非晶体没有固定的熔点。

晶体与非晶体在一定条件下可以相互转化,例如,急冷可以获得高强度、高韧性的非晶态金属。

一、金属的结构

金属具有光泽、良好的导电和导热性,常用的金属有铁、铬、锰、铝、铜、钛、镍、锡、钒、钼、钨等。由于纯金属一般情况下硬度、强度比较低，不能满足工程技术要求，而且成本较高，所以，工业上广泛使用的不是纯金属，而是合金。合金是两种以上的金属或金属与非金属熔合所形成的具有金属特性的物质。例如，钢是由铁、碳等元素组织的合金；黄铜也是一种合金，它是由铜、锌等元素组成。合金不仅具有较高的强度以及优良的物理、化学和工艺性能，而且价格比纯金属低。因此，工业上通常使用的金属材料是指金属及其合金，它们具有更广泛的应用价值。

1. 金属的晶体结构

（1）晶格与晶胞 为便于描述晶体内部原子在三维空间按一定规则做周期性排列的规律，我们假定这些原子为一系列刚性小球，晶体就是这些小球有规则堆垛而成，图4-7为原子堆垛的模型。

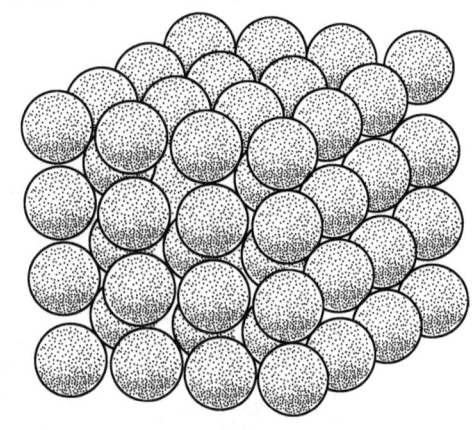

图4-7 晶体中原子排列示意图

为了清楚地表明原子在空间的位置，将代表原子的小球简化成一点，并假想这些点之间以直线连接，这样上图的原子排列模型可视为图4-8表示的空间格架，各原子中心就处在格架的各个结点上，这种用以描述晶体中原子排列规律的空间格架称为晶格。

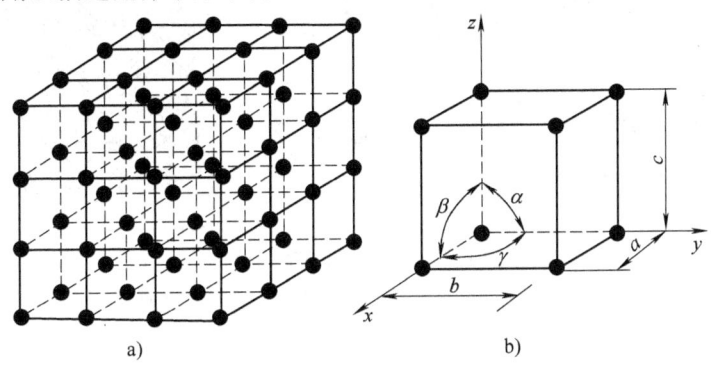

图4-8 晶格与晶胞
a) 晶格 b) 晶胞与晶格常数

由于晶格中原子排列具有周期性的特点，为简便起见，可以从晶格中选取一个能够完全反映晶格特征的最小几何单位，用于分析晶体排列的规律。我们把这个能够完全反映晶格特征的最小几何单元称为晶胞。整个晶格就是由许多大小、形状和位向相同的晶胞在空间重复堆积而形成的。晶胞的棱边长度及其夹角称为晶格常数，见图4-8b。

（2）常见金属晶格类型　工业上使用的金属有三四十种，这些金属除少数具有复杂的晶体结构外，大多数金属的晶体结构比较简单，常见的晶格类型有体心立方晶格、面心立方晶格、密排六方晶格三种，见图4-9。

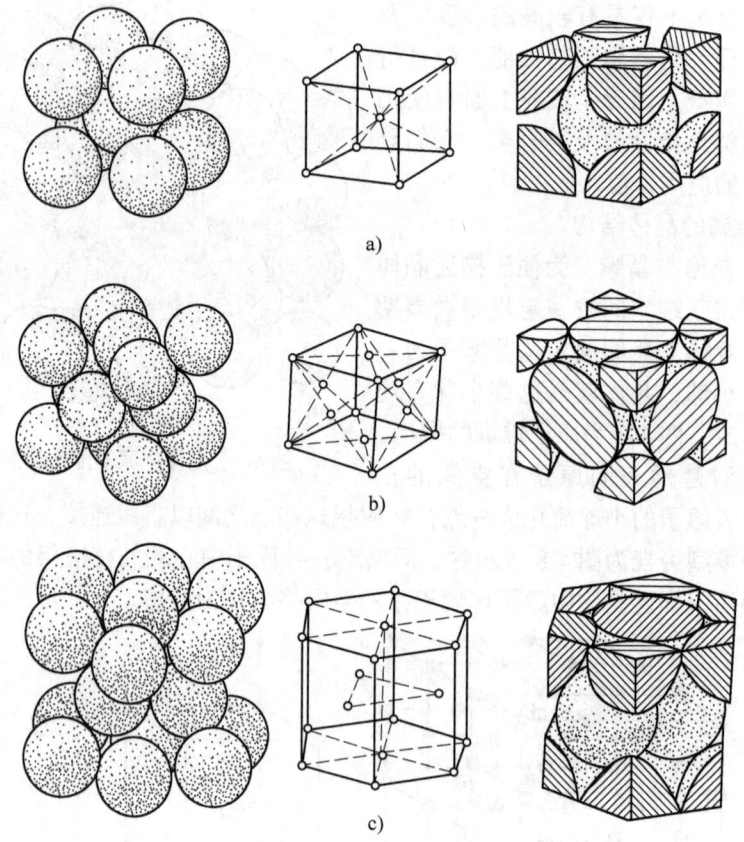

图4-9　常见金属晶格类型
a）体心立方晶格　b）面心立方晶格　c）密排六方晶体

1）体心立方晶格。它的晶胞是一个立方体，立方体八个顶角上和立方体中心各有一个原子。α-Fe、钼、钨、钒、铬等金属都是这种晶格。

2）面心立方晶格。它的晶胞也是一个立方体，立方体八个顶角上和立方体六个面中心各有一个原子。γ-Fe、金、银、铜、铝、镍等金属都是这种晶格。

3）密排立方晶格。它的晶胞是一个正六方柱体，在六方柱体的十二个顶角上和上、下两个底面的中心各有一个原子，六方柱体中心还有三个原子。锌、镁、铍等金属都是这种晶格。

（3）晶格的致密度　晶体中的原子即使是一个紧挨着一个地排列，它们之间仍存在空隙。晶格中原子排列的紧密程度常用晶格的致密度表示。致密度是指晶胞中原子本身体积与该晶胞体积之比,它可以根据晶格常数计算求出。体心立方晶格的致密度为68%;面心立方和密排立方晶格的致密度均为74%。

由于晶格的致密度的不同,所以当温度变化发生晶型转变时,在加热、冷却过程中将伴有体积突变,从而引起工件的变形。

(4) 同素异构转变　固态下有少数金属如铁、锰、钛、钴等具有两种或两种以上晶格类型。这些金属固体在加热或冷却过程中,晶格结构会发生变化,由一种晶格类型转变为另一种晶格类型,这一过程称为同素异构转变(重结晶)。

铁是典型的具有同素异构转变的金属晶体。图4-10是纯铁的冷却曲线,纯铁在1538°C开始结晶,形成具有体心立方晶格的δ-Fe;当冷却到1394°C时,发生同素异构转变,δ-Fe转变为面心立方晶格的γ-Fe;继续冷却到912°C时,面心立方晶格的γ-Fe转变再一次发生同素异构转变,γ-Fe转变为体心立方晶格的α-Fe,直至室温其晶格类型不再变化。

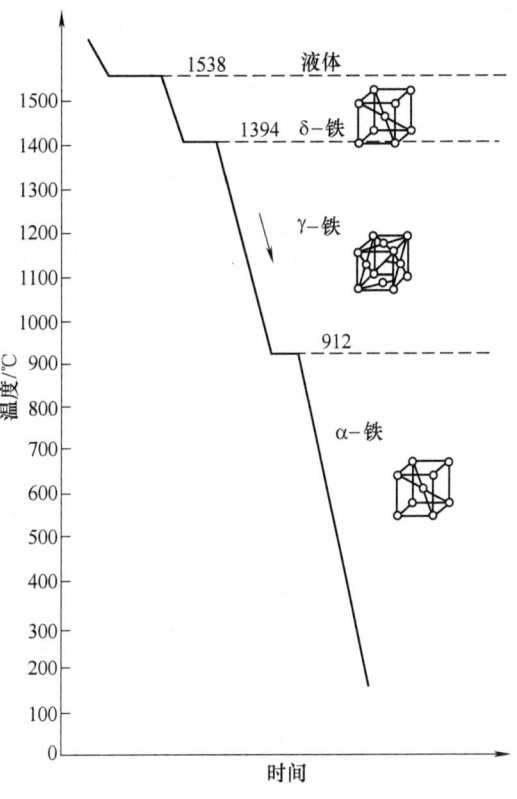

图4-10　纯铁的冷却曲线

同素异构转变过程,也是原子重新排列的过程。因此,铁的同素异构转变是热处理之所以能改变钢铁材料性能的根本原因。

2. 合金的结构

合金中各种元素的原子也与金属一样,在空间按一定的几何规律排列。根据合金中各组成元素相互作用所形成的晶体结构和显微组织特征。合金的结构分以下三类:

(1) 固溶体　一种物质均匀地分布于另一种固体物质中所形成的溶合体称固溶体。两种元素形成固溶体时,保持原有晶格的元素叫溶剂,而原子晶格消失的元素称溶质。根据溶质原子在溶剂中所占的位置不同,固溶体又可以分为置换固溶体和间隙固溶体两种：

1) 间隙固溶体　溶质原子不占据溶剂晶格的正常位置，而是位于溶剂原子的间隙处所形成的固溶体，见图4-11a。由于溶剂晶格的间隙尺寸有限，故只有小尺寸的溶质原子才能形成这种固溶体。例如，碳、氮、硼等非金属元素。由于溶剂晶格的间隙尺寸是有限的，所以，间隙固溶体均为有限固溶体。

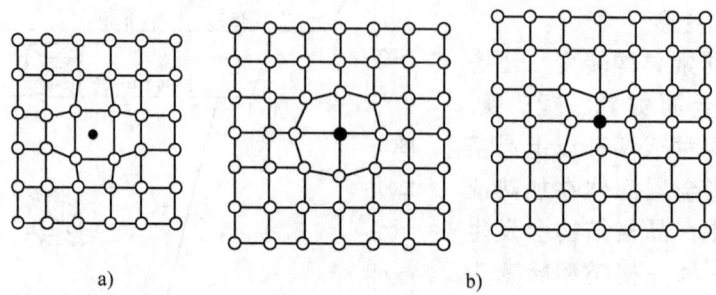

图4-11　固溶体结构示意图
a) 间隙固溶体　b) 置换固溶体

2) 置换固溶体　溶质原子占据溶剂晶格部分正常位置所形成的固溶体，即溶剂原子在晶格中的部分位置，被溶质原子所替换。见图4-11b。例如铜锌合金、铜镍合金等。

置换固溶体中，溶质在溶剂中的溶解度主要取决于两者原子直径的差别、它们在周期表中的位置和晶格类型。一般来说，二者原子直径差别越小、在周期表中的位置越接近，则溶解度越大。如果二者的晶格结构也相同，则溶质与溶剂可以无限互溶，形成无限固溶体。若不能满足以上条件，则溶质在溶剂中的溶解度是有限的，只能形成有限固溶体。

综上所述，由于各种元素的原子大小不同，因此，无论组成哪种类型的固溶体，都会使合金的晶格发生畸变，从而使合金抵抗塑性变形的能力增加，硬度和强度有不同程度的提高。这种因溶入溶质元素形成固溶体，从而使金属材料的强度、硬度升高的现象，称为固溶强化。它是提高金属材料力学性能的重要途径之一。实践证明，固溶体中溶质含量适当时，可以显著提高材料的强度和硬度，同时材料的塑性、韧性没有明显降低。因此，工业上所使用的金属材料，绝大部分以固溶体为基体。

（2）金属化合物　合金中的两个元素，按一定的原子数量之比相互化合，而形成的具有与这两元素完全不同类型晶格的化合物，称为金属化合物。金属化合物晶格一般比较复杂。通常它们具有高的硬度、熔点和脆性，因此，不能直接使用。金属化合物在合金中一般起强化作用。

（3）机械混合物　机械混合物是由两种或以上的互不相溶晶体结构（纯金

属、固溶体或化合物）机械地混合而形成的显微组织。机械混合物的性能主要取决于组成它的各组成物的性能以及其数量、形状、大小和分布情况。

二、实际金属的晶体缺陷

一般固态金属均为晶体结构，理想的晶体结构其内部原子应该严格地按一定规律排列。但实际工业上应用的金属材料，由于种种原因总是不可避免地存在一些原子排列不够理想和规则的区域，通常把这些区域称为晶体缺陷。这些晶体缺陷对金属及合金的性能影响很大。根据几何特征晶体缺陷可分为点缺陷、线缺陷、面缺陷。

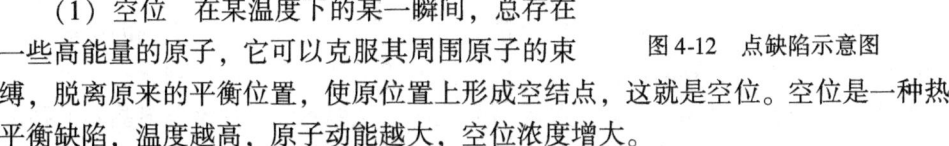

1. 点缺陷

点缺陷是指空间三个方向上尺寸很小，在原子尺度范围的缺陷。主要有空位、间隙原子、置换原子等，如图4-12所示。

（1）空位 在某温度下的某一瞬间，总存在一些高能量的原子，它可以克服其周围原子的束

图4-12 点缺陷示意图

缚，脱离原来的平衡位置，使原位置上形成空结点，这就是空位。空位是一种热平衡缺陷，温度越高，原子动能越大，空位浓度增大。

（2）间隙原子 在晶格的某些间隙中出现的多余原子称间隙原子。由于溶剂晶格的间隙是有限的，故金属中的间隙原子大多为原子半径小的原子，如钢中的碳、氢、氮等。当间隙原子挤入很小的晶格间隙中后，因原子的平衡位置被破坏会产生晶格畸变。

（3）置换原子 占据基体原子平衡位置的异类原子称置换原子。因为置换原子与基体原子的半径不可能完全相同，故也会产生晶格畸变。

晶体中的点缺陷是不断运动和变化的，它们的运动是金属中原子扩散的主要方式之一，这对热处理过程将产生极为重要的影响。

2. 线缺陷（位错）

晶体中某处一列或若干列原子发生有规律的错排现象叫位错。如图4-13所示，在 *ABCD* 水平面上，多出一个 *EFGH* 半原子面，它如同刀刃一般插入晶体，故称刃型位错。在刃型位错附近，晶格也产生畸变。

晶体中除了刃型位错外，还有螺型位错存在，其模型可以假想为一个完整晶体沿某一晶面局部切开，并使上下两部分晶体相对移动（撕开）一个原子距离，然后再上下接合起来，这样在上下原子不相吻合的过渡区就形成一个扭曲的螺旋面，这种过渡地带即螺型位错。在螺型位错附近，晶格也产生严重畸变，所以，位错附近是应力集中区。

位错在晶体中可以移动,金属材料的塑性变形其微观过程主要是通过位错运动来实现的。

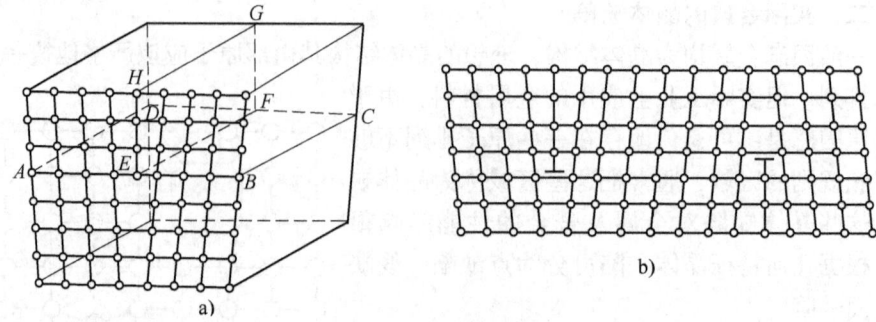

图 4-13 线缺陷示意图

a) 位错立体图　b) 位错平面图

3. 面缺陷

面缺陷主要是晶界与亚晶界。实际使用的工业金属材料,内部是由许多小晶体组成的,这些小晶体彼此之间的晶格位向都不同。这种外形不规则的小晶体称为晶粒。晶粒之间的界面称为晶界。在晶界上原子处于不规则排列状态,这使得晶界能量高于晶粒内部,因此,晶界与晶粒内部性能不同,如室温下晶界的强度较高、晶界容易被腐蚀等。晶粒尺寸很小,一般在显微镜下才能观察到。由许多晶粒组成的晶体结构称为多晶体。一般金属材料都是多晶体。

一个晶粒的内部,其晶格取向也并非完全一致,而是存在许多尺寸更小、位向差也很小的小晶块(亚晶)。亚晶内部的晶格取向一致,两相邻亚晶的边界称为亚晶界。亚晶界实际上是由一系列刃型位错所组成的,它对金属性能的影响与晶界相似。室温下,亚晶粒越小,材料的强度越好。图 4-14 为面缺陷示意图。

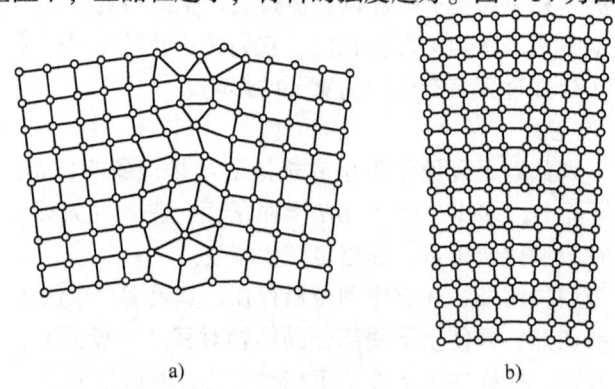

图 4-14 面缺陷示意图

a) 晶界　b) 亚晶界

第三节 纯金属的结晶和铸锭

金属的结晶是自液态冷却转变为固态的过程，是原子从不规则排列的状态过渡到原子规则排列的晶体状态的过程。金属制品，一般都需要经过熔炼和铸造。金属结晶后所形成的组织，将极大地影响到金属的铸造、压力加工等性能。因此，研究金属的结晶过程及规律，对于控制材料内部组织和性能是十分重要的。

一、纯金属的冷却曲线与过冷度

结晶过程是一个十分复杂的过程。一般采用热分析方法来研究结晶过程。当液态金属以极缓慢的速度冷却，记录其温度随时间的变化情况，这一曲线称为冷却曲线，图4-15为纯金属的冷却曲线。

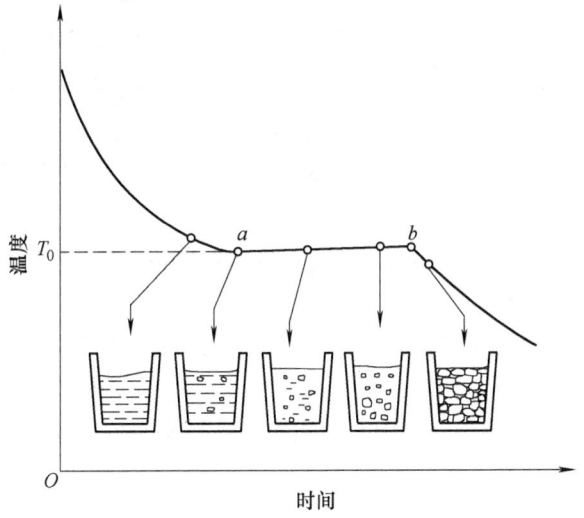

图4-15 纯金属的冷却曲线

冷却曲线表明，纯金属在结晶时，因释放出的结晶潜热补偿了向外界散失的热量，故温度保持不变，这一温度称为金属冷却时的结晶温度（凝固点），它与金属加热时的熔化温度（熔点）是一致的，也称为理论结晶温度（T_0）。

实际工艺条件下，由于冷却或加热速度不可能极其缓慢，所以液态金属总是在低于理论结晶温度的某一温度 T_n 下开始结晶，这一现象称为过冷。理论温度与实际结晶温度之差称为过冷度 ΔT，$\Delta T = T_0 - T_n$。过冷度大小与冷却速度有关，冷却速度越大，过冷度越大，实际结晶温度越低。

二、结晶过程

金属结晶，是由晶核核心形成和晶核长大两个基本过程组成的。当液态金属冷却到理论结晶温度以下，液态金属中开始形成原子排列有规则的微小晶核，随着温度的降低，这些晶核不断长大。与此同时，液态金属中又会不断地产生新的晶核并不断长大，直至液态金属全部消失，晶体彼此接触为止。每一个晶核长大后形成一颗外形不规则的晶粒。图为纯金属结晶过程示意图4-16。

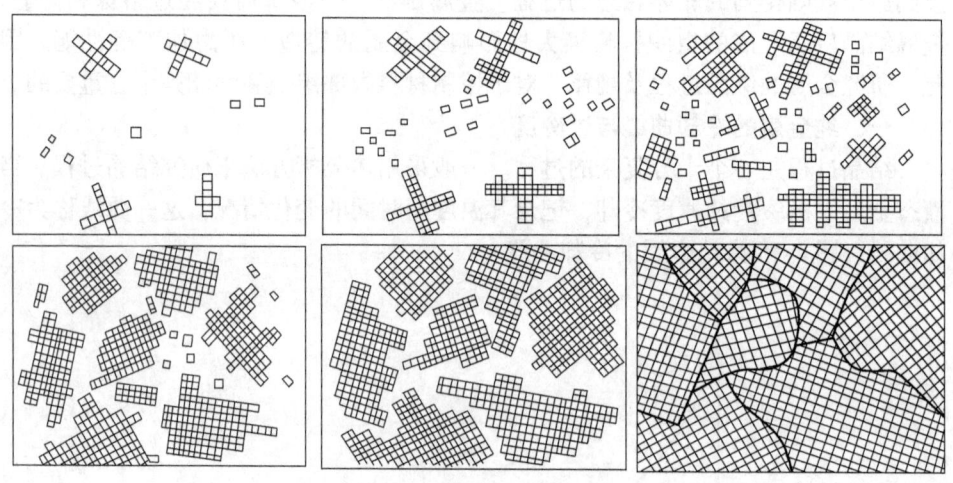

图4-16　纯金属结晶过程示意图

固态晶核的形成可能有两种方式：一是均质形核，也称自发形核，即自发形成新核心的过程。二是异质形核，也称非自发形核，由于液态金属中总存在某些杂质，因而晶核常会依附在这些固态杂质质点上形核。实际结晶主要是按后一种方式进行的。

三、晶粒大小对力学性能的影响

实践证明，室温下金属材料的晶粒越细，其强度和韧性越高。为了提高金属的力学性能，必须控制其结晶后的晶粒大小。根据结晶过程可知，金属结晶后的晶粒大小与晶核数量、晶粒长大速度有关。如果结晶时形核率 N（即单位时间、单位体积内所形成的晶核数目）越多，晶核长大速度 G 越慢，则单位体积中晶核的数目越多，晶粒就越细；反之，则晶粒容易粗化。工程上常用以下方法控制晶粒长大。

（1）增加过冷度　一般来说，过冷度增加，形核率 N 和晶核长大速度 G 均会增加，但前者的增长速度更快。所以，增加过冷度可以使晶粒细化。结晶时的过冷度与冷却速度有关。冷却速度越大，则过冷度也越大。例如，铸造生产中采用金属型浇注得到的铸件比砂型铸造得到的铸件晶粒细小。

（2）变质处理　对于大型铸件，要获得较大的过冷度不太容易，而且冷却速度过大往往导致铸件开裂。因此，生产上采用变质处理方法细化晶粒。变质处理是在浇注前向金属液体中加入一些细小的能促进形核或抑制晶核长大的变质剂，如钢中加入钛、硼、铝等；铸铁中加入硅、钙等，以提供非自发形核的核心，增加晶核的数目，达到细化晶粒的目的。

（3）附加振动　在金属结晶时，对液态金属进行机械振动、超声波振动、电磁振动等，可以使已形成的晶体破碎，增加晶核数目，从而使晶粒细化。

四、金属铸锭的组织和性能

1. 铸锭组织的形成及性能

在实际生产中，液态金属是在铸锭模中凝固的，其结晶过程遵循上述结晶的普遍规律。图 4-17 是凝固后的铸锭剖面，它具有三个不同特征的晶区：

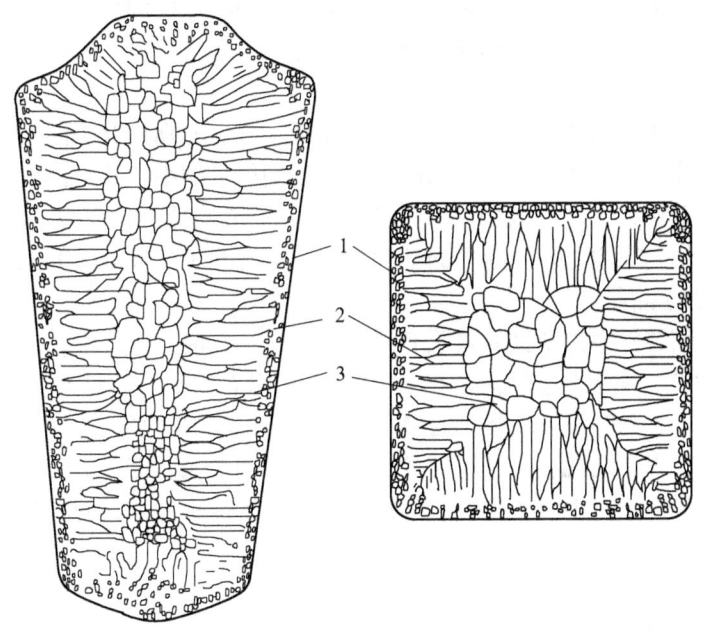

图 4-17　铸锭组织构造示意图
1—表面细晶区　2—柱状晶区　3—中心等轴晶区

（1）表面细晶区　当高温金属液体倒入铸模后，由于与冷模直接接触的表面金属液体冷却速度较快，其过冷度很大，所以，在模壁表层形成一层很薄的细晶区。

虽然细晶区的晶粒十分细小，组织致密，故力学性能很好，但是由于其厚度较薄，因此没有实用意义。

（2）柱状晶区　在表面细晶区形成的同时，模壁由于被液态金属加热而迅速升温,液态金属由此冷却速度减慢,其过冷度也减小,使形核困难。因此,表面层的晶粒便向内部生长,因受到相邻晶粒的限制,只能逆散热方向向内生长,所以形成垂直于模壁的柱状晶区。

柱状晶区中,由于相互平行的柱状晶接触面及相邻垂直的柱状晶区的交界面较为脆弱,并常聚集着易熔杂质和夹杂物,使铸钢锭在压力加工时,容易沿这些脆弱面形成裂纹。另外,柱状晶的力学性能有方向性。

(3) 中心等轴晶区　随着柱状晶的长大,柱状晶区和模壁的散热速度越来越慢,散热方向性也不再明显。此时,铸锭中心部分的液态金属温度已降至熔点以下,再加上中心液态金属中存在的一些未熔杂质以及被冲断的柱状晶分枝,满足了结晶的要求,于是在剩余液体中开始同时形核。由于此时的散热已失去方向性,晶核在各个方向上的长大速度相差不多,故中心区凝固后形成等轴晶。

等轴晶由于结晶时没有择优取向,故不存在上述脆弱面,所以实际使用中希望得到细小的等轴晶。

通常,金属铸锭的宏观组织存在三个晶区,它们分别具有不同的性能。通过控制结晶条件,可以使性能较差的晶区所占比例尽可能小,甚至消失。如机械工业上使用的钢铁材料,一般限制柱状晶发展。一般降低浇注温度、降低冷却速度、均匀散热、变质处理、附加振动和搅拌等都有利于等轴晶区的发展。

2. 铸锭的缺陷

在铸锭和铸件中,常见的缺陷有缩孔、疏松、气泡、裂纹等。

(1) 缩孔　大多数金属液态的体积大于其固态体积,故结晶时,一般要发生体积收缩,若此时没有液体及时补充,就会形成收缩孔洞,称为缩孔。它是一种铸造缺陷,集中缩孔破坏了铸件的完整性,并且在其附近集中了较多的杂质,对材料的力学性能有很大的影响。如果缩孔位于铸锭头部,只需将其切除就可以了。

(2) 疏松　除了缩孔外,铸锭中还往往存在着细小的空隙,称为疏松。它一般出现在铸锭中心的等轴晶区。等轴晶区在晶体生长时,残留的金属液体封闭小区域,在收缩时得不到外界液体补充,留下了微小的缩孔。疏松使铸锭的致密度降低,由于一般情况下,它的表面未被氧化,所以可以在压力加工时焊合。

(3) 气孔　在液态金属中或多或少有一些气体,它们在固体中的溶解度往往比液体中的溶解度低。因此,金属凝固时,气体来不及逸出液面,在有利位置上形成气孔。此外,金属液体与铸型材料、熔渣等发生化学反应也会产生气泡。当其来不及上浮,或铸锭表面已经凝固,则气泡将保留在铸锭内部,形成气孔。铸锭内部气泡一般在压力加工时可以焊合,而靠近铸锭表面的皮下气泡,则往往由于表皮破裂而氧化,在压力加工时不能焊合,所以在压力加工前,必须车削掉,否则易在表面形成裂纹。

(4) 偏析 当液态金属中含有较多的杂质元素时，其熔点降低，凝固较晚，导致杂质元素集中在最后凝固的地区，形成区域偏析。偏析的存在将使金属的性能降低。

(5) 非金属夹杂物 铸锭中的非金属夹杂物，根据其来源可分为两类：一类是在浇注过程中混入的沙子和耐火材料等；另一类是在金属材料制备过程中形成的。当金属材料中的这些夹杂物超过了规定的技术要求，则对材料的力学性能产生不良影响。

第四节 金属材料的成型工艺

各种方法制备的金属材料一般在经过铸造、压力加工、焊接和机加工成型，并进行材料改性工艺处理后才能满足不同条件下的服役要求。机加工成型的金属构件，只改变零件的形状和尺寸，对材料的内在质量没有影响。但铸造、压力加工、焊接成型工艺则对零件的形状和材料的内在质量均产生较大的影响，从而影响零件的使用寿命。下面扼要介绍铸造、压力加工、焊接成型的基本工艺和应用。

一、液态金属的成型方法（铸造）

液态金属的成型又称铸造，是机器零件毛坯成型的主要方法之一。我们将液态金属浇注到铸型型腔中，使其冷却凝固获得一定形状的毛坯或零件的方法称为铸造。这种成型工艺具有以下优势：

1) 可以一次成型内腔、外形复杂的毛坯，这是其他金属成型方法极难实现的。

2) 工艺灵活，不受零件尺寸、形状、重量的限制，能满足各种金属材料的铸件生产。

3) 成本低，原材料可回收再利用。

但铸造成型方法并非尽善尽美，它存在生产工序较多；工艺难控制；废品率高；铸件质量不稳定等问题。液态金属的成型工艺根据造型材料不同，主要分砂型铸造和特种铸造。

1. 砂型铸造

将液态金属浇注到砂型型腔内，以获得所需的铸件外形的方法称为砂型铸造。这种工艺劳动条件较差，铸型只能使用一次，但因成本低、周期短等优势，是目前应用最广泛的成型方法。其工艺流程如图4-18。

(1) 砂型种类 砂型铸造使用的砂型种类有湿型、干型、表面干型、化学硬化砂型四种。湿型砂常用于中、小型铸件的生产。干型砂用于质量要求高的中、大型铸件的单件、小批量生产。表面干型砂因型腔表面薄层砂强度高于前两种砂型，可用于生产中、大型铸件。化学硬化砂由于粘结剂自身的化学反应提高了砂型的强度，故多用于中、大型铸件的生产。

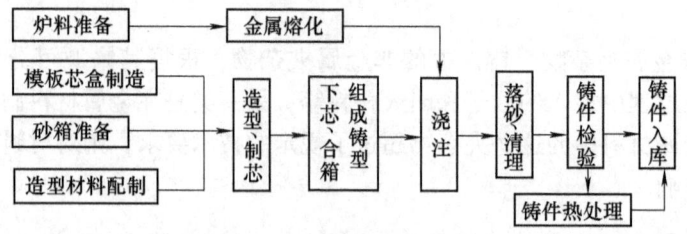

图 4-18　砂型铸造工艺流程

（2）造型方法　砂型铸造的造型方法主要有手工造型和机器造型。

1）手工造型　由手工进行紧砂、起模、修型、下芯及合箱等主要操作过程组成。它具有操作灵活，适用性强，工艺装备简单，模型成本低，生产周期短等优点。但这种造型方法劳动强度大，生产率低，尺寸精度差，质量不稳定。因此，主要用于单件、小批量生产。手工造型的方法很多，应用最广的是两箱分模造型，如图 4-19 所示。

2）机器造型　是现代铸造生产的基本方法，利用机器完成填砂、紧实、起模等主要工序，操作实现了机械化。与手工造型的方法相比，其生产效率高，劳动强度低，铸件精度高，质量稳定。尽管设备和工艺装备费用高，但因具有上述优势，其经济效益较好。

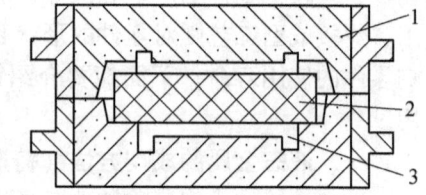

图 4-19　两箱分模造型
1—砂箱　2—砂芯　3—工件

机器造型绝大部分以压缩空气为动力来实现紧实型砂，按照不同的紧砂方法可分为压实、震实、震压和抛砂四种基本方式，其中以震压式应用最广。图 4-20 为震压式造型工作原理。

工作时压缩空气自进气口 1 进入震实气缸 2，使震实活塞带动工作台及砂箱上升，震实活塞上升后，震实气缸的排气孔露出，使压气排出，工作台及砂箱下落，与活塞顶部产生一次撞击，从而完成一次振动。如此反复多次，将型砂紧实。

2. 特种铸造

特种铸造是指除砂型铸造外的其他铸造方法，其目的是为了提高生产率，改善铸件的表面质量和内部质量，它包括：熔模铸造、金属型铸造、压铸、离心铸造等铸造工艺。

（1）熔模铸造

1）工艺过程。熔模铸造的铸件精度和表面质量高，切削量少或无切削，节约材料。熔模铸造工艺过程如图 4-21 所示，主要过程为：

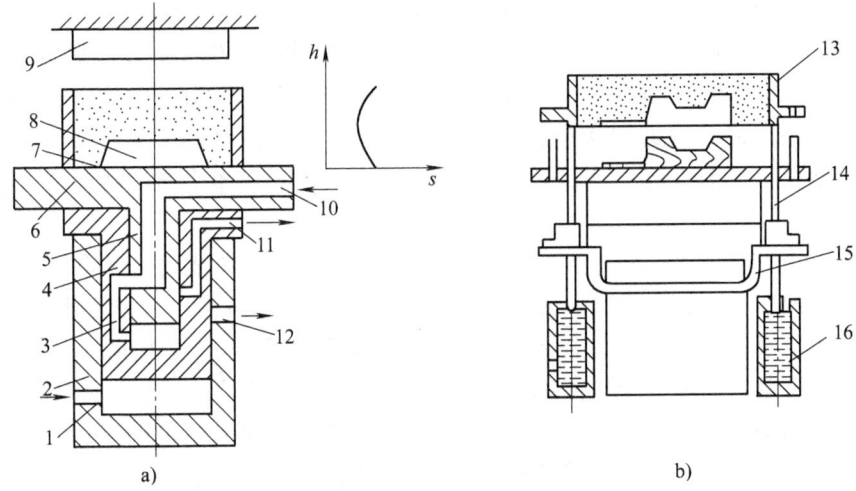

图 4-20 震压式造型工作原理图
a) 震压式造型机 b) 顶杆式起模
1—压实进气口 2—压实气缸 3—震实气路 4—压实活塞 5—震实活塞 6—工作台
7—砂箱 8—模板 9—压头 10—震实进气口 11—震实排气口 12—压实排气口
13—砂箱 14—起模顶杆 15—同步连杆 16—起模液压缸

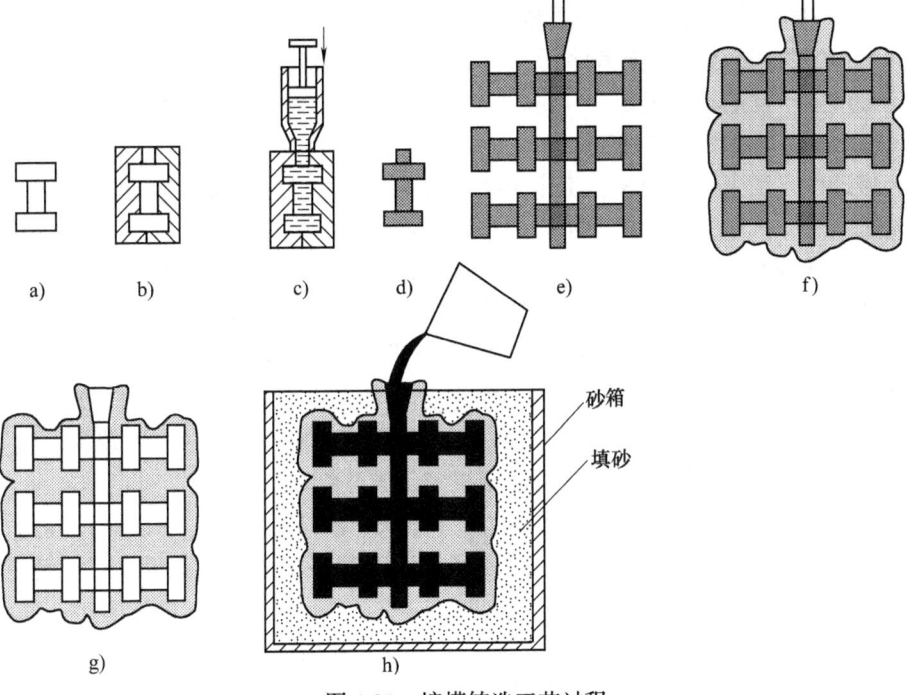

图 4-21 熔模铸造工艺过程
a) 铸件 b) 压型 c) 压制蜡模 d) 蜡模 e) 蜡模组合 f) 制造模壳
g) 熔失蜡模 h) 装箱浇注

i) 设计制造压型 压型是用来制造蜡模的模具,其尺寸精度和表面质量要求较高。一般用铝合金、钢、青铜、易熔合金、塑料等材料切削加工制成。

ii) 制造蜡模。蜡模材料常用 50% 石蜡和 50% 硬脂酸配成,熔点为 54 ~ 57°C。压蜡机将熔融的糊状蜡料挤入压型内,待其凝固冷却后从压型中取出,修整后便获得单个蜡模,为了一次能铸造多个铸件,可将单个蜡模粘合制成蜡质浇注组。

iii) 铸型的制造。将以上蜡模组浸入石英粉、水玻璃制成的耐火涂料中,浸挂涂料后取出,向其表面撒一层硅砂,然后放入硬化剂溶液中(常用氯化铵),利用反应生成硅酸胶将砂粘牢形成一层壳。如此重复涂挂 3 ~ 7 次形成一定厚度的硬壳。将制好的硬壳浸泡在 90°C 左右的热水中,蜡模熔化浮出,得到铸型空腔。为提高型壳强度,防止浇注时型壳变形和破裂,将型壳放在铁箱中,周围用干砂填紧,在 800 ~ 900°C 下焙烧。以便进一步排除型壳内残余挥发物和水分。

iv) 浇注与清理。为提高金属液体的充型能力,防止产生冷隔等缺陷,焙烧后应立即进行浇注。铸件冷却后击毁型壳,取出铸件并切除浇冒口,清理毛刺。

2) 熔模铸造的特点和适用范围

i) 铸件的尺寸精度和表面质量高。

ii) 能够铸造各种合金铸件。

iii) 生产批量不受限制。

iv) 少切削、无切削加工。

但这种方法生产周期长,工序繁杂,铸件不能太大。主要用于制造汽轮机、涡轮机叶片,汽车、拖拉机和机床的小型零件。

(2) 金属型铸造 将金属液浇入用金属制成的铸型中,以获得铸件的方法称为金属型铸造。因金属型可以反复使用,故又称永久型铸造。

1) 金属型的结构。除个别简单的铸件采用整体式金属型结构外,一般金属型都有分型面,其形式有垂直分型、水平分型和复合分型,如图 4-22 所示。其中垂直分型因开设浇口和取出铸件较方便,易于实现机械化,故应用较多。金属型一般用耐热铸铁或铸钢制造,型腔用机加工方法制成。

2) 金属型铸造工艺特点:由于金属导热快,没有退让性,所以铸件容易产生冷隔、裂纹等缺陷,其生产工艺与砂型铸造有很多不同。为获得有优质铸件,必须严格控制工艺。

i) 浇注温度。因金属冷却速度快,故一般比砂型浇注温度高 20 ~ 30°C,具体视铸件形状、重量、合金种类等情况而定。

ii) 金属型的使用温度。金属型的工作温度对铸件的冷却速度、质量、金属型的使用寿命影响极大,所以在浇注前金属型应先预热。金属模温太低易产生冷隔、裂纹等缺陷，并且金属模的使用寿命缩短。金属模温太高，铸件晶粒粗大，力学性能下降。浇注后可采用水冷或风冷方式对金属模散热，以保证铸件质量和生产率。

iii）铸件开型温度。当铸件冷却到足够强度时，应及时取出铸件和型芯，以免产生裂纹并影响金属模的使用寿命。

iv）喷刷涂料。为防止高温金属液对模壁的直接冲刷和减缓铸件冷却，浇冒口和型腔表面一般涂一定厚度的耐火涂料。

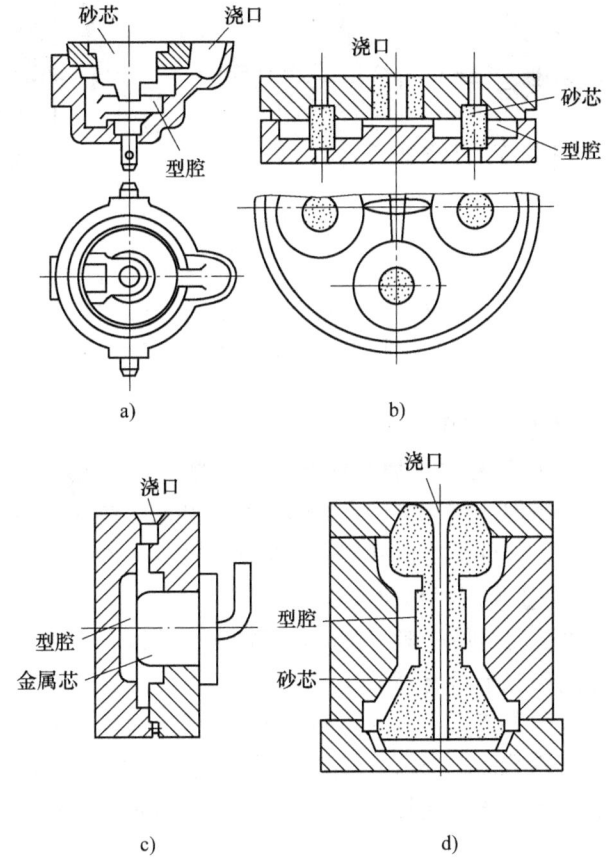

图 4-22 金属型的种类
a）整体式 b）水平分型式 c）垂直分型式 d）复合分型式

3）适用范围。金属型铸件精度和表面质量高，铸件致密，力学性能好，具有"一型多铸"的优点，便于机械化自动化生产。因金属模的制造成本高，一般仅在大批量生产时采用，主要适用于生产非铁合金铸件，如飞机、汽车、拖拉机摩托车的铝活塞、气缸体，以及铜合金轴瓦，有时也可用于生产铸铁和铸钢件。

(3) 压铸　压铸是使液态或半液态金属在高压作用下,以极高的速度充型,并在压力作用下凝固而获得铸件的铸造方法。

1) 压铸工艺过程。压铸过程主要由压铸机来实现。目前应用最多的是冷压室卧式压铸机,其工艺过程见图4-23。当金属液注入压射室后,压射冲头向前推进,将金属液压入型腔。在金属冷却过程中一直保持压力。开模后铸件被顶出。

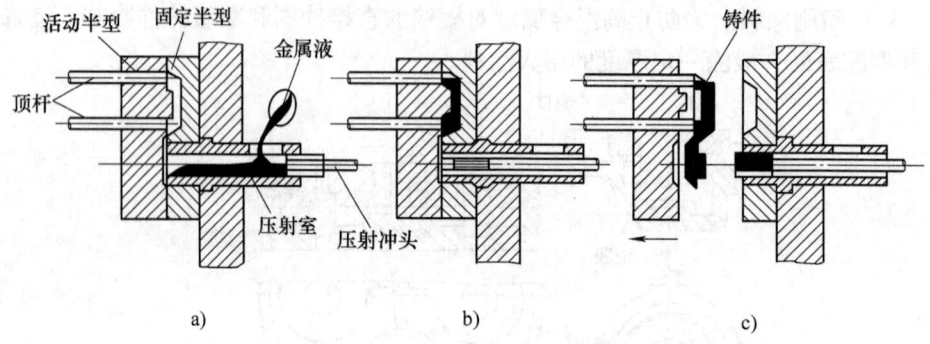

图 4-23　压铸工艺过程
a) 加料　b) 压铸　c) 开箱

2) 压铸的特点及应用范围:

i) 产品质量好。由于液体金属是在高压下成型,合金流动性好,故可以浇注出薄而复杂的精密铸件,例如可以直接铸出各种孔眼、螺纹和齿轮。铸件在压力下结晶细密,所以,铸件强度比砂型铸造提高20%~40%。

ii) 生产率高。易于实现机械化和自动化。

iii) 成本低。由于压铸件一般不再进行机加工,所以,省工、省时、减少机加工设备,使零件生产成本显著降低。

虽然压铸工艺有以上优点,但压铸钢、铁高熔点合金时压铸型寿命低,所以这种方法主要用于非铁合金的成型。有时,因压铸速度快,型腔内气体不易排出,会影响制品的内部质量。此外,压铸设备投资大等原因,使其应用范围受到了一定的限制。

二、金属压力加工

金属压力加工是借助外力的作用,使金属坯料产生塑性变形,从而获得一定形状、尺寸和力学性能的加工方法。由于金属的铸态组织往往存在晶粒粗大和组织不均匀等缺陷,所以金属材料经冶炼浇注后,大多要进行各种压力加工,通过压力加工不仅改变了材料的外形,而且使铸锭内部原有的气孔、疏松等缺陷压合在一起,使金属更加致密,组织和性能由此也得到改善。各种钢和非铁合金都具有一定的塑性,因此它们均可以在热态或冷态下进行压力成型。

金属的力学性能随变形程度的增加,强度和硬度上升,而塑性和韧性下降的现象称为加工硬化。虽然加工硬化可以使金属的强度提高,获得强化效果,然而却给金属的进一步变形带来了不便,只有消除加工硬化,才能使金属重新恢复原有的塑性。对经过压力加工塑性变形的金属进行加热,当温度达到金属熔点温度约 0.4 倍时,材料内部发生重新结晶的过程,加工硬化现象也由此消除,这个过程称为再结晶。通常实际生产中,把金属在再结晶以上进行的压力加工称为热加工,而再结晶以下进行的压力加工称为冷加工。

金属在进行热加工成型时,加工硬化和再结晶过程是同时进行的。由于变形过程中产生的加工硬化随时被再结晶过程所消除,所以只要这两个过程进行的速度相协调,一般变形后无硬化现象。冷成型金属,因变形过程中无再结晶现象,变形后的金属具有加工硬化效果。

金属压力加工按加工目的可分为两大类:一类是主要用于生产建筑结构和塑性加工的等截面型材、管材和板材等;另一类主要是用于生产各种毛坯、半成品或成品零件。

1. 原材料的成型

冶金厂生产的各种金属材料通常都是经过轧制、挤压和拉拔等成型方法,以型材、板材和管材等方式供应,下面分别简要介绍这些成型方法。

(1) 轧制 这种压力加工方法是使金属坯料靠摩擦力连续进入转动的轧辊间隙中而产生塑性变形。绝大部分金属材料都要经过轧制。根据轧辊轴线与坯料轴线方向的不同,轧制分为纵轧、横轧和斜轧等三大类,如图 4-24 所示。

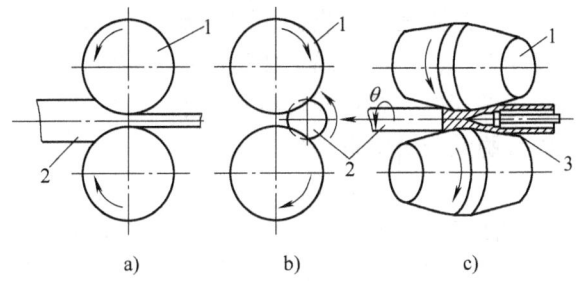

图 4-24 轧制的主要形式
a) 纵轧 b) 横轧 c) 斜轧
1—轧辊 2—坯料 3—芯棒

纵轧时坯料在转向相反的两个轧辊作用下产生变形,并沿垂直于轧辊轴线方向移动。这种轧制方法主要用于各种型材、板材和管材的成型。横轧是坯料在转向相同的两个轧辊作用下转动并产生变形,且坯料与轧辊轴线互相平行。这种方法主要用于加工回转体类零件,如齿轮轧制。斜轧是坯料轴线与轧辊轴线相交成一定角度的轧制方法，在变形过程中坯料既转动，又沿自身的轴线向前移动。横轧和斜轧主要用于零件的成型加工。

轧制所用的坯料主要是钢锭或铜、铝等非铁金属及其合金铸锭。轧辊种类和形状不同，其轧制出来的产品各有不同，平轧辊可轧制板材和带材；带槽轧辊可用于轧制各种型材。

轧制生产的一般过程为：铸锭加热→在初轧机上轧成各种形状、尺寸的坯料→在成轧机上轧制成不同规格的成品。

轧制又可分热轧和冷轧产品。热轧具有塑性好、生产率高、成本低等优点，所以许多型材、板材和管材都是通过热轧成材的，其工艺路线如下：

1）热轧型材：加热→轧制→切断→冷却→矫直→清理→检查→捆扎。

2）热轧薄板：加热→粗轧→精轧→冷却→卷取→松卷→剪切→热轧薄板。

3）热轧无缝管：实心管坯准备→加热→斜轧穿孔机穿孔→自动轧管机轧制成毛管→滚轧机轧制均整→纵轧定径机轧制成要求的管径→精整。

冷轧可生产厚度极薄、尺寸精度很高的轧材，典型生产工艺流程如下：

1）冷轧薄板钢：热轧板卷→酸洗去除热轧坯料氧化皮→冷轧→表面清理→退火消除加工硬化现象、恢复塑性→平整（二次小压下量冷轧）→剪切。

2）冷轧钢管：热轧管坯→酸洗→冷轧→热处理→矫直→切断→检查。

(2) 挤压　挤压是使坯料在挤压筒中受强大压力作用而变形的加工方法。挤压时金属处于三向受压状态，因此金属的塑性较好，能够实现脆性材料和各种复杂形状零件的成型（如深孔、薄壁、异型断面零件的成型）。通过挤压工艺成型的零件表面精度高，可达到无切削或少切削的要求。另外，由于成型过程中材料内部组织也相应发生变化，从而提高了成型后零件的力学性能。综上所述，挤压法适合生产非铁合金的棒材、型材、管材和线坯，特别适合于成型截面复杂或薄壁的型材、管材以及脆性金属材料，如耐热钢管、不锈钢管和原子反应堆用的高级钢管等。

按金属流动方向和凸模运动方向的不同，挤压方法有多种，其中正挤压和反挤压是最基本的方法，图4-25是这两种方法的示意图。正挤压时金属的流动方向与凸模运动方向相同，坯料与挤压筒内壁之间有相对滑动，二者之间存在较大的外摩擦。反挤压时金属的流动方向与凸模运动方向相反，坯料与挤压筒内壁之间无相对滑动，所以没有外摩擦。正挤压与反挤压的不同特点对挤压过程、产品质量和生产效率等都有很大的影响。

按金属坯料所具有的温度不同，挤压又可分为热挤压、温挤压和冷挤压。

1）热挤压。热挤压温度在再结晶温度以上，视材料种类而定，这种方法容易成型，但成型后表面较粗糙。主要用于生产各种型材和管材，也可用于制造零件和毛坯等。

2）冷挤压。冷挤压在室温下进行挤压时材料的变形抗力高，表面质量好。同时制品由于加工硬化使强度提高。这种方法广泛用于机器零件、半产品毛坯的生产。冷挤压时为了降低挤压力、提高零件表面质量、降低模具磨损和破坏，必须进行磷化处理（采用磷酸盐表面处理），使坯料表面呈多孔性结构，便于储存润滑剂，减小成型阻力。

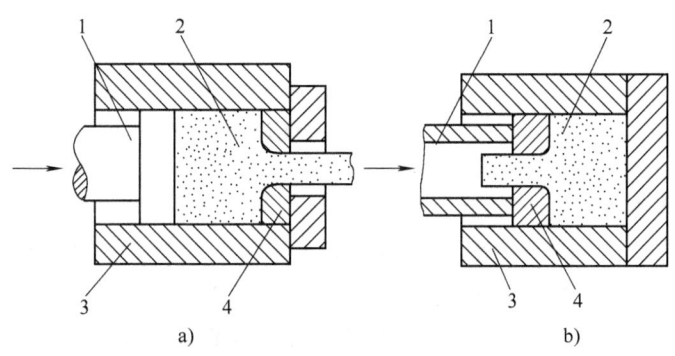

图 4-25　挤压示意图
a）正挤压　b）反挤压
1—凸模　2—坯料　3—挤压筒　4—挤压模

3）温挤压。温挤压是将金属加热到再结晶温度以下的某一温度进行成型。与冷挤压相比，由于变形抗力减小，故模具寿命延长，能扩大冷挤压成型的品种。与热挤压相比，坯料氧化脱碳少，表面质量好。

（3）拉拔　拉拔是在外加拉力作用下迫使金属坯料通过模孔进行成型的方法，它是生产棒材、型材、线材和管材的主要方法之一，常用于轧制件的再加工。经过拉拔的制品具有较高的精度与表面质量，并且力学性能优良。

拉拔通常是在冷态下进行的，对于塑性较差的金属，为提高其塑性，应采用温拔成型。其工艺流程为：

坯料→打头→酸洗清理（保证表面质量）→润滑（降低坯料与模孔之间的摩擦力）→拉拔→脱脂→退火（消除加工硬化、恢复塑性）→成品

按拉拔特点不同，可分为无模拉拔、冷拔、拉丝。图 4-26 为拉拔示意图。

1）无模拉拔。拉拔过程中没有凹模，通过对坯料局部加热使变形集中于加热部位，拉拔时加热区和变形区同时移动。

2）冷拔。常温下的拉拔工艺称为冷拔。冷拔制品的强度高、表面质量好，适合于成型塑性好的金属材料。

3）拉丝。使金属的直径变小的成型工艺，如各种金属丝制品。

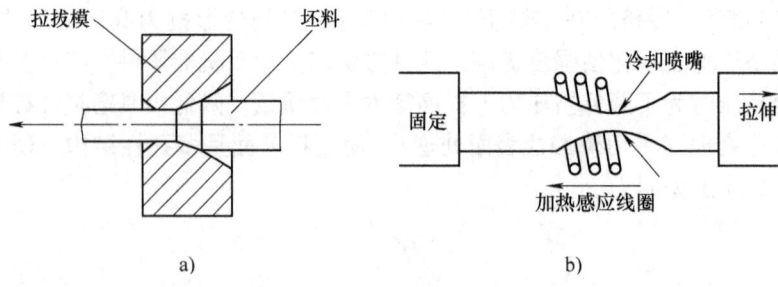

图 4-26　拉拔示意图
a）拉拔　b）无模拉拔

2. 毛坯或零件的成型方式

零件的毛坯或成品的成型方式除了采用铸造方法外，还可以采用锻造、冲压、冷镦、冷挤压、精锻等压力加工方法，并且经过压力加工的零件其组织性能均优于铸造成型制品，所以一些重要的零件都采用锻造成型。

（1）锻造　根据所用工具不同分自由锻和模锻。自由锻一般指在锻锤或压力机上利用简单的工具将坯料锻成特定的形状和尺寸的方法。模锻是金属坯料在模具模腔内受力变形而获得锻件。

生产上锻造方法的选择主要取决于锻件的形状、尺寸、技术要求和批量大小等因素。单件小批量生产采用自由锻为宜。大批量生产采用模锻法为好。对于重要的产品，即使生产批量不大，为保证质量一般也采用模锻成型。通常大型锻件当受到设备加工能力的限制时，可采用自由锻成型。

1）自由锻。自由锻是利用冲击力或静压力使金属坯料在上、下砧之间产生变形，从而得到所需形状及尺寸的锻造方法。自由锻分手工自由锻和机器自由锻，后者是目前常用的设备。根据作用力性质又分为锤锻和压力机上自由锻。锤锻是靠产生的冲击力使坯料变形，生产中常用的锻锤有空气锤和蒸汽-空气锤。压力机上自由锻是靠产生的静压力使金属变形，生产中常用的设备有水压机、曲柄压力机等。

自由锻的基本工序就是使金属按技术要求成型，如镦粗、拔长、弯曲、冲孔、切割、扭转等，实际生产中最常用的是镦粗、拔长、冲孔三种工艺。除了上述基本工序外，还有为便于基本工序操作而进行的辅助工序，如压钳口、切肩等。另外，还有减少表面缺陷的精整工序。

由于自由锻所用设备及工具有较好的通用性，所以适用于生产单件、小批量的锻件。

2）模型锻造。模型锻造简称模锻，是预先在高强度金属锻模上制造出与待锻件形状一致的模腔，使坯料在模腔内受压变形而获得锻件。

模锻具有以下特点：模锻时金属变形受模具限制，生产率较高。锻件的尺寸精确，加工余量小。可以成型形状复杂的零件。但由于模锻时所用的模具材料和制造工艺费用昂贵；坯料是整体变形，需要吨位较大的设备；所以模锻适合生产中、小锻件。另外，模锻操作简单，易于实现机械化，故更合适用于大批量锻件的生产。图4-27是模锻方法成型的典型零件。

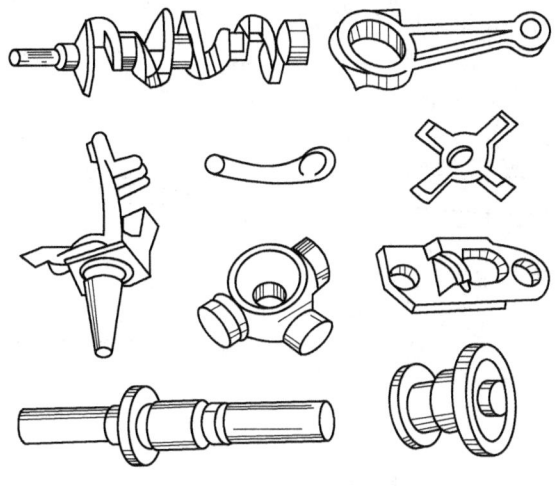

图4-27　典型模锻零件

（2）冲压　冲压是利用压力机使板坯通过模具产生分离或变形的方法。板料在冷态下冲压称为冷冲压。当板厚大于20mm时采用热冲压。

采用冲压方法可成型形状复杂的零件，并减少材料耗损。经冲压的产品具有足够高的精度、表面质量和较高的强度、刚性。同时由于这种工艺操作简单，容易实现机械化和自动化，生产率高、成本低，故在汽车、电机、仪表以及日常生活用品等方面被广泛采用。

冲压生产所用的设备有剪床和压力机，剪床的用途是把板料剪成一定宽度的条料，以供冲压工序使用。压力机是用于冲制板料成型的设备。图4-28是机械式压力机。

冲压生产的基本工序有分离工序和变形工序。前者是使金属坯料的一部分相对于另一部分分离，包括切断、落料、冲孔等，分离工序简介见表4-1所示。后者是使坯料塑性成型而不破坏，包括弯曲、拉深、胀形、翻边等，下面分别介绍变形工序的作用。

1）弯曲。是将平板、型材或管材等坯料弯曲成一定角度、曲率半径和形状的冲压加工方法，如图4-29所示。在冲压生产中弯曲占有相当大的比重，如自行车把手、电器仪表外壳等都是用这种方法制成的。

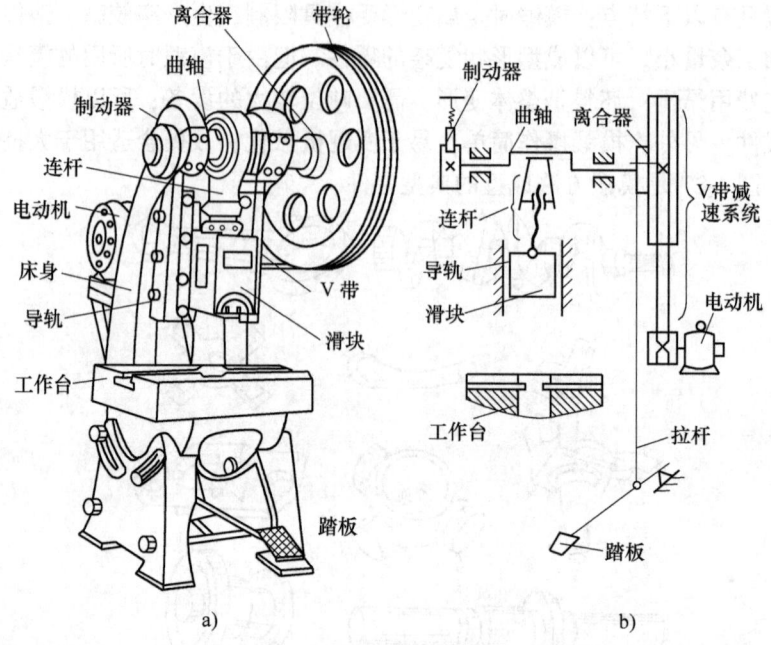

图 4-28 机械式压力机
a) 外观图 b) 传动简图

表 4-1 分离工序

工序名称	简图	特点及应用范围
落料		使坯料按封闭轮廓分离的工序,冲下部分是零件。用于制造各种形状的平板零件
冲孔		使坯料按封闭轮廓分离的工序,被分离部分为废料,周边是成品
切断		使坯料按不封闭轮廓分离的工序。用于制造各种形状简单的平板零件

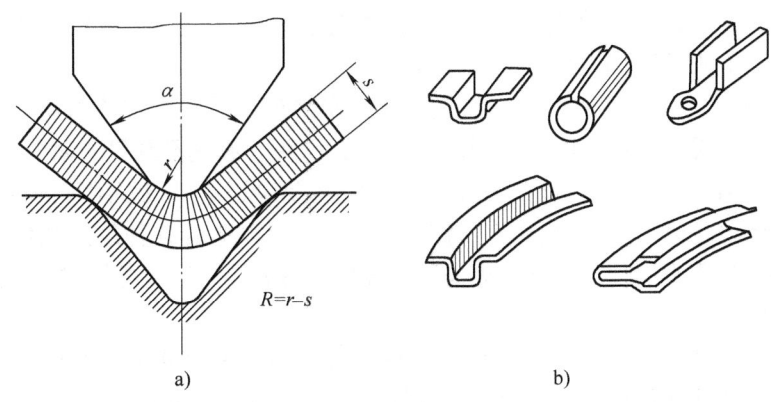

图 4-29 弯曲过程金属变形简图
a) 弯曲过程 b) 弯曲产品

2) 拉深。是利用拉深模将平板坯料压制成各种形状的开口空心零件的冲压加工方法,即利用凸模把板料压入凹模,制成圆筒形、盒形、锥形、球形和其他不规则的开口空心零件。例如枪、炮弹壳、饮料罐等。拉深与其他成型工艺配合还可以制造形状极为复杂的零件,因此,它的应用领域很广泛,如汽车制造业、航天航空、日用五金行业等。

3) 胀形。是利用模具使板料厚度减薄、局部表面积增大,以获取一定几何形状零件的冲压加工方法。胀形方法有刚性模和软性模两种。刚性模胀形由于分块模在压力作用下向外扩张使坯料产生凸肚变形,胀形时均匀形较差,所以,零件尺寸公差等级不高。若制造尺寸精度要求高的复杂零件,生产上常采用软模胀形法。这种方法是通过毛坯中的橡胶、PVC 塑料、石蜡、液体、气体等传压介质,加压后迫使筒形坯变形。

4) 翻边。是使平板坯料上的孔或外圆获得内、外凸缘的冲压变形工序。

三、焊接

焊接是一种连接金属的工艺方法,主要用于制造各种金属结构和机器零件。焊接过程其实质是通过加热或压力等手段,使金属原子扩散与结合,最终将分离的金属材料能够牢固地连接起来。

由于焊接具有节省材料与工时、密封性好,在制造大型或复杂构件时可以化大为小、以小拼大,可以实现不同材料的连接成型等特点,所以,焊接在汽车、船舶、飞机、压力容器、建筑、电子等现代工业生产中应用很广泛。

焊接方法很多,按焊接过程的特点可分为熔化焊、压力焊、钎焊三大类。

1. 熔化焊

熔化焊简称熔焊,是利用局部加热的方法,将欲连接的两工件结合处加热到熔化状态，并与熔化的填充金属一起形成熔池，冷却结晶后形成牢固的焊接整体。根据热能来源不同；熔焊又细分为：

(1) 气焊　利用可燃气体与氧气混合后燃烧产生的热量作为热源，将焊件和焊丝熔化实现熔焊的方法。常用的可燃气有乙炔、液化石油气、氢气、煤气、天然气等。由于气焊的能量密度低，焊接时不容易穿透，所以多用于薄板材料的焊接。气焊设备简单、移动方便、不需要电源，所以适合各种地点和位置的焊接。另外，利用不同性质的气焊火焰可对各种金属焊接。但经过气焊的构件变形量大，生产率也较低。

(2) 电弧焊　以电弧作为热源，利用空气放电的物理现象，将电能转换为焊接所需的热能和机械能，从而达到连接金属的目的。主要方法有焊条电弧焊、埋弧焊、气体保护焊等，它是目前应用最广泛、最重要的熔焊方法，占焊接生产总量的60%以上。

1) 焊条电弧焊。利用焊条端部和被焊工件之间气体放电时产生的电弧热来熔化母材金属和焊条形成熔池，冷却后得到牢固的焊接接头。

焊条电弧焊可在室内、外、高空及各种位置焊接，设备简单，使用方便，适合于多种金属材料的焊接。但生产率低、劳动强度大，故在很多场合已逐步被其他焊接方法所取代。

2) 埋弧焊。是电弧深埋在焊剂下燃烧的一种电弧焊方法。图4-30 埋弧焊示意图，焊接时送丝机构将焊丝自动送入电弧区，电源两端分别与导电嘴和焊件连接，以建立焊丝与焊件之间的电弧。电弧在焊剂下面燃烧。焊机控制电弧移动方向、速度从而完成焊接。

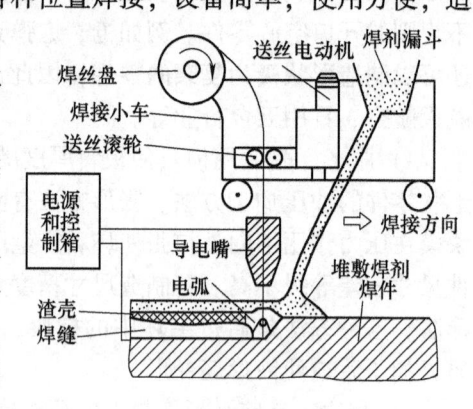

图4-30　埋弧焊示意图

埋弧焊的生产率比焊条电弧焊提高5~10倍。由于焊剂供给充足，电弧区有气体保护，焊缝的质量较高。埋弧焊没有弧光、烟雾少，劳动条件得到很大改善。但这种方法设备投入费用高，并且对薄板和狭缝焊接有一定的限制。

3) 气体保护焊。它是利用气体作为保护介质的一种电弧熔化焊方法。保护气体通常有惰性气体、二氧化碳和氢气等，它们在电弧周围形成局部保护区，避免了空气中有害气体进入焊接熔化区，从而可以得到高质量的焊接接头。目前应用最多的是氩气和二氧化碳气体保护焊。

(3) 电渣焊　利用电流通过液体熔渣产生的电阻热来熔化工件和焊丝的。根据所用电极的形状又分为丝极电渣焊、板极电渣焊和熔嘴电渣焊等。由于渣池热量多，温度高，与熔渣接触的金属均被熔化，而且焊丝在焊接过程中可以摆动，所以很厚的工件也能一次焊成，这对于重型机械的制造是非常有意义的。在焊接时，这种工艺不需要开坡口，故生产率高、材料消耗少、成本低。此外，焊接时熔池上面覆盖的熔渣，可避免金属与空气直接接触造成的污染，有利于得到纯净的金属焊缝。但由于这种工艺焊接速度慢，焊缝在高温区停留时间长，晶粒粗大，力学性能不佳。所以，对于重要零件焊接后要进行正火处理，以改善其性能。

（4）等离子弧焊 利用等离子弧高能量密度束流作为焊接热源的熔焊方法。等离子弧焊接具有能量集中、生产率高、焊接速度快、应力变形小、电弧稳定可以焊接薄板和箔材等特点，特别适合于各种难熔、易氧化及热敏感性强的金属材料（如钨、钼、铜、镍、钛等）的焊接。

（5）电子束焊 利用加速和聚焦的电子束轰击置于真空或非真空中的焊接面，使被焊工件熔化实现焊接。真空电子束焊是目前应用最广的电子束焊。电子束焊具有以下特点：

1）在真空中进行，保护效果好，可以获得高质量的焊缝。

2）电子束能量密度大，可焊接难熔金属。焊接速度快，工件变形很小。

3）工艺参数容易控制、精度高、适应性强。

由于电子束焊的上述特点，它的应用范围日益扩大，从微型电子线路组件、钼箔蜂窝结构到大型的导弹外壳都采用这种工艺焊接。此外，它还适合于异类金属的焊接。但因焊接设备成本高、设备复杂，使其应用受到了一定的限制。

2. 压力焊

压力焊是在焊接时无论加热与否，必须对焊件施加压力，使被焊接工件的两接合面紧密接触。压力焊种类很多，其中常用的有电阻焊、摩擦焊、扩散焊等。

（1）电阻焊 电阻焊是利用电流通过焊件及接触处产生的电阻热作为热源将焊件局部加热，同时加压进行焊接。焊接时，不需要填充金属，生产率高，焊件变形小，容易实现自动化。其基本形式有点焊、缝焊和对焊三种，如图 4-31 所示。

1）点焊。焊接时利用柱状电极，在两块搭接工件接触面之间形成焊点的焊接方法。点焊时，先加压使工件紧密接触，随后接通电流，在电阻热的作用下工件接触处熔化，冷却后形成焊点。点焊主要用于厚度 4mm 以下的薄板构件冲压件焊接，特别适合汽车车身和车厢、飞机机身的焊接。但不能焊接有密封要求的容器。

2）缝焊。缝焊又称滚焊，其焊接过程与点焊相似，只是所用电极为旋转的导电滚轮。焊件在滚轮带动下前进，电流以间歇的方式接通，最终形成连续的焊缝。

缝焊一般用于有密封要求、3mm以下的薄壁容器焊接，如汽车的油箱、消声器等。

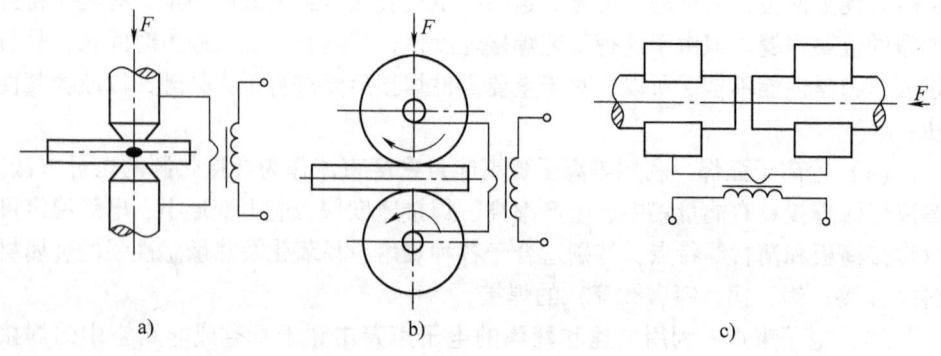

图 4-31 电阻焊示意图
a) 点焊 b) 缝焊 c) 对焊

3) 对焊。将焊件分别置于两夹紧装置之间，使其端面对准，在接触处通电加热进行焊接的方法。对焊要求焊件接触处的截面尺寸、形状相同或相近，以保证焊件接触面加热均匀。对焊主要用于制造封闭形零件（如自行车车圈、钢窗等）；轧材接长（如钢轨、钢管、钢筋等）；异类材料焊接（如为节省贵重材料、提高刀具工作部位的寿命所进行的异类材料对焊）。

(2) 摩擦焊 它是利用工件接触面摩擦产生的热量为热源，使工件在压力作用下产生塑性变形而进行焊接。其特点为：

1) 摩擦过程中，表面氧化膜及杂质被清除，所以焊接后的接头组织致密、气孔和夹渣等缺陷少，接头质量好。

2) 操作简单，不需要填加焊接材料，生产率高，容易实现自动化。

3) 适用性宽，可以完成异类金属的焊接。

4) 摩擦焊通常是一种旋转工件的压力焊方法，所以非圆截面的工件采用这种方法焊接比较困难。另外，设备投资大，不适合单件生产。

(3) 扩散焊 扩散焊是在真空或保护气氛中，使焊件紧密接触，在一定压力和温度下保持一段时间，使接触面上的原子相互扩散以完成焊接。其特点为：

1) 由于扩散焊加热温度低于母材熔点，焊接过程不影响母材的性质，所以接头强度高，工件变形小。

2) 可以焊接种类不同的各种材料。

3) 可以焊接结构复杂、壁厚相差悬殊、精度要求高的各种工件。

3. 钎焊

低于焊件熔点的钎料和焊件同时加热到钎料熔化温度后，利用液态钎料填充固态工件的缝隙使金属连接的焊接方法称为钎焊。

钎焊时，首先要去除母材接触面上的氧化膜和油污，以利于毛细管在钎料熔化后发挥作用，增加钎料的润湿性和毛细流动性。根据钎料熔点的不同，钎焊又分为硬钎焊和软钎焊：

（1）硬钎焊　钎料熔点高于450°C，接头强度较高，适合于焊接受力大、工作温度高的工件。常用的钎料有铜基、铝基、银基、镍基材料。

（2）软钎焊　钎料熔点低于450°C，接头强度较低，适合于焊接受力不大、工作温度较低的工件。常用的钎料有锡铅焊料。

钎焊时，由于钎料熔化，而基体金属不熔化，因此，对母材的各种性能影响较小，焊接变形也小，接头光滑平整，这种方法适合于焊接异类材料和形状复杂的工件。工件整体加热时，可同时焊接多条焊缝，生产率较高易实现机械化。钎焊的主要缺点是接头强度低，一般采用搭接接头增加其长度来提高强度。目前钎焊广泛应用于机电、无线电、仪表等工业中，例如电真空器件、精密仪表、硬质合金刀具等。

本 章 小 结

本章简要介绍了钢铁材料、非铁合金材料及粉末金属材料生产的常用方法和主要工艺流程；常用金属材料的微观晶体结构及晶体缺陷；金属材料常用的成型工艺、特点和应用范围。通过本章学习能够比较系统、全面地了解工程中常用金属材料的制备技术和成型方法。

复习思考题

1. 炼铁的原料有哪些？在冶炼过程中的有何作用？
2. 炼铁过程主要发生的是什么反应？
3. 连铸钢有哪些优点？
4. 为提高铝合金的质量，熔炼时应注意哪些问题？
5. 解释下列名词：晶体、非晶体、晶格、晶胞、晶格常数。
6. 何谓合金？合金有哪几种组织？
7. 何谓过冷度？它与冷却速度有何关系？
8. 金属常温下的晶粒大小对其力学性能有何影响？实际生产中常采用的细化晶粒方法有哪些？
9. 如果其他条件相同，比较下列铸造条件下铸件晶粒大小：
（1）金属型与砂型浇注；

(2) 高温浇注与低温浇注；
(3) 厚壁铸件与薄壁铸件；
(4) 浇注时振动与不振动；
(5) 变质处理与未变质处理的铸件。
10. 简述熔模铸造的工艺过程。
11. 金属型铸造有何特点？
12. 挤压工艺有什么特点？
13. 压力焊有哪几种基本方法？比较它们的特点和应用范围。

第五章 陶瓷材料

陶瓷是人类最早使用的材料之一，在人类发展史上起着重要的作用。直到现在，陶瓷仍是人类生活和生产中不可缺少的一种材料。近年来，陶瓷材料在应用上已渗透到各个领域，在性能上也有了重大突破。

第一节 陶瓷材料简介

一、陶瓷的概念

传统意义上的陶瓷是指以粘土为主要原料，与其他天然矿物原料经过粉碎—混炼—成型—煅烧等过程而制成的各种制品，主要是指陶器和瓷器，还包括玻璃、搪瓷、耐火材料、砖瓦、水泥、石灰、石膏等人造无机非金属材料制品。常见的日用陶瓷制品和建筑陶瓷等都属于传统陶瓷。这些制品的共同之处是用天然的硅酸盐矿物（即含二氧化硅的化合物），如粘土、石灰石、长石、石英、砂子等原料生产的，所以又可归属于硅酸盐类材料和制品。陶瓷工业与玻璃、水泥、耐火材料等工业同属于"硅酸盐工业"的范畴。

近20年来，随着科学技术的发展，出现了许多新的陶瓷品种，如氧化物陶瓷、压电陶瓷、金属陶瓷、纳米陶瓷等各种高温结构陶瓷和功能陶瓷。它们的生产过程基本上和传统陶瓷相同，但其成分已远远超出硅酸盐的范畴，扩大到化工原料和合成矿物，组成范围也延伸到无机非金属材料的整个领域，并出现了许多新的成型工艺。因此，在广义上，可以认为陶瓷是用陶瓷生产方法制造的无机非金属材料和制品的通称。

国际上通用的陶瓷（Ceramics）一词在各国并没有统一的定义。在欧洲某些国家中，"陶瓷"是指包括各种陶瓷在内的广义的陶瓷。如德国陶瓷协会认为："陶瓷是化学工业或化学生产工艺的一个分支，包括陶瓷材料和器物的制造或进一步加工成陶瓷制品（元件）。陶瓷材料属于无机非金属材料。一般是在室温中将原料成型通过800℃以上的高温处理，以获得这种材料的典型性质。有时也在高温下成型，甚至可经过熔化及析晶等过程"。美国和日本等国家陶瓷一词看成包括各种硅酸盐材料和制品在内的无机非金属材料的通称，不仅指陶瓷，还包括水泥、玻璃、搪瓷等材料。但我们必须认识到，科学技术的不断发展，必然对陶瓷的界说产生影响，突破旧的界限，开发出新的领域。现在，陶瓷实际上是各种无机非金属材料的通称，同金属材料和高分子材料一起，成为现代工程材料的主要支柱。

二、陶瓷的分类

陶瓷制品是多种多样的，它的范围从微细的单晶晶须、细小的磁芯和衬底基片到几吨重的耐火炉衬材料，从严格控制其组成的单相制品到多相多组分的制品，以及从无气孔而透明的各类晶体和玻璃到轻质绝缘的泡沫制品（多孔陶瓷），由于品种如此之多，以至于没有一种简单的分类方法是恰当的。一般来说，按陶瓷的性质可分为土器、陶器和瓷器等；按用途可分为日用陶瓷、工业建筑陶瓷、艺术陶瓷和精密陶瓷等；按原料（是否为硅酸盐）可分为传统陶瓷和特种陶瓷。

1. 传统陶瓷

传统陶瓷是人们生活和生产中最常见和使用最多的陶瓷制品，按照其性能特点和使用领域的不同，可分为日用陶瓷、建筑卫生陶瓷、艺术陶瓷及其他工业用陶瓷。这类制品所用的生产工艺技术基本相同，是典型的传统陶瓷生产工艺。传统陶瓷主要是粘土制品、水泥及硅酸盐玻璃。在1899年美国陶瓷学会上提出了"可把绝大多数传统陶瓷工业称之为硅酸盐工业"的观点。硅酸盐陶瓷工业最大的一个分支是各类玻璃制品的制造业，绝大多数是制成钠-钙-硅酸盐玻璃。陶瓷工业的第二大分支是石灰及水泥制品。传统陶瓷另一个分支是搪瓷，它主要是覆盖在金属上的硅酸盐玻璃质涂层。另外一分支是建筑用的粘土制品，主要由砖和瓦组成，但还包括多种类似的制品，例如排水管等。传统陶瓷工业中特别重要的一族是耐火材料。大约有40%的耐火材料工业是烧结粘土制品，而另外40%是重质的非粘土耐火材料，如镁砖、铬砖及类似组成物。此外，还有需求量很大的各种特殊耐火制品，如磨料工业主要是生产碳化硅和氧化铝磨料。

2. 特种陶瓷

特种陶瓷是指具有特殊力学、物理或化学性能的陶瓷，应用于各种现代工业和尖端科学技术，所用的原料和所需的生产工艺技术已与普通陶瓷有较大的不同和发展，有的国家称之为"精密陶瓷（fine ceramics）"，最近我国材料专家一致认为其称作"先进陶瓷"较好。特种陶瓷可根据其性能特点及用途的不同，可细分为结构陶瓷、功能陶瓷和工具陶瓷。

（1）结构陶瓷　结构陶瓷主要是指具有耐磨损、高强度、耐热冲击、硬质、高刚性和低热膨胀性等特点的结构陶瓷材料制品，它在能源、航空航天、机械、汽车、冶金、化工、电子和生物等方面具有广阔的应用前景及潜在的巨大经济和社会效益，受到各发达国家的高度重视，成为近几十年来发展极为迅速的领域。如日本从2001年起研究新型陶瓷在飞机发动机涡轮叶片、燃烧器壁等各种发动机零部件上的应用，取得了不错的效果。结构陶瓷材料主要包括氧化物、非氧化物及氧化物与非金属氧化物的复合陶瓷材料。下面简单介绍几种典型的结构陶瓷制品。

1) 氧化铝陶瓷是一种以 α-Al_2O_3 为主晶相的陶瓷材料，其 Al_2O_3 含量在 75%~99% 之间，习惯以配料中 Al_2O_3 的百分含量来将其命名，如 75 瓷、95 瓷和 99 瓷，它们的 Al_2O_3 含量分别为 75%、95% 和 99%。氧化铝陶瓷的性能随着 Al_2O_3 含量的增加，其烧成温度提高，机械强度增加，电容率、体积电阻率及导热系数增大，介电损耗降低。常用氧化铝陶瓷的基本性能如表 5-1 所示。

表 5-1 氧化铝陶瓷的基本性能

牌号	75 瓷	95 瓷	99 瓷
名称	刚玉-莫来石瓷	刚玉瓷	刚玉瓷
主晶相	α-Al_2O_3 和 $3Al_2O_3 \cdot 2SiO_2$	α-Al_2O_3	α-Al_2O_3
抗弯强度/MPa	250~300	280~350	370~450
热膨胀系数/$\times 10^{-6} K^{-1}$	5~5.5	5.5~7.5	6.2~7.5
密度/($g \cdot cm^{-3}$)	3.2~3.4	3.5~3.6	3.9
介电损耗 (10^{-4})，1MHz	3~5	2~3	1~1.5
体积电阻系数/($\Omega \cdot m$)	10^{10}~10^{12}	10^{10}~10^{12}	10^{12}~10^{13}
烧结温度/℃	1360±20	1650±20	1700±10
成型方法	挤制、压制	注浆、热压	注浆、热压

由于氧化铝陶瓷的主晶相为 α-Al_2O_3，属于刚玉晶体，是由离子键结合的一种非常稳定的结构，所以氧化铝陶瓷的强度和硬度较高，同时具有较高的高温性能，如 99 瓷一般能在 1600℃ 的高温下长期使用，而且高温时蠕变很小。同时氧化铝具有优良的电绝缘性能，特别是高频下的电绝缘性能好，它每毫米厚度可耐电压 8kV 以上。但氧化铝陶瓷的缺点是脆性较大，不能承受冲击载荷，且抗热震性差，不能承受突然的环境变化。

氧化铝陶瓷因具优越的性能而成为应用非常广泛的一种陶瓷材料。利用氧化铝的耐高温性能和耐腐蚀性能，可用作高温实验的仪器，熔化金属的坩埚以及高温热电偶套管等，可以制作化工用泵的密封滑环、机轴套和叶轮等。氧化铝有很好的高温电绝缘性能，用来制作火花塞，取代普通瓷而取得垄断地位。

2) 氧化锆陶瓷是一种新近发展起来的仅次于氧化铝陶瓷的结构陶瓷。在氧化锆陶瓷制造过程中，为了预防其在晶形转变（1170°C 以下是稳定的单斜相；1170~2370°C 为四方相；2370°C 以上为立方相）中因发生体积变化而产生开裂，必须在配方中加入适量的 CaO、MgO、CeO 等金属氧化物作为稳定剂，以维持 ZrO_2 高温的立方相，这种立方固熔体的 ZrO_2 称为全稳定 ZrO_2；当添加剂剂量不足时称部分稳定 ZrO_2。

氧化锆陶瓷具有密度大、硬度高、耐火度高、化学稳定性好的特点，尤其是其抗弯强度和断裂韧性等性能在所有陶瓷中是较好的，因而受到重视，应用领域日益扩大。在绝热内燃机中，相变增韧 ZrO_2 可用作汽缸内衬、活塞顶等零件；在转缸式发动机中可用作转子。ZrO_2 陶瓷可用做耐磨、耐腐蚀零件，如采矿工业的轴承，化学工业用泥浆泵密封件、叶片和泵体，还可用作模具（拉丝模、拉管模等）、刀具喷嘴隔热件及原子反应堆工程用高温结构材料。

3）氮化硅陶瓷是共价键化合物，有两种晶形，即 α-Si_3N_4 和 β-Si_3N_4。前者为针状结晶体，后者为颗粒状结晶体，均为六方晶系。Si_3N_4 结构中氮和硅原子间键力很强，所以极其稳定，不易和其他物质反应，具有良好的化学稳定性。除了氢氟酸外，能耐各种无机酸（如盐酸、硝酸、硫酸、磷酸和王水）和碱溶液的腐蚀，也能抵抗熔融非铁金属（如铅、铝、锡、锌、镍、铂、黄铜等）的侵蚀。氮化硅有优异的电绝缘性能。氮化硅的硬度高，有良好的耐磨性，摩擦因数小，只有 0.1~0.2，同加油的金属表面差不多。而且本身具有自润滑性，可以在没有润滑剂的条件下使用，是一种优良的耐磨材料，可以用做高温轴承。氮化硅的热膨胀系数小，有比其他陶瓷优越的抗高温蠕变性能和抗热震的能力。

此外，由于氮化硅耐熔融有色金属的侵蚀，所以它是测量铝液热电偶套管的理想材料。氮化硅陶瓷在冶金和热加工工业上已经有广泛的应用。热压氮化硅已经用作拉拔不锈钢管的浮动芯棒。另外，氮化硅已经用作非铁金属熔炼和铸造时的铸模、坩埚、马弗炉炉膛、燃烧嘴、金属热处理支撑架等。氮化硅也用做燃气轮机的叶片，由于耐高温，可以提高进口燃气的温度和压力，从而提高发动机的功率，又降低了燃料消耗。氮化硅的密度只有合金钢的 1/3 左右，可以大大减轻发动机的自重，因此已经开始实验用氮化硅制作燃气轮机零件。

4）赛隆（Sialon）陶瓷是 Si-Al-O-N 系统及其相关系统中的固溶体，即在 Si_3N_4 中添加多量 Al_2O_3 构成 Si-Al-O-N 系统的新型陶瓷材料。它的形成是在 Si_3N_4 烧结时，添加的 Al_2O_3 固溶于 Si_3N_4 中，Al 和 O 原子部分地置换了 Si_3N_4 中的 Si、N 原子，由此形成由 Si-Al-O-N 元素构成的一系列物质，并有效地促进了 Si_3N_4 的烧结。赛隆陶瓷主要组成元素为 Si、O 和 N，基本结构单元为 (Si, Al)(O, N)$_4$ 四面体（如图 5-1 所示），根据结构和组分的不同，赛隆可分为 β'-赛隆、α'-赛隆和 o'-赛隆。

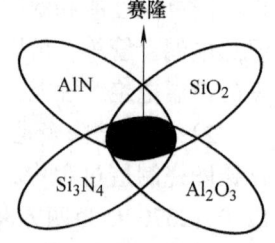

图 5-1 赛隆的构成

赛隆相仍属六方晶系，Al_2O_3 溶入 Si_3N_4 中并未改变原来 β-Si_3N_4 的结构，其性质随 Al_2O_3 溶入的多少而变化。赛隆陶瓷具有较低的热膨胀系数 $[(2~3) \times 10^{-6} K^{-1}]$、较高的耐腐蚀性及优良的抗氧化性、很高的常温和高温强度、很强的耐磨性、良好的热稳定性和不高的比重等，其性质见表 5-2。

赛隆陶瓷应用领域相当广泛，例如，可用作发动机部件、耐腐蚀夹具、耐磨夹具、刀具材料等。

表 5-2　赛隆陶瓷的性质

实际密度/(g·cm^{-3})	气孔率/(%)	抗弯强度/MPa	努氏硬度/2.9kg	破裂表面能/(J·m^{-2}),20℃	热膨胀系数/10^{-6}·K^{-1},20~1000℃	热扩散系数/cm^2·s^{-1},300℃
2.90	<5	四点抗弯 350	1313	40.6	3.0	0.0195

5) 六方氮化硼晶体属六方晶系,其晶体结构与石墨相似,具有良好的润滑性和导热性,因此有"白石墨"之称。与石墨不同之处是 BN 结构中没有自由电子,是绝缘体,而石墨为导体。六方 BN 在高温高压下 (1350~1800℃,6.28~6.59MPa) 可转化为立方 BN。

六方氮化硼是一种软性材料,纯六方 BN 制品的莫氏硬度为 2;机械强度较低,比石墨稍高些,但在高温下没有荷重软化,也没有高温时强度迅速下降的现象。由于 BN 为层状结构,故片状 BN 晶体热压后,坯体性能呈各向异性,可机械加工。BN 密度为 2.27g/cm^3。

六方 BN 晶体在惰性气体中熔点 >3000℃,沸点 5067℃,可使用到 2800℃以上。BN 在 0.1MPa,在 N_2 中到 3000℃才分解;但在氧化气氛下分解温度在 1000℃左右。

六方 BN 是理想的高温绝缘和散热材料,常用它制作热电偶套管,半导体散热绝缘零件。利用六方 BN 的耐热耐腐蚀性,可以制成高温构件,例如火箭燃烧室内衬,宇宙飞船的热屏蔽材料,磁流体发电机的耐蚀件,钢连续浇注的分流环,高温轴承,玻璃制品的成型模具等。粉状六方 BN 可作耐高温、高载荷、耐腐蚀的润滑剂,在玻璃和金属成型中做脱模剂。

6) 碳化硅陶瓷中的 SiC 结晶体主要有两种晶型:一种是 α-SiC,属六方晶系,是高温稳定型;另一种是 β-SiC,属等轴晶系,是低温稳定型。β-SiC 向 α-SiC 的转变开始于 2100℃或略低的温度,速度很慢;到 2400℃转变迅速。SiC 是共价键化合物,Si 与 C 原子之间以共价键结合,每一种原子都以紧密圆球排列,互相占据对方四面体空隙,形成牢固紧密的结构。

碳化硅最大的特点是高温强度大,它的抗弯强度在 1400℃高温下仍可保持 500~600MPa 的水平,而其他陶瓷在 1200~1400℃时高温强度就要显著下降。热压碳化硅是目前高温强度最高的陶瓷。碳化硅的常温硬度也很高,莫氏硬度达 9.2,耐磨性好。此外,它的耐蚀性强,与各种酸都不起作用。

SiC 陶瓷是共价键性极强的化合物,在高温状态下仍保持高的键合强度。高温强度大、抗蠕变、耐磨、热膨胀系数小、热稳定性好、耐腐蚀性优良,是良好的高温结构材料。一般在比较低的使用温度下,可作机械测量用量规、精密轴承、压缩机的汽缸和活塞、静与动抗磨密封件等。在 1000℃以上的高温用途中,用来制造火箭后气喷管、燃烧室内衬、燃气轮机轴承和叶片、高温发热元件、炉管、热电偶套管。利用 SiC 的半导体特性可制造避雷器的阀片。此外，还可作核反应堆材料和热核反应堆材料及火箭头部雷达天线罩等。

(2) 工具陶瓷　工具陶瓷作为工具材料，需具有高的硬度，一定的强度和韧性，高的热硬性和耐磨性等。常用的工具陶瓷有硬质合金、氧化物基陶瓷、金刚石和立方氮化硼等。

1) 硬质合金又称粘结碳化物，它是由金属粘结相和碳化物硬质相组成的粉末冶金材料，也属于复合材料。其中硬质相主要成分是 WC、TiC，其次是 TaC、NbC、VC 等。粘结金属用铁族金属及其合金，以钴为主。硬质合金综合了碳化物的高硬度、耐磨性和金属粘结相的抗机械冲击性和抗热冲击性能，被广泛用于制作切削刀具和其他模具。

硬质合金的硬度很高，耐磨性很好，红硬性可达 800～1000℃。这些虽逊于氧化物基陶瓷，但强度和韧性都好得多，适于作切削工具、金属成形工具、矿山工具、表面耐磨材料以及某些高刚度结构件等。作刀具，切削速度可比高速钢高 4～7 倍；作冷模具，寿命可提高十倍以上。

常用硬质合金有以下几种：

WC-Co 硬质合金，牌号用 YG 表示，其后的数字表明钴的含量。例如 YG6 表示含 6% 的钴，其余为 WC 的硬质合金。含钴量越高，则韧性和结构强度越好，但硬度和耐磨性稍有降低。这种材料适于加工产生断续切屑的脆性材料铸铁，以及有色金属和非金属材料。

WC-TiC-Co 硬质合金，牌号用 YT 表示，后面的数字表示 TiC 的含量。红硬性较 WC-Co 好，也不粘刀，但韧性和强度低些。适用于车、铣、刨的粗、精加工。

WC-TiC-TaC-Co 硬质合金，牌号用 YW 表示，称为万能硬质合金，兼有上两种合金的优点，耐磨性较好，韧性和强度也都很高，可用来对难加工的材料，如耐热钢和合金等进行粗、精加工。

上述硬质合金的常用牌号及性能见表 5-3。

表 5-3　几种常用硬质合金的牌号、成分和性能

牌号	化学组成（%）				力学性能		密度/g·cm^{-3}
	WC	TiC	TaC	Co	硬度 HRA	抗弯强度 W/N·m^{-2}	
YG3	97	—	—	3	91	1080	14.9～15.3
YG6	94	—	—	6	89	1370	14.6～15.0
YG8	92	—	—	8	89	1470	14.4～14.8
YT30	66	30	—	4	92	880	9.4～9.8
YT15	79	15	—	6	91	1130	11.0～11.7
YT14	78	14	—	8	90	1180	11.2～11.7
YW1	84	6	4	6	92	1230	12.6～13.0
YW2	82	6	4	8	91	1470	12.4～12.9

钢结硬质合金是近年来发展起来的一种新型硬质合金。其中碳化物（主要是碳化钛）较少，大约为30%，粘结剂为各种合金钢或高速钢粉末。红硬性和耐磨性比一般硬质合金的低，但比高速钢的好得多，韧性则更好。同时还可以像钢一样进行冷热加工及热处理，是很有前途的工具材料，已在生产上取得了显著的经济效益。

由于硬质合金具有高的硬度、强度及一定的韧性等优良的性能，所以被广泛地用作工具材料。普通硬质合金（w_{Co}≤1）主要用于制作车刀、镗刀、铣刀等刀具材料，还可用作地质和石油钻探中的旋转钻进钻头等；中钴（w_{Co}10%~25%）普通硬质合金主要用于制作中硬和硬岩冲击回转钻进钻头、拉伸模、拉拔模等；高钴硬质合金可用于制作冲击负荷较大的挤压模、冷镦模、冲压模等。

此外，硬质合金还可用来作要求高硬度和高耐磨度的结构件，如喷嘴、衬套、轴衬、耐磨轨道、轧辊、顶尖、密封环等。在尖端技术方面，它用作火箭头、人造卫星返回大气层防燃烧的遮板等。

2) 氧化物基金属陶瓷也是应用比较广泛的一种工具陶瓷。其中应用最多的是氧化铝基金属陶瓷，粘结剂为铬，质量分数不超过10%。铬的高温性能较好，它表面氧化时生成 Cr_2O_3 薄膜，能和 Al_2O_3 形成固溶体，将氧化铝牢固地粘结起来。因此，与纯氧化铝陶瓷相比，改善了韧性、热稳定性。也可以加入镍或铁作粘结剂，在高温下它们的氧化物都能与 Al_2O_3 形成尖晶石类型的复杂氧化物 $FeO \cdot Al_2O_3$、$NiO \cdot Al_2O_3$，改进陶瓷的高温性能。

但氧化铝基金属陶瓷的主要问题，仍然是脆性，且热稳定性较低。为了提高韧性，除了加入常用的 Cr、Fe、Ni 粘结金属以外，还可加入 Co、Mo、W、Ti 等。不过，加入金属粘结剂，并不能提高陶瓷的强度。提高强度同时提高韧性比较重要的办法是：细化陶瓷的粉粒和晶粒，采用热压成型，提高致密度。

氧化铝基金属陶瓷目前主要用作工具材料。它的特点是红硬性高（达1200℃），抗氧化性好，高温强度高，与被加工金属材料的粘着倾向小，可提高加工精度和表面光洁度，适于高速切削，而在以下方面有更好的加工效果：硬材料加工，如硬度达65HRC的硬铸铁和淬火钢的切削；大管件的加工，如长炮筒、长枪管调质钢（34~42HRC）的粗车和半精车；大件的快速加工，例如汽车制动鼓、盘形制动器、飞轮和汽缸套筒等的快速（达600m/min）粗、精加工；精度要求较高的加工等。另外，模具、喷嘴、热拉丝模以及耐蚀环和机械密封环等，也可用这类材料制作。

3) 人造金刚石（JR）是在高压、高温和其他条件配合下由石墨转化而成，硬度高达10000HV，是目前人工制成的硬度最高的刀具材料。同时，其还具有极高的弹性模量和最高的导热率，在室温（300K）下金刚石的导热率是铜的5倍，在液氮温度（77K）下是铜的25倍。金刚石是极好的绝缘体，室温电阻率

高达 $10^{16}\Omega \cdot cm$。金刚石中电子和空穴的迁移率都很高，掺入硼又可制造半导体。金刚石还具有热敏、透红外光等物理性质以及良好的抗腐蚀性能。

人造金刚石具有优良的性能，使它不但可以加工硬质合金、陶瓷、耐磨塑料及玻璃等硬、脆材料，还可以加工有色金属及其合金，但其热稳定性较差，不宜加工黑色金属。这是由于铁和碳原子的亲和力强，易产生粘结作用而加速刀具磨损的缘故。

除了做刀具和工具外，金刚石还可做结构材料和功能材料。例如可用做超高压装置的结构件、高压顶头、窗口材料散热片等。金刚石薄膜的出现，扩大了金刚石的应用范围。正在开发的金刚石薄膜的应用有：在工具上镀金刚石薄膜，寿命可提高几倍到几十倍；计算机集成电路基板；高保真扬声器振动膜；红外增透膜和光学窗口保护膜。

4）立方氮化硼（具有立方晶体结构）是人工合成的一种硬度、耐磨性仅次于人造金刚石的材料，其耐热性高于人造金刚石，可达 $1300 \sim 1500$℃。立方氮化硼（CBN）工具在淬火钢、耐磨铸铁、热喷涂材料和镍等难加工材料的加工中，正显示出它的优越性。CBN 在制备、结构与性能上与金刚石也有相似之处。

立方氮化硼具有很高的硬度、抗压强度、热稳定性、化学惰性和极好的导热性，它的抗氧化性和化学惰性比金刚石和硬质合金好。金刚石在 500~700℃ 开始氧化，而立方氮化硼晶体表面能形成氧化硼的固体保护膜，使它在小于等于 1300℃ 时不会继续氧化。金刚石在 700℃ 时开始溶解于铁，WC-Co 合金在加工钢时，在 600~700℃ 时开始同钢粘结，而 CBN 在 1150℃ 以上才开始同钢发生反应；同镍的反应温度超过 1100℃，同铝开始反应的温度为 1050℃。

CBN 的重要应用是用作刀具、磨具，也可制成拉丝模、散热片、中子遮蔽窗口和高温半导体等。

(3) 功能陶瓷　功能陶瓷是指在应用时主要利用其非力学性能的材料，这类材料通常具有一种或多种功能，如电、磁、光、热、化学、生物等；有的还有耦合功能，如压电、压磁、热电、电光、声光、磁光等。随着材料科学的迅速发展，功能陶瓷材料的各种新性能、新应用不断被人们所认识，并积极加以开发。功能陶瓷已在能源开发、空间技术、电子技术、传感技术、激光技术、光电子技术、红外技术、生物技术、环境科学等领域得到广泛的应用。由于功能陶瓷种类繁多，在此仅简单介绍几种功能陶瓷。

1）电容器陶瓷是介电陶瓷的一种，其以体积小、容量大、结构简单、高频特性优良、品种繁多、价格低廉、便于大批量生产而广泛应用于家用电器、通信设备、工业仪器仪表等领域。

电容器陶瓷材料按性质可分为四大类。①非铁电电容器陶瓷，这类陶瓷电容器的最大作用在电路中不仅起谐振电容的作用，而且还以负的介电常数温度系数值补偿回路中电感或电阻的正的温度系数，以维持谐振频率稳定，故也有人称之为热补偿电容器陶瓷；②铁电电容器陶瓷，它的主要性能是介电常数呈非线性，而且特别高，也可以把它称为强介电常数电容器陶瓷；③反铁电电容器陶瓷；④半导体电容器陶瓷。

2) 压电陶瓷是电介质陶瓷的一个重要组成部分，它包括压电陶瓷、热释电陶瓷和铁电陶瓷三种。在载流子极少的电介质中间，其介电特性与组成它的原子排列密切相关，即晶体本身在构成原子的离子电荷缺少对称性时呈现介电性。另外，因压力而产生变形，离子电荷的对称性被破坏时呈压电性。在压电晶体中，具有自发极化的晶体，其表面电荷大小能随晶体温度的变化而变化，称为热释电性。在热释电晶体中，其自发极化方向随外加电场而转向的材料称为铁电体。

一般来说，晶体按对称性分为32个晶族，其中有对称中心的11个晶族不呈现压电效应，而无对称中心的21个晶族中的20个呈现压电效应。属于这种压电性晶体中的10个晶族的晶体因具有自发极化，有时称为极性晶体，又因受热产生电荷，有时又称为热电性晶体。在这些极性晶体中，因外部电场作用而改变自发极化方向，而且电位移矢量与电场强度之间的关系呈电滞回线现象的晶体称为铁电晶体。

从晶体结构来看，属于钙钛矿型（ABO_3型）、钨青铜型、焦绿石型、含铋层结构的陶瓷材料具有压电性。目前应用最广泛的压电陶瓷有钛酸钡、钛酸铅、PLZT等。压电陶瓷制造工艺简单，价格低廉，并可方便地制成各种复杂形状的零件，因此，在工程技术方面应用非常广泛。例如作为换能器用在传声器、电视机遥控器、声纳、超声探伤仪中，作为振子用作振动器、延迟转换器等。压电陶瓷还是一种理想的高压电源，广泛用于点火、触发和引爆，如用钛锆酸铅压电陶瓷作成的"火石"，可"打火"100万次以上。

3) 敏感陶瓷绝大部分是由各种氧化物组成的，由于这些氧化物多数具有比较宽的禁带（通常 E_g 不小于3eV），在常温下它们都是绝缘体。通过微量杂质的掺入，控制烧结气氛（化学计量比偏离）及陶瓷的微观结构，可以使之受到热激发产生导电载流子，从而使传统的绝缘陶瓷成为半导体。

陶瓷是由晶粒、晶界、气孔组成的多相系统，通过人为掺杂，造成晶粒表面的组分偏离，在晶粒表层产生固溶、偏析及晶格缺陷；在晶界（包括同质粒界、异质粒界及粒间相）处产生异质相的析出、杂质的聚集、晶格缺陷及晶格各向异性等，这些晶粒边界层的组成、结构变化，显著改变了晶界的电性能，从而导致整个陶瓷电气性能的显著变化。

目前已获得实用的半导体陶瓷可分为：
①主要利用晶体本身性质的：NTC热敏电阻、高温热敏电阻、氧气传感器。
②主要利用晶界和晶粒间析出相性质的：PTC热敏电阻、ZnO系压敏电阻。
③主要利用表面性质的：各种气体传感器、湿度传感器。

敏感陶瓷是某些传感器中的关键材料之一，用于制造敏感元件。敏感陶瓷多属半导体陶瓷，是继单晶半导体材料之后又一类新型多晶半导体电子陶瓷。敏感陶瓷是根据某些陶瓷的电阻率、电动势等物理性能对热、湿、光、电压及某种气体、某种离子的变化特别敏感这一特性来制作敏感元件的，按其相应的特性，可把这些材料分别称作热敏、气敏、湿敏、压敏、光敏材料等。

4）磁性陶瓷分为含铁的铁氧体陶瓷和不含铁的磁性陶瓷，磁性陶瓷主要指铁氧体。铁氧体又名磁性瓷或铁淦氧磁物。它是将铁的氧化物与其他某些金属氧化物用粉末冶金法制成的具有亚铁磁性的非金属磁性材料。它的组成中，主要是Fe_2O_3，此外有一价或二价的金属如Mn、Zn、Cu、Ni、Mg、Ba、Pb、Sr及Li等氧化物，或三价的稀土金属如Y、Sm、Eu、Gd及Er等的氧化物。不含铁却具有铁磁性的氧化物材料有$NiMnO_3$及$CoMnO_3$等。

铁氧体是一种半导体材料，它的电阻率约为$10\sim10^7\Omega\cdot m$，而一般金属磁性材料的电阻率为$10^{-4}\sim10^{-2}\Omega\cdot m$。因此用铁氧体作磁心时，涡流损失小，介质损耗低，故广泛应用于高频和微波领域，作为高频下使用的磁性材料。而金属磁性材料，由于介质损耗大，应用的频率不能超过$10\sim100kHz$。铁氧体的高频导磁率也较高，这是其他金属磁性材料所不能比拟的。铁氧体的最大弱点是饱和磁化强度较低，大约只有纯铁的$1/3\sim1/5$，居里温度也不高，不适宜在高温或低频大功率的条件下工作。

5）超导陶瓷即氧化物超导体，其分子式为$YBa_2Cu_3O_{7-x}$，Y可以被其他稀土元素，特别是重稀土元素取代，用Gd、Ho、Er、Tm、Tb和Lu取代Y后形成相应的超导单相或多相材料。

超导陶瓷为最新发展起来的超导材料，部分超导陶瓷的性质如表5-4所示。

表5-4 部分超导体的性质

材料	T_C/K	材料	T_C/K
La-Ba-Cu-O	30	$Tb_2Ba_4Cu_7O_y$	86
La-Sr-Pb-Cu-O	70	$EuBa_2Cu_3O_{7-x}$	96
$YBa_2Cu_3O_{7-x}$	93	$Y_{0.75}Ba_2Sc_{0.25}Cu_3O_{7-x}$	90
$Eu_{0.75}Ba_2Y_{0.25}Cu_3O_{7-x}$	96	$TbBa_2Ca_2Cu_3O_{7.5}$	110

由于超导陶瓷具有许多优良的特性，在高能加速器、发电机、贮能、热核反应堆、磁浮列车、选矿探矿、环保医药等磁和输电的大规模应用方面有着广阔的前景。

第二节　陶瓷材料的结构与性能

陶瓷材料是由固相（包括晶相和玻璃相）和气孔两部分构成的非均质体，

其中各种形状和大小的气孔与晶相、玻璃相三者在陶瓷制品中空间的相互关系（包括它们的数量及分布结合情况等）构成陶瓷材料的组织结构。而制品的显微组织结构特征是影响其使用性能的主要因素，如致密度对提高陶瓷材料的抗腐蚀性具有重要的意义。

一、陶瓷材料的结构

陶瓷材料的组织结构比较复杂。一般情况下，在烧结或烧成过程中，陶瓷内部各种物理化学变化和扩散过程不能充分进行到底，所以陶瓷和金属不同，总是得到未完全达到平衡的组织。其组织结构特征主要是由晶相、玻璃相和气孔三者之间在陶瓷材料中空间的相互关系决定的。对于某些特种陶瓷，其组织结构主要由晶相和气孔组成。这主要是由于其使用的原料比较单一，纯度极高，杂质很少，以至于烧结时没有玻璃相参入。

1. 晶相

晶相是陶瓷材料的主要组成，是决定陶瓷基本性能的主导物相。它的种类、发育和存在状态、晶体取向、形态等，决定了陶瓷的主要特点和用途。例如，由于 $\alpha\text{-}Al_2O_3$ 陶瓷属于刚玉结构，决定了氧化铝陶瓷具有较高的强度，一般用作工具材料和耐火材料。

（1）鲍林（Pauling）规律　陶瓷材料是一种或多种金属元素和非金属元素（通常是氧）的化合物。一般来说，较大的氧原子作为陶瓷的基质，而较小的金属（或半金属元素，如硅）则处于氧原子间的空隙位置。陶瓷晶体结构的基本特点是其原子靠化学键来结合，主要是离子键，共价键也有较大的分量，这种键合方式决定了陶瓷材料的稳定性和强度。

离子键晶体涉及到配位多面体。配位多面体是指与阳离子构成配位关系的各个阴离子的中心联线所构成的多面体，阳离子处于配位多面体的中心，而各配位阴离子则位于配位多面体的顶角上。鲍林（Pauling）将离子键晶体的结构归纳为3条规则：

1）在离子晶体中，阳离子的配位数取决于阴、阳离子的半径之比。这一配位数规则符合稳定的离子晶体的实际情况。由于晶体结构往往受多种因素的影响，也有不符合单一规则的情况。

2）晶体必须保持电中性，亦即阳离子的总静电荷数应等于阴离子的总电荷数。以 CaF 为例，Ca^{2+} 的配位数为 $Z=8$，则 Ca-F 键的静电荷数强度为 $S=Z/N=8/2=4$。F^- 的电荷为1，因此，每一个 F^- 中4个 Ca-F 的配位立方公有顶角，亦即 F^- 离子的配位数是4。

3）共享配位多面体顶角的晶体是最稳定的。按照这一规则，刚玉（氧化铝）结构将是非稳定的。因此，Al_2O_3 和 Fe_2O_3 将分别转变成 $\alpha\text{-}Al_2O_3$ 和 $\gamma\text{-}Fe_2O_3$。

（2）典型的结构类型　晶体结构虽然与材料的化学组成、质点的相对大和极化性质有关，但并不是所有化学组成不同的晶体都有不同的结构。而且同一种化学组成，也可能出现不同的结构类型。这里简单介绍一些典型的无机非金属材料晶体结构类型。

1) 金刚石结构。金刚石的晶体结构属面心立方，晶胞参数 $a=0.356$nm。在面心立方晶胞内有 4 个碳原子，它们分别位于 4 个空间对角线的 1/4 处。每个碳原子周围都有 4 个碳，碳原子之间形成共价键。一个碳原子在正四面体的中心，另外四个同它共价的碳原子在正四面体的顶角上。金刚石晶体结构如图 5-2 所示。与金刚石结构相同的有 Si，Ge，α-Sn 和人工合成的氮化硼（BN）等。

2) 石墨结构。石墨的晶体结构为六方晶系，晶格常数 $a_0=0.246$nm，$c_0=0.670$nm，其碳原子为层状排列。每一层碳原子成六方环状排列（如图 5-3），每个碳原子与三个相邻的碳原子之间的距离相等，都为 0.142nm。但层与层之间碳原子的距离为 0.335nm。石墨的这种结构表现为同一层内的碳原子之间为共价键，而层与层之间的碳原子以范德华力相互作用。碳原子的 4 个外层电子在层内形成 3 个共价键，多余的 1 个电子可以在层内部移动，类似于金属中的自由电子。因此，在平行于碳原子层的方向具有良好的导电性。

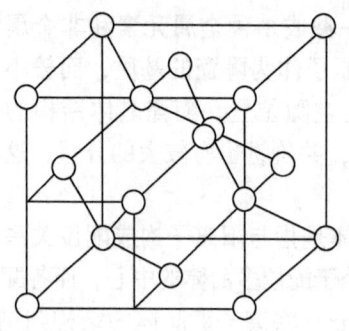

图 5-2　金刚石晶体结构

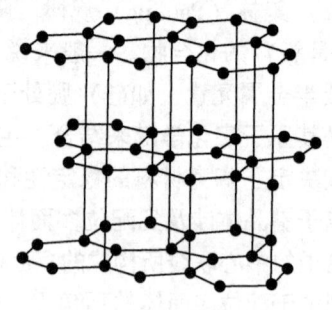

图 5-3　石墨晶体结构

3) 氯化钠型结构。NaCl 晶体结构属一种面心立方结构，其中阴离子按立方密堆积方式排列，阳离子充填于全部的八面体空隙中，阴、阳离子的配位数都为 6，其晶格常数 $a=0.563$nm。图 5-4 为具有立方面心格子的 NaCl 晶体结构。

4) 氯化铯型结构 CsCl。晶体结构为立方晶系，$a=0.411$nm，$Z=1$。Cs^+ 离子处于立方原始格子的 8 个角顶上，Cl^- 或 Cs^+ 各自组成简立方结构的子晶格。因此，CsCl 是由两个简立方的子晶格彼此沿立方体空间对角线移动 1/2 的长度而成的。Cl 离子位于立方体的中心（如取顶角上为 Cl^-，体心上是 Cs^+，结果一样）。CsCl 晶体结构如图 5-5 所示。属于 CsCl 结构的晶体有 CsBr，CsI，TiCl，NH_4Cl 等。

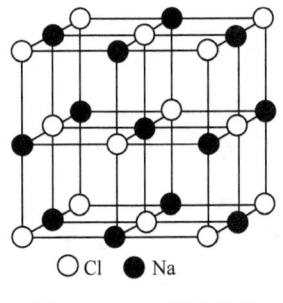
○ Cl ● Na

图 5-4 NaCl 晶体结构

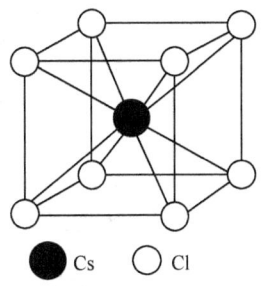
● Cs ○ Cl

图 5-5 CsCl 晶体结构

5) 闪锌矿型结构。β-ZnS（闪锌矿）型晶体结构为立方晶系，$a = 0.540$nm，$Z = 4$。ZnS 是面心立方，S^{2-} 离子位于面心立方的结点位置，Zn^{2+} 离子交错地分布于立方体内的八分之一小立方体的中心。图 5-6 为闪锌矿 ZnS 的晶体结构，属于闪锌矿结构的晶体有 β-SiC、GaAs、AlP、InSb 等。

6) α-ZnS（纤锌矿）型晶体结构。它为六方晶系，$a_0 = 0.382$nm，$c_0 = 0.625$nm，$Z = 2$。α-ZnS 是其中的一种，在其结构中，S^{2-} 离子按六方密堆排列，Zn^{2+} 离子充填于二分之一的四面体空隙中。图 5-7 为纤锌矿晶体结构示意图，属于纤锌矿结构的晶体还有 AlN，ZnO 和 BeO 等。

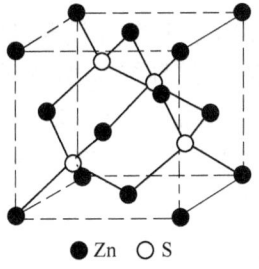
● Zn ○ S

5-6 闪锌矿晶体结构，ZnS

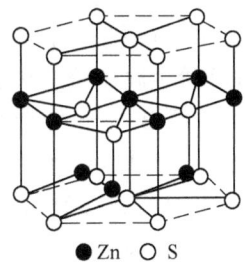
● Zn ○ S

图 5-7 纤锌矿型结构，α-ZnS

7) 萤石型晶体结构。它为立方晶系，这种结构是以阳离子所形成的面心密堆为基础，其四面体间隙位置由阳离子填充。典型的萤石晶体材料为 CaF_2，其晶胞参数 $a = 0.382$nm，$Z = 4$。Ca^{2+} 离子位于立方面心的结点位置上，Ca^{2+} 配位数为 8。F^- 离子位于立方体内 8 个小立方体的中心，而 F^- 的配位数是 4。CaF_2 萤石晶体结构如图 5-8 所示。BaF_2，PbF_2，SnF_2 等材料均具有萤石结构。具有萤石型结构的氧化物材料，例如，ZrO_2，UO，CeO 等，在物理和化学中有重要的应用价值。此外，还存在着一种结构与萤石完全相同，只是阴、阳离子的位置完全互换的晶体，如 Li_2O、Na_2O、K_2O 等，这种结构称为反萤石结构。

8) 金红石型结构。它为四方晶系，TiO_2 为金红石晶体的典型，其晶胞参数 $a_0 = 0.459$nm，$c_0 = 0.296$nm，$Z = 2$。金红石结构中，氧原子为准六方密堆，Ti^{4+}

离子位于四方格子的结点位置，但是四方体中心的 Ti^{4+} 离子与结点上的不同，不属于这个四方格子，因为这两个 Ti^{4+} 离子的周围环境是不同的，所以不能成为一个四方体心格子。金红石晶体结构如图 5-9 所示，属于金红石型结构的晶体有 GeO_2、SnO_2、PbO_2、MnO_2、MoO_2、NbO_2、WO_2、CoO_2、MnO_2 等。

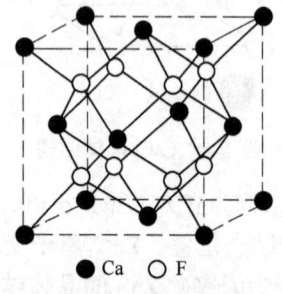

图 5-8 萤石晶体结构，CaF_2

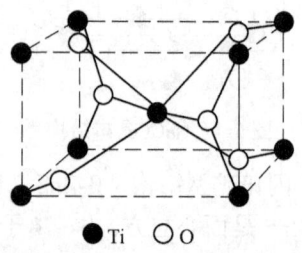

图 5-9 金红石晶体结构，TiO_2

9) 刚玉型晶体结构。它属三方晶系，晶胞参数 $a_0 = 0.514nm$，$\alpha = 55°17''$，$Z = 2$。$\alpha\text{-}Al_2O_3$ 晶体结构（菱面体晶胞）可以看成 O^{2-} 离子按六方紧密堆积排列，即 ABAB……二层重复型，而 Al^{3+} 填充于三分之二的八面体空隙，如图 5-10 所示。属于刚玉型结构的有 $\alpha\text{-}Fe_2O_3$、Cr_2O_3、Ti_2O_3、V_2O_3 等。

10) $CaTiO_3$（钙钛矿）型结构。它的通式为 ABO_3，其中 A 代表二价金属离子，B 代表四价金属离子。它是一种复合氧化物结构，这种结构也可以是 A 为一价金属离子，而 B 为五价金属离子。如 $CaTiO_3$ 在高温时为立方晶系，$a_0 = 0.385nm$，$Z = 1$。其结构如图 5-11 所示。从图上可看出，Ca^{2+} 离子占有立方面心的角顶位置，O^{2-} 离子则占有立方面心的面心位置。因此，$CaTiO_3$ 结构可看成由 O^{2-} 和半径较大的 Ca^{2+} 离子共同组成立方紧密堆积，Ti^{4+} 离子充填于四分之一的八面体空隙之中。表 5-5 列出一些属于钙钛矿型结构的主要晶体。

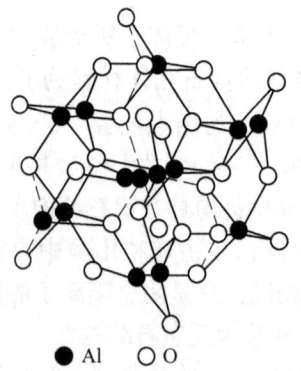

图 5-10 刚玉晶体结构，Al_2O_3

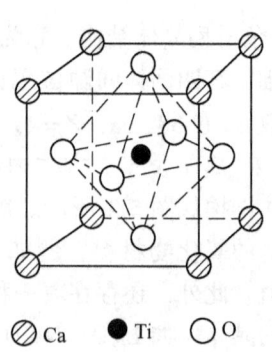

图 5-11 钛酸钙晶体结构，$CaTiO_3$

表 5-5 钙钛矿型结构晶体举例

氧化物 (1+5)	氧化物 (2+4)			氧化物 (3+3)	氧化物 (1+2)
$NaNbO_3$	$CaTiO_3$	$SrZrO_3$	$CaCeO_3$	$YAlO_3$	$KMgF_3$
$KnbO_3$	$SrTiO_3$	$BaZrO_3$	$BaCeO_3$	$LaAlO_3$	$KniF_3$
$NaWO_3$	$BaTiO_3$	$PbZrO_3$	$PbCeO_3$	$LaCrO_3$	$KZnF_3$
	$PbTiO_3$	$CaSnO_3$	$BaPrO_3$	$LaMnO_3$	
	$CaZrO_3$	$BaSnO_3$	$BaHfO_3$	$LaFeO_3$	

11）尖晶石型晶体结构。它属于立方晶系，晶胞参数 $a = 0.808nm$，$Z = 8$。一般来说，尖晶石的化学成分为 AB_2O_4，这里阳离子 A 和 B 分别是二价和三价的（$AO \cdot B_2O_3$），有时 A 离子为四价。其中氧离子可看成是按立方紧密堆积排列，二价阳离子 A 充填于八分之一的四面体空隙中属 4 配位，三价阳离子 B 充填于二分之一的八面体空隙中属 6 配位。其中八面体之间是共棱相连，八面体与四面体之间是共顶相连。$MgAl_2O_4$ 属典型的尖晶石材料，其晶体结构如图 5-12 所示。尖晶石型结构的晶体有 100 余种，其中用途最广的是铁氧体磁性材料。表 5-6 列出一些主要的尖晶石型结构晶体。

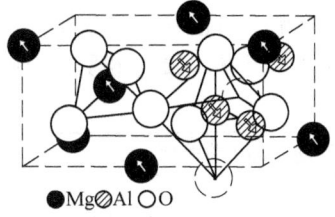

图 5-12 尖晶石晶体结构，$MgAl_2O_4$

表 5-6 尖晶石型结构晶体举例

氟、氰化合物	氧化物				硫化物
$BeLi_2F_4$	$TiMg_2O_4$	$ZnCr_2O_4$	$ZnFe_2O_4$	$MgAl_2O_4$	$MnCr_2S_4$
$MoNa_2F_4$	VMg_2O_4	$CdCr_2O_4$	$CoCo_2O_4$	$MnAl_2O_4$	$CoCr_2S_4$
$ZnK_2(CN)_4$	MgV_2O_4	$ZnMnO_4$	$CuCo_2O_4$	$FeAl_2O_4$	$FeCr_2S_4$
$CdK_2(CN)_4$	ZnV_2O_4	$MnMnO_4$	$FeNi_2O_4$	$MgGa_2O_4$	$CoCr_2S_4$
$MgK_2(CN)_4$	$MgCr_2O_4$	$MgFe_2O_4$	$GeNi_2O_4$	$CaGa_2O_4$	$FeNi_2S_4$
	$FeCr_2O_4$	$FeFe_2O_4$	$TiZn_2O_4$	$MgIn_2O_4$	
	$NiCr_2O_4$	$CoFe_2O_4$	$SnZn_2O_4$	$FeIn_2O_4$	

（3）硅酸盐晶体结构 硅酸盐是传统陶瓷的主要原料，同时也是陶瓷组织结构中重要的晶相。硅酸盐晶体种类繁多，除了硅和氧以外，组成中的各种阳离子多达五十多种，因此硅酸盐晶体结构细节十分复杂。但硅酸盐晶体结构有着共同的特点，即构成硅酸盐晶体结构的基本单元是 $[SiO_4]$ 硅氧四面体，如图 5-13 所示。Si/O 的半径比是 0.29，相应于四面体的配位，以硅为中心，四个氧离子紧密排列在其周围而构成四面体。硅氧之间的平均距离为 $0.160nm$，这是由于 Si-O 键中的原子电负性的差仅为 1.7，具有较强的共价键成分，一般认为 Si-O 键

为离子键和共价键各占一半，所以硅氧四面体中硅氧的平均距离比硅氧离子半径之和小一些。由于硅离子是一种高电价低配位数的阳离子，因此，硅氧四面体之间只能通过共用顶角方式相互连接，而不可能以共棱和棱和共面的方式相连，否则结构是极不稳定的。根据结构中硅氧四面体的连接方式可分为岛状、组群状、链状、层状和架状五种。表5-7 列出它们在结构和组成上的一些特征。图5-14 为硅酸盐晶体的部分结构。

1）岛状结构硅酸盐晶体是指结构中的硅氧四面体以孤立状态存在。硅氧四面体之间没有共用的氧，氧离子除了和硅离子相连外，剩下的一价将与其他金属阳离子相连。如镁橄榄石结构。

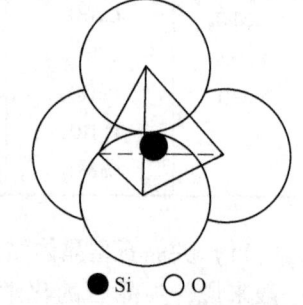

图5-13 硅氧四面体示意图

表5-7 硅酸盐晶体的结构类型

结构类型	[SiO$_4$]共用 O^{2-} 数	形状	络阴离子	Si:O	实例
岛状	0	四面体	[SiO$_4$]$^{4-}$	1:4	镁橄榄石 Mg$_2$[SiO$_4$]
组群状	1	双四面体	[Si$_2$O$_7$]$^{6-}$	1:3	硅钙石 Ca$_3$[Si$_2$O$_7$]
	2	三节环	[Si$_3$O$_9$]$^{6-}$		蓝锥矿 BaTi[Si$_3$O$_9$]
	2	四节环	[Si$_4$O$_{12}$]$^{8-}$		
	2	六节环	[Si$_6$O$_{18}$]$^{12-}$		绿宝石 Be$_3$Al$_2$[Si$_6$O$_{18}$]
链状	2	单链	[Si$_2$O$_6$]$^{4-}$	1:3	透辉石 CaMg[Si$_2$O$_6$]
	2,3	双链	[Si$_4$O$_{11}$]$^{6-}$	4:11	透闪石 Ca$_2$Mg$_5$[Si$_4$O$_{11}$]$_2$(OH)$_2$
层状	3	平面层	[Si$_4$O$_{10}$]$^{4-}$	4:10	滑石 Mg$_3$[Si$_4$O$_{10}$](OH)$_2$
架状	4	骨架	[SiO$_2$]	1:2	石英 SiO$_2$
			[(Al$_x$Si$_{4-x}$)O$_8$]		钠长石 Na[AlSi$_3$O$_8$]

2）组群状结构中，硅氧四面体以两个、三个、四个或六个，通过共用氧相连成硅氧四面体群体，这些群体之间由其他阳离子按一定的配位形式把它们连接起来。如果把这些群体看成一个单元，那么，这些单元就像岛状结构中的硅氧四面体一样，是以孤立的状态存在的。绿宝石就属于这种结构。

3）链状结构中，硅氧四面体通过共用氧离子相连，在一维方向延伸成链状，这种链又可分为为单链和双链。链与链之间是通过其他阳离子按一定的配位关系连接起来。这种硅酸盐结构称为链状结构。如透辉石就为此种结构。

4）层状结构中，硅氧四面体通过三个共同氧在二维平面内延伸成一个硅氧四面体层。在硅氧层中，处于同一平面的三个氧离子都被硅离子共用，而形成一个无限延伸的六节环层，这三个氧都是桥氧，电荷已达到平衡。另一个顶角向上的氧、负电荷尚未平衡，称为自由氧。它将与硅氧层以外的阳离子相连。这种自由氧在空间排列也形成六边形网。如高岭石、蒙脱石等。

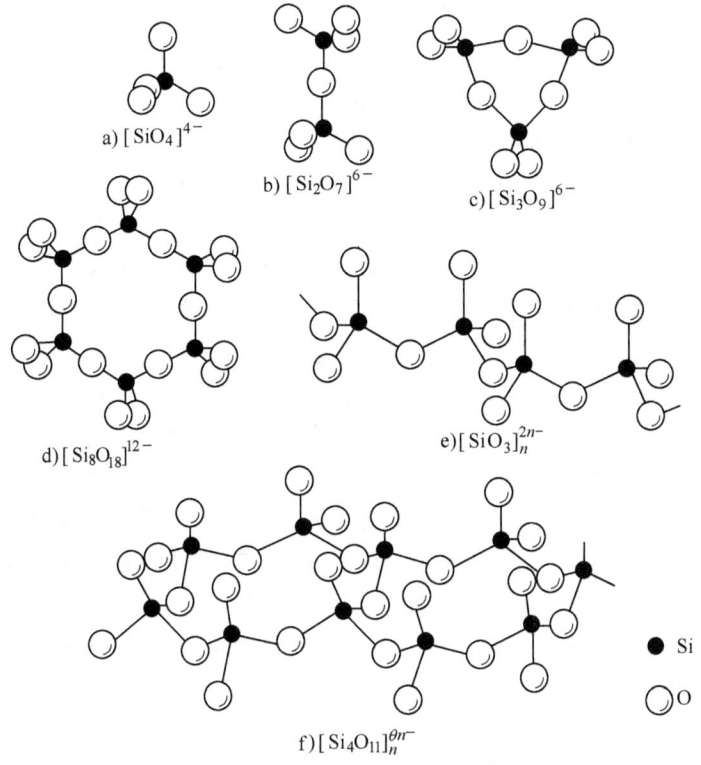

图 5-14　硅酸盐结构示意图（部分）
岛状结构：a) 单个四面体　b) 成对四面体　c) 三节单环　d) 六节单环
链状结构：e) 单链　f) 双链

5）架状结构硅酸盐晶体结构特征是每个硅氧四面体的四个角顶，都与相邻的硅氧四面体共顶。硅氧四面体排列成具有三维空间的"架"。如果硅氧四面体中的 Si^{4+} 不被其他阳离子取代，则结构是电性中和的，$Si/O = 1/2$。石英及其变体就属于架状硅酸盐结构。

2. 玻璃的结构

陶瓷中玻璃相的作用是：①将晶体相粘连起来，填充晶体相之间空隙，提高材料的致密度；②降低烧成温度，加快烧结过程；③阻止晶体转变，抑制晶体长大；④获得一定程度的玻璃特性，如透光性等。但玻璃相对陶瓷的机械强度、介电性能、耐热耐火性等是不利的，所以不能成为陶瓷的主导组成，一般含量为 20%~40%。

玻璃结构理论的发展相当缓慢，最早由门捷列夫提出，他认为玻璃是无定形物质，没有固定化学组成与合金类似。塔曼把玻璃看成过冷液体；索克曼

(Sockman)等提出玻璃基本结构单元是具有一定化学组成的分子聚合体。蒂尔顿（Tilton）在1975年提出玻子理论。此外；提出玻璃结构假说的还有依肯（Ecuh）的核前群理论、阿本（Аппен）的离子配位假说等。但目前最主要的玻璃结构学说是晶子假说和无规则网络假说。

（1）晶子假说　前苏联科学家门捷列夫认为玻璃是高分散晶体（晶子）的集合体，"晶子"的化学性质取决于玻璃的化学组成。所谓"晶子"不同于一般微晶，而是带有晶格变形的有序区域，在"晶子"中心质点排列较有规律。越远离中心则变形程度越大。"晶子"分散在无定形介质中，并从"晶子"部分到无定形部分的过渡是逐步完成的，两者之间无明显界线。晶子假说揭开了玻璃的一个结构特征，即微不均匀性和近程有序性。

（2）无规则网络假说　无规则网络假说是由德国学者扎哈里阿森（Zachariasen）在1932年提出的。他认为：凡是成为玻璃态的物质与相应的晶体结构一样，也是由一个三度空间网络所构成。这种网络是离子多面体（四面体或二角体）构筑起来的。晶体结构网是由多面体无数次有规律重复而构成，而玻璃结构中多面体没有规律性。同时提出了形成氧化物玻璃的四条规则：①每个氧离子应与不超过两个阳离子相联；②在中心阳离子周围的氧离子配位数必须是小的，即为4或更小；③氧多面体相互共角而不共棱或共面；④每个多面体至少有三个顶角是共用的；

3. 气孔

气孔是指陶瓷组织结构内部残留下来的孔洞，主要由原料中的气孔和成型后颗粒间的气孔所构成。根据其形状，大致可分为三类：开口气孔、闭口气孔和贯通气孔，如图5-15所示。开口气孔是一端封闭，另一端与外界相通；闭口气孔是封闭在制品中不与外界相通；贯通气孔为贯通制品的两面，能为流体通过。气孔形成的原因比较复杂，几乎与原料和生产工艺的各个过程都有密切的联系，影响的因素也比较多。气孔的容积、形状以及大小的分

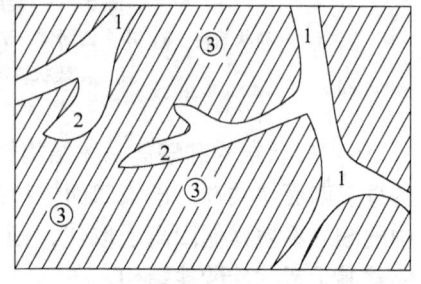

图5-15　陶瓷中的气孔类型
1—贯通气孔　2—开口气孔　3—封闭气孔

布对陶瓷的性质有着很大的影响，如图5-16所示。除了多孔陶瓷以外，气孔的存在对陶瓷的性能都是不利的，它常常是造成裂纹的根源，所以都尽量使其含量降低。一般，普通陶瓷的气孔率为5%～10%；特种陶瓷的在5%以下；金属陶瓷则要求低于0.5%。

二、陶瓷的性能

陶瓷材料的强化学键合特性，不仅使其具有高强度、高硬度、抗腐蚀和优良

的高温性能，而且在一定条件下可以具有绝缘、导体、半导体和超导体等特性，从而表现出独特的光学、磁学、电学和力学特性，无论在结构材料还是在功能材料方面都有着诱人的应用前景。下面就对这些性能逐一加以论述。

1. 力学性能

（1）弹性　弹性模量 E 是材料的一个重要性能指标。正如熔点、硬度是材料内部原子间结合强度的指标一样，弹性模量 E 也是原子间结合强度的一个标志。从图 5-17 中原子间的结合力曲线可以看出，弹性模量 E 实际上和原子间结合力曲线上任一受力点的曲线斜率（$\tan\alpha$）有关。原子间距越小，结合力越强，E 就越大。共价键和离子键结合的晶体结合力强，而分子键结合力弱，所以具有强大化学键的陶瓷都有很高的弹性模量，是各类材料中最高的，比金属高若干倍，比高聚物高 2~4 个数量级。几种典型陶瓷的弹性模量见表 5-8。

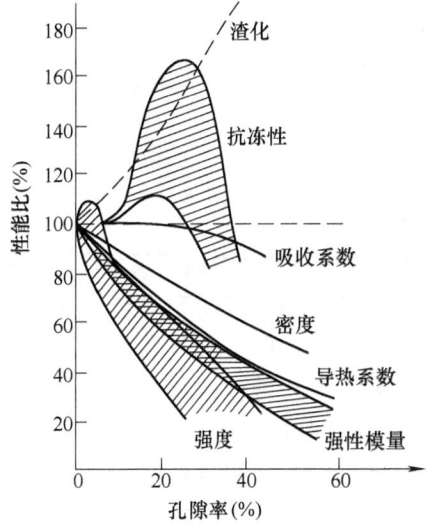

图 5-16　陶瓷性能和气孔率的关系

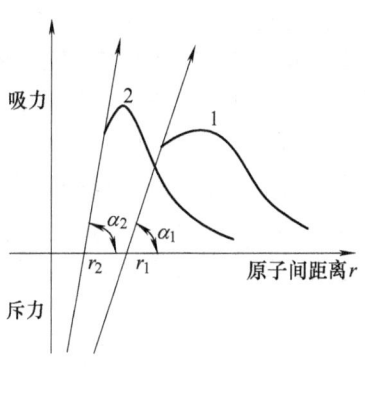

图 5-17　原子间的结合力

表 5-8　几种材料的弹性模量值

材料	弹性模量/MN·m⁻²	硬度 HV	陶瓷	弹性模量/MN·m⁻²	强度/MN·m⁻²
橡胶	6.9	很低	滑石瓷	69×10³	138
塑料	1380	~17	莫来石瓷	69×10³	69
镁合金	41300	30~40	氧化硅玻璃	72.4×10³	107
铝合金	72300	~170	氧化铝瓷（90%~99% Al₂O₃）	365.5×10³	345
钢	207000	300~800	烧结氧化铝（~5%气孔率）	365.5×10²	207~34.5
氧化铝	400000	~1500	烧结尖晶石（~5%气孔率）	237.9×10³	90
碳化钛	390000	~3000	烧结碳化钛（~5%气孔率）	310.3×10³	1103
金刚石	1171000	6000~10000	烧结硅化钼（~5%气孔率）	406.9×10³	690
			热压碳化硼（~5%气孔率）	289.7×10³	345
			热压氮化硼（~5%气孔率）	82.8×10³	48~103

弹性模量对组织（包括晶粒大小和晶体形态等）不敏感，但受气孔率的影响很大。气孔会降低材料的弹性模量，如图 5-18，氧化铝的相对弹性模量随着气孔率的增加而下降。同时，温度的升高也使 E 降低，因为温度升高，原子间距受热膨胀而变大，减小了原子间的结合力，从而降低了弹性模量。

(2) **硬度** 陶瓷材料的硬度反映了材料抵抗破坏能力的大小，这取决于陶瓷材料的组成和结构。离子半径越小，离子电价越高，配位数越小，结合力就越大，其硬度就越大，所以陶瓷硬度在各类材料中是最高的。例如，各种陶瓷的硬度多为 1000 ~ 5000HV，淬火钢的为 500 ~ 800HV，高聚物最高硬度不超过 20HV（见表 5-8）。

陶瓷材料的显微结构、裂纹、杂质等都对硬度有影响。随着温度的升高，陶瓷的硬度会有所降低，但在高温下仍有较高的数值。

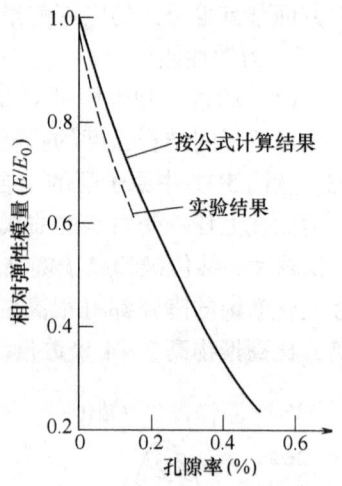

图 5-18 氧化铝的相对弹性模量与气孔率的关系

(3) **强度** 陶瓷以离子键为主，存在着部分共价键，决定了陶瓷有着较高的强度。陶瓷材料的实际断裂强度仅为理论值的 1/10 ~ 1/100，甚至更低。其主要原因是组织中存在晶界，它的破坏作用比在金属中更大。第一，晶界上存在有晶粒间的局部分离或空隙（如气孔减小了负荷面积，而且是应力集中的地方）；第二，晶界上原子间键被拉长，键强度被削弱；第三，相同电荷离子的靠近产生斥力，可能造成裂缝。所以，消除晶界的不良作用是提高陶瓷强度的基本途径。另外，气孔也有着一定的影响。首先，由于气孔的存在，减少了固相截面积，导致实际应力增大；另一方面由于不规则的气孔（相当于裂纹）引起应力集中，导致强度下降。

陶瓷的实际强度还受致密度、杂质和各种缺陷的影响。热压氮化硅陶瓷，在致密度增大，气孔率近于零时，强度可接近理论值；刚玉陶瓷纤维，因为减少了缺陷，强度提高了 1 ~ 2 个数量级；而微晶刚玉由于组织细化，强度比一般刚玉高许多倍。

(4) **脆性断裂与增韧** 脆性是陶瓷材料的特性，在外力作用下发生无先兆断裂。其直观表现是抗机械冲击性差，抗温度急变性差。脆性的本质与陶瓷材料主要是共价键、离子键有关。陶瓷的滑移系少，位错的柏氏矢量大、键合力强、位错运动的点阵阻力高，使位错运动困难。如果产生相对运动，将破坏结合键，引起断裂。陶瓷的屈服强度比金属材料高得多，但实际抗断裂强度很低，这与陶瓷内部存在大量微裂纹，导致应力集中有关。

陶瓷的抗压强度约为抗拉强度的 10 倍。Griffith 认为，当受外力作用，在那些高度应力集中的特征点（如内部和表面的缺陷和裂纹）附近单元上，所受到的局部应力为平均应力的数倍时，此过分集中的拉应力如果超过陶瓷的临界拉应力，将会产生裂纹或缺陷的扩展，导致脆性断裂。所以断裂并不是两部分晶体同时沿整个界面拉断，而是裂纹扩展的结果。

按照 Griffith 微裂纹理论可知，材料的断裂强度不是取决于裂纹的数量，而是决定于裂纹的大小，即最危险的裂纹尺寸。所以在防止陶瓷脆性断裂及改变陶瓷韧性时应采取以下措施：首先应使作用应力不超过临界应力，预防在陶瓷中特别是表面上产生缺陷；第二，在陶瓷表面造成压应力，提高其抗拉强度；如将 Al_2O_3 在 1700℃ 下于硅油中淬冷，强度就会提高。不仅在其表面造成压应力，而且还可使晶粒细化。第三，在材料中设置吸收能量的机构也能减小裂纹的扩展。目前，这一研究工作已经取得了一定的成果。

除了降低微观裂纹的扩展来增韧外，还有一种常用的方法，即相变增韧。和金属材料一样，陶瓷材料也存在相变。如纯 ZrO_2 冷却到在 1000℃ 左右，正方 ZrO_2 转变为单斜 ZrO_2，伴随有 3% ~ 5% 体积膨胀。在相变温度上下循环加热和冷却时，可使纯 ZrO_2 变成粉末。加入足够 CaO 与 ZrO_2 完全互溶，并成为稳定的立方 ZrO_2，从室温一直到熔化温度结构都不发生变化。这种稳定的 ZrO_2 是一种实用耐热材料。当 CaO 量较少时，可获得部分稳定的 ZrO_2，其组织为单斜和立方 ZrO_2 的两相组织。对部分稳定化的 ZrO_2 材料，加热到高温时转变为正方 ZrO_2 + 立方 ZrO_2，冷却时正方 ZrO_2 转变为单斜 ZrO_2，使含 ZrO_2 陶瓷的韧性大为增加，这就是相变增韧陶瓷。如在氧化铝陶瓷中加入氧化锆，利用氧化锆的相变产生体积变化，在基体上形成大量微裂纹或可观的挤压内应力，从而阻止了裂纹的扩展，提高了材料的韧性。

（5）塑性　无机非金属材料在常温下几乎没有塑性。塑性变形是指一种在外力移去后不能恢复的形变，其机理是：在切应力作用下由位错运动所引起的密排原子面间的滑移变形。陶瓷材料的塑性变形远不如金属容易，这是因为金属滑移系很多，如体心立方金属（铁、铜等）滑移系有 48 种之多，而陶瓷晶体的滑移系很少，位错运动所需要的切应力很大，比较接近于晶体的理论剪切强度；另外，金属键没有方向性，而共价键有明显的方向性和饱和性，离子键的同号离子接近时斥力很大，所以主要由离子晶体和共价晶体构成的陶瓷的塑性极差。因此，只有少数属于 NaCl 型结构的陶瓷在受到塑性变形时而不破坏。不过在高温慢速加载的条件下，由于滑移系的增多，原子的扩散能促进位错的运动，以及晶界原子的迁移，特别是组织中存在玻璃相时，陶瓷也能表现出一定的塑性。塑性开始的温度约为 $0.5T_m$（T_m 为熔点的绝对温度），例如 Al_2O_3 为 1237℃，TiO_2 为 1038℃。由于开始塑性变形的温度很高，所以陶瓷都具有较高的高温强度。

一般认为,陶瓷材料是硬而脆的材料,即使在高温下塑性也是有限的。但近年来的研究表明,在一定条件下,如晶粒超细化到纳米级的陶瓷材料在高温下(大于1300℃)会出现超塑性现象,这对于那些难以加工的陶瓷材料来说,具有重大的实际意义。

2. 热学性能

热学性能是指和温度变化有直接关系的性能。在此,主要讨论陶瓷的热膨胀性、导热性和热稳定性。

(1) 热膨胀　热膨胀是物体的体积或长度随温度升高而增大的现象,其本质可归结为:陶瓷材料加热后,晶格振动加剧而使点阵结构中的质点间平均距离随温度的升高而增大。所以,热膨胀系数的大小与晶体结构和结合键强度密切相关。键强度高的材料热膨胀系数低;结构较紧密的材料的热膨胀系数较大。陶瓷的线膨胀系数 [$\alpha = (7 \sim 300) \times 10^{-7}$/℃] 比高聚物 [$\alpha = (5 \sim 15) \times 10^{-5}$/℃] 低,比金属 [$\alpha = (15 \sim 150) \times 10^{-5}$/℃] 低得多,而且热膨胀系数并不是一个恒定的值,随着温度的升高,其值有所增加。热膨胀性有着重要的意义,直接影响陶瓷的热震稳定性和受热后的应力分布和大小等。

(2) 导热性　导热性是在一定温度梯度作用下热量在固体中的传导速率。陶瓷的热传导主要依靠于原子的晶格振动来传递热量的,所以陶瓷的热导性受其组成和结构的影响,一般系数 $\lambda = 10^{-2} \sim 10^{-5}$ W/m·K。而且陶瓷中的气孔对其导热性也有着不利的影响。由于金属中有大量的自由电子参与导热,而陶瓷中自由电子数较少,所以陶瓷的导热性要比金属小。一般情况下,陶瓷多为较好的绝热材料。

(3) 热稳定性　热稳定性是指材料承受温度的急剧变化而不致破坏的能力,又称为抗热振性。陶瓷在使用过程中,经常会受到环境温度起伏的热冲击,因此热稳定性是陶瓷材料的一个重要性能。陶瓷是脆性材料,其热稳定性是比较差的,大大影响了其在不同温度范围波动时的使用寿命。应用场合的不同,对陶瓷的热稳定性要求也不一样。例如,对一般日用瓷器,只要求能承受温度差为200℃左右的热冲击;而火箭喷嘴则要求瞬时能承受高达 3000～4000K 的热冲击。陶瓷的热稳定性与材料的线膨胀系数和导热性等有关。线膨胀系数大和导热性低的材料的热稳定性不高;韧性低的材料的热稳定性也不高。所以陶瓷的热稳定性很低,比金属低得多,这是陶瓷的另一个主要缺点。

3. 光学性能

陶瓷制品的许多光学性质是与不同的用途相关的。如作为高温透镜的材料,需要承受高温,而且要求具有一定的透光性,这时就不宜采用玻璃材料,而需采用透明陶瓷材料。另外,如建筑瓷砖、艺术瓷等,对它们的光学性能是要求颜色、光泽等表面效果。

透光性就是指光通过陶瓷材料后，剩余光能所占的百分比。陶瓷材料是一种多晶多相体系，内含杂质、气孔、晶界、微裂纹等缺陷，光通过时会遇到一系列的阻碍，所以陶瓷材料并不像晶体、玻璃体那样透光。多数陶瓷材料看上去是不透明的，这主要是由于散射引起的。

陶瓷的颜色来源于陶瓷材料中加入的着色剂，由于着色剂对光的选择性吸收而引起选择性反射或选择性透射，从而显现颜色。其本质就是某种物质对光的选择性吸收，是吸收了连续光谱中特定波长的光量子，以激发吸收物质本身原子的电子跃迁。

随着新技术的发展，陶瓷材料的某些光学性能已得到广泛地应用，如用作荧光物质、激光器、通信用光导纤维、电光及声光材料等。

4. 电学性能

（1）导电性能　陶瓷材料的导电性主要受到晶体结构及晶格缺陷的影响。如气孔率会降低材料的导电性，所以陶瓷的导电性变化范围很广。陶瓷材料中自由电子较少，缺乏电子导电机制，所以大多数陶瓷是良好的绝缘体。但不少陶瓷既是离子导体，又有一定的电子导电性。例如，许多氧化物（ZnO、NiO、Fe_3O_4等）实际上是半导体，所以陶瓷也是重要的半导体材料。

（2）介电性能　介电性能是指对电流的分割和绝缘能力。由于陶瓷材料的绝缘性，其介电特性（主要是非导电性）得到了广泛的应用。介电陶瓷是指在电场作用下具有极化能力，且能在体内长期建立电场的功能陶瓷，主要有绝缘陶瓷、电容器陶瓷和微波陶瓷等。广义上压电体、热释电体和铁电体等也属于电介质范畴，它们在电场作用下都存在极化效应。陶瓷电介质主要用于电子电路中作为电容元件和作为电绝缘体。如钛酸钡就是一典型的陶瓷铁电体。

5. 磁学性能

磁性陶瓷又常称为铁氧体，但严格来说，磁性陶瓷还包括不含铁的磁性瓷。陶瓷材料由于电阻率高、损耗小，其磁性远远好于金属和合金材料。陶瓷材料具有各种不同的磁学性能，因此它们在无线电电子、自动控制、电子计算机等方面都有着广泛的应用，特别是在高频范围。如 MnZn 铁氧体就是高磁导率的铁氧体。

第三节　陶瓷材料的制备工艺

材料的机械强度与制造过程中留在材料内部的缺陷形态及尺寸有着重要的关系，因此性能对工艺过程有着明显的依赖性。陶瓷材料的本质特征是脆性，在受力的时候只有很小的变形或没有变形发生。这种本性限制了陶瓷材料不能采用金属材料所常用的各种工艺来进行制备。陶瓷的制备过程比较复杂，主要取决于材料的类型，但基本的工艺是相同的，即原料的制备、坯料的成型和制品的烧成或烧结。

一、原料及其制备

1. 传统陶瓷的原料及其制备

大多数传统陶瓷是以价廉而且容易获得的天然矿物原料为基础而配制的，其最主要的原料有粘土、石英和长石。粘土是细颗粒的含水铝硅酸盐，具有层状的晶体结构。当与水混合时，有很好的可塑性，在坯料中起塑化和粘合作用，赋予坯料以塑变或注浆成型能力，并保证干坯的强度及烧结后的使用性能，如机械强度、热稳定性和化学稳定性等。石英是无水二氧化硅或硅酸盐，具有质硬、化学稳定性高、难熔等性质，为瘠性原料（减粘物质），能降低坯料的粘度。长石是含 K^+、Na^+ 或 Ca^{2+} 的无水铝硅酸盐，属于熔剂或助熔剂原料，高温下熔融后可以溶解部分石英和高岭土分解物，可以起高温胶结作用。我国最初发明的传统陶瓷就是由粘土、石英和长石生产的。

为适应现代工业的发展，采用高纯原料是制造高质量陶瓷的前提。一般矿物的杂质含量比较大，质量波动也较大，所以矿物一般要经过拣选、破碎等工序后，才能进行配料。同时，原材料的颗粒尺寸会直接影响成型、烧结工艺，并对材料的各种性能起着十分关键的作用，原料要经过破碎得到所需颗粒，再经混合、磨细等加工，得到规定要求的坯料。

有的高温氧化物很难烧结，这对高温设备、燃料消耗等方面都带来了一系列问题，所以有的原料要经活化烧结、轻烧活化、二步煅烧及死烧等工序处理来达到烧结，提高制品的性能。

2. 先进陶瓷材料的原料及其制备

与传统陶瓷材料相比，先进陶瓷在制备工艺上最大的不同是，不使用天然原料，也不直接使用工业原料，而是使用人工合成的陶瓷粉体。合成粉体的原料是具有较高纯度要求的化学试剂和化学原料。常用的陶瓷粉体及其合成原始原料如表 5-9 所示。先进陶瓷制备的另一个主要特点是，陶瓷的烧结中相态主要是固相，或只有固相。

陶瓷材料的力学、电学、光学等性能与显微结构中的各要素及其性质存在着密切的关系，而显微结构又受原料制备及工艺过程的影响。

表 5-9 常用的陶瓷粉体及其合成原始原料

陶瓷材料	化学试剂
氧化铝（Al_2O_3）	煅烧氧化铝（bayer process）、氯化铝、硫酸铝氨、氢氧化铝、有机铝盐（醇盐）
氧化锆（ZrO_2 及亚稳、全稳定四方立方相）	氧氯化锆、硫酸锆、硝酸锆、有机锆盐（如醇盐、醋酸盐）

(续)

陶瓷材料	化学试剂
氧化钇（Y_2O_3）	氯化钇、硫酸钇、硝酸钇、有机钇盐（如醇盐）
钛酸钡（$BaTiO_3$）	碳酸钡、草酸钡、硝酸钡、氧化钛、钛酸盐、有机钡（钛）盐（如醇盐等）
氧化镁（MgO）	氯化镁、煅烧氧化镁、有机镁盐
锆钛酸铅（PZT, PLZT）	相关组分氧化物、草酸盐、硝酸盐、有机盐（醇盐、柠檬酸盐等）
Mn-Zn铁氧体	氧化物、硝酸盐，有机盐等

除粉体的化学组成和相组成外，粉体颗粒尺寸、分布、团聚性质和成型性质也影响烧结过程中的致密化和显微结构发展，如晶粒生长，缺陷形成等。粉料合成方法一种是颗粒细化的机械粉碎法，但得到粉料的纯度不能保证，而且颗粒的细度有限，在0.1~1μm；另一种方法是化学法，即由颗粒在介质中成核生长的方法制备，这种方法中颗粒是通过在液相或气相中经成核生长得到，使粉体的化学成分和相组成、纯度和颗粒细度得到有效的控制，根据化学反应进行的相态不同，化学方法可分为液相法，气相法和固相法等。液相法主要有沉淀法、醇盐加水分解法、溶胶-凝胶法（Sol-Gel）、水热法、喷雾法等。气相法主要有蒸发-凝聚法（PVD）、化学气相反应法（CVD）等。固相法主要有化合反应法、热分解反应法、氧化物还原法和直接固态反应法等。

二、坯料的成型

成型是将一个分散体系（粉体、塑性物料和浆料）转变成具有一定几何形状、体积和强度的块体。虽然原材料及其制备方法对陶瓷材料的性能起到十分重要的作用，但要获得具有优异性能，又能满足使用要求的制品，成型也是一个很重要的工艺环节。陶瓷的成型方法很多，主要的方法是按坯料含水量的多少可分为三种：半干法、可塑法和注浆法。

1. 半干法成型

半干法成型就是把粉料置于金属模中，施加足够高的压力将粉料压成密实而坚硬的坯件，粉料中往往需加入少量的水分（一般不超过5%左右）或塑化剂。此种方法应用范围较广，主要用于特种陶瓷和金属陶瓷。

2. 可塑成型

可塑法所用坯料一般加入一定量的水分（在16%左右），将预制好的坯料投入挤泥机中挤成泥条，然后切割成荒坯，压制成型。根据成型操作的不同，可塑法可用手工、半机械和机压成型。可塑法多用来制备大型制品，这种方法在传统陶瓷中应用较多。

3. 注浆成型

注浆成型法就是选择适当的解胶剂（反絮凝剂）使粉状原料均匀地悬浮在溶液中，调成泥浆，然后浇注到有吸水性的模型（一般为石膏模）中吸去水分，按模型成型成坯体的方法。这种方法常用于制造形状复杂，精度要求不高的日用陶瓷和建筑陶瓷。

除此之外，陶瓷成型的方法还有振动成型、热压成型、热压注浆成型、电熔注法和等静压成型法等。成型后的坯件的机械强度常常不是很高，而且成型体中含有一定量的有机添加剂和溶剂。因此，为了便于运输和适应后续工序（如修坯、施釉等），必须进行烧结前处理，即干燥和有机添加剂烧失处理。

三、陶瓷的烧成或烧结

由材料的性能、化学成分和组织结构之间的关系可知，陶瓷的各种性能不仅与化学组成有关，而且还与材料的显微结构有关。而烧结对决定陶瓷材料的显微组织结构起着重要的作用。在烧成过程中，陶瓷制品会发生一系列的物理化学变化，随着这些变化的进行，气孔率降低，体积密度增大，使坯料变成具有一定尺寸、形状和结构强度的制品。陶瓷烧成的工艺过程一般包括坯体排出水分、分解和氧化、相变化、烧结和冷却阶段。

烧结是烧成过程中最重要的物理化学反应阶段，其目的是把粉状物料转变为具有一定强度和低气孔率的致密体。根据烧结粉末所出现的宏观变化可以认为烧结是：一种或多种固体（金属、氧化物、氮化物、粘土等）粉末经过成型，在加热到一定温度后开始收缩，在低于熔点温度下变成致密、坚硬的烧结体的过程。而一些学者为了揭示烧结的本质，认为烧结应定义为：由于固态中分子（或原子）的相互吸引，通过加热使粉末产生颗粒粘结，经过物质迁移使粉末体产生强度并导致致密化和再结晶的过程。

由于烧结体宏观上出现体积收缩、致密度提高和强度增加，所以烧结程度一般用坯体的收缩率、气孔率、吸水率或烧结体密度与理论密度之比（相对密度）等指标来衡量。特种陶瓷特别是金属陶瓷多采用烧结，最常用和最基本的方法是常压（无压）烧结法。使用压力的烧结为热压或高温等静压（热等静压）法。此外还有新发展起来的各种快速烧结方法。如日本利用新的制备方法获得了与一般陶瓷成分相同的新型陶瓷——液融成长复合材料（MGC），其在1700℃高温下还可保持高强度。

现在先进陶瓷已得到迅速发展，特别是纳米技术在陶瓷中应用的发展已使我们不能单纯地像传统陶瓷生产那样使用天然原料或工业原料，而需使用人工合成原料来制备先进陶瓷。由于已有研究者提出纳米材料具有超塑性，纳米陶瓷的发展已提上日程，但纳米粒子在烧结过程中会发生长大，而失去纳米特性，所以采用先进的烧结方法就显得比较重要了。有人用热压烧结来阻止纳米粒子的长大，也有人提出采用第二相来阻止其长大，或采用液相包裹法制得纳米粒子，再进行烧结的方法制得纳米陶瓷制品。这些方法都在一定程度上起到了限制纳米粒子长大的作用，随着纳米技术进一步地成熟，人们对先进陶瓷发展的关注程度进一步加强，相信在不久的将来，会有更多的纳米陶瓷制品出现在工业和人们日常生活中。

本 章 小 结

本章主要介绍了陶瓷材料的分类、陶瓷材料的晶体结构及显微组织结构、陶瓷材料的性能，最后讲述了陶瓷制品常用的生产工艺，并简单介绍了先进陶瓷材料原料的制备方法。

传统陶瓷是人们生活和生产中使用最多的陶瓷种类，主要由粘土制品、水泥、硅酸盐玻璃和耐火材料等组成。特种陶瓷主要由氧化物、碳化物和氮化物陶瓷构成，由于其具有某些特殊的性能，已经成功地用作高温结构材料和功能材料。金属陶瓷主要利用了金属热稳定性好、韧性好和陶瓷的硬度高、耐火度高等特点，用粉末冶金法制得的金属（或合金）同陶瓷所组成的非均质复合材料，基体主要是陶瓷材料，现在钢结硬质合金是近年来发展起来的一种新型硬质合金。

陶瓷的化学组成决定了其晶体结构，晶相、玻璃相及气孔三者在陶瓷制品中的相互关系决定了制品的组织结构特征，而结构又决定了制品的性能。陶瓷制品是以化学键合组成的，以离子键为主，存在部分共价键，所以陶瓷具有高强度、高硬度，但热膨胀系数小，脆性大，基本上是一个电绝缘体。由于陶瓷具有这些特殊的性能，所以被广泛地应用，如作为高温结构材料和功能材料，铁电体、铁氧体等。

常用的陶瓷生产工艺是原料的制备—坯料的成型—制品的烧成或烧结。随着先进陶瓷的迅速发展，特别是纳米技术在陶瓷中应用，我们不能单纯地像传统陶瓷生产那样使用天然原料或工业原料，而需使用人工合成原料来制备先进陶瓷。同时，采用先进的烧结方法就显得比较重要了。

复习思考题

1. 什么叫陶瓷？
2. 氧化铝陶瓷的显微组织结构主要构成？其具有许多优异性能的最根本原因是什么？
3. 制作碳化物基金属陶瓷的最根本目的是什么？如 WC-Co 具有哪些优良的性能？
4. 硅酸盐结构有哪些特征？
5. 为什么陶瓷具有较大的脆性？其防止措施有哪些？
6. 陶瓷材料最基本的制备工艺是什么？

第六章 高分子材料

第一节 高分子的制备反应和高分子材料的组成

一、高分子的制备反应

1. 高分子和高分子材料的基本概念

高分子化合物常简称高分子,它是由许多相同的、简单的结构单元通过共价键重复连接而成,相对分子质量一般高达 $10^4 \sim 10^6$。高分子又被称作聚合物、高聚物、高分子树脂,而高分子材料是指由聚合物与添加剂经过加工后制成的制品。例如:聚乙烯分子由许多乙烯单体结构单元重复连接而成,其结构式简式为

$$-(CH_2-CH_2)_n-$$

2. 高分子的分类及命名

(1) 高分子的分类　按来源分为天然高分子和合成高分子;按聚合方式分加聚物和缩聚物;按化学组成分作有机高分子和无机高分子;按工程应用分作纤维、塑料、橡胶、涂料、胶粘剂等几大类(详细分类见表6-1)。塑料是其中一大类,它基本上是高分子材料的代名词,塑料最常用的分类办法是按合成树脂在受热后所表现的性能不同来划分:即热塑性塑料和热固性塑料两大类。

(2) 高分子的命名　最常用的简单命名法系参照单体名称来定名。对于一种单体经加聚制成的聚合物,常以单体名为基础,前面冠以"聚"字,就成为聚合物的名称。例如氯乙烯的聚合物称作聚氯乙烯,聚苯乙烯是苯乙烯的聚合物,还有如聚乙烯(PE)、聚丙烯(PP)等。聚合物均可按这种方法命名,这种叫结构系统命名法。

由两种不同单体聚合成的产物,常摘取两种单体的简名,后缀"树脂"两字来命名。如苯酚和甲醛、尿素和甲醛的缩聚产物分别称做酚醛树脂、脲醛树脂。

也有以聚合物的结构特征来命名的,如聚酰胺、聚酯等。

表 6-1 高分子化合物的分类

分类方法	类别	特点	举例	备注
材料来源	天然高分子	自然存在的	食物中的蛋白质、淀粉；毛、麻	
	合成高分子	需要进行化学反应	合成纤维、合成树脂、合成橡胶	
聚合方式	加聚物	加成聚合的产物	烯类单体的产物：PP、PE、PTFE、PIB、PMMA、PS	PA-6 属开环反应产物，非缩聚物
	缩聚物	逐步缩合聚合的产物	尼龙（PA-66、PA-610）、聚酯；体型缩聚物：环氧树脂、酚醛树脂	
工程应用（材料性质）	塑料	通用塑料	PP、PE、PVC、PS	
		工程塑料	PPS、PPO、PI、PA、PC	
	橡胶	具有高弹性，T_g 低于室温	丁苯橡胶、顺丁橡胶、乙丙橡胶、天然橡胶、氯丁橡胶	
	纤维		尼龙、涤纶、腈纶	
	胶粘剂		氯丁胶、环氧树脂、酚醛树脂、聚醋酸乙烯胶	
	涂料		聚氨酯漆、环氧树脂漆、酚醛树脂漆	
应用功能	通用高分子		常用的橡胶、塑料、纤维	
	功能高分子（仿生高分子、医用高分子、高分子药物、高分子试剂、高分子催化剂、生物高分子）		离子交换树脂、光敏高分子等	
按热行为	热固性塑料		环氧树脂、酚醛树脂	
	热塑性塑料		PS、PTFE、PPS、PPO、PA	

而对于合成纤维的命名常在合成纤维商品名的后面加"纶"字，如涤纶[聚对苯二甲酸乙二（醇）酯]，锦纶（尼龙-6）等。

许多合成的生橡胶是共聚物，往往从共聚单体中各取一字，后缀"橡胶"二字来命名，如丁（二烯）苯（乙烯）橡胶，丁（二烯）丙（烯）橡胶，乙（烯）丙（烯）橡胶等。

3. 高分子的制备反应——聚合反应

（1）**聚合反应的分类** 由低分子单体合成聚合物的反应称作聚合反应。聚合反应有许多种类型，可以从不同角度进行分类。现择要介绍两种分类法。

1）按单体和聚合物在组成和结构上发生的变化分类，将为数不多的聚合反应分成加聚反应和缩聚反应两大类。单体加成而聚合起来的反应称作加聚反应。加成聚合反应的单体必须含有双键，在引发剂的作用下，双键打开并与另一个单体相连接。这一过程不断重复，就形成了长链分子，如氯乙烯加聚成聚氯乙烯就是例子，氯乙烯的加聚（反应式）为

$$n\text{H}_2\text{C}=\underset{\underset{\text{Cl}}{|}}{\text{CH}} \longrightarrow -(\text{CH}_2-\underset{\underset{\text{Cl}}{|}}{\text{CH}})_n$$

加聚反应的产物称作加聚物。加聚物的元素组成与其单体相同，仅仅是电子结构有所改变。加聚物的相对分子质量是单体相对分子质量的整数倍。烯类聚合物或碳链聚合物大多是烯类单体通过加聚反应合成的。另一类聚合反应为缩聚反应，其反应物为缩聚物。缩聚反应往往是官能团间的反应，除形成缩聚物外，根据官能团种类的不同，还有水、醇、氨或氯化氢等低分子副产物产生。由于低分子物的析出，缩聚物结构单元要比单体少若干原子，其相对分子质量不再是单体相对分子质量的整数倍。己二酸和己二胺反应生成尼龙-66就是缩聚反应的典型例子，反应式为

$$n\text{NH}_2(\text{CH}_2)_6\text{NH}_2 + n\text{HOOC}(\text{CH}_2)_4\text{COOH} \longrightarrow$$
$$n\text{H}(\text{NH}(\text{CH}_2)_6\text{NHOC}(\text{CH}_2)_4\text{CO})_n\text{OH} + n\text{H}_2\text{O}$$

缩聚反应兼有缩合出低分子和聚合成高分子的双重意义，是缩合聚合的发展。

缩聚物中往往留有官能团的结构特征，如酰胺键—NHCO—、酯键—OCO—、醚键—O—等。因此，大部分缩聚物是杂链聚合物，容易被水、醇、酸等药品所水解、醇解和酸解。但杂链聚合物并不完全由缩聚反应制成，如聚甲醛、聚环氧乙烷等由开环聚合制得。

随着高分子化学的发展，陆续出现了许多新的聚合反应，如开环聚合、异构化聚合、氢转移聚合、成环聚合等。

从组成和结构的变化上看，上述诸反应似应归属于加聚反应；但从产物中官能团结构特征看，又有点类似缩聚。因为目前开环反应是单体反应较多的一类，有人也将开环聚合与加聚、缩聚相并列，分为三大类：

$$\underset{\text{环氧乙烷}}{\text{H}_2\text{C}-\text{CH}_2} \xrightarrow{\text{开环}} \underset{\text{聚环氧乙烷}}{-(\text{OCH}_2\text{CH}_2)_n} \qquad \underset{\text{己内酰胺}}{n\text{NH}(\text{CH}_2)_5\text{CO}} \xrightarrow{\text{开环}} \underset{\text{尼龙-6}}{-(\text{NH}(\text{CH}_2)_5\text{CO})_n}$$

$$n\text{H}_2\text{C}=\text{CH}-\text{CONH}_2 \xrightarrow{\text{加聚}} \begin{array}{c}\text{H}_2\ \text{H}\\ \leftarrow\!\!\text{C}-\text{C}\!\!\rightarrow_n\\ \text{CONH}_2\end{array}$$

$$n\text{H}_2\text{C}=\text{CH}-\text{CONH}_2 \xrightarrow[\text{(异构化)}]{\text{分子内氢转移}} \leftarrow\!\!\text{CH}_2\text{CH}_2-\text{CONH}\!\!\rightarrow_n$$

丙烯酰胺　　　　　　　　尼龙-3

$$n\text{HO(CH}_2)_4\text{OH}+n\text{O}=\text{C}=\text{N(CH}_2)_6\text{N}=\text{C}=\text{O} \xrightarrow[\text{聚加成}]{\text{分子间氢转移}}$$

丁二醇　　　　　二异氰酸酯

$$\leftarrow\!\!\text{O(CH}_2)_4\text{OCONH(CH}_2)_6\text{NHCO}\!\!\rightarrow_n$$

聚氨酯

2）按聚合机理和动力学分类，20 世纪 50 年代，将聚合反应分成连锁聚合和逐步聚合两大类。烯类单体的加聚反应大部分属于连锁聚合反应。连锁聚合需要活性中心，活性中心可以是自由基、阳离子或阴离子，因此而有自由基聚合、阳离子聚合或阴离子聚合。连锁聚合的特征是整个聚合过程由链引发、链增长、链终止等几步基元反应组成。各步的反应速率和活化能差别很大。

绝大多数缩聚反应和合成聚氨酯的反应都属于逐步聚合反应。其特征是在低分子转化成高分子的过程中反应是逐步进行的，即每一步的反应速率和活化能大致相同。

（2）聚合反应的实施方法　聚合反应的实施方法主要有本体聚合、溶液聚合、悬浮聚合或乳液聚合。本体聚合反应在单体中进行的反应。它的最大问题是温度的控制。溶液聚合在溶液中进行的聚合反应。它的优点是在溶液中反应能够稀释反应物，同时稀释反应体系粘度，强化搅拌，这样可以有效地排除热量，便于控制温度。但缺点是需要回收溶剂，溶剂还会带来防火与毒害的问题。悬浮聚合或乳液聚合是在悬浮液或乳液中进行的。悬浮聚合是排除热量的一种有效方法。将单体在水中猛烈搅拌分散成细滴，聚合反应就在这些细滴中进行。随着反应的进行，单体液滴逐渐变成单体与聚合物的混合物，粘度不断提高。为防止液滴彼此粘在一起，加入聚乙烯醇、明胶一类分散剂或悬浮剂以保持稳定。工业上还有间歇法和连续法之分。

二、高分子材料的组成

高分子材料是一定配合的高分子化合物（由主要成分的树脂或橡胶和次要成分的添加剂组成）在成型设备中，受一定温度和压力的作用熔融塑化，然后通过模塑制成一定形状，冷却后在常温下能保持既定形状的材料的制品。因此适宜的材料组成、正确的成型加工方法和合理的成型机械及模具是制备性能良好的高分子材料的三大关键因素。它们的关系如图 6-1 所示。

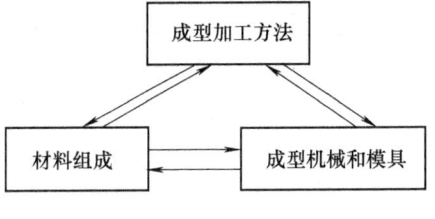

图 6-1　制造高分子材料的三大关键因素

高分子材料的组成和各成分之间的配比从根本上保证了制品的性能，而作为主要成分的高分子化合物对制品性能起主宰作用。严格地讲，高分子与高分子材料的涵义是不同的。但通常人们并未将两者严格分开。高分子材料通常指塑料、橡胶、化学纤维、涂料、胶粘剂等。

高分子材料的添加剂是实现高分子材料成型加工工艺过程,并最大限度地发挥高分子材料制品的性能,或赋予其某些特殊功能性必不可少的辅助成分。不同类型的高分子材料需要不同类型的添加成分,举例如下。

塑料:增塑剂、稳定剂、润滑剂、增韧剂、增强剂、颜料、填料等;

橡胶:硫化剂、促进剂、防老剂、补强剂、填料、软化剂等;

涂料:颜料、催干剂、增塑剂、稳定剂、润湿剂、悬浮剂等。

辅助只是相对于实现高分子材料制品性能重要性而言的。实际上添加剂已发展成一个独立的工业部门。可以说,没有添加剂工业,就没有高分子材料工业。下面介绍部分主要的添加剂的作用、分类和选用原则。

1. 稳定剂

高分子材料在制备(合成和干燥)、贮存、成型加工和应用的各个阶段,由于其分子结构、成型加工选用的添加剂及其用量、成型加工方法等的内在因素,在外界因素(光、热、应力、电场、射线等)、化学因素(氧、臭氧、重金属离子、化学介质)和生物因素(微生物、昆虫等的破坏)的作用下,会发生多种老化过程,发生表面状态、物理力学性能和结构的变化,甚至失去使用价值。这些变化主要表现为:外观变化(表面变暗、变色等)、物理性能变化(溶解性、熔体流动速率、玻璃化温度等)、力学性能、电性能以及结构的变化。

在上述因素中,光、热、氧为三个主要因素,会造成自动氧化和热分解反应,引起高分子化合物降解。

通常,防止的方法有:添加稳定剂使高分子材料稳定化;引进某些带功能性基团的单体发生共聚改性,如将含有抗氧剂基团的单体和其他乙烯基单体共聚;对活性的单体进行消活、稳定处理,如均聚甲醛的酯化和醚化。按老化的方式不同,通常将稳定剂分为热稳定剂、光稳定剂、抗氧剂、抗臭氧剂和生物抑制剂等。

(1)热稳定剂 热稳定剂主要用于 PVC(聚氯乙烯)塑料中,是生产 PVC 塑料最重要的添加剂。PVC 是热不稳定性的塑料,其加工温度与分解温度相当接近,只有加入热稳定剂才能实现在高温下的加工成型,制得性能优良的制品。常用的热稳定剂有:铅盐、有机锡类、有机锑类等。稳定剂的选择首先决定于制品,如硬质或软质制品(有无增塑)、透明还是不透明制品、一般使用还是食品包装(毒性要求)等;其次是成型加工方式,特别是硬质 PVC 成型时尤为重视。如注塑成型中,为降低熔体粘度,必须提高加工温度,因此热稳定剂性能要高;而采用硫化床涂层工艺时,由于加工温度更高,对热稳定剂的选择更为严格。而采用快速压延成型、薄膜型材或具有大表面积的型材挤出加工时,PVC 分子链将因受到强的热剪切作用而断链,在选用热稳定剂时也应加以考虑。常见的热稳定剂的选用见表 6-2 及表 6-3。

表 6-2　硬质 PVC 热稳定剂选用情况

制品		加工技术	含硫甲基锡	含硫辛基锡	含硫丁基锡	无硫丁基锡	Ba/Cd粉料	Ca/Zn	Pd	无金属稳定剂
薄膜	透明或着色 非食品用 食品用	压延、挤出	√		√			√	√	√
瓶	透明或着色 非食品用 食品用	吹塑	√	√	√			√		√
管件	饮用水 污水 电缆、导管	挤出、注塑	√	√		√		√		
片材型材	透明： 室内 室外	挤出	√		√	√				
片材型材	着色： 室内 室外	挤出	√		√	√	√	√		
型材	发泡	挤出			√		√	√		
	唱片	压制			√				√	

（2）抗氧剂和抗臭氧剂　高分子材料曝露于空气中，会发生氧化反应，这类热氧化反应通常发生在室温到150℃之间，按典型的链式自由基机理进行，具有自动催化的特征，故称作自由氧化反应。由于发生的温度较低，因而，有时氧化降解比纯热降解更为重要，且在高分子材料的制备、贮存、成型加工、使用过程中是不可避免的。抗氧剂的分类有两大类：一类是链终止型抗氧剂，另一类是预防性抗氧剂（包括过氧化物分解剂和金属离子钝化剂）。一般在塑料中抗氧剂的用量为 0.1%～1%，而在橡胶中的用量一般为 1～5 份。常见的抗氧剂有：醛胺类、酮胺类、二芳基仲胺类（如二苯胺）等。

臭氧老化的机理不同于氧化降解，虽也包含自由基反应，但主要是以亲电加成的离子型机理进行。因此，抗臭氧剂作用显然是与抗氧剂不同的。抗氧剂是在高分子材料内部抑制扩散到制品内部的氧，抗臭氧剂只是在制品表面发挥作用。因此，能作为抗氧剂的物质不一定能作抗臭氧剂。抗臭氧剂是指可以阻止或延缓高分子材料发生臭氧破坏的化学物质。通常分为两类：物理保护方法和化学保护方法。

表 6-3 软质 PVC 热稳定剂选用情况

制品		加工技术	含硫丁基锡	无硫丁基锡	Ba/Cd 粉料	Ba/Cd 液体	Ba/Zn	Ca/Zn	Pd
薄膜	透明或着色非食品用	压延	✓	✓	✓	✓	✓		
	食品用							✓	
型材软管	透明或着色非食品用	挤出	✓	✓	✓	✓			
	食品用							✓	
电缆绝缘或护套		挤出							✓
鞋、凉鞋、鞋底		模压	✓	✓	✓	✓		✓	
涂层、人造革		涂布	✓						
浸渍制品				✓		✓		✓	

（3）光稳定剂 许多高分子制品是在室外环境下使用的，由光引起的光降解作用是不容忽视的。而添加光稳定剂的作用主要是有效抑制光致降解物理和化学过程。通常其用量为 0.05% ~ 2%。根据其作用机理可分为四种：光屏蔽剂（炭黑、某些无机颜料和填充剂）、紫外光吸收剂（二苯甲酮类和苯并三唑类）、猝灭剂（镍的有机化合物）及自由基捕捉剂（受阻胺类）。

2. 增塑剂

（1）增塑作用和增塑剂的分类 增塑剂是指以使高分子材料塑性增加，改进其柔软性、延伸性和加工性能的物质。增塑剂主要用于 PVC 中。而 PVC 分子间存在着极性，分子链僵硬，当其仅加稳定剂和润滑剂时，得到的是刚性的 PVC 塑料制品。加入增塑剂后，削弱了 PVC 分子间的作用力，增加了塑性，当增塑剂超过 30 份时，就可制得软质 PVC 塑料制品。通常情况下，软质 PVC 塑料中增塑剂为 45 ~ 50 份/100 份 PVC。表 6-4 为常用软质 PVC 制品增塑剂的用量。目前，约 80 ~ 85% 的增塑剂用于 PVC 塑料制品中，其次则用于纤维素树脂、醋酸乙烯树脂、ABS 树脂和橡胶中。

（2）增塑剂的品种 增塑剂的主要品种见表 6-5。

表6-4　常用软质PVC制品增塑剂的用量　　　　　　　　（单位：份）

制品	人造革	壁纸	鞋	电线	软板	软管	隔板	地板	民用膜	工业用膜	窗纱
用量	~100	~80	~60	~50	~50	~45	~45	40~50	~45	~40	~20

表6-5　增塑剂的主要品种

品　种	特　性
苯二甲酸酯类 DBP、DnHP、DOP、DnOP、DINP、DTDP、DCHP、DCHP、BBO、DOTP、DOIP 等	是PVC最重要、用量占绝对优势的增塑剂，具有较全面的性能，相容性好，作主增塑剂
脂肪族二元酸酯类 DBS、DOS、DOA、DOZ 等	耐寒性好，作辅助增塑剂
磷酸酯类 TCP、TOP、TPP、TPOP 等	阻燃性好，抗菌性强，毒性大
含氯化合物类 氯化石蜡、MPCS、氯甲氧基油酸甲酯等	阻燃、电绝缘性好，价廉，塑化效率低、耐寒性、热稳定性差，作辅助增塑剂
高分子增塑剂 EVA、EVA-CO共聚物、NBR、EVA-g-PVC 等	兼具增塑、增韧作用（尤其是冲击韧性），力学性能有显著改进，作永久增塑剂

3. 润滑剂

（1）润滑剂的作用和分类　高分子材料，尤其是热塑性材料，通常都是在熔融状态或剪切条件下成型加工的。在熔融状态下，熔体具有高的熔融粘度，高分子化合物之间、高分子化合物与加工机械之间，会产生较大的摩擦力。高摩擦力的存在，将导致摩擦生热，如不加以控制，熔体温度会升得很高，造成高分子化合物热降解；同时，高摩擦力的存在，将影响熔体流动，导致生产能力和制品质量下降，特别是外观变差。提高温度虽可以降低粘度，改善加工性能；增加压力，有可能使熔体流动加快，而过高的温度、过大的压力，将造成高分子化合物断链、降解，严重影响制品质量。因此，提高温度、增大压力的作用是有限的。理想的办法是使用润滑剂。

润滑剂是降低熔体与加工机械（如筒体、螺杆）之间和熔体内部的摩擦和粘附，改善流动性，促进加工成型，提高生产能力和制品外观质量及光洁度等的一类添加剂。主要用于硬质PVC，也可用于聚烯烃、PS、ABS、PF、MF、UP、醋酸纤维素及橡胶等加工中。一般用量在0.5~1份之间。按作用机理可分为内润滑剂和外润滑剂两类。

（2）润滑剂的主要品种　润滑剂的主要品种见表6-6。

4. 交联剂及其他添加剂

表 6-6 润滑剂的主要品种

类别	代表性品种	类别	代表性品种
烃类	液体石蜡、天然石蜡、微晶石蜡、聚乙烯蜡（低相对分子质量 PE）、氯代烃、氟代烃	脂肪酸酰胺类	脂肪酰胺、烷撑双脂酰胺
		醇类	高级脂肪醇、多元醇、聚乙二醇
脂肪酸类酯类	高级脂肪酸、烃基脂肪酸（醇酸）、脂肪酸低级醇酯和高级醇酯、脂肪酸多元醇酯、脂肪酸聚乙二醇酯	金属皂类	硬脂酸钙、镁、铝等
		复合润滑剂	石蜡烃类复合润滑剂、金属皂类与石蜡烃类复合润滑剂等

利用交联反应使线型或轻度支化型的高分子材料转变为体型结构的高分子材料，是制备具有实用价值、较高性能制品的常用手段。热固性树脂的固化、热塑性树脂的交联、橡胶的硫化等等均属于此类。必须指出，橡胶的交联过程习惯称为硫化；塑料的交联过程习惯称作固化、硬化、熟化等。

（1）交联作用及交联剂　高分子材料常用的交联方法（加热交联、辐射交联、添加交联剂交联）中，以添加交联剂交联的方法应用最为普遍。现举例如下：

1）酚醛树脂、氨基树脂在固化剂、催化剂和热作用下的固化。

2）环氧树脂在有机多元胺类、有机多元酸酐类、金属化合物及某些高分子化合物存在下的固化等。

3）不饱和聚酯在烯类单体及固化体系存在下固化。

4）含不饱和双键的橡胶在硫磺及硫磺给与体存在下的硫化。

5）硅橡胶、乙丙橡胶、氟橡胶、聚酯型聚氨酯橡胶等饱和橡胶在有机过氧化物存在下的硫化等；

6）氯丁橡胶在金属氧化物存在下的硫化等；

7）氟橡胶、丙烯酸酯橡胶在胺类硫化剂存在下的交联；

8）PE、PP、PVC 等在有机过氧化物或酸酐、乙烯基三乙氧基硅烷等存在下的交联等等。

经过交联，材料的物理、力学性能，如拉伸强度、抗撕裂强度、回弹性、硬度、定伸强度等上升，伸长率、永久变形下降，耐热性、高温下的尺寸稳定性和耐化学药品性提高。

（2）交联剂的主要品种及其特性　见表 6-7。

表 6-7 常见的交联剂

品　种	特　性
有机过氧化物	用于不饱和及低不饱和高分子化合物如 UP、聚烯烃、硅橡胶的交联
（1）氢过氧化物（ROOH）（如叔丁基过氧化物、异丙苯过氧化物等）	可与某些金属离子组成氧化还原体系
（2）二烷基（芳基）过氧化物（ROOR'）（如 DCP、DBP）	最常用的交联剂，无合适的分解剂，只能加热分解，稳定性较好，危险性较小

(续)

品　种	特　性
硫化剂 （1）硫磺（硫磺粉，沉淀硫磺，胶体硫，不溶性硫磺，表面处理硫磺，硫磺与炭黑等的混合物） （2）无机硫化剂 1）氯化硫磺、二氯化六硫等 2）硒、碲等 3）金属氧化物（ZnO、MgO、PbO 等） （3）有机硫磺化合物 1）秋兰姆类 2）多硫化聚合物 3）树脂硫化剂（PF、MF 等） 4）多元胺 5）多元醇	 冷硫化用，用于薄制品、浸滞制品 硫化速度慢，需并用有机促进剂（如秋兰姆等） 可单独用于硫化，也可与硫磺并用 作硫化剂时用秋兰姆二硫化物，加入 ZnO，可提高硫化效果，防止热老化。也可作橡胶硫化促进剂 用于聚硫橡胶 主要用于 IIP，也用于 EPR、EPDM、NBR 等硫化 FPM、ACM（环氧型）、CPE、PU 泡沫等硫化剂 FPM 硫化剂

第二节　高分子的结构及性能

一、高分子的结构

关于高分子的结构和性能涉及的范围很广。本节仅介绍结构和性能的基本概念和基本问题。

1. 高分子的结构分类

高分子按其研究单元的不同可分为两大类。一为分子内结构，是研究一个分子链中原子或基团间的几何排列，即高分子的链结构。高分子的链结构包括一次结构和二次结构两个层次。另一为分子间的结构，是研究单位体积内许多分子链间的几何排列，即高分子的聚集态结构，也称超分子结构，包括三个结构以上的各个层次。

（1）高分子的一次结构（化学结构）　即第一层次结构，是构成高分子的最基本的微观结构，包括高分子基本结构单元的化学结构或立体化学结构，也可总称为化学结构。一次结构研究的范围包含高分子的组成和构型两个方面。高分子的组成是研究分子链中原子的类型和排列，是高分子链的化学结构分类，结构单元的键接顺序，链结构的成分，高分子的支化、交联和端基，相对分子质量和相对分子质量分布等内容。高分子的构型主要是研究取代基团绕特定原子在空间的排列规律。大分子的构型是不能随意改变的，只有使分子链破坏并产生重排才可能使构型发生改变。

高分子链原子类型与排列共五类：

第一类是碳链高分子　高分子主链由相同的碳原子以共价键相联结。它们大多数是由加聚反应生成的，常见的有 PE、PP、PS、PVC、PMMA 等。碳链高分子包含了合成材料中最通用的品种，在工业生产中产量最大，用途最广，除聚四氟乙烯等个别品种外，它们大部分都具有可塑性好、容易成型加工等优点，而且多数是由石油为原料合成的，故原料丰富，成本低廉。但是，它们大多数均容易燃烧，耐热性较差，容易老化，故不能在较苛刻的环境条件下使用。

第二类是杂链高分子　高分子主链除了碳原子外，还有其他的原子如氧、氮、硫等存在并以共价键相键接；即主链是由两种或多种原子构成的，故称为杂链高分子。如聚甲醛、PC、PPO、PPS、PET 等均属此类。这类高分子主要由缩聚反应或开环聚合反应生成的。这类高分子的耐热性和强度性能均比纯碳链聚合物要高一些。几种主要的工程塑料都属于这种类型。

第三类是元素有机高分子　主链上不含碳原子，由 Si、B、P、Al、Ti、As 等元素和 O 组成主链，但是在侧链上含有有机取代基团，故元素有机高分子兼具无机和有机高分子的特性。如：

$$\left(\!\!\begin{array}{c}R\\|\\Si\!-\!O\\|\\R\end{array}\!\!\right)_{\!n}\quad\left(\!\!\begin{array}{c}R\\|\\Ti\!-\!O\\|\\R\end{array}\!\!\right)_{\!n}$$

Si 的成键能力稍强，故现已发展了多品种有机硅高分子化合物，大多数均已投入生产。

第四类是无机高分子　它们的大分子主链上不含碳原子，也不含有机取代基团，是纯粹的元素构成的高分子，如二氧化硅等。

第五类是梯形和双螺旋形高分子　高分子的主链不是一条单链，而是像"梯子"和"双股螺旋"结构的高分子。这类梯形结构是以双链形成的主链，如果一根链断裂，还有一根可继续保持相对分子质量而不降解；若两根链同时各有一处断裂，只要不是在同一个梯格里或螺圈里，仍然不会降低相对分子质量。

(2) 高分子的二次结构（远程结构）　是指单个高分子在空间中所存在的各种形状，也称为高分子的构象。一个高分子链因为单键的内旋转和分子热运动的影响，常存在着一系列不同的形状，如一根完全伸直的高分子链；一个卷曲的无规线团或者是周期性有规律排列的构象（见图 6-2）。无规线团是线性高分子在高分子溶液中的一种二次结构的主要形态。

(3) 高分子的三次结构　又称为高分子的聚集态结构，它是指在分子间力作用下相互敛集在一起所形成的组织结构。高分子的聚集态结构分为晶态结构和非晶态结构（无定形）两种类型。结构规则、简单的分子间作用力强的大分子易于形成晶态结构。一次结构比较复杂和不规则的大分子则往往形成无定形即非晶态结构。当然聚合物能否结晶以及结晶程度与外界条件有密切关系，它强烈地受二次结构的影响，是指大分子与大分子间的几何排列（如图 6-3）。高分子材料的聚集态结构是在成型加工过程中形成的,是由微观结构向宏观结构过渡的状态。聚集态结构也是决定聚合物制品使用性能的主要因素。即使具有相同链结构的同一种高分子,由于加工工艺条件的不同,其成型品的使用性能就有很大的不同。例如聚合物结晶取向程度不同直接影响纤维和薄膜的力学性能;结晶的大小和形态不同可影响塑料制品的耐冲击强度、开裂性能和透明性等。因此,对于高分子材料来说,一次结构和二次结构只是间接影响其性能,而分子聚集态结构才是直接影响其性能的因素。研究聚集态结构的意义就在了解高分子聚集态结构的特征,形成条件及其与材料性能之间的关系,以便人为地控制加工成型条件而得到具有预定结构和性能的材料,同时为高分子材料的物理改性和材料设计建立科学基础。

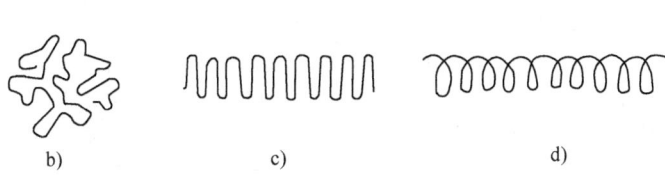

图6-2　单个高分子的几种构象示意图
a) 伸展链　b) 无规线团　c) 折叠链　d) 螺旋链

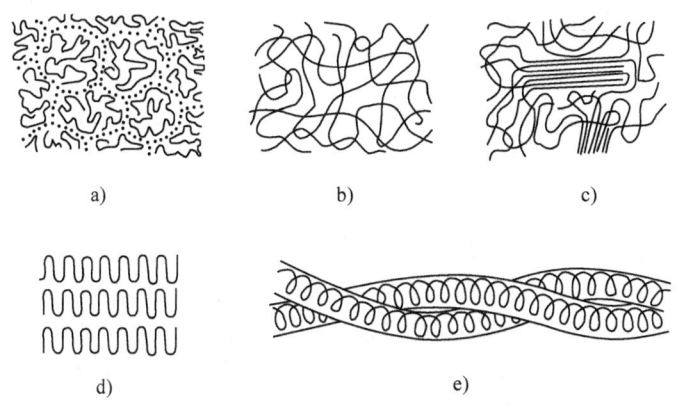

图6-3　高分子的三次结构示意图
a) 无规线团细胞状结构　b) 线粘状结构　c) 缨状胶束
d) 折叠链聚合物晶体　e) 双重螺旋

高分子的结构层次是一层紧套一层的,各个层次紧密相连而构成有机的整体(见表6-8)。肉眼能见到的聚合物制品的构成,最先是由不同的原子构成具有反应活性的有固定化学结构的小分子，这种小分子在一定反应条件下，通过能生成高分子的聚合反应或缩聚反应，按一定的形成机理生成由若干个相同的结构单元依照一定顺序和空间构型键接而成的高分子链（一次结构）。这些高分子链因单键的旋转而构成具有一定势能分布的高分子构象（二次结构）。具有一定构象的高分子再通过范德华力或氢键力的作用，聚集成有一定规则的高分子聚集体（三次结构）。这些仍然是微观状态的高分子聚集体在一定的物理条件下，通过一定的成型手段，达到更高一级的宏观聚集态层次而成为聚合物产品（高次结构）。

表 6-8 高分子的各个结构层次

结构层次	一次结构即化学结构	二次结构即构象	三次结构即聚集态结构	高次结构即宏观聚集态结构	高次混合物结构即混合物宏观聚集态结构
各层次包含的内容	组成 原子类型与排列 结构单元的键接顺序 链结构的成分 链结构的支化、交联、端基 相对分子质量 相对分子质量分布 构型 取代基围绕特定原子的空间排列方式	单个高分子在空间存在的形式 伸展链 无规线团 折叠链 螺旋链	织态结构 伸展链夜晶 缨状胶束 片晶 非晶态结构	球晶 复合材料 泡沫 填充物 增强材料 夹心材料 层压材料 合成木材 人造革 纺织品	高分子合金 嵌段共聚物 弹性丝 分子混合物 交联

2. 高分子的化学结构

(1) 高分子结构单元的键接顺序　合成高分子结构单元的化学结构是已知的。缩聚过程中缩聚单元的键接方式一般都是明确的。但在加聚过程中，单体的键接方式可以有所不同。键接结构是影响性能的重要因素之一，因此这里主要讲加聚产物的键接顺序。烯类单体在聚合过程中可能的键接方式有头-头键接和头-尾键接，许多实验证实自由基或离子基聚合的产物中，大多数是头-尾键接。但由于大分子合成反应比低分子合成反应复杂，很难以单一反应进行，主反应伴有副反应发生，所以即使生成的高分子为头-尾键接结构，也常含有少量的头-头（尾-尾）键接结构。高分子链中杂结构的存在，就有可能影响聚合物的热稳定性。

(2) 高分子链结构的成分　共聚物的结构主要有：无规共聚（—A—B—B—A—B—A—A—A—B—）、交替共聚（—B—A—B—A—B—A—B—）、嵌段共聚（—A—A—A—A—B—B—B—B—A—A—A—B—）、接枝共聚

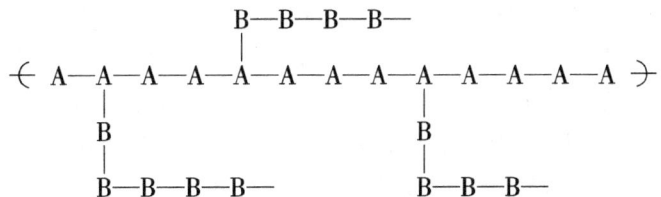

它们是共聚物的典型结构,其中第一种是工业生产中最普遍存在的结构,另外还有无规多元共聚和无序交替共聚。无规共聚物中,两种单体无规则排列,既改变了结构单元的相互作用,也改变了分子之间的相互作用。因此无论在溶液性质和力学性质(有些甚至在化学性质)方面都与均聚物有很大差异。例如:PE、PP均为塑料,而乙烯-丙烯无规共聚产物当丙烯含量较高时则为橡胶。所以共聚是用以改进聚合物材料性能的重要途径之一。

(3) 高分子链的支化、交联与端基 高分子链有长支链和短支链,它们对高分子性能的影响也有差异,短支链使高分子链的规整度及分子间堆砌密度降低,所以难以结晶,但一般对高分子溶液性质影响不大。长支链分子与短支链分子相反,对结晶性能影响不显著,但对高分子溶液和熔体的流动性能影响较大。一般来说,高分子链的支化对高分子材料的性质是有影响的。支化程度越高,支化链越复杂,则影响越大。交联作用在高分子材料的应用方面是很重要的,它能使产品在使用过程中克服分子间的流动,提高强度、耐热性及抗溶剂能力。如在加工成型过程中使高分子产生交联,可得到形态稳定、强度及耐磨性好的产品。当然也有一些不期望产生交联的情况。不同端基的存在直接影响高分子的性能,尤其是热稳定性的影响更明显。链的断裂可以从端基开始,所以有些高分子需要封端,以提高耐热性。

(4) 高分子链的构型 链的构型是指分子中由化学键所固定的几何排列,这种排列是稳定的,要改变构型必须经过化学键的断裂。分子链构型不同的异构体可分为旋光异构和几何异构。分子链中结构单元的空间排列是规整的,称为有规立构高分子(包括旋光异构和几何异构),其规整程度称为立构规整度或等规度。有规立构高分子大部分能结晶,而无规立构高分子则不能。分子排列规整和易于结晶的性能提高了聚合物的硬度、密度和软化温度,降低了在溶剂中的溶解度。

(5) 高分子的相对分子质量和相对分子质量分布 每一种低分子化合物都有固定不变的相对分子质量。但对于高分子化合物而言,因为组成每一个高分子的结构单元数目并不完全相同,所以其相对分子质量差异较大,因此高分子的相对分子质量通常用平均相对分子质量来表示。高分子的相对分子质量是将大小不等的高分子相对分子质量进行统计所得的平均值来表征的。高分子的相对分子质量对它的物理、力学性能有重要影响。聚合物的相对分子质量一定达到某一数值后才能显示出力学强度。对极性聚合物来说聚合度至少达到 40 以上,对非极性聚合物来说聚合度至少在80以上。而高分子的相对分子质量分布对高分子材料的加工性能有重要的影响，对具有相同平均相对分子质量的两个高分子试样来说，相对分子质量分布宽的比窄的易于加工，即流动性好。相对分子质量分布窄的比宽的有较好的耐冲击强度和耐疲劳强度。对结晶聚合物来讲，聚合物低分子部分多时，使结晶速度增快，但容易引起应力开裂。

3. 高分子的聚集态结构

（1）高分子的聚集态结构类型　结晶结构、非晶结构和取向结构是高分子聚集态的三个主要方面。

1）非晶态结构。聚合物的非晶态结构是指玻璃态、橡胶态、粘流态（或熔融态）及结晶高聚物中非晶区的结构。非晶态聚合物的分子排列长程无序，对X射线衍射无清晰点阵图案。关于非晶态聚合物的结构，有两种不同的基本模型：Flory的无规线团和Yeh的折叠链缨状胶束粒子模型（即两相模型，如图6-4）。结晶和非晶聚合物见表6-9。

表6-9　结晶和非晶聚合物

项目	结晶聚合物	非晶聚合物	介于两者之间的聚合物（结晶度较低）
一般特性	具有较强的分子间力，结构规整	无规立构均聚物，无规共聚物，热固性塑料	
例子	聚乙烯（PE），等规聚丙烯（等规PP），PTFE，PA，POM，聚氧化乙烯，纤维素	PS（立构无规），氯化聚乙烯，PMMA，PU，脲醛树脂，酚醛树脂，环氧树脂，不饱和聚酯	天然橡胶、聚异丁烯、丁基橡胶、聚乙烯醇（高应变下结晶）；聚氯乙烯，聚三氟氯乙烯

2）晶态结构。与一般低分子晶体相比，聚合物晶体具有不完整性、无完全确定的熔点，并且结晶速度较慢（也有例外，如聚乙烯）的特点。这些特点来源于大分子的结构特征。一个大分子可占据许多个格子点，构成整个格子点的并非整个大分子，而是大分子的结构单元或大分子的局部段落。这就是说，一个大分子可以贯穿若干个晶胞。因此，聚合物的晶体结构包括晶胞结构（如图6-5）、晶体中大分子的形态以及单晶和多晶的形态等。根据结晶条件的不同，聚合物可以生成单晶体、树枝状晶体、球晶以及其他形态的多晶聚合体（图6-6、图6-7）。

3）聚合物的液晶态。液晶是介于液相（非晶态）和晶相之间的中介相。其物理状态为液态，而具有与晶体类似的有序性。根据分子排列的不同，液晶可分为三种不同的类型：近晶型、向列型和胆甾型，如图6-8所示。

制备液晶有两种方法：将晶体熔化，制得的液晶称为热致性液晶；将晶体溶解，制得的液晶称为溶致性液晶。聚合物的液晶一般都是溶致性液晶。聚合物液晶最突出的性质是其特殊的流变行为，即高浓度、低粘度和低剪切力下的高取向度。采用液晶纺丝可克服通常情况下高浓度必伴随高粘度，且易达到高度取向。

美国杜邦公司的 Kevlar 纤维（B-纤维）就是采用液晶纺丝而制得的高强度纤维，其强度高达 2815MPa，模量达 126.5GPa。

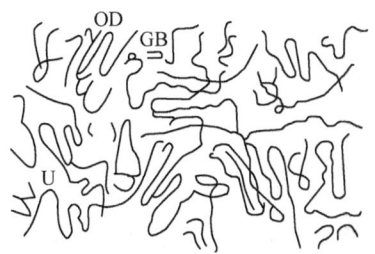

图 6-4　折叠链缨状胶束粒子模型

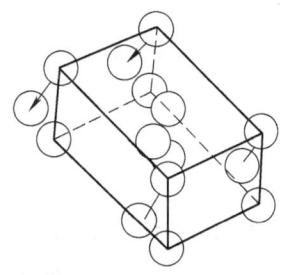

图 6-5　PE 的晶胞结构

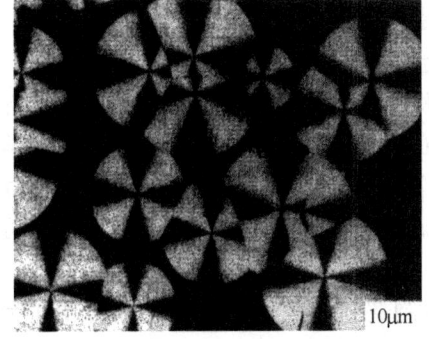

图 6-6　全同立构 PS 球晶的偏光显微镜照片

图 6-7　PE 球晶中晶片之间的系结链

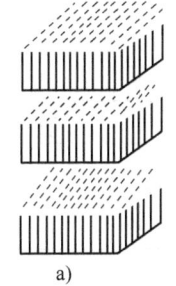
a)

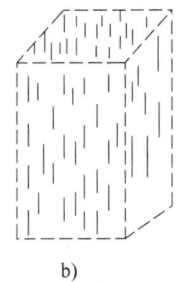
b)

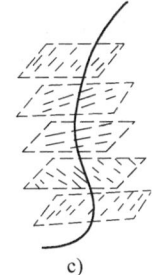
c)

图 6-8　液晶态结构
a) 近晶型　b) 向列型　c) 胆甾型

4) 聚合物的取向态结构。链段和整个大分子链以及晶粒在外力场作用下沿一定方向排列的现象为聚合物的取向。相应的链段、大分子链及晶粒称为取向单元。按取向方式可分为单轴取向和双轴取向（如图 6-9）；按取向机理可分为分子取向（链段或大分子取向）和晶粒取向。聚合物取向之后呈现明显的各向异性。取向方向的力学强度提高，垂直于取向方向的强度下降。

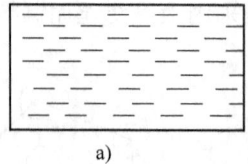 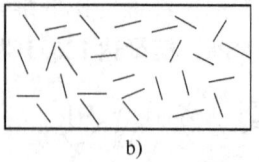

a)　　　　　　　　　b)

图 6-9　聚合物取向

a）单轴取向　b）双轴取向

（2）影响聚合物的聚集态结构的因素　聚合物的聚集态有两个不同于低分子物聚集态的明显特点。第一，聚合物晶态总是包含一定量的非晶相，100%结晶的情况是很罕见的。第二，聚合物的聚集态结构不但与大分子链本身的结构有关，而且强烈地依赖于外界条件。高分子的结晶能力与分子链结构、成型条件等有关。

1）高分子链结构与结晶性。高分子链结构指链的对称性、取代基类型、数量与对称性、链的规整性、柔性及分子间作用力等。有利于结晶的因素有：链结构简单，重复单元小，相对分子质量适中；主链不带或极少带支链；主链化学对称性好，取代基不大且对称；规整性好；高分子链的刚柔性及分子间作用力适中。结晶性的线型高分子有 PE、PP、PA、POM 等。非结晶性的（不定形的）有 PS、PVC、PC、PSF 等（见表 6-9）。

2）聚合方法与结晶性。不同聚合方法制备的高分子结晶能力和结晶度大小是不同的（表6-10）。表 6-11 所示为不同结晶度 PE 的性能。由表可知：结晶性不同，性能亦不一样，随结晶度提高，密度、熔点、拉伸强度、硬度增高，但伸长率、冲击韧性下降。LDPE（低密度聚乙烯）的结晶度在 60%～70%、HDPE（高密度聚乙烯）在95%左右。

表 6-10　不同聚合方法 PE 的结晶度

聚合方法	广角 X 衍射法（%）	核磁共振法（%）	微晶大小/Å
高压法	64	65	190
低压法	87	84	360
中压法	93	93	390

表 6-11　不同结晶度 PE 的性能

项目	结晶度（%）			
	65	75	85	95
密度/g·cm^{-3}	0.91	0.93	0.94	0.96
熔点/℃	105	120	125	130
拉伸强度/MPa	14	18	25	40
伸长率（%）	500	300	100	20
冲击强度（缺口，相对值）	54	27	21	16
球压硬度/MPa	13	23	38	70

3）成型方法及结晶性。结晶速度与温度有关，通常在高分子的熔点以下，玻璃化温度 T_g 以上结晶速度出现极大值。而且，最大的结晶速度都在靠近熔点以下的高温一侧。成型条件对结晶度的影响极大，影响的因素如下：

ⅰ）熔融温度和熔融时间。熔体中残存的晶核数量和大小与成型温度有关，也影响结晶速度。成型温度越高，即熔融温度高，如熔融时间长，则残存的晶核少，熔体冷却时主要以均相成核形成晶核，故结晶速度慢，结晶尺寸较大；反之结晶尺寸较小而均匀，有利于提高力学性能和热变形温度。

ⅱ）成型压力。成型压力增加，应力和应变增加，结晶度随之增加，结晶结构、形态、结晶尺寸等也发生变化。

ⅲ）冷却速度。冷却速度越快，结晶度越小。通常采用中等的冷却速度，冷却速度选择在 T_g 到最大结晶速度的温度之间。

二、高分子的性能

因为高分子材料结构的特殊性，造成高分子的性能（物理状态、力学性能、电性能）与金属材料有所不同。而几乎所有的聚合物在成型过程中都是靠外力作用其熔体发生粘性流动与变形，来实现从聚合物原料或坯料到制品的。

1. 高分子的高弹性、粘流性和粘弹性

（1）高分子的高弹性 橡胶等一类聚合物，由于具有高度的弹性形变能力，所以说它们处在称为"高弹态"的力学状态。原则上，所有的线性结构聚合物，只要相对分子质量足够大和分子链的刚性还不是太大，总有这样一个温度范围，在此温度范围内能够呈现高弹态的特征，或者说，它处在高弹态。如果这个温度正好在室温上下，那么这种聚合物就有可能成为橡胶材料。同常见的固体材料相比，橡胶类物质有如下特征：

1）弹性模量特别小，约为钢的 $1/10^6$，蚕丝的 $1/10^4$。

2）泊松比较其他材料大，接近液体的泊松比（液体为 0.50），这说明橡胶发生形变时，其体积接近不变，而其他材料形变时体积变化都较大。

3）弹性模量随温度上升而增加，与钢材相反。

4）未交联橡胶的形变随时间而发展的能力较其他固体材料为强。

5）形变过程中有明显的热效应。当橡胶拉长时放热；当把拉长的试样任其自行回缩时，吸热。

（2）高分子的粘流性 线型聚合物总有这样一个温度范围，此时聚合物尚未发生化学分解，而链运动已足够强烈，以致能实现分子间明显的相对位移，这就是物料熔融到达了能流动的状态——流动态。这也就是聚合物由于发生化学分解的温度低于物料能够熔融的温度，或者由于相对分子质量过大或分子链过强，以致得不到这样的流动态。对于绝大多数热塑性高分子材料来说，就是利用其流动态进行成型的。聚合物熔体的流动行为与一般液体不同，它的流动有时有明显

的部分可逆的形变，即在流动时夹杂有弹性形变，即高聚物的粘弹行为。大多数聚合物在成型流动过程中表现出"假塑性"即为"非牛顿流体"。影响聚合物熔体流动性的因素主要是分子链的结构、相对分子质量及其分布、成型过程中的温度、压力、低分子添加物。

（3）高分子的粘弹性 在论述粘性流动时，已指出聚合物熔体在流动中夹杂有高弹形变，而且高弹态的橡胶其生胶的冷流现象是缓慢的粘性流动。这种情况表明，在类似的聚合物中，粘性和弹性这两种不同机理的形变总是同时并存的。粘性和弹性的结合，总称为粘弹性。粘弹性不是聚合物材料所独有，不过其他类型的材料远没有它那么突出。理想的弹性形变与时间无关，理想的粘性形变随时间线性地发展，两者的结合意味着聚合物材料的形变是与时间有关的、介乎理想的弹性体和理想的粘性体的力学行为。聚合物的力学性质随时间而变化的现象，总称为力学松弛现象或粘弹性现象。

2. 高分子材料的力学性能

（1）聚合物力学性能概述

1）聚合物力学行为的表征和特点。聚合物材料的破坏过程常伴有不可逆形变（即流动），通常以应力与应变曲线来反映。材料破坏有两种方式：脆性破坏和韧性破坏。它们通常可从拉伸应力—应变曲线的形状和破坏时的断面来区分。试样在出现屈服点之前断裂、断裂表面光滑者为脆性破坏；试样在拉伸过程中有明显的屈服点和颈缩现象及断裂表面粗糙者为韧性破坏。聚合物通常是图 6-10 的变异或综合曲线的一部分，见图 6-11。根据这些曲线的形状特点，可将聚合物分为：软而弱、软而韧、硬而脆、硬而强和硬而韧。

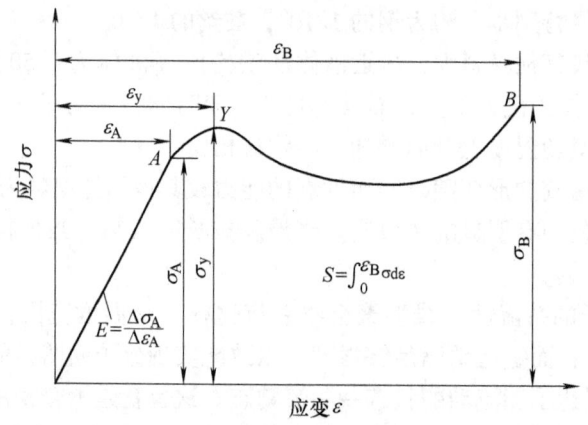

图 6-10 拉伸应力—应变曲线示意图

A—弹性极限 Y—屈服点 B—断裂点 S—应力—应变曲线曲线下部的面积

2）聚合物的力学特点。力学性能的数值范围很宽；强度低、模量低；在不同成型条件下制成的材料在不同的热历史和环境中，它们的力学性能有很大差异。

（2）聚合物中的内聚力及聚合物的断裂　聚合物材料在各种使用条件下所表现出的强度和破坏是其力学性能的重要方面。现在人们对聚合物强度的要求越来越高，因此，研究聚合物的断裂机理是十分重要的。聚合物的断裂现象十分复杂，前述的脆性破坏和韧性破坏是从破坏时形变的可逆性来区分的。若根据发生破坏的条件，就有多种不同的破坏方式，如有在负载下较快断裂、蠕变断裂（静态疲劳）、疲劳（动态疲劳）、磨损、环境应力开裂等。

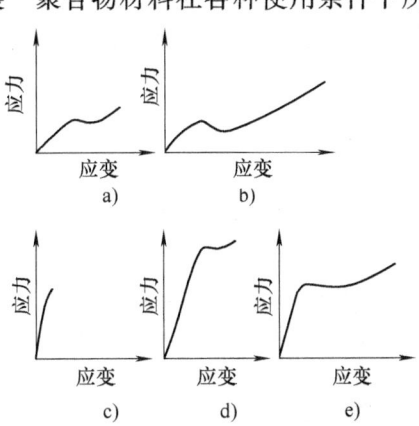

图 6-11　聚合物的应力—应变曲线类型
a）软而弱　b）软而韧　c）硬而脆
d）硬而强　e）硬而韧

（3）聚合物的拉伸破坏行为。下面我们看看聚合物在拉伸过程中行为的变化。

1）非晶聚合物的拉伸破坏行为。不同温度下的非晶线型聚合物具有不同的力学状态，它们的拉伸行为也有很大差异。图 6-12 综合比较了各种应力—应变曲线。

当温度高于聚合物的粘流温度时，聚合物处于粘流态，其应力—应变曲线近似于一直线，见图 6-12 曲线 9。当温度在玻璃化温度和粘流温度范围内，聚合物为橡胶态，其应力—应变曲线呈反 S 形，见图 6-12 曲线 6、7、8。温度在脆化温度和玻璃化温度之间，聚合物处于软玻璃态，它的行为如图 6-12 曲线 3、4、5 所示。温度低于脆化温度时，聚合物处于硬玻璃态（图 6-12 曲线 1、2）。

2）结晶聚合物的拉伸破坏行为。在很低温度下（低于脆化温度），结晶聚合物的拉伸行为类似于弹性固体，如图 6-13 中曲线 1、2；在较高温度下，它们变得像受迫高弹的非晶聚合物一样，如图 6-13 中曲线 3、4、5；温度更高时（但低于其熔点），它们则接近于非晶聚合物的橡胶态行为，如图 6-13 中曲线 6、7。

3. 高分子材料的化学性能

高分子材料的化学性能包括在化学因素和物理因素作用下所发生的化学反应。

（1）聚合物的化学反应　聚合物大分子链上的官能团的性质与相应小分子上相应官能团的性质并无区别，即带有官能团小分子所进行的化学反应，大分子上相应的官能团也能进行。利用官能团的化学反应，可进行聚合物改性、制备新的聚合物、进行聚合物的接枝、交联等。聚合物在物理因素，如热、应力、光、辐射线等作用下还会发生降解、交联等。

（2）高分子材料的老化　聚合物及其制品在使用或储存过程中由于环境（光、热、氧、潮湿、应力、化学浸蚀等）的影响，性能（强度、弹性、硬度、颜色等）逐渐变坏的现象称为老化。这种情况与金属的腐蚀是相似的。

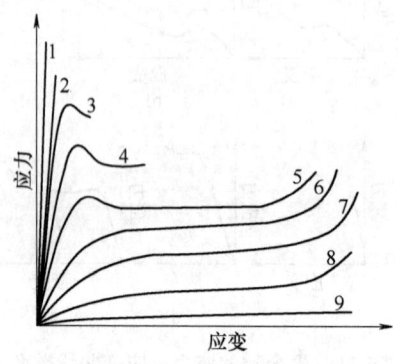

图 6-12　非晶聚合物固体于不同
温度下的应力—应变曲线
注：编号增加表示温度增加

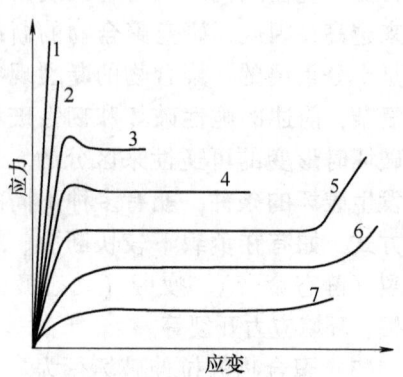

图 6-13　结晶聚合物固体于不同
温度下的应力—应变曲线
注：编号增加表示温度增加

4. 高分子材料的电性能

聚合物，如 PTFE、PE、PVC、环氧树脂、酚醛树脂等，是极好的电器材料。聚合物的电性能主要由其化学结构所决定，受显微结构影响较小。

第三节　高分子材料的成型加工

本节主要介绍用途较广的高分子材料，包括塑料、橡胶的主要组成、主要加工成型方法及其设备。

一、塑料的成型加工

1. 塑料的类型及特性

作为高分子材料主要品种之一的塑料，目前大批量生产的有 20 多种，少量生产和使用的有 10 余种。对塑料有多种分类方法。如：按组分数目分为单组分塑料和多组分塑料。单组分塑料基本上是由聚合物构成或仅含少量辅助填料（染料、润滑剂等），如：聚乙烯（PE）塑料、聚丙烯（PP）塑料、有机玻璃（PMMA）等。多组分塑料则除聚合物之外，尚包含大量辅助剂（如增塑剂、稳定剂、改性剂、阻燃剂等），如酚醛塑料，聚氯乙烯塑料等。

按热行为分为热塑性塑料和热固性塑料两大类。热塑性塑料受热后软化，冷却后又变硬，这种软化和变硬可重复、循环，因此可以反复成型，这对塑料的再生很有意义。热塑性塑料占塑料的70%以上，大吨位的品种有聚氯乙烯（PVC）、聚乙烯（PE）、聚丙烯（PP）。热固性塑料是由单体直接形成网状聚合物或通过交联线型预聚体而形成，一旦形成交联聚合物，受热后不能再回复到可塑状态。因此，对热固性塑料而言，聚合过程（最后的固化阶段）和成型过程是同时进行的，所得制品是不溶不熔的。热固性塑料的主要品种有酚醛树脂、氨基树脂、不饱和聚酯、环氧树脂等。

按塑料的使用范围可分为通用塑料和工程塑料两大类。通用塑料是指产量大、价格低、力学性能一般，主要用作非结构材料使用的塑料，如聚氯乙烯（PVC）、聚乙烯（PE）、聚丙烯（PP）、聚苯乙烯（PS）等。工程塑料一般是指可作为结构材料使用，能经受较宽温度变化和较苛刻的环境条件，具有优异的力学性能、耐热、耐磨性能和良好的尺寸稳定性的塑料。工程塑料的大规模发展只有二十几年的历史。主要品种聚酰胺、聚碳酸酯、聚甲醛等。

2. 常用的工程塑料

由于工程塑料的综合性能优异，其使用价值远远超过通用塑料。当前工程塑料主要品种有聚酰胺、聚碳酸酯、聚甲醛、改性聚苯醚、聚酯、聚砜、聚苯硫醚等8种，约1100多个品级牌号，总产量占全部塑料的18%。

(1) 热塑性工程塑料　主要介绍常用的聚酰胺、聚碳酸酯、聚甲醛等。

1) 聚酰胺。聚酰胺俗称尼龙（Nylon），简记为PA，是主链上含有酰胺基团（—NH—C—）的聚合物。可由二元酸和二元胺缩聚而得，也可由内酰胺自聚制得。尼龙首先作为最重要的合成纤维原料而后发展为工程塑料。它是最早的工程塑料，产量居于首位，约占工程塑料总产量的1/3。

i) 性能。尼龙是结晶性聚合物，酰胺基团之间存在牢固的氢键，因而具有良好的力学性能，与金属材料相比，虽然刚性逊于金属，但比抗拉强度高于金属，比抗压强度与金属相近，因此可作代替金属的材料。抗弯强度为抗张强度的1.5倍。尼龙有吸湿性，随着吸湿量的增加，屈服强度下降，屈服伸长率增大。其中尼龙66的屈服强度较尼龙6和尼龙610大。加入30%玻璃纤维的尼龙6其抗拉强度可提高2~3倍。尼龙的抗冲强度比一般塑料高得多，其中以尼龙6最好。与抗拉、抗压强度情况相反，随着水分含量的增大，温度的提高，其抗冲强度提高。尼龙的疲劳强度为抗张强度的20%~30%，低于钢但与铸铁和铝合金等金属材料相近。疲劳强度随相对分子质量的增大而提高，随吸水率的增大而下降。尼龙具有优良的耐摩擦性和耐磨耗性，其摩擦因数为0.1~0.3，约为酚醛塑料的1/4，是巴比合金的1/3。尼龙对钢的摩擦因数在油润滑下明显下降，但在水润滑下却比干燥时高。添加二硫化钼、石墨、PE或聚四氟乙烯粉末可降低摩擦因数和提高耐磨耗性。各种尼龙中,以尼龙1010的耐磨耗性最好,约为铜的8倍。尼龙的使用温度一般为-40~100°C。尼龙具有良好的阻燃性。在湿度高的条件下也具有较好的电绝缘性。尼龙耐油、耐溶剂性良好。其缺点是吸水性较大,影响其尺寸稳定性。

ii) 成型加工与应用。尼龙可用多种方法成型,如注射、挤出、模压、吹塑、浇铸、硫化床浸渍涂覆、烧结及冷加工等,其中以注射成型最重要。烧结成型法与粉末冶金法相似,是尼龙粉末压制后在熔点以下烧结。

尼龙塑料也常加入各种添加剂。其中有:稳定剂,如炭黑、有机或无机类稳定剂;增塑剂,如脂肪族二醇、芳族氨磺酰化合物等,用于要求柔性好的制品,如软管、接头等;润滑剂,如蜡、金属皂类等。

由于尼龙具有优异的力学性能、耐磨、100°C左右的使用温度和较好的耐腐蚀性、无润滑摩擦性能,因此广泛地用于制造各种机械、电气部件,如轴承、齿轮、辊轴、滚子、滑轮、涡轮、风扇叶片、高压密封扣卷、垫片、阀座、贮油容器、绳索、砂轮粘合剂、接头等。

iii) 主要品种。尼龙66是产量最大的品种,其次是尼龙6,再次是尼龙610和尼龙1010。尼龙1010是中国1958年首先研究成功,并于1961实现工业生产的。

iv) 改性和新型聚酰胺有以下几种:

增强尼龙。尼龙虽有一系列优良性能,但与金属材料相比,还存在着强度较小、刚性较低、由吸湿而引起的尺寸变化较大等不足,使应用受到一定限制。因此开发了玻璃纤维、石棉纤维、碳纤维、钛金属晶须等增强的品种,在很大程度上弥补了尼龙性能上的不足。其中以玻璃纤维增强尼龙最重要。尼龙用玻璃纤维增强后力学强度、耐疲劳性、尺寸稳定性和耐热性、耐候性都有明显提高。

单体浇铸尼龙(MC尼龙)是尼龙6的一种,所不同的是它采用了碱聚合法,加快了聚合速度,使己内酰胺单体能通过简便的聚合工艺直接在模具内聚合成型。MC尼龙相对分子质量比一般尼龙6高一倍左右,达3.5万~7.0万,因此各项力学性能都比尼龙6高。MC尼龙成型加工设备及模具简单,可直接浇铸,因而特别适用于大件、多品种和小批量制品的生产。

反应注射成型(RIM)尼龙是MC尼龙基础上发展起来的,是把具有高反应活性的尼龙原料于高压下瞬间反应,再注入密闭的模具中成型的一种液体注射成型方法。目前较多的是采用尼龙6作为RIM尼龙原料,在单体熔点之上聚合物熔点之下,在模具内快速聚合成型。反应过程以钾为催化剂,N-乙酰基己内酰胺为助催化剂,反应温度在150°C以上。与尼龙6相比,RIM尼龙具有更高的结晶性和刚性、更小的吸湿性。

芳香族尼龙是20世纪60年代首先由美国杜邦公司开发成功的耐高温、耐辐射、耐腐蚀的尼龙新品种，目前主要有聚间苯二酰间苯二胺（商名品 Nomex）和聚对苯酰胺两种。聚间苯二酰间苯二胺，由间苯二甲酰氯和间苯二胺通过界面缩聚法聚合而成。Nomex 在 340～360°C 很快结晶，晶体熔点为 410°C，分解温度 450°C，脆化温度 -70°C，可在 200°C 连续使用。Nomex 耐辐射，具有优异的力学性能和电性能，抗张强度为 80～120MPa，抗压强度为 320MPa，抗压模量高达 4400MPa。Nomex 通常用铝片浸渍后剥离的方法制取薄膜，亦可层压制取层压板，为 H—级绝缘材料。

聚对苯酰胺（商名品 Kevlar）由对氨基苯甲酸或对苯二甲酰氯与对苯二胺缩聚而成。Kevlar 具有高强度、低密度、耐高温等一系列优异性能，主要用以制超高强度耐高温纤维，亦可用作塑料，制成薄膜和层压材料。

透明尼龙　普通尼龙是结晶型聚合物，产品呈乳白色。要获得透明性，必须抑制晶体的生成，使其生成非结晶聚合物。一般采用主链上引入侧链的支化法及不同单体进行共缩聚法来实现。透明尼龙具有高度透明、低吸水性、耐热水性及耐抓伤性，并且仍有一般尼龙所具有的优良力学强度。目前主要品种是支化法透明尼龙 Trogamid-T 和共缩聚法透明尼龙 PACP-9/6。

高抗冲尼龙是以尼龙66或尼龙6为基体，通过与其他聚合物共混的方法来进一步提高抗冲强度的新品种。

电镀尼龙　过去电镀塑料主要为 ABS 塑料，近年来开发了电镀尼龙，如日本东洋纺织公司的 T-777 具有与电镀 ABS 相同的外观，但性能更为优异。尼龙电镀的工艺原理是，通过化学处理（浸蚀）先使制品表面粗糙化，再使其吸附还原催化剂（催化工艺），然后再进行化学电镀和电镀，使铜、镍、铬等金属在制品表面形成密实、均匀和导电性薄层。

2）聚碳酸酯（PC）是分子主链中含有—ORCOO—基团的线型聚合物。根据 R 基种类的不同，可分为脂肪族、脂环族、芳香族及脂肪族-芳香族聚碳酸酯等多种类型。目前用作工程塑料的聚碳酸酯只有双酚 A 型的芳香族聚碳酸酯。近年来研制了具阻燃性的卤代双酚 A 聚碳酸酯以及有机硅-聚碳酸共缩聚物，但尚未投入工业生产规模和应用。

当前生产聚碳酸酯的主要公司有德国的拜尔、美国的通用电器及莫贝、日本的帝人及三菱化成等。PC 的主要原料为双酚 A，其合成方法分光气法和酯交换法两种。

PC 的玻璃化温度为 145～150℃，脆化温度 -100℃，最高使用温度为 135℃，热变形温度为 115～127℃（马丁耐热）。PC 呈微黄色，刚硬而韧，具有良好的尺寸稳定性、耐蠕变性、耐热性及电绝缘性。缺点是制品容易产生应力开裂，耐溶剂、耐碱性能差，高温易水解，摩擦因数大、无自润滑性，耐磨性和耐疲劳性都较低。表6-12列举了PC在室温的力学性能。

PC在电气、机械、光学、医药等工业部门都有广泛应用，多用于制造机械的零部件，105℃的A级绝缘材料，空气调节器壳子，工具箱，容器，安全帽，齿轮，医疗器械等。

3）聚甲醛。聚甲醛（POM）学名聚氧化次甲基，是分子链中含有—CH_2—O—基团的聚合物。聚甲醛是一种高熔点、高结晶热塑性工程塑料，它分共聚甲醛和均聚甲醛两种。共聚甲醛是三聚甲醛与少量二氧五环的共聚物。均聚甲醛是1959年由美国杜邦公司首先实现工业化生产，商品牌号为Delrin。1961年美国制得共聚甲醛，商品牌号为Celcon。均聚甲醛力学性能稍高，热稳定性不及共聚甲醛，并且共聚甲醛合成工艺简单，易于成型加工，所以共聚甲醛目前产量和发展趋势上都占优势。聚甲醛1987年世界年生产量为3×10^5t，在工程塑料中仅次于尼龙和PC居第三位。

表6-12 聚碳酸酯的力学性能

性　　能	数　　值	性　　能	数　　值
抗张强度$\times10^{-5}$/Pa	610~700	10^6周期	75
抗张模量$\times10^{-5}$/Pa	21300	剪切强度$\times10^{-5}$/Pa	350
伸长率（%）	80~130	切变模量$\times10^{-5}$/Pa	7950
抗弯强度$\times10^{-5}$/Pa	1000~1100	抗冲强度$\times10^{-5}$/Pa	
抗张模量$\times10^{-5}$/Pa	21000	无缺口	38~45
抗压强度$\times10^{-5}$/Pa	850	缺口	17~24
疲劳强度$\times10^{-5}$/Pa 10^6周期	105	布氏硬度$\times10^{-7}$/Pa	15~16

聚甲醛的成型加工方法有注射、挤出、吹塑、冷加工等。

聚甲醛具有优异的力学性能，是塑料中力学性能最接近金属材料的品种之一。可在100℃下长期使用。其比强度接近金属，达50.5MPa，比刚度达2650MPa，可在许多领域中代替钢、锌、铝、铜及铸铁。POM具有优良的耐疲劳性和耐磨耗性、蠕变小、电绝缘性好且有自润滑性，尺寸稳定性好，耐水、耐油。其缺点是密度较大，耐酸性和阻燃性不很好。

聚甲醛可代替有色金属和合金在汽车、机床、化工、电气、仪表中应用，用来制造轴承、凸轮、齿轮、垫圈、法兰、各种仪表外壳、容器等。特别适用于某些不允许润滑油情况下使用的轴承、齿轮等。

其他较重要的热塑性工程塑料还有聚苯醚（PPO）、聚对苯二甲酸二丁酯（PBT）和二乙酯（PET）、聚酰亚胺（PI）、聚砜（PSF）等。

（2）热固性工程塑料　热固性工程塑料的基本组分是体型结构的聚合物，

所以一般都是刚性的，而且大都含有填料。工业上重要的品种有酚醛塑料、氨基塑料、环氧塑料、不饱和聚酯塑料及有机硅塑料等。

热固性塑料成型加工的共同特点是，所用原料都是相对分子质量较低的液态粘稠流体，脆性固态的预聚体或中间阶段的缩聚体，其分子内含有反应活性基团，为线型或支链结构。在成型为塑料制品过程中同时发生固化反应，由线型或支链型低聚物转变成体型聚合物。这类聚合物不仅可用来制造热固性塑料制品，还可做粘合剂和涂料，并且都要经过固化过程才能生成坚韧的涂层和发挥粘层作用。热固性塑料成型的一般方法是模压、层压及浇铸，有时亦可采用注射成型及其他成型方法。

热固性聚合物的固化反应有两种基本类型。①固化过程中有小分子如 NH_3 或 H_2O 析出，即固化过程是由缩合反应进行的。这时，成型反应在高压条件下进行，以使小分子化合物逸出而不聚集成气孔，造成制件缺陷。但是在低温、固化反应较慢的情况下也可选用常压成型，此时小分子缓慢扩散蒸发而不致形成气孔。②固化过程是依聚合机理进行的，无小分子物析出，这时就不必虑及使小分子物逸出的措施。

1) 酚醛塑料。以酚类化合物与醛类化合物缩聚而得的树脂称为酚醛树脂，其中主要是苯酚与甲醛缩聚物 (PF)。近些年国外发展了酚醛树脂的改性聚合物 Xylok 树脂，它是苯酚与二甲氧基对二甲苯的缩聚物。

酚醛塑料于 1909 年即开始工业生产，历史最为悠久。当前酚醛树脂世界总产量占合成聚合物的 4%~6%，居第六位。

最常用的酚醛树脂单体是苯酚和甲醛，其次是甲酚、二甲酚、糠醛等。根据催化剂是酸性或碱性的不同、苯酚/甲醛的比例不同，可生成热塑性或热固性树脂。热塑性酚醛树脂需以酸类为催化剂，酚与醛的比例大于 1 (6/5 或 7/6)，即在酚过量的情况下生成；若甲醛过量，则生成的线型低聚物容易被甲醛交联。热塑性酚醛树脂为松香状，性脆，可溶、可熔，溶于丙酮、醚类、酯类等。若甲醛过量，以酸或碱为催化剂，或甲醛虽不过量，但以碱为催化剂时都生成热固性酚醛树脂。热塑性酚醛树脂与热固性酚醛树脂能相互转化。热塑性树脂用甲醛处理后可转变成热固性树脂。热固性树脂在酸性介质中用苯酚处理可变成热塑性酚醛树脂。

由于热固性酚醛树脂缩聚反应推进程度的不同，相应的树脂性能亦不同。可将其分为三个阶段：甲阶树脂，能溶于乙醇、丙酮及碱的水溶液中，加热后可转变成乙阶和丙阶树脂；乙阶树脂，不溶于碱液但可全部或部分地溶于乙醇及丙酮中，加热后转变成丙阶；丙阶树脂为不溶不熔的体型聚合物。

酚醛塑料是以酚醛树脂为基本组分，加入填料、润滑剂、着色剂及固化剂等添加剂制成的塑料，填料用量可达 50% 以上。热塑性酚醛树脂分子内不含一

CH_2OH 基团，所以必须加固化剂才能进行固化。一般采用六亚甲基四胺为固化剂。按成型加工方法的不同，酚醛塑料可分为以下几种主要类型。

ⅰ) 酚醛层压塑料。将各种片状填料（棉布、玻璃布、石棉布、纸等）浸以 A 阶热固性酚醛树脂，干燥、切割、迭配、放入压机内层压成制品。

ⅱ) 酚醛模压塑料。可分为粉状压塑料（压塑粉）和碎屑状压塑料两种。压塑粉所用的主要填料为木粉，其次是云母粉等，树脂为热塑性酚醛树脂或 A 阶热固性酚醛树脂。将磨碎后的树脂与填料混合均匀后就成为压塑粉。可采用模压成型，近年来发展了注射及挤出成型方法。碎屑状压塑料是由碎块状填料（布、纸、木块等）浸渍于 A 阶树脂而得，可用模压法成型。

ⅲ) 酚醛泡沫塑料。热塑性或 A 阶热固性酚醛树脂，加入发泡剂、固化剂等，经起泡后使其固化，即得酚醛泡沫塑料，可用作隔热材料、浮筒、救生圈等。

酚醛塑料主要用作电绝缘材料，故有"电木"之称。在宇航中可作为烧蚀材料以隔绝热量防止金属壳层熔化。

2) 氨基塑料是以氨基树脂为基本组分的塑料。氨基树脂是一种具有氨基官能团的原料（脲、三聚氰胺、苯胺等）与醛类（主要是甲醛）经缩聚反应而制得的聚合物，主要包括脲-甲醛树脂、三聚氰胺-甲醛树脂、苯胺-甲醛树脂以及脲和三聚氰胺与甲醛的共缩聚树脂，但最重要的是前两种，通常的氨基塑料一般就是指脲-甲醛塑料。

脲-甲醛树脂（UF）的单体是脲和甲醛。脲与甲醛在稀溶液中于酸或碱催化下缩合成线型树脂，它在固化剂，如草酸、邻苯二甲酸等存在下，在 100℃ 左右可交联固化成体型结构。

蜜胺-甲醛树脂（MF）是三聚氰胺（蜜胺）与甲醛的缩聚物，初聚物是线型或分枝结构，经变定后成为体型结构。苯胺-甲醛树脂（AF）是苯胺与甲醛的缩聚物。

氨基树脂加填料、固化剂、着色剂、润滑剂等即制得层压料或模塑料，经成型、固化即得氨基塑料制品。采用脲醛树脂水溶液浸渍填料纸粕（纸浆）等添加剂，经干燥、粉碎等过程制得的压塑粉称为电玉粉。以纸浆为填料的压塑粉是无色半透明粉末物，可加各种色料，制得各种鲜艳色彩的制品。

氨基树脂的特点是无色，可制成各种色彩的塑料制品。氨基塑料制品表面光洁、硬度高，具有良好的耐电弧性，可用作绝缘材料。氨基塑料主要用作各种颜色鲜艳的日用品、装饰品以及电器设备等。

3) 呋喃塑料。呋喃塑料是以呋喃树脂为基本组分的塑料。呋喃树脂是分子链中含有呋喃环结构的聚合物。它主要包括由糠醛自缩聚而成的糠醛树脂。

糠醛与丙酮缩聚而成的糠醛-丙酮树脂以及由糠醛、甲醛和丙酮共缩聚而成的糠醛-丙酮-甲醛树脂。呋喃树脂在固化过程中基本上无低分子物放出，故可用低压成型法制备呋喃塑料。呋喃塑料的主要特点是能耐强酸和强碱且耐热性好，可达180～200℃，这在制取火箭液体燃料方面有重要应用价值。呋喃树脂加固化剂、填料后可制得浇铸塑料、模压塑料及层压塑料，用于制备耐腐蚀化工设备和容器、管件等。

4）环氧树脂。分子中含有环氧基团的聚合物称为环氧树脂（EP）。环氧树脂自1947年首先在美国投产以来，世界年产量已达十几万吨。环氧树脂的品种很多，除通用的双酚A型环氧树脂外，其他品种有卤代双酚A环氧树脂、有机钛环氧树脂、有机硅环氧树脂；非双酚A环氧树脂如甘油环氧树脂、酚醛环氧树脂、三聚氰胺环氧树脂、氨基环氧树脂以及脂环族环氧树脂等。虽然种类很多，各有特点，但90%以上的产量是由双酚A和环氧氯丙烷缩聚而成的环氧树脂，通常所说的环氧树脂一般就是指此种环氧树脂。

由双酚A和环氧氯丙烷所生成的环氧树脂在固化剂作用下，这种线型结构环氧树脂的环氧基打开相互交联而固化。环氧树脂固化后具有坚韧、收缩率小、耐水、耐化学腐蚀和优异的介电性能。

环氧树脂除作塑料外，另外的重要应用是作粘合剂，环氧树脂型粘合剂有"万能胶"之称。环氧塑料有增强塑料、泡沫塑料、浇铸塑料之分。增强塑料主要是用玻璃纤维增强，俗称环氧玻璃钢，是一种性能优异的工程材料。

5）有机硅塑料。有机硅即聚有机硅氧烷，其主链由硅氧键构成，侧基为有机基团。与硅原子相连的侧基主要有—CH_3，—C_6H_5，$CH_2=CH$—以及其他有机基团。由于组成与相对分子质量大小的不同，有机硅聚合物可为液态（硅油）、半固态（硅脂），二者皆为线型低聚物。弹性体（硅橡胶），它为高相对分子质量线型聚合物。树脂状流体（硅树脂），它是具有反应活性的含支链低聚物。硅树脂为基本组分的塑料即为有机硅塑料。硅树脂受热可交联固化，故为热固性塑料。有机硅塑料的主要特点是不燃、介电性能优异、耐高温，可在300℃以下长期使用。

3. 成型前的准备——混合

生产塑料制品时，先要按配方把树脂和配合剂混合均匀，制成粉料、粒料、溶液或分散体。

（1）混合的分类　按混合形式分为非分散混合和分散混合；按物料状态分为固体-固体、固体-液体、液体-液体。

（2）混合状态的判定　混合效果的评定可以直接从均匀程度和分散程度两方面考虑，也可通过测定混合物试样或制品的力学性能来间接判定混合状态。

（3）混合设备　设备按操作方式分为间歇式和连续式；按混合过程特征分为分布式和分散式；按混合强度大小分为高强度、中强度、低强度混合设备。目前较常用的是间歇设备，而最常用的间歇混合设备是 Z 形捏合机、高速混合机、开炼机和密炼机，它们主要用于塑料的初混。连续混合设备主要有单螺杆挤出机、双螺杆挤出机、行星螺杆挤出机以及由密炼机发展而成的连续混炼机，如 FCM 混炼机等。

（4）塑料的混合和塑化　塑料是以合成树脂为主要成分与某些配合剂相互配合而成的一种可塑性材料。塑料的配制是塑料成型前的准备阶段。塑料的主要形态是粉状或粒状，两者的区别不在于它们的组成，而在混合、塑化和细化的程度不同，一般由物料的性质和成型加工方法对物料的要求来决定是用粉状塑料还是粒状塑料。一般多组分塑料的准备过程包括原料的准备、混合、塑化、粉碎和粒化等工序，其中物料的混合和塑化是最主要的工序。

4. 塑料的成型加工

塑料制品通常聚合物（单组分塑料）和混合好的多组分粒料或粉料受热后在一定条件下塑制成一定形状，并经冷却定型、修整而成。热塑性塑料和热固性塑料受热后的表现不同，因此成型加工方法也不同。塑料的成型加工方法已有十多种，其中最主要的是挤出、注射、压延、吹塑及模压，它们所加工的制品质量约占全部塑料制品的 80% 以上。前四种方法是热塑性塑料的主要成型加工方法。热固性塑料则主要采用模压、铸塑及传递模塑。

（1）塑料的挤出成型　挤出成型是高分子材料加工领域中变化众多、生产率高、适应性强、用途广泛、所占比重最大的成型加工方法。挤出成型是使高聚物的熔体（或粘性流体）在挤出机的螺杆或柱塞的挤压作用下通过一定形状的口模而连续成型，所得的制品为具有恒定断面形状的连续型材。塑料挤出成型亦称挤塑或挤出模塑，几乎能成型所有的热塑性塑料，也可用于热固性塑料，但仅限于酚醛等少数几种热固性塑料，且可挤出的制品种类也很少。塑料挤出的制品有管材、板材、棒材、片材、薄膜、单丝、线缆包覆层、各种异型材以及塑料及其他材料的复合物等。目前约 50% 的热塑性塑料制品是挤出成型的。此外挤出也常用于塑料的着色、混炼、塑化、造粒及塑料的共混改性等，以挤出为基础，配合吹胀、拉伸等技术则发展为挤出-吹塑和挤出-拉幅成型制造中空吹塑和双轴拉伸薄膜等制品。可见挤出成型是塑料成型最重要的方法。

挤出设备有螺杆挤出机和柱塞式挤出机两大类，前者是连续式挤出，后者是间歇式挤出。螺杆挤出机又分为单螺杆和多螺杆挤出机，目前单螺杆挤出机是生产上用得最多的挤出设备，也是最基本的挤出机。多螺杆挤出机近年来发展最快，其应用也逐步广泛。柱塞式挤出机是借助柱塞的推挤压力，将事先塑化好的或由挤出机料筒加热塑化的物料从机头口模挤出而成型的。物料挤完后柱塞退回，再进行下一步操作，生产是不连续的，而且挤出机对物料没有搅拌混合作用，故生产上较少采用。但由于柱塞对物料能施加很高的推挤压力，故可应用于熔融粘度很大及流动性极差的塑料，如聚四氟乙烯和硬聚氯乙烯管材的挤出成型。

(2) 塑料的注塑成型　塑料的注塑成型是高分子材料成型加工中一种重要的方法。它的特点是成型周期短、生产效率高，能一次成型外形复杂、尺寸精确的制品，成型适应性强，制品种类繁多，而且容易实现自动化，因此应用十分广泛，几乎所有的热塑性塑料及多种热固性塑料都可用此法成型，也可以成型橡胶制品。塑料的注射成型又称注射模塑，或简称注塑。它是将粒状或粉状塑料加入到注射机的料筒，经加热熔化呈流动状态，然后在注射机的柱塞或移动螺杆快速而又连续作用下，经冷却（热塑性塑料）或加热（热固性塑料）固化后，开模得到与模具型腔相应的制品。注射成型是间歇生产过程，除了很大的管、棒、板等型材不能用此法生产外，其他各种形状、尺寸的塑料制品都可以用这种方法生产。它不但常用于树脂的直接注射，也可用于复合材料、增强塑料及泡沫塑料的成型，也可同其他工艺结合起来，如与吹胀相互配合而组成的注射-吹塑成型（简称注-吹成型）。

1) 注射机的结构与作用介绍如下。①注射机分类。按结构特点分为：柱塞式注射机、双阶柱塞式注射机、螺杆预塑化柱塞式注射式注射机、移动螺杆式注射机；按注射机外形特征分类分为：立式注射机、卧式注射机、角式注射机；按注射机用途分类分为：热塑性塑料通用和热固性塑料型、发泡型、排气型、高速型、多色、精密、鞋用及螺纹制品用等专用型；也可以按注射机的加工能力分类。②注射机的基本结构。柱塞式注射机和移动螺杆式注射机的作用原理大致相同，所不同的是前者用柱塞施加压力，而后者则用螺杆，二者结构特点基本相同，都是由注射系统、锁模系统、液压系统及注射模具等组成。

注射系统是注射机的主要部分，其作用是使塑料受热，均匀塑化直到粘流态，并以很高的速度注射入模具成型。注射系统主要由加料装置、料筒、螺杆（或柱塞及分流梭）、喷嘴等部件组成。料筒即塑化室，与挤出机的料筒近似。柱塞的作用是使熔融的塑料注射入模，分流梭的作用是将料筒内流经该处的料成为薄层，使塑料流体产生分流和收敛流动，以缩短传热的导程。柱塞式注射机必须采用分流梭，移动螺杆式注射机的塑化效果好，不采用分流梭。螺杆是移动螺杆式注射机的重要部件，其主要作用是对塑料输送、压实塑化及传递注射压力。喷嘴在料筒的前部，是连接料筒和塑模的通道，其作用是引导塑化料从料筒进入模具，并是有一定的射程。

锁模系统　注射成型时，熔融塑料通常以 40~200MPa 的高压注射入模的，为了保持模具严密闭合，要求有足够的锁模力。锁模系统的作用是在注射时锁紧塑模，而在脱模取出制件时又能打开塑模，故要求锁模机构开启灵活、闭锁紧密。锁模力 F 的大小主要取决于注射压力 p 和施压方向垂直的制品投影面积 A，为达到锁模的目的三者必须符合下列关系。

$$F \geqslant XKpA \times 10^3$$

式中，X 为安全系数，一般为 1~1.3；K 为压力损耗系数，一般在 0.3~0.6。

液压传动与电器控制系统　为了保证注射机实现塑化、注射、固化成型各个工艺过程的预定要求和动作程序，准确而又有效地进行工作而设置的动力和控制系统，它主要包括电动机、油泵、管道等。

注射模具　注射模具是使塑料注射成型为具有一定形状和尺寸的制品的部件。主要由浇注系统、成型部件和结构零件。浇注系统是指塑料熔体从喷嘴进入型腔前的流道部分，包括主流道、分流道、冷料井和浇口等组成。成型部件是指构成制品形状的部件，包括动模、定模、型腔、型芯和排气孔等。结构零件是指构成模具的各种零件，包括导向柱、脱模装置、抽芯机构等。

2）注射成型工艺及工艺条件　不论柱塞式或移动螺杆式注射机，一个完整的注射成型过程包括成型前的准备，注射过程，注射制品的后处理三个过程。工艺流程如图 6-14 所示。

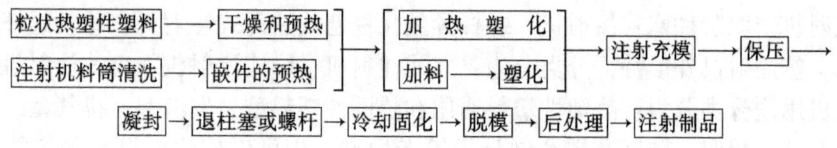

图 6-14　注射成型工艺流程图

（3）塑料的压延成型　压延成型是生产高分子材料薄膜和片材的主要方法，它是将接近粘流温度的物料通过一系列相向旋转着的平行辊筒的间隙，使其受到挤压和延展作用，成为具有一定厚度和宽度的薄片状制品。压延成型广泛用于橡胶和热塑性塑料成型加工中，橡胶的压延是橡胶制品生产的基本工艺之一；是制成胶片或与骨架材料、制成胶片半成品的工艺过程，它包括压片、压型、贴胶和擦胶等作业。塑料的压延成型主要以非晶型的聚氯乙烯及其共聚物最多，其次是 ABS、乙烯-醋酸乙烯共聚物以及改性聚苯乙烯等塑料，近年来也有压延 PP、PE 等结晶型塑料。压延成型产品还有人造革和其他涂层制品。塑料压延成型一般适用于生产厚度为 0.05~0.5mm 的软质 PVC 薄膜和厚度为 0.3~1.00mm 的硬质 PVC 片材。当制品厚度大于或小于这个范围时，一般不用压延成型，而采用吹塑或挤出等方法。压延软质塑料薄膜时，如果以布、纸或玻璃布作为增强材料，将其随同塑料通过压延机的最后一对辊筒，将粘流态的塑料薄膜紧覆在增强材料上，所得的制品即为人造革或涂层布（纸），这种方法通称为压延涂层法。根据同样的原理，压延法也可用于塑料和其他材料（如铝箔、涤纶或尼龙薄膜等）

贴合复合薄膜。压延成型制品主要用于农业、工业包装、室内装修以及各种生活用品等，压延片材制品常用作地板、软硬唱片基材、传送带以及热成型或层压用片材等。所以压延制品在国民经济各个领域应用相当广泛。

压延成型具有生产能力大、可自动化连续生产、产品质量好的特点。但压延成型的设备庞大，精度要求高，辅助设备多，投资较高，维修也较复杂，而且制品宽度受到压延机辊筒长度的限制。压延机主要有双辊、三辊、四辊、五辊甚至六辊。通常辊的排列形式有Ⅰ形、三角形，四辊则有Ⅰ形、L形、倒L形、Z形、斜Z形等。

完整的压延成型工艺过程可分为供料和压延两个阶段。供料阶段是压延前的备料阶段，主要包括塑料的配制、混合、塑化和向压延机传送喂料等几个工序。压延阶段是压延成型的主要阶段，包括压延、牵引、刻花、冷却定型、输送及卷绕或切割等工序。

（4）热固性塑料的压制成型　　压制成型是高分子材料成型加工技术中历史最悠久，也是最重要的方法之一，广泛用于热固性塑料和橡胶制品的成型加工。压制成型是指主要依靠外压的作用，实现成型物料造型的一次成型技术。根据成型物料的形状和加工设备及工艺的特点，压制成型可分为模压成型和层压成型两大类，前者是指热固性塑料的模压成型（即压缩模塑）、橡胶的模压成型（即模型硫化）和增强复合材料的模压成型，后者包括复合材料的高压和低压压制成型。

压制成型的主要特点是需要较大的压力，加压的目的是加速热固性塑料和橡胶成型时的物理化学变化，防止制品出现气泡，保证制品的质量。但对于不饱和聚酯树脂的压制成型，因为没有低分子物析出，一般不用加压或仅需加少量的压力即可，这样的压制为低压成型或接触成型。传递模塑在成型过程中，虽然熔体流动对成型起主导作用，但其成型技术是以模压成型为基础发展而来的，其工艺操作与压制成型较接近。

热固性塑料的模压成型工艺过程，是将模塑料在已加热到指定温度的模具中加压，使其发生化学交联反应而变成具有三维体型结构的热固性塑料制品。热塑性塑料模压成型时，必须将模具冷却到塑料固化温度才能定型为制品，为此需交替加热与冷却模具，生产周期长，故生产中很少采用。目前，对有些熔体粘度较大的热塑性塑料或成型较大平面的制品时，也采用压缩模塑法。模压成型是间歇操作，工艺成熟，生产控制方便，成型设备和模具较简单，所得制品内应力小，取向程度低，不易变形，稳定性较好。但其缺点是生产周期长，生产效率低，较难实现生产自动化，因而劳动强度较大，且由于压力传递和传热与固化有关等因素，不能成型形状复杂和较厚制品。适用于模压成型的热固性塑料主要有酚醛塑料、氨基塑料、环氧树脂、有机硅树脂、聚酯树脂、聚酰亚胺等。制品类型很多，主要有电气制品、机器零部件以及日用制品等。

1) 成型工艺性能。主要有流动性、固化速率、成型收缩率、压缩率。

2) 成型设备和模具。模压成型的主要设备是压机,压机是通过对塑料施加压力,在某些场合下压机还可以开启模具或顶出制品。压机有机械式和液压式。目前常用的是液压机,且多数是油压机。液压机的结构形式很多,主要的是上压式和下压式液压机。模压成型用的模具按其结构特点主要有溢式、不溢式和半溢式模具三种。

3) 模压成型工艺流程。热固性塑料模压成型过程通常由成型物料的准备、成型和制品后处理三个阶段。工艺流程见图 6-15。

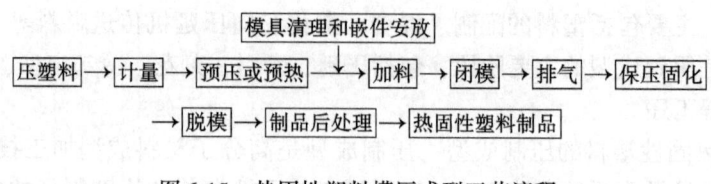

图 6-15 热固性塑料模压成型工艺流程

4) 主要工艺条件和控制 热固性塑料模压成型主要控制模压温度、模压时间、模压压力三要素。

(5) 热固性塑料的注射成型 热固性塑料的注射成型较模压成型具有一系列的优点,因此目前在先进国家,85% 以上的热固性塑料是以注射成型方法制得的。热固性塑料在受热成型过程中不仅发生物理状态的变化,而且还发生不可逆的化学变化。如果热固性塑料的主要成分是线型或稍带支联的低相对分子质量聚合物,而且聚合物分子链上存在可反应的活性基团,加进料筒内的热固性塑料受热转变为粘流态而成为有一定流动性的熔体,但有可能因化学反应而使粘度变高,甚至交联硬化为固体,当然这需要一定的温度和时间。所以为了便于注射成型能顺利进行,要求成型物料首先在温度相对较低的料筒内预塑化到半熔融状态,在随后的注射充模过程中受热进一步塑化,在经过喷嘴时必须达到最佳的粘流状态,注入高温模腔后继续加热,物料就经过自身反应基团或反应活性点与加入的硬化剂(如氨、水等)必须及时排出,以便反应顺利进行,使模内物料的物理、力学性能达到最佳,即可成为制品而脱模。

从上述注射成型的基本过程和要求可以看出,热固性塑料注射与热塑性塑料注射有许多不同之处。

1) 热固性塑料在料筒内的塑化。料筒的温度必须严格控制,温度低时物料的流动性差,但温度稍高又会使物料发生硬化,流动性变小,因此要求温度的均一性尽可能高,所含的固化产物应尽可能少,流动性应满足从料筒内注出。

2) 热固性塑料熔体在充模过程中的流动。充模流动过程也是熔体进一步塑化的过程，热固性塑料在充模过程中，由于喷嘴和模具均处在加热的高温状态，熔体流过喷嘴和浇道时不会像热塑性塑料在通道的壁面上形成不动的固体塑料隔热层，而且由于壁面附近有很大的速度梯度，使靠近壁面的熔体以湍流形式流动，从而提高了热壁面向熔体的传热效果。另外充模时的流速很高，使熔体在通过喷嘴和浇道时产生大量的剪切摩擦热而温度迅速升高，因此熔体在喷孔和浇道内流动时因受热而进一步塑化，其粘度显著降低，故进入模腔后有良好的充模能力。

3）热固性塑料在模腔内的固化。熔体取得模腔型样后的定型是依靠高温下的固化反应完成的。树脂的交联反应速率随温度的升高而加大，所以只有将模具的温度控制得很高，才能使塑料在较短时间内充分固化成型。固化定型时间除了主要由模具温度的高低决定外，还与制品的厚度和复杂程度有关。热固性塑料在交联反应中常伴随较多的热量产生，这部分热量可使模腔内的物料升温膨胀，对由交联反应引起的体积收缩有补偿作用，因此在充模结束后不必保压补料。而且通常浇口内的物料比模腔内的物料更早固化，因而热固性塑料充模后也不必往模内补料，也不会出现倒流。热固性塑料在模具内交联固化反应实质上是缩聚反应，在固化过程中有低分子物析出，故注射机的合模部分应满足能将这些反应副产物排出模腔的要求，以保证缩聚交联反应的充分进行。

4）注射原料的要求。几乎所有的热固性塑料都可采用注射成型，但用量最大的是酚醛塑料。热固性塑料注射成型工艺的基本要求是：在低温料筒内塑化产物能较长时间保持良好的流动性，而在高温的模腔内能快速反应固化。在各种热固性塑料中，酚醛塑料是最适合注射成型的，其次是 PDAP、不饱和聚酯塑料和三聚氰胺塑料，由于环氧树脂固化反应对温度很敏感，注射成型时技术难度较大。

5）注射机的结构特点。热固性塑料的注射机结构形式有螺杆式和柱塞式，最常用的是螺杆式注射机，柱塞式仅用于不饱和聚酯树脂增强塑料的注射。为了避免对塑料产生过大的剪切作用以及物料在料筒内长时间滞留，防止因摩擦太大引起物料固化，要求螺杆的长径比和压缩比较小，一般长径比 L/D 为 14~16 为宜，压缩比为 0.8~1.2。因此通常螺杆几乎无加料段、压缩段和计量段之分，往往是等距等深的无压缩比螺杆，螺杆对塑化只起输送作用，不起压缩作用。喷嘴通常用敞开式的。

6）注射模具结构相对复杂些，必须设置加热和温控系统，以利于物料在模内化学反应的顺利进行。

（6）高分子材料的二次成型及机械加工　二次成型是指在一定条件下将高分子材料一次成型所得的型材通过再次成型加工，以获得制品的最终型样的技术。二次成型是相对于一次成型而言的。有些高分子材料由于技术和经济上的原因，不能够或不适于经过一次加工即取得制品的最终形状，因而需要对一次成型的产物再次成型来获得最终制品。二次成型与一次成型除了成型对象不同外，二者的区别在于：一次成型是通过材料的流动或塑性形变而成型，成型过程中伴随着聚合物的状态或形态转变，而二次成型是在低于聚合物流动温度或熔融温度的"半熔融"类橡胶态下进行的，一般是通过粘弹形变来实现型材或坯件的再成型。在高分子材料中，橡胶和热固性塑料经一次成型后，发生了交联反应，其分子结构变成网状或体型结构，遇热不再熔融，也不溶于溶剂。如果加热温度过高，只能炭化。因此橡胶和热固性塑料不适于二次成型，仅热塑性塑料适合于二次成型。主要成型技术包括：中空吹塑成型、薄膜的双向拉伸、热成型以及合成纤维的拉伸。

前面已经详细讲了高分子材料的成型（一次成型和二次成型），因为它是高分子材料制造过程中最重要的环节，是一切高分子制品成型生产的必经过程，而机械加工、修饰和装配三者统称为加工过程，并不是每种制品的生产都要全部经历加工过程，视制品的成型情况和最终要求不同，有的制品只需一次成型就直接成型出最终产品，有的需要一次和二次成型，并需要经过一种或两种加工操作才能制成所要求的形状。因此加工过程与成型过程相比在高分子材料的生产过程中居于次要地位，加工过程为：

机械加工含车削、铣削、制孔、切螺纹、锯切剪切和冲切等过程；

修饰含锉削、磨削、抛光、转鼓滚光、溶剂增亮和透明涂层、涂盖金属等方法；

装配有粘接、焊接、机械连接等过程。

二、橡胶的成型加工

1. 橡胶的特性

（1）结构特性　作为橡胶材料使用的聚合物，在结构上应符合以下要求，才能充分表现橡胶材料的高弹性。

1）大分子链具有足够的柔性，玻璃化温度应比室温低得多。

2）在使用条件下不结晶或结晶度很小。例如聚乙烯、聚甲醛等，在室温下容易结晶，故不易用作橡胶材料。但是，如天然橡胶等在拉伸时可结晶，而除去负荷后结晶又熔化，这是最理想的，因为结晶能起分子间交联作用而提高模量和强度，去载后结晶又熔化，不影响其弹性恢复性能。

3）在使用条件下无分子间滑动，即无冷流，因此大分子链上应存在可供交联的位置，以进行交联形成网状结构。

（2）加工性能　橡胶的结构对其加工中熔体粘度、压出膨胀率、压出胶质量、混炼特性、胶料强度、冷流性以及粘着性有较大影响。

橡胶的相对分子质量越大，则熔体粘度越大，压出膨胀率增加，胶料的强度和粘着强度都随之增大。橡胶的相对分子质量通常大于缠结的临界相对分子质量。分子链的缠结，引入少量共价交联键或离子键合键、早期结晶等都可减少冷流和提高胶料强度。

橡胶的相对分子质量分布一般较宽，其中高相对分子质量部分提供强度，而低相对分子质量部分起增塑剂作用，可提高胶料流动性和粘性，增加胶料混炼效果，改善混炼时胶料的包辊能力。同时，加宽相对分子质量分布，可有效地防止压出胶产生鲨鱼皮表面和熔体破裂现象。长链支化也可以改善胶料的包辊能力。

此外，胶料的粘着性与结晶性有关。结晶性橡胶，在界面处可以由不同的分子链段形成晶体结构，从而提高了粘着程度；对于非结晶性橡胶，则需要加入添加剂。

2. 常用的橡胶

橡胶按其来源，可分为天然橡胶和合成橡胶两大类。天然橡胶是从自然界植物中制取的一种高弹性物质。合成橡胶是用人工合成的方法制得的高分子弹性材料。

（1）天然橡胶　天然橡胶的利用始于15世纪，主要来源于巴西等国。中国天然橡胶的产量占世界第四位。

天然橡胶的主要成分是橡胶烃化合物，它是由异戊二烯链节组成的天然高分子，其结构式为：

$$\text{\textlbrackdbl} CH_2-CH=C-CH_2 \text{\textrbrackdbl}_n$$
$$| \atop CH_3$$

n 值约为10000左右，相对分子质量为3万~3000万，多分散性指数为2.8~10。因此，天然橡胶具有良好的物理、力学性能和加工性能。

天然橡胶具有一系列优良的物理、力学性能，是综合性能最好的橡胶。

1）有良好的弹性。

2）具有较高的机械强度。天然橡胶是一种结晶性橡胶，在外力作用下拉伸时可形成结晶，产生自补强作用。纯胶硫化胶的抗张强度为17~25MPa，炭黑补强硫化胶可达25~35MPa。

3）具有很好的耐屈挠疲劳性能，滞后损失小，多次变形时生热低。

此外，还具有良好的耐寒性、优良的气密性、防水性、电绝缘性和绝热性能。天然橡胶的缺点是耐油性差，耐臭氧老化性和耐热氧老化性差。天然橡胶为非极性橡胶，因此，易溶于汽油和苯等非极性有机溶剂。天然橡胶含有不饱和双键，因此化学性质活泼。在空气中易与氧进行自动催化氧化的连锁反应，使分子断链或过度交联，使橡胶发生粘化和龟裂，即发生老化现象。未加防老剂的橡胶曝晒4~7天即出现龟裂；与臭氧接触几秒钟内即发生裂口。加入防老剂可以改善其耐老化性能。天然橡胶是用途最广泛的一种通用橡胶。大量用于制造各类轮胎，各种工业橡胶制品，如胶管、胶带和工业用橡胶杂品等。此外，天然橡胶还广泛用于日常生活用品，如胶鞋、雨衣等，以及医疗卫生制品。

（2）合成橡胶 主要介绍二烯类橡胶、氯丁橡胶、聚异丁烯和丁基橡胶、以乙烯为基础的橡胶以及其他合成橡胶。

1）二烯类橡胶。二烯类橡胶包括二烯类均聚橡胶和二烯类共聚橡胶。属于前一类的有聚丁二烯橡胶、聚异戊二烯橡胶和聚间戊二烯橡胶等，属于后一类的主要是丁苯橡胶、丁腈橡胶等。二烯类共聚橡胶主要是由自由基型聚合反应制得，发展较早，而由于二烯类单体聚合时常形成各种立体异构体，直到1954年发明了Ziegler-Natta催化剂后，才制成了立体规整性好的二烯类均聚橡胶。

i）聚丁二烯橡胶是以1,3-丁二烯为单体聚合而得的一种通用合成橡胶，1956年美国首先合成了高顺式丁二烯橡胶，中国于1967年实现顺丁橡胶的工业化生产。在世界合成橡胶中，聚丁二烯的产量和消耗量仅次于丁苯橡胶，居第二位。

按聚合方法不同聚丁二烯橡胶可分为溶聚丁二烯橡胶、乳聚丁二烯橡胶和本体聚合丁钠橡胶三种。按分子结构分类，可分为顺式聚丁二烯和反式聚丁二烯。

溶聚丁二烯橡胶是最重要的品种，其性能特点是：弹性高，是当前橡胶中弹性最高的一种；耐低温性能好，其玻璃化温度为－105℃，是通用橡胶中耐低温性能最好的一种；此外，其耐磨性能优异，滞后损失小，生热性低；耐屈挠性好；与其他橡胶的相容性好。

由于高顺式聚丁二烯橡胶具有优异的高弹性、耐寒性和耐磨耗性能，主要用于制造轮胎，也用于制造胶鞋、胶带、胶辊等耐磨性制品。

高顺式聚丁二烯橡胶的缺点是：抗张强度和抗撕裂强度均低于天然橡胶和丁苯橡胶；用于轮胎对抗湿滑性能不良；工艺加工性能和粘着性能较差，不易包辊。

丁二烯橡胶新品种。针对顺丁橡胶的弱点，从结构上进行调整，出现一些新品种：中乙烯基丁二烯橡胶，含有35%～55%乙烯基结构（1,2-结构），其抗湿滑性能和热老化性能优于高顺式聚丁二烯，但强度和耐磨性稍有下降；高乙烯基丁二烯橡胶，其乙烯基含量为70%，它抗湿滑性高，适于制造轿车胎的胎面胶；低反式丁二烯橡胶，含顺式-1,4为90%，反式-1,4为9%。不仅拉伸强度、撕裂强度有所提高，而且包辊性、压延性、冷流性也有改善；超高顺式丁二烯橡胶，其顺式-1,4含量大于98%。拉伸时结晶速度快，结晶度高。相对分子质量分布宽，因此粘着性、强度和加工性能好。

ii）异戊二烯橡胶 聚异戊二烯橡胶简称异戊橡胶，其分子结构和性能与天然橡胶相似，故也称做合成天然橡胶。

异戊橡胶是一种综合性能最好的通用合成橡胶。具有优良的弹性、耐磨性、耐热性、抗撕裂及低温屈挠性。与天然橡胶相比，又具有生热小、抗龟裂的特点，且吸水性小，电性能及耐老化性能好。但其硫化速度较天然橡胶慢，此外，炼胶时易粘辊，成型时粘度大，而且价格较贵。异戊橡胶的用途与天然橡胶大致相同。用于制作轮胎、各种医疗制品、胶管、胶鞋、胶带以及运动器材等。

异戊橡胶的主要品种：充油异戊橡胶和反式聚1，4-异戊二烯橡胶，又称合成的巴拉塔橡胶。

iii）丁苯橡胶是以丁二烯和苯乙烯为单体共聚而得的高分子弹性体。丁苯橡胶是最早工业化的合成橡胶，1937年德国首先实现工业化生产。目前丁苯橡胶的产量约占合成橡胶总产量的55%，其产量和消耗量在合成橡胶中占第一位。

丁苯橡胶的耐磨性、耐热性、耐油性和耐老化性均比天然橡胶好，硫化曲线平坦，不容易焦烧和过硫，与天然橡胶、顺丁橡胶混溶性好。缺点是弹性、耐寒性、耐撕裂性和粘着性能均较天然橡胶差，纯胶强度低，滞后损失大，生热高。而且由于含双键比天然橡胶少，硫化速度慢。丁苯橡胶成本低廉，其性能不足之处可以通过与天然橡胶并用或调整配方得到改善。因此，至今仍是用量最大的通用合成橡胶。

2）氯丁橡胶。氯丁橡胶是2-氯-1，3-丁二烯聚合而成的一种高分子弹性体。氯丁橡胶是合成橡胶主要品种之一，于1931年美国首先实现工业化生产。

氯丁橡胶根据其性能和用途分为通用型和专用型两大类。通用型氯丁橡胶又可分为硫磺调节型和非硫磺调节型。前者是以硫磺作调节剂，秋兰姆作稳定剂。后者系采用硫醇作调节剂。专用型氯丁橡胶是指用作粘合剂及其他特殊用途的氯丁橡胶。

氯丁橡胶普遍采用乳液聚合法进行生产。以松香酸皂为乳化剂，过硫酸钾为引发剂。硫调节型氯丁橡胶的聚合温度为40℃，非硫调节型一般在10°C以下。聚合后经凝聚、水洗、干燥而得成品。

氯丁橡胶具有优异的耐燃性，是通用橡胶中耐燃性最好的，优良的耐油、耐磨剂、耐老化性能，其耐油性仅次于丁腈橡胶而优于其他通用橡胶，氯丁橡胶是结晶性橡胶，有自补强性，生胶强度高，还具有良好的粘着性、耐水性和气密性，其耐水性是合成橡胶中最好的，气密性比天然橡胶大5~6倍。

氯丁橡胶的缺点是电绝缘性较差，耐寒性不好，密度大，贮存稳定性差，贮存过程中易硬化变质。

氯丁橡胶广泛用于各种橡胶制品，如耐热运输带、耐油、耐化学腐蚀胶管和容器衬里、胶辊、密封胶条等。

3）聚异丁烯和丁基橡胶。聚异丁烯是异丁烯的聚合产物，是接近无色或白色的弹性体。

i) 异丁烯具有高度饱和结构,所以耐热性、耐老化性和耐化学腐蚀性好,分解温度达300℃。聚异丁烯耐寒性好,-50℃下仍能保持弹性,此外,还具有优异的介电性能,优良的防水性和气密性,以及与橡胶和填料的混容性。聚异丁烯耐油性差,还具有冷流性。由于分子链不含双键,所以不能用硫磺硫化。

聚异丁烯广泛用来与天然橡胶、合成橡胶和填料并用。其硫化胶可用于制作防水布、防腐器材、耐酸软管、输送带等。

ii) 丁基橡胶是异丁烯和少量异戊二烯的共聚物。为白色或暗灰色透明弹性体。丁基橡胶于1943年美国开始工业生产。由于性能好,发展较快为通用橡胶之一。

丁基橡胶是气密性最好的橡胶,其气透率约为天然橡胶的1/20,顺丁橡胶的1/30。丁基橡胶的耐热性、耐候性和耐臭氧老化性都很突出。最高使用温度可达200℃,能长时间曝露于阳光和空气中而不易损坏。抗臭氧性能比天然橡胶、丁苯橡胶等不饱和橡胶约高10倍。丁基橡胶耐化学腐蚀性好,耐酸、碱和极性溶剂。此外,丁基橡胶的电绝缘性和耐电晕性能比一般合成橡胶好。耐水性能优异,水渗透率极低。减震性能好,在-30~50℃具有良好的减震性能,在玻璃化温度(-73℃)时仍具有屈挠性。

丁基橡胶的缺点是硫化速度很慢,需要高温或长时间硫化,自粘性和互粘性差,与其他橡胶相容性差,难以并用,耐油性不好。

丁基橡胶主要用于气密性制品,如汽车内胎、无内胎轮胎的气密层等。也广泛用于蒸汽软管、耐热输送带、化工设备衬里、各种耐热耐水密封垫片、电绝缘材料及防震缓冲器材等。

4) 以乙烯为基础的橡胶。聚乙烯分子链柔性大,其内聚能与橡胶材料相近,玻璃化温度也很低,但由于分子链规整性好,易于结晶,常温下不呈弹性而是皮革状聚合物。在聚乙烯分子中引入其他原子或基团时,可以抑制结晶,从而获得橡胶态的性质。据此,开发了乙丙橡胶、氯磺化聚乙烯及氯化聚乙烯等弹性材料。

乙丙橡胶是以乙烯、丙烯或乙烯、丙烯及少量非共轭双烯为单体,在立体有规催化剂作用下制得的无规共聚物,是一种介于通用橡胶和特种橡胶之间的合成橡胶。1957年意大利首先实现二元乙丙橡胶工业化生产。

乙丙橡胶主要分为二元乙丙橡胶和三元乙丙橡胶两大类。

乙丙橡胶基本上是一种饱和橡胶,因此具有独特性能,其耐老化性能是通用橡胶中最好的一种。具有突出的耐臭氧性能,优于以耐老化而著称的丁基橡胶,耐热性好,可在120℃长期使用,具有较高的弹性和低温性能,其弹性仅次于天然橡胶和顺丁橡胶,最低使用温度可达-50℃以下,具有非常好的电绝缘性和耐电晕性,由于吸水性小,浸水后电气性能变化很小。乙丙橡胶耐化学腐蚀性较好，对酸、碱和极性溶剂有较大的抗耐性。此外，还具有较好的耐蒸汽性、低密度和高填充性。乙丙橡胶的密度为 $860\sim870kg/m^3$，是所有橡胶中最低的。

乙丙橡胶的缺点是硫化速度慢，不易与不饱和橡胶并用，自粘性和互粘性差，耐燃性、耐油性和气密性差，因而限制了它的应用。

乙丙橡胶主要用于汽车零件、电气制品、建筑材料、橡胶工业制品及家庭用品，如汽车轮胎胎侧、内胎及散热器胶管、高、中压电缆绝缘材料、代替沥青的屋顶防水材料、耐热输送带，橡胶辊，耐酸、碱介质的罐衬里材料及冰箱用磁性橡胶等。

此外还有氯化聚乙烯橡胶和氯磺化聚乙烯橡胶。

5) 其他合成橡胶。除上述合成橡胶外，还有一些品种的合成橡胶，其一般物理、力学性能较差，但却具有某方面的独特性能，可满足某些特殊需要，所以尽管产量不大、用量不多，在技术上、经济上都具有特殊重要的意义。简要介绍如下。

i) 聚氨基甲酸酯橡胶简称聚氨酯橡胶，是由聚酯或聚醚与异氰酸酯反应而得。它随原料种类和加工方法的不同而分为许多种类。这种橡胶的最大优点是具有优良的耐磨性，强度、弹性也很好。同时还具有良好的耐油、耐低温及耐臭氧老化等性能。因此，它主要用于耐磨制品、高强度耐油制品。聚氨酯橡胶的最大缺点是易于水解。其制品不宜在潮湿条件下应用。另外生热大，散热慢，耐热性不好。但可以利用聚氨酯橡胶水解反应放出二氧化碳的特点，制得密度很小的泡沫橡胶。

ii) 硅橡胶是由环状有机硅氧烷开环聚合或以不同硅氧键进行共聚而制得的弹性共聚物。硅橡胶分子主链含有硅氧结构（—Si—O—），分子链柔性大，分子间作用力小。因而性能优异，其最大特点是耐热性、耐寒性好，可在很宽的温度（$-100\sim300℃$）范围内使用。还具有高的电绝缘性和良好的耐候性和耐臭氧性能，并且无味、无毒。因此可用于制造耐高温、低温橡胶制品，如各种垫圈、密封件、高温电线、电缆绝缘层、食品工业耐高温制品及人造心脏、人造血管等人造器官和医疗卫生材料。硅橡胶主要缺点是抗张强度和撕裂强度低，耐酸碱腐蚀性差，加工性能不好因而限制了它的应用。

iii) 氟橡胶是含氟单体聚合或缩聚而得的高分子弹性体。氟橡胶品种很多，主要分为4大类：含氟烯烃类；亚硝基类；全氟醚类和氧化磷腈类。氟橡胶的突出特点是耐热、耐油及耐化学腐蚀。其耐热性可与硅橡胶媲美，对日光、臭氧及气候的作用十分稳定，对各种有机溶剂及腐蚀性介质的抗耐性，均优于其他各种橡胶。因此是现代航空、导弹、火箭、宇宙航子等尖端科学技术部门及其他工业部门不可缺少的材料。用作各种耐高温、而特种介质腐蚀的制品。其主要缺点是弹性和加工性能较差。

ⅳ）丙烯酸酯橡胶。丙烯酸酯橡胶是丙烯酸烷基酯与其他不饱和单体共聚而得的一类弹性体。其中最主要的品种是丙烯酸丁酯与丙烯腈共聚物。这类橡胶的性能特点是具有较高的耐热性、耐油性和耐臭氧性以及良好的密封性。但耐寒、耐水及耐溶剂性较差。主要用于汽车的各种密封配件。

ⅴ）聚硫橡胶。聚硫橡胶是分子主链含有硫的一种橡胶。是以有机二卤化物和碱金属多硫化物缩聚而制得。有固态、液态橡胶和乳胶三种，其中以液态橡胶产量最多。主要用于印刷胶辊等耐油和长效性油灰、腻子、油箱密封材料等。

ⅵ）氯醚橡胶。氯醚橡胶是环氧氯丙烷均聚或环氧氯丙烷与环氧乙烷共聚而制得的弹性体。又称氯醇橡胶。氯醚橡胶具有高度饱和结构，又含有氯甲基，因此兼具饱和橡胶和极性橡胶的特性。其耐热性、耐寒性、耐臭氧性、耐油性、耐燃性、耐酸碱和耐溶剂性能均较好。气密性也很好，因此用途广泛。可用作汽车、飞机和各种机械的配件，如各种垫圈、密封圈等；也可制作印刷胶辊、耐油胶管等。

3. 橡胶的加工成型

（1）橡胶制品的原材料　橡胶制品的主要原材料是生胶、再生胶以及其他配合剂。有些制品还需要纤维或金属材料作为骨架材料。

1）生胶和再生胶。生胶包括天然橡胶和合成橡胶。再生胶是废硫化橡胶经化学、热及机械加工处理后做制得的，具有一定的可塑性，可重新硫化的橡胶材料。再生过程中主要反应称为"脱硫"，即利用热能、化学能（加入脱硫活化剂）及机械能使废硫化橡胶中的交联点及交联点间分子链发生断裂，从而破坏其网状结构，恢复一定的可塑性。再生胶可部分代替生胶使用，以节省生胶、降低成本。还可改善胶料的工艺性能，提高产品耐油、耐老化等性能。

2）橡胶的配合剂。橡胶的配合剂种类很多，根据在橡胶中所起的作用，主要有：硫化剂、硫化促进剂、硫化活性剂、防焦剂、防老剂、补强剂和填充剂等。硫化剂是在一定条件下能使橡胶发生交联的物质。由于天然橡胶最早使用硫磺交联，所以将橡胶的交联过程称为"硫化"。目前使用的硫化剂有：硫磺、碲、硒、含硫化合物、过氧化物、胺类化合物、树脂和金属化合物等。

凡是能加快硫化速度，缩短硫化时间的物质称为硫化促进剂（简称促进剂）。使用促进剂可减少硫化剂用量，或降低硫化温度，并可提高硫化胶的物理、力学性能。促进剂种类很多，可分为无机和有机两大类。无机促进剂有：氧化镁、氧化铅等，其促进效果小，硫化胶性能差，多数场合已被有机促进剂取代。有机促进剂的促进效果大，硫化胶物理、力学性能好，发展快，品种多。

硫化活性剂简称活性剂，又称助促进剂。其作用是提高促进剂的活性。几乎所有的促进剂必须在活性剂的存在下，才能发挥其促进功效。活性剂多为金属氧化物，最常用的是氧化锌。由于金属氧化物在脂肪酸存在下，对促进剂才有较大活性，通常用氧化锌和脂肪酸并用。

防焦剂又称硫化延迟剂或稳定剂。其作用是使胶粉在加工中不出现早期硫化现象。但加入防焦剂会影响胶料性能，如降低耐老化性等，故一般不用。常用防焦剂有邻苯二甲酸酐、邻羟基苯甲酸。

防老剂在塑料中称为抗氧化剂、抗臭氧剂等，主要有胺类防老剂和酚类防老剂。

（2）加工工艺　橡胶主要包括塑炼、混炼、压延、压出、成型、硫化等8个工序，如图6-16所示。

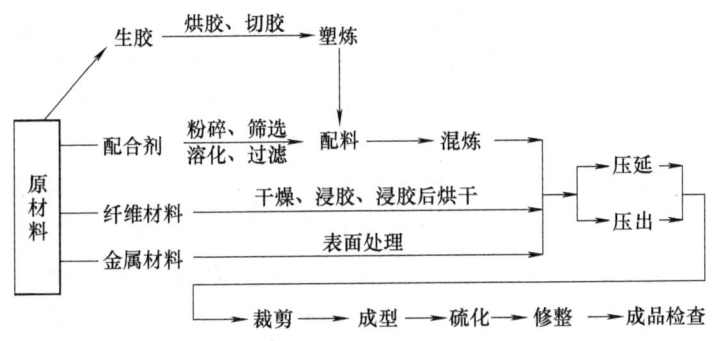

图6-16　橡胶制品生产基本工艺流程

橡胶制品成型前的准备工艺包括原材料处理、生胶的塑炼、配料和胶料的混炼等工艺过程，也就是按照配方规定的比例将生胶和混合剂混合均匀。其中最主要的是生胶的塑炼和胶料的混炼。塑炼主要是为了获得适合各种加工工艺要求的可塑性，即降低生胶的弹性，增加可塑性，获得适当的流动性，使橡胶和配合剂在混炼过程中易于混合均匀；同时也有利于胶料进行各种成型操作。而混炼就是将各种配合剂和可塑度合乎要求的生胶或塑炼胶在机械作用下混合均匀，制成混炼胶的过程。该过程的关键就是使各种配合剂能完全均匀地分散在橡胶中，保证胶料的组成和各种性能均匀一致。

1）橡胶的注压。橡胶的注射成型加工通常叫注压，其所用的设备和工艺原理同塑料的注射有相似之处。但橡胶的注压是以条状或块粒状的混炼胶加入注压机，注压入模后须停留在加热的模具中一段时间，使橡胶进行硫化反应，才能得到最终制品。橡胶的注压类似于橡胶制品的模型硫化，只是压力传递方式不一样，注压时压力大、速度快，比模压生产能力大，劳动强度低、易自动化，是橡胶成型加工的方向。

橡胶注射成型是将胶料通过注射机进行加热，然后在压力作用下从机筒注入密闭的模型中，经加压硫化而成为制品的生产方法。它是在模压法和移模法生产的基础上发展起来的。目前使用平板硫化机生产模型制品（如密封圈、防震垫等）的方法，设备简单，更换产品方便。但模压法存在着劳动强度大、自动化程度低，废品率较高等缺点，尤其是生产形状复杂，胶层较厚的金属骨架制品，困难较大。20世纪50年代发展了移模工艺。移模法与热固性塑料的传递模塑类似，先将预先准备好的胶料体装入模型上部的塞筒内，在强大的压力下注入模腔，然后移入硫化罐硫化。该法胶料流动性好，产品较均匀致密，特别对某些形状复杂的制品，所得产品的质量优于普通模压法。然而移模法仍未解决劳动强度大、生产率低的问题。注射成型与移模法有些相似，区别在于注射模具直接装在注射机上，可以自动开闭。生产时，将带状（或粒状）胶料喂入加料口，经加热、塑化借注射机的螺杆或柱塞直接注入模型就地硫化。当胶料在模型中硫化时，注射机同时进行另一次注射进料塑化动作，成型周期较短。橡胶的注射成型主要用于生产鞋类和模型制品，如：密封圈、带金属骨架模型品、减震垫、空气弹簧等。

注射机是橡胶注射成型工艺中的主要设备，但它与塑料注射成型设备不同：机筒（夹套式）是用水和油作为加热介质的，而注射模则用电和蒸汽加热的。注射过程和原理与塑料注射工艺相似。在橡胶注射成型过程中，胶料主要经历了塑化注射和热压硫化两个阶段。注射硫化的最大特点是内层和外层胶料的温度比较均匀一致，从而保证了产品的质量，提供了高温快速硫化的必要前提。比较普通模压工艺和注射工艺的加热硫化过程可以反映出注射橡胶制品的质量优异。胶料的加热硫化过程一般主要经历四个阶段：胶料预热阶段（胶料硫化前的整个升温阶段）、交联度增加阶段（胶料开始交联、欠硫阶段）、交联度最高阶段（进入正硫化）、网状结构降解阶段（过硫阶段）。

同时注射工艺是高温快速硫化，因此要求胶料具有较好的流动性，同时不易焦烧，不易过硫。注射成型工艺条件比较复杂，受温度（机筒温度、注射温度、模型温度）、压力、螺杆转速与注射速度、喷嘴直径、时间（充模时间、硫化时间）影响。而温度和压力是决定胶料是否具有良好流动性的主要因素。

2）橡胶制品的模型硫化。模压成型也广泛用于各种橡胶制品的成型，特别是许多橡胶制品的硫化往往是在模压成型过程中完成的。通常橡胶的模压称作模型硫化。

ⅰ）橡胶制品及生产工艺。橡胶制品通常分为轮胎、胶带、胶管、胶鞋、橡胶工业制品。基本工艺过程包括配合、生胶塑炼、胶料混炼、成型、硫化。

ⅱ）模型硫化工艺及硫化条件。橡胶制品较多是通过模型硫化而制得的。模型硫化是将混炼胶或经成型后制得的橡胶半成品（坯料）置于闭合的金属模具内加热加压，使橡胶硫化交联而定型为制品。工艺流程如图6-17所示。

第六章 高分子材料

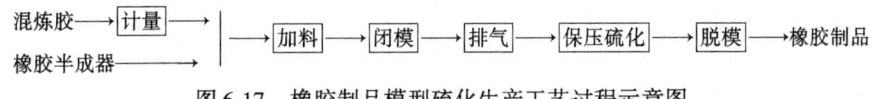

图 6-17 橡胶制品模型硫化生产工艺过程示意图

在硫化过程中主要控制的工艺条件是硫化的压力、温度和时间。

3）橡胶的挤出成型通常叫压出，橡胶压出成型应用较早，设备和技术也比较成熟，压出是使胶料通过压出机连续地制成各种不同形状半成品的工艺过程，广泛应用于制造轮胎胎面、内胎、胶管及各种断面形状复杂或空心、实心的半成品，也可用于包胶操作，是橡胶工业生产中一个重要工艺过程。

本 章 小 结

人们习惯上将材料分为金属材料、无机非金属材料、有机高分子材料（通常称为高分子材料）和复合材料。高分子材料是一类古老而年轻的材料。本章介绍的高分子材料是加入一定添加剂的高分子化合物在成型设备中受一定温度和压力的作用熔融塑化，然后通过模塑制成一定形状冷却后，在常温下能保持既定形状的材料制品。适宜的材料组成、正确的成型加工方法和合理的成型机械及模具是制备性能良好的高分子材料的三大关键因素。高分子材料不同于金属材料，它的组成及各成分之间的配比从根本上保证了制品的性能，而作为主要成分的高分子化合物则对制品性能起主宰作用。高分子材料通常指塑料、橡胶、化学纤维、涂料、粘合剂等。高分子化合物是具有很大分子、很高相对分子质量且具有多分散性的化合物。因此高分子材料的成型加工方法及物理力学性能不同于其他材料。本章主要介绍高分子材料的制备、结构与性能、一次成型工艺和设备，对二次成型和机械加工仅做简单介绍。

复习思考题

1. 写出聚氯乙烯、聚苯乙烯、涤纶、尼龙-66、聚丁二烯的分子式。
2. 写出合成下列聚合物的单体和反应式：
（1）聚丙烯腈
（2）天然橡胶
（3）丁苯橡胶
（4）聚甲醛
（5）聚苯醚
（6）聚四氟乙烯
（7）聚二甲基硅氧烷
（8）聚氨酯

3. 举例说明和区别线形和体形结构,热塑性和热固性聚合物,无定型和结晶聚合物。

4. 什么叫高分子的构型?试讨论线形聚异戊二烯可能有哪些不同的构型。

5. 试由分子结构分析高聚物的许多物理性能与低分子物质不同的主要原因。

6. 网络聚合物是通过什么反应形成的?热塑性聚合物也能形成网络吗?

7. 什么类型的聚合物能具有下列特性,是热塑性还是热固性?

(1) 耐冲击

(2) 抗蠕变

(3) 耐化学试剂

8. 热塑性材料与热固性材料相比有哪些优势,哪些劣势?什么原因使热固性塑料不能回收再加工?

9. 注射加工法有哪些主要优点?

10. 热固性塑料有哪些主要加工方法?

第七章 复合材料

第一节 复合材料基础

一、引言

随着社会的发展,人们对材料使用要求也越来越高。然而,任何一种单一材料有其若干突出的优点,但也存在一些明显的缺点,无法完全满足人们对材料性能的要求。经过长期的实践和研究,人们发现,将两种或两种以上的单一材料,采用复合的方式可制得新的材料。这些新的材料,既保留了原有组分材料的优点,又克服或弥补了单一材料的缺点,并显示出一些新的性能,这就是复合材料。采用材料复合的方式是研究新材料的一种十分有效的途径,同时,复合材料有很强的可设计性,可根据材料使用要求进行材料性能设计,这也为人们挖掘材料的使用潜能提供了一种可能。复合材料的出现和发展是材料设计方面的一个突破,是材料研究和发展的一个新的里程碑。复合材料一出现就引起了人们的高度重视,并得到迅速发展,在人类社会的各个方面得到广泛应用。

二、复合材料的定义与命名

1. 复合材料的定义

复合材料(composite materials)是指将两种或两种以上的不同材料,用适当的方法复合而成的一种新材料,其性能比单一材料性能优越。

一般来说,复合材料由基体材料和增强材料(包括填料)组成。增强材料是复合材料的主要承载组分(填料还起到材料改性的作用);基体材料的作用是将增强材料(填料)粘合成一个整体,起到均衡应力和传递应力的作用,使增强材料(填料)的性能得到充分发挥,从而产生一种复合效应,使复合材料的性能大大优于单一材料的性能。复合材料的性能主要取决于基体材料的性能、增强材料(填料)的性能、基体材料与增强材料(填料)之间的界面状况。

2. 复合材料的命名

复合材料可根据增强材料与基体材料的名称来命名。将增强材料的名称放在前面,基体材料的名称放在后面,再加上"复合材料"。如玻璃纤维和聚酯树脂构成的复合材料称为"玻璃纤维聚酯树脂复合材料"。为书写简便,也可仅写增强材料和基体材料的缩写名称，中间加一斜线隔开，后面再加"复合材料"。如碳纤维和环氧树脂构成的复合材料，可写作"碳/环氧复合材料"。有时为突出增强材料或基体材料，视强调的组分不同，还可简称为"碳纤维复合材料"或"环氧树脂复合材料"。硼纤维和铝合金构成的复合材料叫"铝基复合材料"，也可书写为"碳/铝复合材料"。碳纤维和碳构成的复合材料叫"碳/碳复合材料"。

三、复合材料的分类

复合材料的分类有如下几种：

（1）根据基体材料类型分类 可分为①金属基复合材料；②聚合物基复合材料；③无机非金属基复合材料。

（2）根据增强纤维类型分类 可分为①碳纤维复合材料；②玻璃纤维复合材料；③有机纤维复合材料；④硼纤维复合材料；⑤混杂纤维复合材料。

（3）根据增强材料的外形分类 可分为①连续纤维增强复合材料；②纤维织物或片状材料增强的复合材料；③短纤维增强的复合材料；④粒状填料复合材料。

（4）根据基体材料与增强材料是否相同分类

1）同质复合的复合材料 指基体材料与增强材料相同的复合材料，包括碳纤维增强碳复合材料，不同密度的同种聚合物的复合等。

2）异质复合的复合材料 指基体材料与增强材料不相同的复合材料，前面分类中提到的多属此类。

四、复合材料的增强机理

一般来讲，复合材料的强度都比基体材料强度要高，这因为增强材料是主要的承载组分，基体材料与增强材料是通过界面粘结在一起。界面粘结强度是衡量复合材料中增强体与基体间界面结合状态的一个指标。界面粘结强度对复合材料整体力学性能的影响很大，太强或太弱都是对复合材料强度不利。

复合材料的界面实质上是纳米级以上厚度的界面层，或称界面相。界面相是一种结构随增强材料而异，并与基体有明显差别的新相。界面相也包括在增强材料表面上预先涂覆的表面处理剂层以及增强材料经表面处理工艺后而发生反应的界面层。界面层需要有足够的界面粘接强度，基体材料与增强材料在粘接过程中两相表面能相互润湿是首要的条件。当复合材料受到外加载荷作用时，外由基体通过界面层传递到增强材料组元，充分显示增强材料对基体材料的增强作用。界面层的另一作用是在一定的应力条件下能够脱粘，以及使增强材料从基体中拔出并发生摩擦。这样就可以借助脱粘增大表面能、拔出功和摩擦功等形式来吸收外加载荷的能量以达到提高复合材料的强度。

第二节 复合材料的基体材料

一、金属材料

金属与合金的品种繁多，目前用作金属基复合材料的金属有铝及铝合金、镁合金、钛合金、镍合金、铜与铜合金、锌合金、铅、钛铝、镍铝金属间化合物等。基体材料成分的正确选择对能否充分组合和发挥基体金属和增强物性能特点，使复合材料具备预期的优异综合性能满足使用要求十分重要。在选择基体金属时通常应考虑以下几方面：

1. 金属基复合材料的使用要求

金属基复合材料构（零）件的使用性能要求是选择金属基体材料最重要的依据。在航天、航空工业中高比强度、高比模量、尺寸稳定性是选用材料最重要的性能要求。作为飞行器和卫星构件宜选用密度小的轻金属合金——镁合金和铝合金作为基体，与高强度、高模量的石墨纤维、硼纤维等增强材料组成石墨/镁复合材料、石墨/铝复合材料、硼/铝复合材料。

航空高性能发动机则要求复合材料不仅有高比强度、高比模量性能外，还要求复合材料具有优良的耐高温性能，能在高温、氧化性气氛中正常工作。一般的铝、镁合金就不宜选用，而需选择钛基合金、镍基合金以及金属间化合物作基体材料。如碳化硅/钛复合材料、钨丝/镍基超合金复合材料可用于喷气发动机叶片、转轴等重要零件。

在汽车发动机中要求其零件耐热、耐磨、导热、具有一定的高温强度等，同时又要求成本低廉，适合于批量生产，则选用铝合金作基体材料与陶瓷颗粒、短纤维组成颗粒（短纤维）/铝基复合材料。如碳化硅/铝复合材料、碳纤维/铝复合材料可制作发动机活塞、缸套等零件。

工业集成电路需要高导热、低膨胀的金属基复合材料作为散热元件和基板。选用具有高导热率的银、铜、铝等金属为基体与高导热性、低热膨胀的超高模量石墨纤维、金刚石纤维、碳化硅颗粒复合成具有低热膨胀系数和高导热率、高比强度、比模量等性能的金属基复合材料，成为高集成电子器件的关键材料。

2. 金属基复合材料组成特点

由于增强物的性质和增强机理的不同，在基体材料的选择原则上有很大差别。针对不同的增强体系，要充分分析和考虑增强物的特点来正确选择基体合金。对于连续纤维增强金属基复合材料，复合材料受力时纤维是主要承载物体，纤维本身具有很高的强度和模量，而金属基体的强度和模量远远低于纤维的性能，因此，在连续纤维增强金属基复合材料中基体的主要作用应是以充分发挥增强纤维的性能为主，基体本身应与纤维有良好的相容性和塑性，而并不要求基体本身有很高的强度，如碳纤维增强铝基复合材料中纯铝或含有少量合金元素的铝合金作为基体比高强度铝合金要好得多，高强度铝合金做基体组成的复合材料性能反而低。在研究碳/铝复合材料基体合金优化过程中，发现铝合金的强度越高，复合材料的性能越低，这与基体与纤维的界面状态、脆性相的存在、基体本身的塑性有关。

对于非连续增强（颗粒、晶须、短纤维）金属基复合材料，复合材料受力时基体是主要承载物，基体的强度对非连续增强金属基复合材料具有决定性的影响。因此，要获得高性能的金属基复合材料必须选用高强度的铝合金为基体。如颗粒增强铝基复合材料一般选用高强度的铝合金为基体，如牌号为 A365，6061，7075 等高强铝合金。

3. 基体金属与增强物的相容性

由于金属基复合材料需要在高温下成型，所以在金属基复合材料制备过程中金属基体与增强物在高温复合过程中，处于高温热力学不平衡状态下，很容易发生化学反应，在界面形成反应层。这种界面反应层大多是脆性的，当反应层达到一定厚度后，材料受力时将会因界面层的断裂而产生裂纹，并向周围纤维扩展，容易引起纤维断裂，导致复合材料整体破坏。此外，由于基体金属中往往含有不同类型的合金元素，这些合金元素与增强物的反应程度不同，反应后生成的反应产物也不同，对复合材料性能有较大的影响。要在选用基体合金成分时充分考虑，尽可能选择既有利于金属与增强物浸润复合，又有利于形成合适稳定的界面的合金元素。

二、陶瓷材料

陶瓷具有高熔点、高硬度、化学性质稳定、耐热、抗老化等优点，但陶瓷脆性大，韧性差，很容易因存在裂纹、空隙、杂质等细微缺陷而破碎，因而大大限制了陶瓷作为承载结构材料的应用。

用于复合材料基体的陶瓷一般应具有优异的耐高温性质、与纤维或晶须之间有良好的界面相容性以及较好的工艺性能等。常用的陶瓷基体主要包括：氧化物陶瓷、非氧化物陶瓷等。

1. 氧化物陶瓷

作为基体材料使用的氧化物陶瓷主要有 Al_2O_3，ZrO_2，BeO，Y_2O_3，莫来石（即富铝红柱石，化学式为 $3Al_2O_3 \cdot 2SiO_2$）等，它们的熔点在 2000°C 以上。氧化物陶瓷主要为单相多晶结构，除晶相外，可能还含有少量气相（气孔）。微晶氧化物的强度较高，粗晶结构时，晶界面上的残余应力较大，对强度不利，氧化物陶瓷的强度随环境温度升高而降低，但在 1000°C 以下降低较小。这类陶瓷基复合材料应避免在高应力和高温环境下使用。这是由于 Al_2O_3 和 ZrO_2 的抗热震性较差，SiO_2 在高温下容易发生蠕变和相变。虽然莫来石具有较好的抗蠕变性能和较低的热膨胀系数，但使用温度也不宜超过1200°C。

2. 非氧化物陶瓷

非氧化物陶瓷是指不含氧的氮化物、碳化物、硼化物和硅化物陶瓷。它们的特点是耐火性和耐磨性好，硬度高，但脆性也很大。碳化物和硼化物的抗热氧化温度为900~1000°C，氮化物略低些。硅化物的表面能形成氧化硅膜，所以抗热氧化温度达1300~1700°C。氮化硼具有类似石墨的六方结构，在高温（1360°C）和高压作用下可转变成立方结构的β-氮化硼，耐热温度高达2000°C，硬度极高，可作为金刚石的代用品。

三、聚合物材料

聚合物复合材料是以合成树脂为主的基体材料。在增强材料确定后，聚合物基复合材料的使用性能和工艺性能将随选用的基体材料不同而异。

合成树脂是基体材料的主要组分，它对复合材料的性能、成型工艺及产品的价格等都有直接的影响。用作复合材料的合成树脂首先要具有较高的力学性能、介电性能、耐热性能和耐老化性能，并且要施工简便，有良好的工艺性能。

应用于复合材料的热固性树脂主要有不饱和聚酯、环氧和酚醛树脂。

不饱和聚酯树脂品种多，适应性广，它的特点是工艺性好、粘度低，可在室温下固化，固化过程中没有低分子副产物。所以，适于手糊成型、模压成型、缠绕成型、拉挤成型等多种工艺，可制造大型异形制品，广泛地应用于汽车、造船及航空等工业方面，是复合材料工业中非常重要的一种树脂。它的缺点是力学性能不是很好，耐热性较差。因此，很少用于受力较强的制品。

环氧树脂与增强材料的粘结力强，机械强度高，介电性能优良，耐化学腐蚀性好。近年来，环氧树脂及其固化剂品种有很大发展，特别在碳纤维、硼纤维等复合材料中得到广泛应用，主要用于机械、电机、化工、航空航天、船舶、汽车、建筑等工业部门。

酚醛树脂是最早用于复合材料的热固性树脂。它的特点是耐热性好，能耐瞬时超高温，电性能良好，耐腐蚀性好，原料来源充足，价格低廉。因此，它广泛地用于电机、电器的绝缘材料和耐高温的烧蚀材料。它的缺点是一般必须采用高温、高压成型，机械强度较差，所以，在大型制品上的应用受到限制。

除以上三种常用树脂外，近年来又发展了许多高性能树脂，它们各自具有独特的优异性能，如聚酰亚胺树脂、聚苯并咪唑树脂、聚砜和聚芳醚砜等。

用于复合材料的热塑性树脂主要有聚苯乙烯、聚碳酸酯、聚酰胺、ABS、聚苯醚和聚四氟乙烯等。

在复合材料研制和生产中，还有其他许多类型聚合物。由于所用固化剂不同或改性等原因，每一类聚合物还可以分成多种牌号，因而用作复合材料的粘结剂牌号是相当繁多的。

通常，复合材料选用聚合物基体材料要考虑如下因素：

(1) 产品性能　产品使用性能是选择基体配方的重要依据。使用性能即产品的各项设计性能指标。由于复合材料产品的使用条件不同，对于各项性能，如强度、耐热、介电性能、耐腐蚀等的要求是不同的。而不同牌号聚合物的固有特性也不相同，因此，应根据产品的主要要求选择适当的聚合物。

(2) 对纤维应有良好的浸润性和粘附力　对于浸润性来说，一方面与纤维表面状态有密切关系；另一方面与基体配方也有密切关系。即使是同样树脂，使用的固化剂不同，区别也较大。良好的粘附力可提高复合材料的力学性能。对于高强度的结构件，几乎都使用环氧树脂，这是由于它的粘附力好，特别是剪切强度高和收缩率小的缘故。

(3) 具有良好的工艺性　在成型中要求胶液的粘度低而稳定，使用寿命适当，成型和固化温度不能太高，毒性低，刺激性小，配方中不能含有难挥发的溶剂等。

(4) 来源方便，价格低廉。

第三节　复合材料的增强材料

在复合材料中，凡是能提高基体材料机械强度、弹性模量等力学性能的材料统称为增强材料。增强材料还能降低复合材料成型收缩率，提高其热变形温度，并在热、电、磁等方面赋予复合材料新的性能。

增强材料的种类很多，从物理形态来看有纤维状增强材料、片状增强材料、颗粒状增强材料。其中纤维状增强材料是作用最明显、应用最广泛的一类增强材料，例如玻璃纤维、碳纤维、芳纶纤维等等。

一、玻璃纤维及其制品

1. 玻璃纤维的分类

(1) 以玻璃原料成分分类　这种分类方法主要用于连续玻璃纤维的分类。一般以不同的含碱量来区分：

1) 无碱玻璃纤维（通称 E 玻璃）：碱金属氧化物含量不大于1%。

2) 中碱玻璃纤维：碱金属氧化物含量为 6% ~12%。

3) 特种玻璃纤维：如由纯镁铝硅三元组成的高强玻璃纤维，镁铝硅系高强、高弹玻璃纤维；硅铝钙镁系耐化学介质腐蚀玻璃纤维；含铅纤维；高硅氧纤维；石英纤维等。

(2) 以单丝直径分类　玻璃纤维单丝呈圆柱形，以其直径的不同可以分成几种：

1) 粗纤维：直径≥30μm。

2) 初级纤维：直径为 20~30μm。

3) 中级纤维：直径为 10~20μm。

4) 高级纤维：直径为 3~10μm（亦称纺织纤维）。对于单丝直径小于 4μm 的玻璃纤维称为超细纤维。

(3) 以纤维外观分类　玻璃纤维可分为连续纤维、短切纤维、空心玻璃纤维、玻璃粉及磨细纤维等。

(4) 以纤维特性分类　以纤维本身具有的性能可分为高强玻璃纤维、高模量玻璃纤维、耐高温玻璃纤维、耐碱玻璃纤维、耐酸玻璃纤维、普通玻璃纤维（指无碱及中碱玻璃纤维）。

2. 玻璃纤维的生产工艺

目前生产玻璃纤维应用最广泛的方法有坩埚法拉丝和池窑漏板法拉丝两种。

(1) 坩埚法拉丝工艺　图 7-1 为玻璃纤维坩埚拉丝示意图。其生产工艺由制球和拉丝两部分组成。

制球工艺是根据纤维质量要求将制球原料按一定的比例混合后装入熔窑熔制成玻璃液，玻璃液流经制球机制成玻璃球供拉丝选用。拉丝部分的主要设备是铂金坩埚（或代铂坩埚、陶土坩埚）、拉丝机和温度控制系统等。玻璃球经热水清洗、去污后装入料斗，进入坩埚（图 7-1 为电炉式代铂坩埚），加热熔化。电炉式坩埚熔化原理是通过玻璃的高温导电性来实现的。玻璃球在坩埚内受热而熔化成液态的玻璃，玻璃液借助自重从坩埚底部的漏板（温度是 1200℃左右）中流出，在迅速冷却的过程中，借助高速（1000~3000m/min）转动的拉丝机拉制成直径很细（3~20μm）的玻璃纤维。

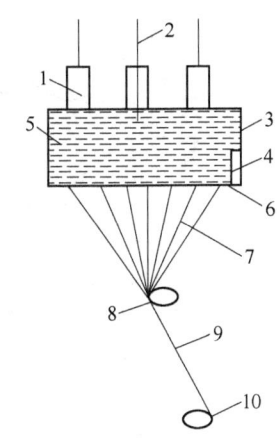

图 7-1　坩埚法拉丝示意图
1—加料孔　2—铂针　3—坩埚　4—电极板
5—玻璃板　6—漏板　7—玻璃纤维单丝
8—集束轮　9—玻璃纤维原纱
10—拉丝卷筒

(2) 池窑漏板法拉丝工艺　池窑拉丝是连续玻璃纤维生产的一种新的工艺方法。池窑拉丝是将玻璃配合料投入熔窑熔化后直接拉制成各种支数的连续玻璃纤维。

3. 玻璃纤维及其制品的表面处理

(1) 表面处理的意义　玻璃纤维复合材料（又称玻璃钢）的性能不仅与所用的增强材料、合成树脂有关，而且在很大程度上还与增强材料和合成树脂的界面结合好坏有关。

表面处理就是在玻璃纤维表面涂覆一种叫做表面处理剂的特殊物质，使玻璃纤维与合成树脂牢固地粘结在一起，以达到提高玻璃钢性能的目的。表面处理剂处于玻璃纤维与合成树脂之间而使这两种性质不同的材料牢固地连接在一起，所以表面处理剂也叫做"偶联剂"、"架桥剂"。这种中间连接作用被称作"偶联作用"或"架桥作用"。

采用各种表面处理剂对玻璃纤维及织物进行表面处理，从而提高玻璃纤维与合成树脂间的粘结性能，已成为提高玻璃钢基本性能的重要途径之一。近年来，玻璃纤维的表面处理在玻璃钢的工业生产和研究领域中越来越重要，国内外都在不断研究新型表面处理剂并大力推广。事实证明，玻璃纤维及织物经过适当的表面处理后，不仅改进了玻璃纤维的耐磨、防水、电磁绝缘等性能，而且对玻璃钢的强度，特别是湿态下的强度提高有显著的效果（如图7-2所示）。

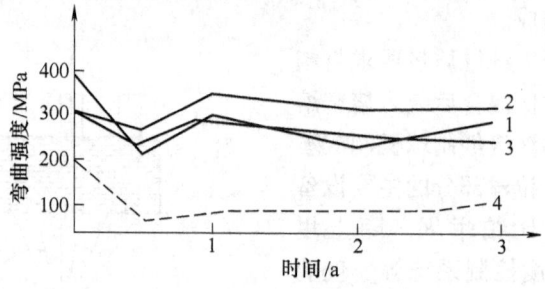

图7-2 处理剂对聚酯玻璃钢海水浸泡后强度的影响
1—沃兰处理 2—A-151处理 3—A-172处理 4—未处理

（2）界面理论 玻璃/树脂界面是相当重要的，界面的作用是相当复杂的。为了解释界面的作用，曾先后提出了偶联理论、化学处理膜理论、物理吸附理论等，但各种理论均存在一些不尽完善之处。

偶联理论是比较早提出的，迄今仍被认为是比较好的一种理论。偶联理论认为，偶联剂是一种高分子化合物，这种化合物一般都含有两部分性质不同的基团。一种官能团能很好与玻璃纤维表面结合；另一种官能团能很好与合成树脂结合（产生共聚）。通过表面处理剂把两种性能截然不同的物质联合起来，形成一个统一的整体。

（3）玻璃纤维表面处理剂的种类 玻璃纤维表面处理剂的种类繁多，归纳起来可分为有机铬、有机硅和钛酸酯三大类。

有机铬处理剂中最有名的属"沃兰（Volan）"，它的化学名称叫做甲基丙烯酸氯化铬络合物。

有机硅处理剂是一类品种很多，效果亦很显著的玻璃纤维表面处理剂，它们

的结构通式为 R_nSiX_{4-n}，式中 R 是有机基团，该有机基团中含有能与合成树脂作用形成化学键的活性基团。如：不饱和双键、环氧基团、氨基、巯基等；式中 X 是易于水解的基团，水解后能与玻璃作用。式中 n 为 1、2 或 3，绝大多数为 1。

（4）玻璃纤维表面处理方法　玻璃纤维及其织物的表面处理主要采用三种方法：后处理法、前处理法和迁移法。后处理法分两步进行：首先除去玻璃纤维表面的纺织型浸润剂，然后经处理剂溶液浸渍、水洗、烘干等工艺，使玻璃纤维表面被覆上一层处理剂。前处理法就是适当改变浸润剂的配方，使之既能满足拉丝、退并、纺织各道工序的要求，又能够增强树脂对玻璃纤维的浸润和粘结。迁移法是将处理剂直接加入到树脂胶液中进行整体渗合，在浸胶的同时将处理剂施于玻璃纤维上，借助处理剂从树脂胶液至纤维表面的"迁移"作用而与纤维表面发生作用，从而在树脂固化过程中产生偶联作用。

二、碳纤维

碳纤维是有机纤维在惰性气氛中经高温碳化而成的纤维状碳化合物。早在 1880 年就发表了制造碳丝并将其应用于作灯丝的专利，但直到 1950 年美国才制出于具有一定力学性能的碳纤维。由于碳纤维具有高的比强度和高模量而受到重视，被大量用作复合材料的增强材料。用碳纤维制成的聚合物基复合材料比模量比钢和铝合金高 5 倍，比强度也高 3 倍以上，同时耐腐蚀、耐热冲击、耐烧蚀性能均优越，因而在航空和航天工业中得到应用并得到迅速发展。

（1）碳纤维的分类

1）根据碳纤维的性能分类：①高性能碳纤维。主要有高强度碳纤维（HS）、超高强度碳纤维（VHS）、高模量碳纤维（HM）和中模量碳纤维（MM）等。②低性能碳纤维。主要有耐火纤维、碳质纤维、石墨纤维等。

2）根据原丝类型分类，可分为①聚丙烯腈基碳纤维；②粘胶基碳纤维；③沥青基碳纤维；④木质素纤维基碳纤维；⑤其他有机纤维基（各种天然纤维）碳纤维。

3）根据碳纤维的功能分类，可分为①受力结构用碳纤维；②耐焰碳纤维；③活性碳纤维（吸附活性）；④导电用碳纤维；⑤润滑用碳纤维；⑥耐磨用碳纤维。

4）根据纤维的外观分类，可分为①短纤维；②长纤维；③二（双）向织物；④三向织物；⑤多向织物。

（2）碳纤维的制造　碳纤维是一种以碳为主要成分的纤维状材料。它不同于有机纤维或无机纤维，不能用熔融法或溶液法直接纺丝，只能以有机物为原料，采用间接方法来制造。制造的方法可分为两种类型：即气相法和有机纤维碳化法。

气相法是在惰性气氛中将小分子有机物（如烃或芳烃等）在高温下沉积成纤维。用这种方法只能制造晶须或短纤维，不能制造连续长丝。

有机纤维碳化法是先将有机纤维经过稳定化处理变成耐焰纤维，然后再在惰性气氛中，于高温下进行焙烧碳化，使有机纤维失去部分碳和其他非碳原子，形成以碳为主要成分的纤维状物。此法可制造连续长纤维。

（3）碳纤维的表面处理　碳纤维表面处理的目的是提高碳纤维增强复合材料中碳纤维与基体的结合强度。碳纤维表面处理的方法主要有：①表面清洁法；②气相氧化法；③液相氧化法；④表面涂层法。各种方法达到上述目的的途径是：清除表面杂质；在纤维表面形成微孔或刻蚀沟槽，从类石墨层面改性成碳状结构以增加表面能；引进具有极性或反应性官能团以及形成能与树脂起作用的中间层。

三、芳纶纤维

芳纶纤维是芳香族聚酰胺类纤维的通称，国外商品牌号叫凯芙拉（Kevlar）纤维，我国命名为芳纶纤维。

芳纶纤维是一种高强度、高模量、耐高温、耐腐蚀、低密度的新型有机纤维。芳纶纤维的历史很短，但发展很快。1968年美国杜邦公司开始研究，1973年研究成功一类全对位芳香族聚酰胺纤维，开始命名为ARAMID纤维，后改名为凯芙拉（Kevlar）纤维。由于芳纶纤维具有一系列优异性能，在很多重要工业部门得到了广泛应用，主要用于制造防弹板、防弹头盔、火箭发动机壳体、飞机的各种部件等。

1. 芳纶纤维的制造

芳纶纤维的制造过程一般分为两个阶段：第一阶段由对苯二胺与对苯二甲酸酰氯缩聚成对苯撑对苯二甲酰胺的聚合体（PPTA）；第二阶段是将聚合体溶解在溶剂中再进行纺丝，制成所需要的纤维材料。

2. 芳纶纤维的制品

芳纶纤维和其他增强纤维一样，可以制成各种连续长纤维的粗、细纱，并可以纺织加工成各种织物。粗纱也用于缠绕制品及挤拉成型工艺。

第四节　常用复合材料

一、聚合物基复合材料

目前，聚合物基复合材料已经形成一个庞大的体系，具备完善的成型技术和生产工艺，并且，材料的性能不断提高，应用领域日益扩大，是所有复合材料中应用最广的复合材料，在现代复合材料领域中占有重要的地位，在国民经济建设中发挥了越来越重要的作用。

1. 聚合物基复合材料分类

（1）按增强纤维的种类　可分为玻璃纤维增强聚合物基复合材料、碳纤维增强聚合物基复合材料、芳纶纤维增强聚合物基复合材料、硼纤维增强聚合物基复合材料及其他纤维增强聚合物基复合材料。

（2）按基体材料的性能　可分为通用型聚合物基复合材料、耐化学介质腐蚀型聚合物基复合材料、耐高温型聚合物基复合材料、阻燃型聚合物基复合材料等。

（3）按复合材料的成型固化方式　可分为室温常压固化成型聚合物基复合材料及高温加压固化成型聚合物基合复材料等。

（4）按聚合物基体的结构形式　可分为热固性聚合物基复合材料和热塑性聚合物基复合材料。

2. 聚合物基复合材料的制造技术

聚合物基复合材料制品已经有几十种成型方法，但是它们之间存在着共性，从原材料到形成制品的过程，可以统一用图7-3的生产流程来表示。

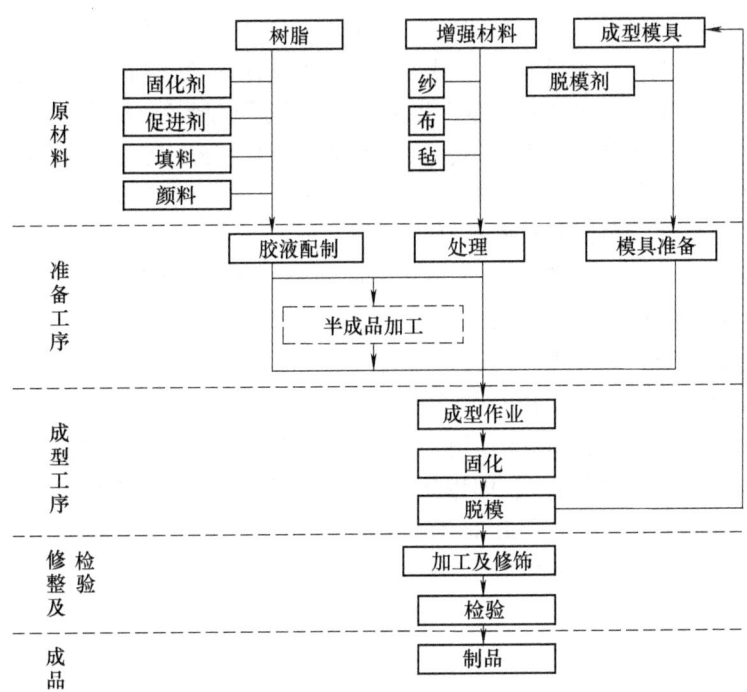

图7-3　复合材料制品的生产流程图

(1) 手糊法　这种方法用手工工具将布或纤维毡浸上树脂胶液，铺糊在敞开模具上，经固化和脱模即可获得制品。所用工具和工艺设备简单，不受制品尺寸限制，但工艺质量不稳定，易受作业人员水平、经验和劳动态度的影响，且劳动条件差，适宜于小批量、大尺寸、品种变化多的制品生产。一般用来成型船体、小型游泳池、贮罐、大口径管、客车部件、波纹瓦等制品。

(2) 喷射法　该工艺是利用高压空气将树脂系统（包括固化剂、引发剂和促进剂等）和短切纤维从喷枪上不同喷嘴同时喷出并沉积在模具上，用手辊压实浸渍纤维层，然后室温固化成型得到制品。喷射成型可以成型较为复杂形状的制品，它需要专用的喷射机，施工中材料浪费较大。用喷射工艺能够成型小船、屋顶、强度不高的罐体和管道、管子衬里、净化槽和浴槽等制品。

(3) 树脂传递（树脂压注）模压法　先在闭合模腔中铺放经缝制好的增强材料（布或是纤维毡），再将树脂液用泵压注到模腔内，依靠树脂的液压浸渍纤维材料，固化后脱模便得到制品。这是一种效率较高且能保证制品内外光滑的成型方法，成型压力在 1MPa 以下。但制品尺寸受到模具限制，而且树脂损耗较大。它可以成型大型板、汽车部件、中等容器、雷达天线罩等制品。

(4) 缠绕成型法　将连续纤维或布带浸渍树脂后，缠绕到一定形状的芯模上，达到一定厚度后，通过固化脱模得到制品。它适宜制备要承受一定内压的中空型容器，如固体火箭发动机壳体、压力容器和管道、药品贮罐等制品。近年来发展了异形缠绕技术，可以实现断面为矩形、方形或不规则形状容器的回转体成型。缠绕制品比强度高，制品质量好。

(5) 离心成型法　此方法先将短切纤维毡铺在中空芯模的内壁上，使芯模快速旋转，同时向纤维层均匀喷洒树脂液，由于离心力迫使纤维紧贴在芯模内壁，同时迫使树脂浸润纤维，向芯模内送入热风加速制品固化。此法适于成型强度要求不高的大型中空容器和大直径管。

聚合物基复合材料成型方法还有压制法、袋压法和连续成型法等。近年来，在成型方法上出现了"复合"，即用几种成型方法同时完成一件制品。例如制备一种特殊用途的管子，在采用纤维缠绕的同时，还用布带缠绕或用喷射方法复合成型。随着复合材料生产的发展，复合材料制备工艺将体现环保、节能、机械化和自动化等特点。

3. 聚合物基复合材料的基本性能

(1) 比强度、比模量大　纤维增强复合材料有较高的强度、模量，聚合物基复合材料密度比较小（$1.4 \sim 2.2 \text{g/cm}^3$），因此，复合材料的比强度（强度与密度之比）（见表7-1）相当于钛合金的 $3 \sim 5$ 倍，它们的比模量（模量与密度之比）相当于金属的 4 倍之多，这种性能可由纤维排列的不同而在一定范围内变动。

表 7-1 各种材料的比强度和比模量

材　料	密度/(g/cm³)	抗张强度/10^3 MPa	弹性模量/10^5 MPa	比强度/10^7 cm	比模量/10^9 cm
钢	7.8	1.03	2.1	0.13	0.27
铝合金	2.8	0.47	0.75	0.17	0.26
钛合金	4.5	0.96	1.14	0.21	0.25
玻璃纤维复合材料	2.0	1.06	0.4	0.53	0.20
碳纤维Ⅱ/环氧复合材料	1.45	1.50	1.4	1.03	0.97
碳纤维Ⅰ/环氧复合材料	1.6	1.07	2.4	0.67	1.5
有机纤维/环氧复合材料	1.4	1.4	0.8	1.0	0.57
硼纤维/环氧复合材料	2.1	1.38	2.1	0.66	1.0
硼纤维/铝复合材料	2.65	1.0	2.0	0.38	0.57

（2）耐疲劳性能好　金属材料的疲劳破坏常常是没有明显预兆的突发性破坏，而聚合物基复合材料中纤维与基体的界面能阻止材料受力所致裂纹的扩展。因此，其疲劳破坏总是从纤维的薄弱环节开始逐渐扩展到结合面上，破坏前有明显的预兆。大多数金属材料的疲劳强度极限是其抗拉强度的 20%～50%，而碳纤维/聚酯复合材料的疲劳强度极限可为其抗拉强度的 70%～80%。

（3）减震性好　受力结构的自振频率除与结构本身形状有关外，还与结构材料比模量的平方根成正比。复合材料比模量高，故具有高的自振频率。同时，复合材料界面具有吸振能力，使材料的振动阻尼很高。由试验得知：轻合金梁需 9s 才能停止振动时，而碳纤维复合材料梁只需 2.5s 就会停止同样大小的振动。

（4）过载时安全性好　复合材料中有大量增强纤维，当材料过载而有少数纤维断裂时，载荷会迅速重新分配到未破坏的纤维上，使整个构件在短期内不至于失去承载能力。

（5）性能可设计性　根据材料使用要求不同，聚合物基复合材料可设计制备成阻燃材料、绝缘材料、耐磨材料、耐腐蚀材料等。

（6）有很好的加工工艺性　聚合物基复合材料可采用手糊成型、模压成型、缠绕成型、注射成型和拉挤成型等各种方法制成各种形状的产品。

但是，聚合物基复合材料还存在着一些缺点，如耐高温性能、耐老化性能及材料性能均一性等有待于进一步研究提高。

4. 聚合物基复合材料的应用

聚合物基复合材料作为一种新型的工程材料，由于它具有比较突出的优良性能以及材料性能的可设计性，尤其是近几十年来，国内外对聚合物基复合材料的理论研究及成型技术的不断发展，使得产品成本降低，产品性能进一步提高，其应用范围不断扩大，在国民经济和国防建设等各个领域发挥越来越重要的作用。

(1) 在航天和航空方面的应用　航天和航空工程对材料的首要要求是比强度、比模量和耐烧蚀性能。聚合物基复合材料具有较高的比强度、比模量及优良的耐烧蚀性能，是理想的航天、航空材料，并且已经取得了很好的应用效果。

人造地球卫星的质量减轻1kg，运载它的火箭质量则可减轻1000kg，因此，用轻质高强的聚合物基复合材料来制造人造卫星有很大的优势，可极大节约卫星的发射成本。用复合材料制造的卫星部件有仪器舱本体、框、梁、桁、蒙皮、支架、太阳能电池的基板、天线反射面等。

在航空方面，聚合物基复合材料主要用作战斗机的机翼蒙皮、机身、垂尾、副翼、水平尾翼、雷达罩、侧壁板、隔框、翼肋和加强筋等主承力构件。在战斗机上大量使用复合材料的结果是大幅度减轻了飞机的质量，并且改善了飞机的总体结构，提高了飞机的远程作战能力和续航能力。目前，聚合物基复合材料在战斗机总质量中最高可占59%。特别是由于复合材料构件的整体性好，因此又极大地减少构件的数量，减少连接，有效地提高了安全可靠性。

在各种型号的民用飞机上（如图7-4所示）聚合物基复合材料也有较多的使用，主要用作雷达罩、发动机罩、副翼、襟翼、垂直尾翼和水平尾翼的舵面、翼根整流罩，以及内部的通风管道、行李架、地板、压力容器、卫生间等。由于飞行器广泛地使用了聚合物基复合材料，飞行性能的提高十分显著。

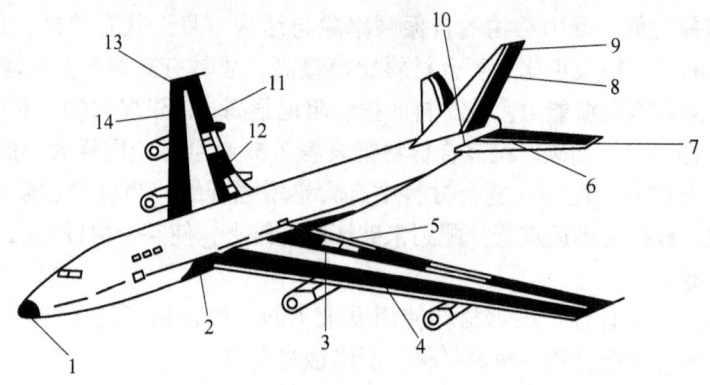

图7-4　波音-747型客机上使用聚合物基复合材料的部位
1—雷达罩　2—整流翼和机身连接处　3—上下后缘固定板　4—上下前缘板
5—后缘襟翼　6—升降舵板　7—水平安定面梢　8—舵板　9—垂直安定面梢
10—水平安定面与机身连接处　11—外副翼板
12—内副翼板　13—翼梢　14—襟翼

(2) 在交通运输方面的应用　聚合物基复合材料在交通运输方面的应用已有几十年的历史，主要包括车辆制造及造船工业上的应用。由于聚合物基复合材料比强度、比刚度高，同时又具有隔音、隔热、减振、阻燃等性能，因此，非常适宜在车辆上使用。发达国家复合材料产量的30%以上用于交通工具的制造。

聚合物基复合材料在铁路客车、货车、冷藏车上主要应用于机车车身、客车和货车车厢或顶篷以及门、窗等部位。应用最多的是以泡沫塑料为芯材的夹层结构。这种结构材料在冷藏车上既做结构材料又做隔热材料。另外，采用聚合物基复合材料制造铁路车辆的座椅、内部装饰板、地板、卫生间、卧铺床板、水箱等产品，在国内外应用已相当普遍。

在汽车制造方面，由于采用复合材料制成的汽车质量减轻，在相同条件下的耗油量只有钢制汽车的1/4，而且在受到撞击时复合材料能大幅度吸收冲击能量，保护了人员的安全。现在已用聚合物基复合材料制造了各种轿车、大型客车、拖车、载重汽车、油槽车以及其他车辆的车身和各种配件，包括车门、仪表盘、油箱、坐椅、挡泥板、发动机罩等。另外，石棉短纤维增强酚醛树脂复合材料或聚芳酰胺纤维增强聚合物基复合材料，由于具有较好的耐热性、耐油性、耐磨耗性，而且在比较高的温度、速度下，其摩擦性能变化较小，也不会产生刺耳的噪音，故已作为摩擦材料广泛地用来制造汽车的刹车片和离合器片。

玻璃纤维增强复合材料还是造船工业的理想材料。由于比强度高，耐海水腐蚀、抗微生物附着性能好，并能吸收撞击能，设计和成型自由度大等优良性能，已在造船业得到广泛应用。玻璃纤维增强复合材料主要用于中小型的船体（如渔船、游艇、汽艇）和小型舰艇（如扫雷艇、巡逻艇、登陆艇、消防艇、潜水艇等）及深水探测器。此外，除了制造船体外，玻璃钢用于舰船上层建筑、配件及各种组装件的品种、数量也在不断增加，包括甲板、风斗、油箱、方向舵、仪表盘、推进器、汽缸罩、蓄电池箱、导流帽、浮筒、驾驶室等。

（3）在石油化工方面的应用　纤维增强聚合物基复合材料具有突出的耐酸、耐碱和耐其他介质腐蚀等特点，使其在石油化工设备和化学防腐工程上获得广泛的应用。采用复合材料代替不锈钢、铜、铅、钛、镍合金制造的各种贮罐、容器、冷却塔、酸洗槽、高位槽液体输送管道、烟囱等化工设备，取得了明显的技术经济效益。同时，由于聚合物基复合材料便于现场施工，已广泛用于防腐工程，如用于各种金属及混凝土槽的防腐衬里。

纤维增强聚合物基复合材料制成的贮罐质量轻、强度高、耐腐蚀、维修方便、使用寿命长，用它来代替不锈钢、铝合金非常理想。

纤维增强聚合物基复合材料管主要用于输送石油，天然气，各种化工液、气介质，以代替传统的钢管、铝合金管、不锈钢管、塑料管等。

（4）在建筑工程方面的应用　聚合物基复合材料具有透光、隔热、隔音、耐腐蚀等性能，因而在建筑工程上得到广泛应用，它在建筑工程中主要用作采光材料、围护材料和装饰材料等，还用在给排水工程、卫生器材、采暖通风、土木工程等方面。

(5) 在电气和机械方面的应用　聚合物基复合材料具有优异的介电性能，又耐蚀、耐磨、隔音、隔热，在电工器材制造方面得到了广泛应用，它可用于制造发电机和重型发电机护环、端盖、定子槽楔、大型变压器上的线圈绝缘筒和衬套、各种绝缘板、集电环、整流子滑环、继电器绝缘垫、绝缘操作杆、各种开关装置、电器输送管道、印制电路板、插座、接线盒、计算机部件等。

在机械工业中，由于聚合物基复合材料具有轻质高强、耐腐蚀、耐热、电绝缘性，因而可满足机械设备的特殊要求，广泛用于各种护罩、各种部件及各种机械零件。

在军械工业上，聚合物基复合材料可用于制造弹药箱、枪托、枪管、引信体、炮弹护环、炮弹防潮筒、火箭发射筒（如图7-5所示）、火焰喷射筒、穿甲弹和破甲弹的零件以及坦克零部件及装甲等。此外，还可用于制造头盔、防弹衣、野战用手术床、军用担架、单兵掩体、军用营房及浮桥等。

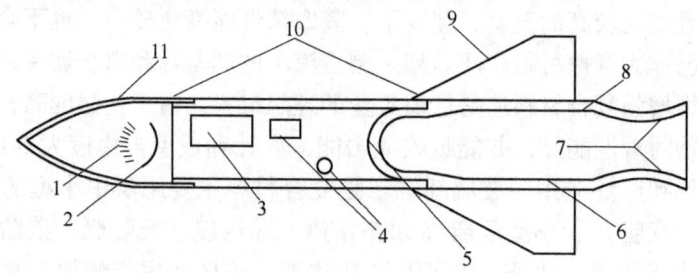

图7-5　聚合物基复合材料在导弹火箭上的应用
1—极化栅　2—反射面　3—电子缝涂装置　4—密封装置　5—发动机体
6—绝缘层　7—气口　8—防蚀层　9—尾翼
10—烧蚀绝热层　11—雷达罩

(6) 在体育、医疗卫生方面的应用　体育器材往往在使用时变形较大，并反复承受无规则交变振动和冲击作用。以往主要采用竹、木等材料，材料利用率低，使用寿命短。使用聚合物基复合材料制造体育用具，可充分发挥其高强度、耐疲劳和高弹性等特点，为运动员创造新纪录提供了条件。这方面最成功的例子有：复合材料夹层结构滑雪板、撑杆、弓。此外，复合材料还用于制造高尔夫球棒、网球拍、跳板、钓鱼杆、体育赛艇等。其中不少制品是使用碳纤维和芳纶纤维复合材料制造的。

在医学方面，复合材料用于制造假肢、人造关节、颅骨缺损修补材料等，与人体有很好的相容性，能够较好地适应人体的生理环境。

二、金属基复合材料

金属基复合材料与聚合物基复合材料相比，具有工作温度高、横向力学性能好、层间剪切强度高、耐磨损、导电和导热、不吸湿、不老化、尺寸稳定、可采用金属的加工方法等优点。由于技术上有一定难度，工艺比较复杂，价格较贵，起初仅用在要求材料比强度、比模量高，尺寸稳定和具有某些特殊性能的航天、航空等部门。随着科学技术的发展，近些年来开发了新的制造工艺和廉价的增强体（如碳化硅颗粒、陶瓷短纤维等），金属基复合材料才开始应用于民用工业部门。

1. 金属基复合材料的类型

（1）按用途分　可分为：结构用金属基复合材料和功能用金属基复合材料。

结构用金属基复合材料根据使用的温度范围又可分为低温、中温和高温三类。铝（合金）、镁（合金）基复合材料适合于较低温度使用，可稳定工作的最高温度为350℃或略高。钛（合金）基复合材料可长期使用的温度范围在600~650℃以下，属中温用金属基复合材料。镍（合金）基复合材料可在1000℃以上长期工作，是典型的高温用复合材料。金属基复合材料优异的高温性能主要是增强体赋予的。

功能复合材料是除具有一定力学性能外，还有某些功能特性的复合材料。例如，金属铜导电、导热性能优异，但在大型半导体器件中作底板时由于受热容易发生翘曲，影响它的性能。将铜与碳纤维制成复合材料，可以显著提高刚性并保持铜的优良导电性能。在大型蓄电池中的铅电极板自重大，刚性差，容易翘曲引起短路，影响电解过程的正常进行。如将铅与碳纤维制成复合材料，既能保持铅原有的优良的电化学性能，又使强度和模量提高，不易翘曲并可减小蓄电池的体积。

（2）按增强材料的种类分　可分为：连续纤维增强金属基复合材料、非连续增强体增强金属基复合材料和不同金属板的积层复合金属基复合材料。

连续纤维或长纤维增强金属基复合材料是指以高性能的纤维为增强体，金属或它们的合金为基体制成的复合材料。纤维是承受载荷的主要组元，纤维的加入不但大大改善了材料的力学性能，而且也提高了耐温性能。常用于金属基复合材料的纤维有硼纤维、碳（石墨）纤维、碳化硅纤维、氧化铝纤维，以及钨丝、钼丝、铍丝、不锈钢丝等金属丝。硼/铝、碳（石墨）/铝、碳化硅/铝、氧化铝/铝、碳（石墨）/镁是比较典型的几种金属基复合材料。

非连续增强体增强复合材料是由金属或合金与短纤维、晶须、颗粒复合而成的复合材料。此类复合材料的力学性能虽然不及连续纤维增强金属基复合材料，但价格便宜。氧化铝或硅酸铝纤维-铝复合材料、碳化硅晶须或颗粒-铝复合材料是较常见的几种。

积层复合材料是由两层或多层不同的层板组成的材料。根据需要选择不同的层板（金属、非金属），使积层复合材料具有多种优异性能，从而在要求耐磨损、抗冲击、耐腐蚀、高导热和电磁性能、强度和韧性等方面得到广泛应用，如耐冲击的装甲钢板、耐腐蚀的复合板、装饰钢板等等。积层复合材料种类繁多，可由金属与金属、金属与非金属、非金属与非金属复合而成，其中的主要类型为金属积层复合材料。

为了满足某些性能和工艺的要求发展了混杂复合材料，它们是由一种增强体和两种基体或一种基体和两种增强体、或者更复杂的形式组成的。例如，在纤维增强铝基复合材料中加钛箔或薄钛板可以明显提高横向性能。

2. 金属基复合材料的制造技术

金属基复合材料制造方法归纳起来有直接涂覆法、液态法和固态法三大类。

(1) 直接涂覆法　直接涂覆法用于制造长纤维复合材料，将基体直接涂于纤维上而得，一般只能制造半成品——复合丝或无纬带。进行涂覆前，纤维（如碳纤维）必须脱胶和除去污染物。直接涂覆法主要包括①等离子喷涂法；②离子涂覆法；③电镀和化学镀法；④化学气相沉积法。

(2) 液态法　液态法是基体在液态下制造金属基复合材料的所有方法的总称，可分为连续浸渍法和铸造法两大类。

1) 连续浸渍法。连续浸渍法只适用于长纤维。为了解决基体对纤维的润湿性以及它们之间的化学相互作用问题，纤维需进行预处理，涂上合适的涂层，或在基体中添加合金元素，或两者兼施。

2) 铸造法。大多数铸造方法都可用来制造金属基复合材料，其中有些可以铸得零件，甚至可以铸得形状复杂的零件。用铸造法制造纤维（包括长、短纤维）增强金属基复合材料时，纤维须先做成预制件。常压铸造虽然设备和工艺都较简单，但产品中孔隙多、质量差。真空铸造和压铸能明显减少材料中的孔隙，提高材料的性能。为了进一步提高金属基复合材料的致密度，以及去掉纤维的预处理工序，常将真空和加压联合起来使用，称之为真空压力法。

(3) 固态法　固态法是指基体金属处于固态下来制造金属基复合材料的方法。有时为了促进复合，在某些方法中（如热压）要求存在少量的液相，即制造过程中温度处于基体合金的液相线和固相线之间。在某些方法中（如爆炸焊接）由于巨大的能量作用，表面可能有瞬时熔融。固态法主要包括：①扩散粘结法；②粉末冶金法；③压力加工法；④爆炸焊接法。

3. 金属基复合材料的基本性能

金属基复合材料的性能取决于所选用金属或合金基体和增强物的特性、含量、分布等。通过优化组合可以获得既具有金属特性，又具有高比强度、高比模量、耐热、耐磨等的综合性能。综合归纳金属基复合材料有以下性能特点：

(1) 高比强度、高比模量　由于在金属基体中加入了适量的高强度、高模量、低密度的纤维、晶须、颗粒等增强物，特别是高性能连续纤维——硼纤维、碳（石墨）纤维、碳化硅纤维等增强物，明显提高了复合材料的比强度和比模量。加入30%～50%高性能纤维作为复合材料的主要承载体，金属基复合材料的比强度、比模量成倍地高于基体合金的比强度和比模量，如碳纤维的最高强度可达到7000MPa，碳纤维/铝合金复合材料比铝合金强度高出10倍以上。

（2）导热、导电性能　金属基复合材料中金属基体占有很高的体积百分比，一般在60%以上，因此仍保持金属所具有的良好导热和导电性。良好的导热性可以有效地传热，减少构件受热后产生的温度梯度，迅速散热，这对尺寸稳定性要求高的构件和高集成度的电子器件尤为重要。良好的导电性可以防止飞行器构件产生静电聚集的问题。

在金属基复合材料中采用高导热性的增强物，还可以进一步提高金属基复合材料的导热系数，使复合材料的热导率比纯金属基体还高。为了解决高集成度电子器件的散热问题，现已研究成功的超高模量石墨纤维、金刚石纤维、金刚石颗粒增强铝基、铜基复合材料的导热率比纯铝、钢还高，用它们制成的集成电路底板和封装件，可有效迅速地把热量散去，提高集成电路的可靠性。

（3）热膨胀系数小、尺寸稳定性好　金属基复合材料中所用的增强物碳纤维、碳化硅纤维、晶须、颗粒、硼纤维等均具有很小的热膨胀系数，又具有很高的模量，特别是高模量、超高模量的石墨纤维具有负的热膨胀系数。加入相当含量的增强物，不仅可以大幅度地提高材料的强度和模量，也可以使其热膨胀系数明显下降，并可通过调整增强物的含量获得不同的热膨胀系数，以满足各种工况要求。例如，石墨纤维增强镁基复合材料，当石墨纤维含量达到48%时，复合材料的热膨胀系数为零，即使用这种复合材料做成的零件不发生热变形，这对人造卫星构件特别重要。

（4）良好的高温性能　由于金属基体的高温性能比聚合物高很多，增强纤维、晶须、颗粒在高温下又都具有很高的高温强度和模量。因此金属基复合材料具有比金属基体更高的高温性能，特别是连续纤维增强金属基复合材料，在复合材料中纤维起着主要承载作用，纤维强度在高温下基本不下降，纤维增强金属基复合材料的高温性能可保持到接近金属熔点，并比金属基体的高温性能高许多。因此，金属基复合材料被选用在发动机等高温零部件上，可大幅度地提高发动机的性能和效率。总之，金属基复合材料制成的零构件比金属材料、聚合物基复合材料制成的零件能在更高的温度条件下使用。

（5）耐磨性好　金属基复合材料，尤其是陶瓷纤维、晶须、颗粒增强金属基复合材料具有很好的耐磨性。这是因为在基体金属中加入了大量的陶瓷增强物，特别是细小的陶瓷颗粒。陶瓷材料具有硬度高、耐磨、化学性能稳定的优点，用它们来增强金属不仅提高了材料的强度和刚度，也提高了复合材料的硬度和耐磨性。SiC/Al复合材料的高耐磨性在汽车、机械工业中有很广的应用前景，可用于汽车发动机、刹车盘、活塞等重要零件,能明显提高零件的性能和寿命。

（6）良好的疲劳性能和断裂韧性　金属基复合材料的疲劳性能和断裂韧性,取决于纤维等增强物与金属基体的界面结合状态,增强物在金属基体中的分布以及金属、增强物本身的特性。特别是最佳的界面状态既可有效地传递载荷,又能阻止裂纹的扩展,提高材料的断裂韧性。据美国宇航公司报道 C/Al 复合材料的疲劳强度与拉伸强度比为 0.7 左右。

（7）不吸潮、不老化、气密性好　与聚合物相比,金属基复合材料性质稳定、组织致密,不存在老化、分解、吸潮等问题,也不会发生性能的自然退化,这比聚合物基复合材料优越,在空间使用不会分解出低分子物质污染仪器和环境,有明显的优越性。

4. 金属基复合材料的应用

硼/铝复合材料的强度和弹性模量高、密度小、导热好、膨胀系数低、使用温度高,是最先应用的纤维增强金属基复合材料。首先用作管状结构支柱,如航天飞机中机身框架和桁架肋、起落架转向拉杆。管子的直径为 25～67mm,长 609～1850mm,可以减轻质量 44%。其次,可用作多层微片芯支架的散热－冷却板材料,利用它的良好的导热性以及与半导体片芯接近的热膨胀系数,可以大大减轻接头的疲劳损伤,提高寿命。硼/铝复合材料是一种有前景的中子屏蔽材料,可用来制作核废料的运输容器和储存器、移动屏蔽罩、操纵杆。硼纤维增强金属基复合材料可用于喷气发动机的风扇叶片、机翼蒙皮、结构支柱、起落架零件、自行车身、高尔夫球棒等。

碳（石墨）/铝和碳（石墨）/镁复合材料具有比强度和比模量高、尺寸稳定性好等优异性能,能经受住宇宙航天过程中严酷的环境条件,因此首先是航天构件的理想材料。在航天飞机和人造卫星上可用作主要结构的外壳和构架、下桁条、仪器支架、天线和天线肋、太阳能电池的面板、望远镜扇形反射面、哈勃望远镜天线等。在导弹和运载火箭上可用作重返大气防护罩、燃气涡轮发动机压气机叶片、加强杆和发射管、大直径圆柱体段、级间段、接合器、油箱的加强材料及设备的支撑结构。在飞机上可用作蒙皮、抗压构件、翼梁、翼盒,直升飞机的旋翼、梁、框架、变速箱壳体。在野战装配式突击桥、高速运输车辆、深潜器等方面也有应用前景。

碳化硅纤维增强金属基复合材料由于其高的比强度和比模量,首先用作飞机、导弹和发动机的高性能结构材料。如 SiC/Al 的 3m 长的 Z 形加强筋、下翼弦、中柱、上压气管,移动桥,质量轻的小型压力容器的内部加强筋,导弹尾翼、导弹壳体和发动机壳体。SiC/Ti 复合材料用于高温火箭、海军舰艇的螺旋桨。

氧化铝纤维/铝、不锈钢丝/铝复合材料现已用于汽车发动机的活塞和连杆钨丝增强金属基复合材料不但强度和刚性高，而且耐高温性、韧性和导热性好，特别适用于涡轮机叶片、压力容器、飞轮和简单负荷的梁。

非连续增强金属基复合材料制备工艺简单，成本低，它们的开发应用受到人们的普遍重视，特别在民用工业部门的应用有着广阔的前景，其中首推碳化硅和氧化铝颗粒增强金属复合材料。碳化硅颗粒增强铝复合材料可作卫星或航天用的结构材料，如卫星支架及结构用角片、天线用管材、运载用结构型材；汽车用驱动轴、刹车盘、发动机缸体和衬套、连杆和活塞；还可用作电子封装材料，各类耐磨零件，代替钛合金作结构件，陀螺仪零件，激光反射镜和基材，坦克反射镜，仪器盖等。

碳化硅晶须/铝复合材料可用作导弹翼、飞机门和铰链座，装甲车和坦克履带，竞赛用发动机活塞，汽轮压气机轮，导弹导座和弹体加强环，钟形罩和马蹄铁。

碳化硅晶须/镁复合材料可作齿轮。

碳化硅颗粒和晶须有时可用氧化铝颗粒和晶须取代。

三、陶瓷基复合材料

陶瓷材料具有耐高温、抗氧化、耐磨、耐腐蚀等特性，但都很脆，不能承受剧烈的机械冲击和热冲击。制成复合材料的主要目的是提高韧性，同时强度和模量也有一定程度的增加。

1. 陶瓷基复合材料的成型工艺

纤维增强陶瓷基复合材料的制造通常包括将纤维加入基体和复合及基体的固结两个过程，有时两个过程可以同时进行。制造高性能陶瓷复合材料最广泛使用的方法是热压法。

（1）纤维的加入和定向　在制造复合材料时必须控制纤维的体积含量、方向和分布。将纤维定向不但能在需要的方向上发挥它们的增强效果，而且能达到比较高的充填密度。

随机排列的短纤维复合材料在制造时，只要将纤维和基体粉末混合即可，纤维越长、含量越高，在基体中的均匀分布越困难，纤维的最高含量约为30%，否则纤维容易成团并产生空洞。短纤维的定向可由下列方法达到：①液力切变定向。②电泳法。

连续纤维复合材料最常用的方法是泥浆浸渍。将基体粉末悬浮在含有有机粘结剂的有机溶媒中制成泥浆，纤维单丝或束通过泥浆，挂上基体，然后缠绕在圆筒上并除去溶媒，取下后热压便得复合材料。

（2）热压　粉末的粒度分布、温度和压力等工艺参数，对用热压法制造的复合材料的性能起着关键作用，因为它们决定着纤维的损伤、基体的孔隙率以及纤维-基体的结合强度。

粉末中如含有高百分比的尺寸小于纤维直径的粒级，则有利于纤维在基体中的均匀分布，尖角的颗粒容易损伤纤维表面。用球磨粉末制得的复合材料的性能，优于用电动液压粉碎粉末制得的复合材料。同时使用两种粉末时性能介于两者之间。在各种情况下纤维的强度变化不大，粉末形状对复合材料性能没有影响，起影响作用的是粉末的粒度，电动液压粉末中大颗粒的含量比球磨粉末高。

热压温度、压力和时间参数应视具体体系由实验得到，用热压法制造的陶瓷基复合材料有：碳化硅／氮化硅、Mo-Al_2O_3、钨-陶瓷、不锈钢-Al_2O_3 以及晶须增强陶瓷基复合材料。

2. 陶瓷基复合材料的基本性能及影响因素

陶瓷基复合材料在保持陶瓷材料强度高、硬度大、耐高温、抗氧化、耐磨损、耐腐蚀、热膨胀系数和比重小等优点的同时，还具备韧性大这一显著优点，弥补了陶瓷材料脆性大这一突出弱点。

用纤维增强陶瓷的主要目的是提高陶瓷的韧性。韧性除与纤维及基体有关外，纤维与基体的结合强度、基体的孔隙率、工艺参数也有明显影响。纤维与基体间的结合强度过大将使韧性降低，基体中的孔隙率能改变复合材料的破坏模式，孔隙率越大，韧性越差。

陶瓷基复合材料的拉伸和弯曲性能与纤维的长度、取向和含量、纤维与基体的强度和弹性模量、它们的热膨胀系数的匹配程度、基体的孔隙率和纤维的损伤程度密切相关。无规排列短纤维-陶瓷复合材料的拉伸和弯曲性能经常低于基体材料，这是因无规排列纤维的应力集中的影响以及热膨胀系数不匹配造成的。将短纤维定向可以提高该方向上的性能。用定向的连续纤维可以明显提高强度，因为提高了增强效果，降低了应力集中，并可提高纤维的体积含量。

单向增强陶瓷复合材料的剪切强度受纤维与基体间的结合强度及基体中孔隙率的影响，结合强度大、孔隙率低，则层间剪切强度高。

3. 陶瓷基复合材料的应用

陶瓷基复合材料具有高的比强度和比模量，韧性好，在要求质量轻的空间及高速切削方面的应用很有前景。

在军事上和空间应用上陶瓷基复合材料可作导弹的雷达罩，重返空间飞行器的天线窗，装甲、发动机零部件，换热器，汽轮机零部件，专用燃烧炉内衬，轴承和喷嘴等。石英纤维增强二氧化硅、碳化硅增强二氧化硅、碳化硼增强石墨、碳、碳化硅或氧化铝纤维增强玻璃等可用于上述目的。

陶瓷基复合材料耐蚀性优异，生物相容性好，可用作生物体材料。

陶瓷基复合材料可作切削刀具，如用碳化硅晶须增强氧化铝刀具切削镍基合金、铸铁和钢的零件，不但使用寿命增加，而且进刀量和切削速度都可大大提高。

本 章 小 结

本章简要介绍了复合材料基础,对复合材料的定义与命名、复合材料的分类、复合材料的增强机理作了阐述;介绍了复合材料的三大基体材料:金属材料、陶瓷材料和聚合物材料的主要性能和用途;介绍了玻璃纤维及制品、碳纤维及制品、芳纶纤维及制品等复合材料的增强材料的性能和制造方法;重点介绍了聚合物基复合材料、金属基复合材料和陶瓷基复合材料等常用复合材料的分类、制造方法、性能特点和用途。通过本章的学习,对复合材料有一个初步的了解,特别是对复合材料的定义、分类和用途能够理解和领会。

复习思考题

1. 复合材料如何命名?并举出一些实例。
2. 选用复合材料金属基体应考虑哪些方面?
3. 复合材料聚合物基体选用原则有哪些?
4. 在复合材料制备过程中,为什么要对玻璃纤维进行表面处理?
5. 碳纤维表面处理的目的是什么?有哪几种方法?
6. 简述聚合物基复合材料喷射成型方法。
7. 聚合物基复合材料的基本性能有哪些?并举例说明其应用。
8. 金属基复合材料的特性有哪些?
9. 简述陶瓷基复合材料的性能和应用。

第八章 新材料简介

纵观人类利用材料的历史,可以清楚地看到,每一种重要的新材料的发现和应用,都把人类支配自然的能力提高到一个新的水平。材料科学技术的每一次重大突破都会引起生产技术的革命,大大加速社会发展的进程,给社会生产和人们生活带来巨大的变化,把人类物质文明推向前进。在当今新技术革命波及整个国际社会的浪潮冲击下,人类进入了一个"材料革命"的新时代。信息技术、生物技术和新材料技术是当代新科技革命的三大支柱,而新材料技术又是当代新科技革命的物质基础和先导,每一项重大的新技术发展,往往都有赖于新材料的发展。现代高技术的发展更是密切依赖于新材料的发展。新材料在整个高技术发展中的先导和基础作用日趋明显,新材料本身已成为当代高技术的重要组成部分。

所谓新材料,主要是指最近发展或正在发展之中的具有传统材料无法比拟的特殊功能和效用、或优异性能的材料。传统材料的特征为:需求量大、生产规模大,但环境污染严重;而新材料是建立在新思路、新概念、新工艺、新检测技术的基础上,以材料的优异性能、高品质、高稳定性参与竞争,属高新技术的一部分。新材料的特征是:投资强度较高、更新换代快、风险性大、知识和技术密集程度高,一旦成功,回报率也较高,且不以规模取胜。目前世界上传统材料已有几十万种,而新材料正以每年5%的速度在增长,化学周期表中已有90多个元素在工业上被采用。世界上现有1000多万个化合物,并还在以每年25万个的速度递增,其中相当一部分有发展成为新材料的潜力。

新材料的种类繁多,按照材料的用途可将新材料分为结构新材料和功能新材料两大类,但有许多新材料具有结构材料和功能材料的双重性能,难以区分。本章仅就一部分新材料:纳米材料、超导材料、生物材料、智能材料、非晶态金属、形状记忆材料,分别作简要的介绍。

第一节 纳米材料

纳米材料通常定义为材料的显微结构中,包括颗粒直径、晶粒大小、晶界、厚度等特征尺度都处于纳米尺寸水平的材料,通常由直径为纳米数量级的粒子压缩而成。由于纳米材料中晶粒的细化,晶界数量大幅度增加,可使材料的强度、韧性和超塑性大为提高，并对材料的电学、热学、磁学、光学等性能产生重要的影响。如晶粒大小降到纳米级，材料就显示超塑性（多晶材料受拉伸时产生较大的拉伸形变），金属在室温就变软，脆性陶瓷就不脆而有延展性。高温下材料就能模压、锻打，然后热处理使晶粒长大而增强。当粉末尺寸降至纳米级，烧结时晶界扩散速度将增加 6~8 个数量级。目前纳米材料研究已成为材料科学研究的热点。

一、纳米材料的制备方法

1. 纳米粉体的制备

纳米粉体也称为超微粒子，是一类介于固体和分子之间的、具有极小粒径（1~100nm）的亚稳态中间物质。它可分为金属、半导体、高分子、陶瓷超细粉末等。纳米粉体难以用传统的机械方法制得，现常用方法包括物理或化学制备方法。化学制备方法又可分为气相化学法和液相化学法（湿化学法）。在本节中仅将用于纳米粉体的方法作简述。

评价某种粉体制备方法的优劣主要有以下几条标准：①粒子纯度及表面的清洁度高；②粒子粒径及粒度分布可控；③粒子几何形状规则，晶相稳定性好；④粉体无团聚或团聚程度低。超微粒子表面原子数比例高，具有独特的体积效应、表面效应、量子尺寸效应，已在许多领域得到了越来越广泛的应用。

（1）物理制备方法　物理制备方法主要是采用蒸发冷凝法，即在真空蒸发室内充入低压惰性气体，加热金属或化合物蒸发源，由此产生的原子雾与惰性气体原子碰撞而失去能量，凝聚而成纳米尺寸的团簇，并在液氮冷却棒上聚集起来，最后得到纳米粉体。蒸发冷凝法的优点是可在体系中加置原位压实装置，即可直接得到纳米材料。1987 年美国 Argonne 实验室的 Siegles 采用此方法成功地制备了粒径为 5~20nm 的 TiO_2 纳米陶瓷粉体。此方法的缺点是装备庞大，设备投资昂贵，不能制备高熔点的氮化物和碳化物粉体，所得粉体粒径分布范围较宽。

其他物理制备技术还有高能机械球磨法和电火花爆炸法等。

（2）化学制备方法　化学制备方法是在液相或气相条件下，首先形成离子或原子，然后逐步长大，形成所需要的粉体，容易得到粒径小、粒度分布均匀、纯度高的超细粉体。

1）化学气相法主要包括以下几种：

ⅰ）化学气相沉积法（CVD）。此法是在远高于热力学计算临界反应温度条件下，反应产物蒸气形成很高的过饱和蒸气压，使其自动凝聚形成大量的晶核。这些晶核在加热区不断长大，聚集成颗粒。随着气流进入低温区，颗粒长大、聚集、晶化过程停止，最终在收集室内得到纳米粉体。CVD 法可通过选择适当的浓度、流速、温度和组成配比等工艺条件，实现对粉体组成、形貌、尺寸、晶相等控制。如在 1100~1400°C 温度下，分别用 $Si(CH_3)_2Cl_2$、NH_3、H_2 作为硅、碳、氮源和载气，可制得平均粒径为 30～50nm 的 SiC 纳米粉和平均粒径 <35nm 的无定形 SiC/Si_3N_4 纳米复合粉体。

ii) 激光诱导气相沉积法（LICVD）。此法是利用反应气体对特定波长激光束的吸收而产生热解或化学反应，经过核生长形成超细粉末。整个过程实质上是一个热化学反应和晶粒成核与生长过程。LICVD 法通常采用 CO_2 激光器，加热速率快，高温驻留时间短，冷却迅速，因此可获得粒径 <10nm 的均匀纳米粉体。同时，反应中心区域与反应器之间被原料气体隔离，反应污染小，可制得纯度高的纳米粉体。已有采用 LICVD 方法制备出粒径为 7～18nm 的球形非晶态 Si_3N_4 粉体以及 5～12nm 的球形 Al_2O_3 粉体的报道。

iii) 等离子气相沉积法（PCVD）。它是纳米陶瓷粉体制备的常用方法之一，具有反应温度高，升温和冷却速率快等特点。PCVD 法又可分为直流电弧等离子体法、高频等离子体法和复合等离子体法。对于直流电弧等离子体法，由于电极间电弧产生高温，在反应气体等离子化的同时，易因电极熔化或蒸发而污染反应产物。高频等离子体法的主要缺点是能量利用率低，产物质量稳定性较差。复合等离子体法则是将前两种方法合为一体。它在产生直流电弧时不需电极，避免了由于电极物质熔化或蒸发而在反应产物中引入杂质；同时，直流等离子体电弧束又能有效地防止高频等离子火焰受原料的进入造成的干扰，从而在提高产物纯度、制备效率的同时提高了系统的稳定性。采用 PCVD 法可制得 10～50nm 的 Si_3N_4 纳米粉体，粒径 30nm 以下的 Si_3N_4/SiC 复合粉体以及 AlN、TiN、ZrN 等非氧化物纳米粉体、粒径为 50nm 的 γ-Al_2O_3、粒径为 20～40nm 的 δ-Al_2O_3 等氧化物纳米粉体。

2) 湿化学法。是通过液相来合成粉体。它具有毋需苛刻的物理条件，易中试放大，产物组分含量可精确控制，可实现分子/原子尺度水平上的混合等特点，可制得粒径分布窄、形貌规则的粉体。

i) 沉淀法。此方法就是在金属盐溶液中加入适当的沉淀剂来得到前驱体沉淀物，再将此沉淀物煅烧形成纳米粉体。为了避免沉淀法制备粉体过程中形成严重的硬团聚，往往在其过程中引入冷冻干燥、超临界干燥、共沸蒸馏等技术手段，取得了较好的效果。沉淀法操作简单，成本低，但易引进杂质，难以制得粒径小的纳米粉体。

ii) 溶胶-凝胶法。此方法是通过醇盐水解、聚合，形成溶胶，再转变成凝胶。凝胶在真空状态下低温干燥，得到疏松的干凝胶，干凝胶经高温燃烧处理后，即可得到纳米粉体。该方法可采用蒸馏或重结晶技术来保证原料的纯度，整个工艺过程不引入杂质离子，有利于高纯材料的制备，所得粉体粒径较小，且粒径分布窄。但它也有不足之处，如原料价格高，有机溶剂的毒性以及在高温下作热处理时会使颗粒快速团聚等。目前用溶胶-凝胶法已可以制得许多氧化物的纳米级粉体。

ⅲ) 喷雾热分解法。此方法是将金属盐溶液以雾状喷入高温气氛中，此时立即引起溶剂的蒸发和金属盐的热分解，随后因过饱和而析出固相，从而直接得到纳米粉体；或者是将溶液喷入高温气氛中干燥，然后再经热处理形成粉体。形成的颗粒大小与喷雾工艺参数有很大的关系。喷雾法需要高温及真空条件，对设备和操作要求较高，但易制得粒径小、分散性好的粉体。如用此方法可制得纯锐钛矿型 TiO_2 粉体，粒径为 20~40nm。

ⅳ) 水热法。这是一种在密封的压力容器中，以水作为溶剂、粉体经溶解和再结晶的制备材料的方法。相对于其他粉体制备方法，水热法制得的粉体具有晶粒发育完整，粒度小，且分布均匀，颗粒团聚较轻，可使用较为便宜的原料，易得到合适的化学计量物和晶形等优点。尤其是水热法制备陶瓷粉体毋需高温煅烧处理，避免了煅烧过程中造成的晶粒长大、缺陷形成和杂质引入，因此所制得的粉体具有较高的烧结活性。如采用水热法制备的 ZrO_2 纳米粉体颗粒呈球状或短柱状，粒径为 15nm。烧结试验表明，粉体在 1350~1400°C 温度下烧结，密度可达到理论密度的 98.5%。

2. 纳米块材料的制备

由于纳米粉体具有巨大的比表面积，使作为粉体烧结驱动力的表面能剧增，扩散速率增大，扩散路径变短，烧结活化能降低，烧结速率加快，这就降低了材料烧结所需的温度，缩短了材料的烧结时间。但制备中所遇到的问题也不少：首先是它不易形成密度较高的素坯；其次烧结时可能因超微粉团聚体烧结时收缩而形成空洞达不到致密化；此外，纳米粉体具有极高的表面能，烧结速率提高，导致烧结温度大大下降，但同时晶粒生长的速度也加快，因此要使纳米尺度的陶瓷粉制成的素坯经过烧结，而其中晶粒尺寸仍保持不变是十分困难的。如有人用 8nm 的四方氧化铅粉末经等静压 (400MPa) 成型后，于 1100°C 下烧结，所得陶瓷平均晶粒尺寸变为 100nm。一般氧化锆陶瓷烧结温度约为 1650~1700°C，采用纳米粉后烧结温度降低了 550~600°C，晶粒尺寸仍提高了一个量级。为此，近年来除常规的常压烧结外，还采用了真空烧结、热等静压烧结、微波烧结、等离子体烧结等新的快速烧结技术。如采用真空烧结技术可使纳米 ZrO_2 在 975°C 下致密化，得到 <100nm 的晶粒尺寸。施加外压后，可进一步降低烧结温度和制品的晶粒尺寸；采用快速微波烧结方法，在 950°C 下可使 TiO_2 达到理论密度 98% 的致密度。目前纳米材料的致密化手段已趋于多样化。

二、纳米材料的性质和应用

纳米材料是一种多晶体，其中每个晶粒的直径是纳米数量级。由于构成材料的粒子尺寸减小，如粒径 5nm 左右的固体，其表面原子数与内部原子数几近相等，使得界面组分占整个材料的比率上升（达 50% 或更高）从而引起性质发生剧烈变化,十分令人瞩目。另外,随着粒子由宏观尺寸进入纳米范围,准连续的能带将分裂为分立的能级,能级之间的距离随粒子尺寸减小而增大。当能级间距大于热能（kT）、磁能（BH）、电能和光子能量（$h\nu$）等特征能量时,就会发生一系列与宏观物体不同的量子尺寸效应。结构分析初步证实这种新型纳米固体中的原子排列既不同于具有长程有序的晶体,又因界面原子占有很大比例,也不同于非晶态,这就使纳米固体表现出许多特异的性质。

对于纳米块状材料首先进行研究的是 H. Gleiter 及其合作者。他们在1984年把粒径约为 6nm 的 Fe 粒子压制成纳米固体,并且用 X 射线衍射等方法测量研究了这种固体的内部结构,发现它们具有一种奇异的结构类型,是由晶体和一种不具有任何的长程序和短程序的分界面所组成的。研究进一步指出了这种材料确实具有一种新型的固态结构,其性质与处于晶态或玻璃态的同种材料的性质大不相同,这就为纳米材料的研究、发展和应用开辟了广阔的前景。

纳米材料的结构及原子排列的特殊性,使其内部原子输运出现异常现象,其自扩散是传统晶体的 $10^{14} \sim 10^{19}$ 倍。高的扩散速率使复相纳米固体的固态反应能在室温和低温下进行。纳米固体中的量子隧道效应使电子输运表现出反常现象。纳米硅氢合金中氢的含量大于5%（质量分数）时,电导下降2个数量级。纳米固体的电导温度系数随颗粒尺寸的减小而下降,甚至出现负值。这些特异性能成为超大规模集成电路器件的设计基础。

研究还表明,纳米材料可以显示出较好的超塑性及强度。普通陶瓷材料只有在 1000℃ 以上温度下,应变速率 $< 10^{-4} s^{-1}$ 时才表现出塑性。而纳米陶瓷在高温下具有类似于金属的超塑性,如纳米级 Si_3N_4 陶瓷在 1300℃ 下可产生 200% 以上的形变。纳米 TiO_2 陶瓷在室温下就可发生形变,在 180℃ 下塑性形变可达 100%。这一现象已成为纳米材料研究中最令人注目的焦点之一。

不少纳米陶瓷材料的硬度和强度比普通材料高出 4～5 倍。如在 100℃ 下,纳米 TiO_2 陶瓷的显微硬度为 13GPa,而普通 TiO_2 陶瓷的显微硬度低于 2GPa。还有人报道颗粒为 6nm 的 Fe 晶体的断裂强度较之多晶 Fe 提高 12 倍,硬度提高 2～3 个数量级。在陶瓷基体中引入纳米分散相并进行复合,不仅可大幅度提高断裂强度和断裂韧度,明显改善其耐高温性能,而且也能提高材料的硬度、弹性模量和抗热震、抗高温蠕变等性能。如引入 5% 纳米金属 W 的 Al_2O_3 陶瓷材料的断裂强度可达 1.1GPa。现已成功地制备出多种体系的微米-纳米复合陶瓷,如 Al_2O_3/Si_3N_4、Al_2O_3/SiC、MgO/SiC、Si_3N_4/SiC、莫来石/SiC 等（式中分子表示基质,分母表示纳米分散相）,见表 8-1,材料的力学性能得到明显改善。

纳米固体的特殊性质还表现为：如纳米磁性金属的磁化率是普通金属的 20 倍,而饱和磁矩是普通金属的 1/2。纳米固体在较宽谱范围都具有均匀的光吸收特性；纳米复合多层膜在 7～17GHz 频率的吸收高达 14dB,在 10dB 水平的吸收频宽为2GHz。几十纳米的膜相当于几十微米厚的现有吸波材料的效果，可望提高战略导弹的突防能力。纳米晶体铜的同位素（^{67}Cu）自扩散表明，自扩散系数比晶格扩散增大了10^{19}倍，比晶界扩散提高近100倍；纳米金属的比热容是传统金属的2倍，热膨胀系数提高2倍。纳米Ag晶体作为稀释制冷机的热交换效率较传统材料提高30%。含有超细微粒Al_2O_3、ThO_2、Y_2O_3等的合金材料可显著地增进耐高温性。此外，纳米颗粒的小尺寸效应和表面效应，不仅使其熔点下降，相变温度也下降，即可在较低的温度下进行固相反应、固相烧结。

表8-1 纳米复合陶瓷材料的主要力学性能

复合材料	断裂韧度/（$MPa \cdot m^{1/2}$）	抗弯强度/MPa	最高使用温度/°C
Al_2O_3/Si_3N_4	3.5~4.7	350~850	800~1300
Al_2O_3/SiC	3.5~4.8	350~1520	800~1200
MgO/SiC	1.2~4.5	340~700	600~1400
Si_3N_4/SiC	4.5~7.5	850~1400	1200~1450

传感器是超微粒最有前途的应用领域之一。超微粒具有的特点，如大比表面积、高活性、特异物性、极微小性等与传感器所要求的多功能、微型化、高速化相互对应。目前传感器使用的材料主要是陶瓷。如温度传感器有VO_2，气体传感器有SnO_2，湿度传感器有LiCl等。

另一方面，将纳米微粒作为引发剂也是很有应用前景的。利用超细微粒甚高的比表面积与表面活性可以显著地增进催化效果。例如火箭发射用的固体燃料推进剂中，如添加约1%（质量分数）的超细铝或镍微粉，每克燃料的燃烧热可增加一倍。超细硼粉、高铬酸铵粉可以作为炸药的有效引发剂。超细的铂粉、碳化钨等是高效的氢化引发剂。超细的铁、镍与γ-Al_2O_3混合轻烧结体可以代替贵金属而作为汽车尾气净化引发剂。超细银粉可以作为乙烯氧化的引发剂。超细的镍粉、银粉的轻烧结体作为化学电池、燃料电池和光化学电池中的电极可以增大与液相或气体之间的接触面积，增加电池效率有利于小型化。超细微粒的烧结体还可以生成微孔过滤器，作为吸附氢气等气体的储藏材料；还可作为陶瓷的着色剂，用于工艺美术中；与橡胶或塑料一起可制成导电复合体，或导电复合纤维。

纳米科学与技术的发展，已为现代材料的开发带来了一场新的革命。可以预计，今后纳米材料的发展将是日新月异、不可阻挡的。

第二节 超导材料

一般金属均具有其直流电阻率随温度降低而减小的现象，在温度降至0K时，其电阻率就不再下降而趋于一有限值。但有些导体的直流电阻率，在某一低温降为零,被称为零电阻或超导电现象。而且此时的金属还具有完全抗磁性,即置于外磁场中的超导体内部的磁感应强度恒为零。超导体就是指在一定的温度以下,材料电阻为零,物体内部失去磁通成为完全抗磁性的物质。零电阻和完全抗磁性是超导体的两个基本特征。出现零电阻的温度称为临界温度T_c。T_c的高低是超导材料能否实际应用的关键。

目前许多超导材料的T_c都太低,必须用液氦才能降到所需温度T_c,这样费用昂贵且操作不便。故科学家们都致力于提高T_c的研究,现已取得突破性进展。1986年超导陶瓷的出现,使超导体的T_c获得重大突破,即在液氮温度以上的复相材料中观察到了超导性。镧钡铜氧体的发现使$T_c>30K$。1987年,一些超导材料的临界温度T_c提高到77K。1988年,BiSrCoCuO超导材料的T_c达110K,而铊钡钙铜氧超导材料的T_c已达120K。二十几年来,高温超导的研究方兴未艾,高温超导材料的发展已经历了四代:第一代镧系,如La-Cu-Ba氧化物,$T_c=91K$;第二代钇系,如Y-Ba-Cu氧化物,我国已研制出$T_c=92.3K$的钇系超导薄膜;第三代铋系,如Bi-Ca-Cu,$T_c=114\sim120K$;第四代铊系,如Tl-Ca-Ba-Cu氧化物,$T_c=122\sim125K$。1990年发现的一种不含铜的钒系复合氧化物其T_c已达132K。T_c还在进一步不断提高,得到干冰温度(240K)甚至室温的超导体都是可能的。

超导材料主要可分为超导元素、超导合金、陶瓷超导体和聚合物超导体四大类。

超导材料按其化学组成可分为元素超导体、合金超导体、化合物超导体和氧化物超导体。近年来,由于具有较高临界温度的氧化物超导体的出现,有人把临界温度T_c达到液氮温度(77K)以上的超导材料称为高温超导体。上述元素超导体、合金超导体、化合物超导体均属低温超导体。

一、低温超导材料

目前,已发现的超导材料有上千种。大部分金属元素都具有超导电性。在采用了特殊技术后(如高压技术、低温下淀积成薄膜的技术、极快速冷却技术等),以前不能变成超导态的许多半导体和金属元素已在一定条件下实现了超导态。

1. 元素超导体

常压下,在目前所能达到的低温范围内,已发现具有超导电性的金属元素有28种。其中过渡族元素18种,如Ti、V、Zr、Nb、Mo、Ta、W、Re等。非过渡族元素10种,如Bi、Al、Sn、Cd、Pb等。按临界温度高低排列,铌居首位,临界温度9.24K;其次是人造元素锝,T_c为7.8K;第三是铅,7.197K;第四是镧,6.00K。然后是钒,5.4K;钽,4.47K;汞,4.15K;以下依次为锡、铟、铊、铝。研究发现,在施以30万大气压的条件下,超导元素的最高临界温度可达13K。由于元素超导体的临界温度太低,很难实用化。超导现象发现后,昂尼斯曾试验用铅丝绕制超导磁体,但其临界电流、临界磁场均较小(临界磁场仅为

0.055T），无法实用。1950 年前后，研究者又采用纯铌线制作超导磁体，最终也告失败。

2. 合金超导体

作为合金系超导材料，最早出售的超导线为 Nb-Zr 系，用于制作超导磁体。Nb-Zr 合金具有低磁场高电流的特点，在 1965 年以前曾是超导合金中最主要的产品。后来逐渐被加工性能好，临界磁场高，成本低的 Nb-Ti 合金所取代。在目前的合金超导材料中，Nb-Ti 系合金实用线材的使用最为广泛，原因之一是在于它与铜很容易复合。复合的目的是防止超导态受到破坏时，超导材料自身被毁。复合后采取冷加工的方法将超导线材坯料拉成细丝，然后，在 300~500°C 进行时效处理，第二相粒子的析出对磁通在超导体内的运动产生了很强的钉扎作用，有利于提高临界电流。Nb-Ti 合金线材虽然不是当前最佳的超导材料，但由于这种线材的制造技术比较成熟，性能也较稳定，生产成本低，所以目前仍是实用线材中的主导。20 世纪 70 年代中期，在 Nb-Zr，Nb-Ti 合金的基础上又发展了一系列具有很高临界电流的三元超导合金材料，如 Nb-40Zr-10Ti，Nb-Ti-Ta 等，它们是制造磁流体发电机大型磁体的理想材料。

为了进一步提高合金超导体的超导性能，有人进行了一系列试验。结果表明，在超导合金中，有些材料在降低温度使用时，其上临界磁场和临界电流可以有大幅度提高；而且合金超导体的临界温度在超高压下有所提高，如 Nb-Zr 合金，在 30 万大气压下，临界温度达到 17K 左右。

3. 化合物超导体

化合物超导体与合金超导体相比，临界温度和临界磁场（H_{c_2}）都较高，至 1986 年，Nb_3Ge 的 $T_c = 23.2K$ 为超导材料中最高。一般超过 10K 的超导磁体只能用化合物系超导材料。化合物超导材料按其晶格类型可分为 B1 型（NaCl 型），A15 型，C15 型（拉威斯型），菱面晶型（肖布莱尔型）。其中最受重视的是 A15 型化合物。Nb_3Sn 和 V_3Ga 最先引起人们的注意，其次是 Nb_3Ge，Nb_3Al，$Nb_3(AlGe)$ 等。A15 型化合物都具有较高的临界温度，如 Nb_3Sn，18K；V_3Si，17K；NbGe，23.2K……。但实际能够使用的只有 Nb_3Sn 和 V_3Ga 两种，其他化合物由于加工成线材较困难，尚不能实用。

20 世纪 60 年代后期，人们开始研究化合物超导材料的加工方法。目前较成熟的是 Nb_3Sn，V_3Ga 的加工技术。60 年代后期，采用化学蒸镀法和表面扩散法制成 Nb_3Sn 带材；利用表面扩散法制成 V_3Ga 带材。日本的太刀川利用 Cu-Ga 合金与 V 的复合，巧妙地制成了 V_3Ga 超细多芯线（太刀川法），使硬而脆的金属间化合物线材化成为可能。与此同时，美国的布鲁克赫文研究所也采用复合加工法制成 Nb_3Sn 线材。由于使用了铜合金（青铜）作为基体，这种方法又称为青铜法，见图 8-1。利用青铜法制作超细多芯线材，由于线材中青铜比例高，与表面扩散法带材相比,临界电流密度低,在强磁场中临界电流密度迅速下降。为了改善这一现象,在制造 Nb_3Sn 线材时,在铌芯中加入 Ta,Ti,Zr 等元素;在青铜中加入 Mg,Ga,Ti,或同时加入 Ga 与铅等元素,可将 H_{c2} 从 21T 提高到 25T。日本开发的用加 Ti 的 Nb_3Sn 线材制成的超导磁体已投入使用。在 V 和 Cu-Ga 合金中加入 Mg,可获得更好的效果。

目前能够实用的超导材料,如 Nb-Ti 合金、V_3Ga 所产生的磁场均不超过 20T。而其他材料,如 NbAl 和 Nb_3(AlGe) 等临界温度及上临界磁场均高于 Nb_3Sn,V_3Ga。这些材料的加工技术与前述 Nb_3Sn,V_3Ga 的加工方法不同,近年来日本采用熔体急冷法、激光和电子束辐照等新方法,对 NbAl 等化合物进行试验,取得了重要进展。如用电子束和激光束辐照 Nb_3(AlGe),在 4.2K,25T 的磁场下,临界电流密度达到 $3 \times 10^4 A/cm^2$。

除常规的金属超导材料,近年来非晶态超导体,磁性超导体,颗粒超导体都受到了研究人员的关注。此外,有机超导体自 20 世纪 70 年代问世以来在研究领域取得了较大进展。常压下,超导临界温度达到 8K,而且有不断增加的趋势。自 1986 年以来,高温氧化物超导体的发展,使超导的研究与应用有了突破性的飞跃。

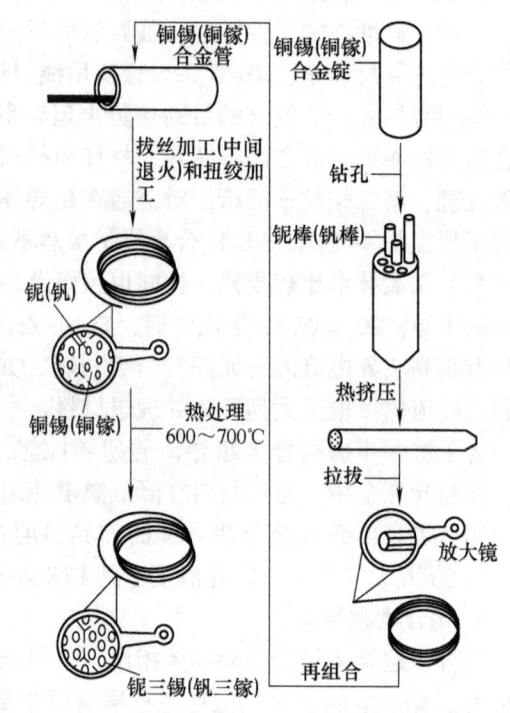

图 8-1　复合法制 Nb_3Sn,V_3Ga 线材

二、高温超导材料

超导体得天独厚的特性,使它可能在各种领域得到广泛的应用。然而由于它难于摆脱笨重而昂贵的制冷包袱,无论从技术上、经济上和资源上都限制了超导材料的应用,多少年来人们一直在积极地探索新的高温超导体。1986 年以来,高温超导体的研究取得了重大的突破。当时世界上掀起了一股以研究金属氧化物陶瓷材料为对象,以寻找高温临界温度超导体为目标的"超导热",全世界有 260 多个实验小组参加了这场竞赛。科学家们争分夺秒,不断创造实验新纪录,在超导研究的竞技场上出现了你追我赶的局面。

1986 年 4 月,瑞士苏黎世 IBM 研究实验室的缪勒和柏诺兹,在对 Ba-La-Cu-

O 系统进行深入研究后发现，采用 Ba、La、Cu 的硝酸盐水溶液加入草酸而发生共沉淀的方法，制备组分为 $Ba_xLa_{5-x}Cu_5O_{5(3-y)}$（$x=1$ 和 0.75，$y>0$）的样品。将草酸盐混合物在 900°C 加热 5h，使沉淀物分解，并进行固相反应。然后压成片状，再在还原性气氛中以 900°C 的温度进行烧结，形成金属型缺氧化合物多晶体。经 X 射线衍射实验分析，样品内含有三个相，其中之一为层状类似钙钛矿结构的铜混合价化合物。在 300K 以下温区内，得到电阻率—温度关系。开始时，随温度的下降，电阻率呈线性地减小；然后经一极小值后，电阻率又以温度的对数函数形式增大；最后，电阻率急剧下降 3 个数量级而变为零。对于 $x(Ba)=0.75$ 的样品，其电阻率峰值所处的温度为 35K，而电阻完全消失的温度为 13K。

由于缪勒和柏诺兹的开创性工作，导致了在全世界范围内探索高温超导体的热潮。1986 年 12 月 5 日，美国休斯敦大学的朱经武等人在 La-Ba-Cu-O 系统中，发现了 40.2K 的超导转变。12 月 26 日中国科学院物理研究所的赵忠贤等人发现转变温度为 48.6K 的样品 Sr-La-Cu-O，在 Ba-La-Cu-O 中转变温度为 70K。1987 年 2 月 16 日，朱经武领导的阿拉巴马大学和休斯敦大学组成的实验小组，发现 Y-Ba-Cu-O 的转变温度为 92K。2 月 24 日，赵忠贤等人获得液氮温区的超导体 Y-Ba-Cu-O 的转变温度在 100K 以上，出现零电阻的温度为 78.5K。这样，人们终于实现了获得液氮温区超导体的多年梦想。

为了表彰缪勒和柏诺兹在高温超导方面的杰出贡献，1987 年 10 月 14 日，瑞典皇家科学院宣布，将 1987 年度的诺贝尔物理学奖授予缪勒和柏诺兹。从发现高温超导体，到给他们颁奖，只用了不到两年的时间，这在诺贝尔奖的颁奖史上是非常少有的。

研究表明高温超导体在结构和物性方面具有以下特征：①晶体结构具有很强的低维特点，三个晶格常数往往相差 3～4 倍。②输运系数（电导率、热导率等）具有明显的各向异性。③磁场穿透深度远大于相干长度，是第二类超导体。④载流子浓度低，且多为空穴型导电。⑤同位素效应不显著。⑥迈斯纳效应不完全。⑦隧道实验表明能隙存在，且为库柏型配对。

目前，在高温超导研究领域中，各国科学家正着重进行三个方面的探索。一是继续提高 T_c，争取获得室温超导体；二是寻找适合高温超导的微观机理；三是加紧进行高温超导材料与器件的研制，进一步提高材料的 T_c 和 H_c，改善各种性能，降低成本，以适用实用化的要求。

日本科学家成功地使铋系氧化物超导体线材化，芯体由 1330 条超导线材集束而成，临界温度为 102K，不加磁场时，在液氮温度下，所测临界电流密度为 $1000\sim 2000A/cm^2$。线材厚 0.16mm，宽 1.8mm，断面呈扁平形状。

日本住友电气工业公司开发出长度达 60m 的高温超导线材。该线材料是在铋系高温超导物质外覆盖银后，烧制成宽 4mm，厚 0.4mm 的带状。目前已成功地完成使电流从一端流向另一端的通电试验。在 -250°C 时流过电流的绝对值为 10.5A，电流密度为 1450A/cm²，已达到实用化的水平。朱经武领导的休斯敦大学研究小组，成功地把高温超导体制成了棒材，这种棒材能够载大电流，从而朝着使这项新技术达到实用化方向迈进了一大步。该小组开发出一种"连续制造法"，应用此法有可能制造出各种规格的超导体，诸如片状、棒状、线状，甚至厚膜，新的超导棒材最大的载流能力约为 60000A/cm²，足以驱动某些发动机和发电机。

三、超导材料的应用

对超导的应用研究，始于20世纪60年代。在超导的应用上，目前处于领先地位的是制造高磁场的超导磁体。在大学和研究机构的许多研究室中，已使用供物性研究用的小型、中型超导磁体。另外，在高能物理、受控制核反应、磁流体发电机、输电、磁浮列车、舰船推进、贮能、医疗各领域，超导的应用也在稳步进行。粗略地计算一下，采用超导磁体后，可以使现有设备的能量消耗降低到原来的十分之一到百分之一。但已应用于实际的超导器材，还是比较少的。应用技术的发展，有待于更高级的基础技术的建立和进步，如线材和薄膜的制造技术，制冷及冷却技术，超低温中结构材料和检测技术。另外，高临界温度的超导材料的发现及加工也是一个必不可少的条件。据报道：美国、中国、日本都已制成了高温超导薄膜。超导磁体的主要应用领域如下。

1. 开发新能源

（1）超导受控热核反应堆 人类面临着能源危机，受控热核反应的实现，将从根本上解决人类的能源危机。如果想建立热核聚变反应堆，利用核聚变能量来发电，首先必须建成大体积、高强度的大型磁场（磁感应强度约为 10^5T）。这种磁体贮能应达 4×10^{10}J，只有超导磁体才能满足要求；若用常规磁体，产生的全部电能只能维持该磁体系统的电力消耗。目前，世界上主要研究两种核聚变装置：托卡马克型和串列磁镜式装置。用于制造核聚变装置中超导磁体的超导材料主要是 Nb_3Sn、Nb-Ti 合金、NbN、Nb_3Al、$Nb_3(Al,Ge)$ 等。

（2）超导磁流体发电 磁流体发电是一种靠燃料产生高温等离子气体，使这种气体通过磁场而产生电流的发电方式。磁流体发电机的主体部分主要由三个部分组成：燃烧室、发电通道和电极，其输出功率与发电通道体积及磁场强度的平方成正比。如使用常规磁体，不仅磁场的大小受到限制，而且励磁损耗大，发电机产生的电能将有很大一部分为自身消耗掉，尤其是磁场较强时。而超导磁体可以产生较大磁场，且励磁损耗小，体积、重量也可以大大减小。

美国和日本对磁流体发电进行了大规模的研究。日本制造的磁流体发电超导磁体产生磁场 4.5T，储能 60MJ，发电 500kW，目前，采用超导磁体的磁流体发电机已经开始工作，磁流体-蒸汽联合电站正在进行试验。

磁流体发电特别适合用于军事上大功率脉冲电源和舰艇电力推进。美国将磁流体推进装置用于潜艇,已进行了实验。

2. 节能方面

(1) 超导输电　超导体的零电阻特性使超导输电引起人们极大的兴趣。但目前实用的超导材料临界温度较低,因此,对于超导输电必须考虑冷却电缆所需成本。近年,随着高温超导体的发现,日本研制了 66kV,50m 长的具有柔性绝热液氮管的电缆模型和 50m 长的导体绕在柔性芯子上的电缆,其交流载流能力为 2000A,有望用于市内地下电力传输系统。美国也研制了直流临界电流为 900A 的电缆。

(2) 超导发电机和电动机　超导电机的优点是小型、轻量、输出功率高、损耗小。据计算,电机采用超导材料线圈,磁感应强度可提高 5~10 倍。一般常规电机允许的电流密度为 $10^2 \sim 10^3 A/cm^2$,超导电机可达到 $10^4 A/cm^2$ 以上。可见超导电机单机输出功率可大大增加,换句话说,同样输出功率下,电机重量可大大减轻。目前,超导单极直流电机和同步发电机是人们研究的主要对象。

(3) 超导变压器　超导材料用于制造变压器,可大大降低磁损耗,缩小体积,减轻重量。日本已研制成 500kV·A 的高温超导变压器;美国为模拟全尺寸的 30MV·A 的高温超导变压器而研制了 1MV·A 的高温超导变压器。

3. 超导磁悬浮列车

磁悬浮列车的设想是 20 世纪 60 年代提出的。这种高速列车利用路面的超导线圈与列车上超导线圈磁场间的排斥力使列车悬浮起来,消除了普通列车车轮与轨道的摩擦,使列车速度大大提高,使用的超导磁体如图 8-2 所示。

在超导悬浮列车上安装许多小型超导磁体,列车运行时超导磁体与埋在轨道两侧的一系列闭合铝环产生相对运动,在铝环内产生强大的感应电流,与超导磁体相互作用,产生浮力,使列车浮起。列车速度愈高,浮力愈大。悬浮列车的速度可高达 500km/h。

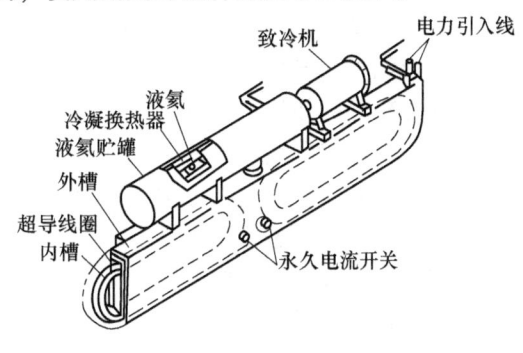

图 8-2　磁悬浮列车上的超导磁体

日本在 1979 年就研制成了时速 517km 的超导磁悬浮实验车。而 1990 年德国汉诺威-维尔茨堡高速磁浮列车线路正式投入运营,使德国在磁浮列车的实用化方面居领先地位。日本 1991 年又研制出一种水陆两栖磁浮列车,已完成模拟试验。

4. 超导贮能

由于超导体电阻为零，在其回路中通入电流，电流应永不衰减，即可以将电能存贮于超导线圈中。目前，超导贮能的应用研究主要集中于两个方面：一方面，计划用口径几百米的巨大线圈贮存电力，供电网调峰用。另一方面，是作为脉冲电源，如用作激光武器电源。目前，小型超导贮能装置在美国已形成产品，下一步将用于变电所以提高电力质量。

5. 科学研究领域

超导磁体的应用，最早是在研究领域展开的。目前，在实验室中，用铜与 Nb_3Sn 超导磁体制成的混合磁体，产生了 30.7T 的磁场。

在高能物理方面，超导体在同步加速器中的应用，已取得了很大成绩。在加速器中使用的超导磁体有两种，一种是使粒子束偏转的二极磁体，一种是使粒子束聚焦的四极磁体。美国研制了一个由 Nb_3Sn 和 Nb-Ti 两层线圈组成的二极磁体和一个四层的 Nb_3Sn 二极磁体。另外，日本、德国、荷兰在这方面也做了大量工作。

1977 年试制成功了用超导磁体代替部分常规磁体的电子显微镜，分辨力达 0.17nm。

6. 医学和生物学方面的应用

最重要的应用是"核磁共振成像技术"。利用超导磁体的强磁场穿透人体软组织，经过计算机对所得数据进行处理，在成像仪中显示图像，来判断人体有无癌细胞。常规磁体也可完成这种工作，但速度慢、分辨力差。另外在"π介子"照射治疗装置及外科手术中，超导磁体的应用已取得重大进展。

超导体的另一个重要应用是制造"约瑟夫森"器件。约瑟夫森器件的原理是所谓"约瑟夫森效应"——两块超导体之间点接触，或通过正常导电膜或绝缘膜接触，形成弱连接，则超导体中的"库柏对"可以隧道效应穿过，如图 8-3。

约瑟夫森结中超导体之间的电流电压特性在磁场的作用下会发生变化，另外，在一定限度内电流可以无阻碍地通过介质，超过一定限度则会产生电压——可进行二进制运算。约瑟夫森器件用于集成电路具有开关速度快、功耗小、集成度高的特点，如果将其用于超导计算机的研制，相信会取得非常好的效果。日本 1983 年 11 月研制了一种实验性约瑟夫森结逻辑电路，开关速度 5.6ps。

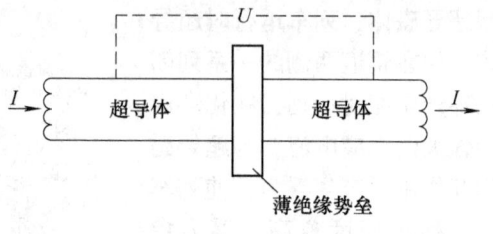

图 8-3　约瑟夫森结

约瑟夫森效应为超导电子学开辟了广阔的前景，约瑟夫森器件已应用于很多方面。现在高温超导体的发现及在液氮温度区实现了约瑟夫森效应，将会大大扩大约瑟夫森器件的应用范围。图 8-4 为几种常见的约瑟夫森结。

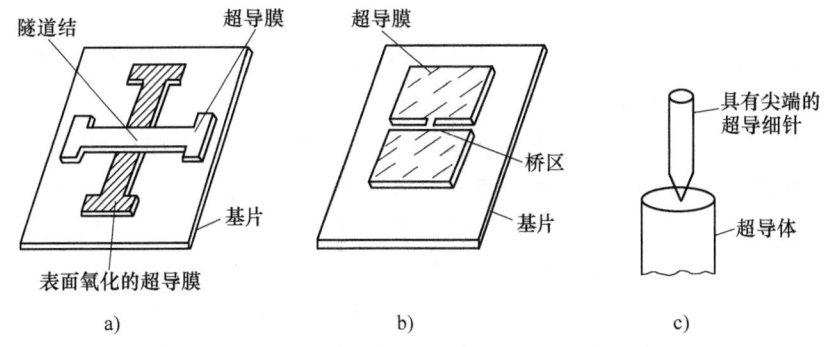

图 8-4 几种常见的约瑟夫森结
a）隧道 b）超导微桥 c）点接触结

制作约瑟夫森器件的材料主要有软金属（Sn，Pb，In，Pb-In 合金，Pb-Bi 合金，Pb-In-Au 合金等），Nb 及 Nb 的化合物及氧化物薄膜等。最常见的形式是在两枚超导薄膜之间插入导电（绝缘）薄膜。薄膜的制造方法主要有溅射法、蒸镀法、CVD 法等。如：Nb 膜/Al 膜/Nb 膜，NbN/无定形 Si/Nb$_2$O$_5$/NbN 膜，Nb$_3$Ge 膜/无定形 Si/SiO$_2$ 膜/Nb$_3$Ge 膜等。

第三节 生 物 材 料

一般认为，与生物体相联系的、移植入生物体起某种生物体功能的材料称为生物材料。由于生物材料是作为人工脏器及药物等直接进入人体，所以除了具有一般材料应有的力学性能、加工性、耐药品性等条件外，还必须满足一些特殊要求，如生物相容性、血液适应性等。即当生物材料作为外物与人体接触或植入人体内时，与人体的反应要小，经过体内协调后可被人体接受、相容。

由材料组成的不同生物材料可分为无机非金属材料、高分子材料、金属材料、复合材料四大类，天然生物材料也有许多种类。一些能满足医用要求的材料已成为推动现代医学进步的必不可少的物质基础。生物医用工程材料是一类根据医学的需求来研制与生物体结构相适应的、在医疗上使用的材料。它是一门新兴的边缘性学科，涉及到材料工艺学、化学、物理、生物科学、病理学、药物学、解剖学等多门学科，它的发展是各学科进步的结晶。作为一个正在迅速崛起的新兴高科技产业，生物材料的研究开发具有很重要的科学意义和非常巨大的经济社会效益。

一、生物无机非金属材料

生物无机非金属材料系指生物玻璃、生物陶瓷、生物水泥及生物玻璃陶瓷等。其特点是在人体内化学稳定性好，组织相容性好，抗压强度高，易于高温消毒等。因此是牙、骨、关节等硬组织良好的置换修复材料。它的缺点是脆性大、抗冲击性能差、加工成型困难等。

目前已用于临床的生物无机非金属材料可分为接近惰性的和生物活性的材料两大类。如氧化铝就是一种能长期使用的惰性生物陶瓷材料，生物相容性好，在体内稳定性高，品种有单晶氧化铝、多晶氧化铝和多孔质氧化铝，可用作为人工骨、人工牙根、人工关节等。氧化锆与氧化铝一样，但其断裂韧度高于氧化铝，耐磨性更好，目前已作为新一代的人工关节材料。碳也是生物惰性材料，与人体相容性好，无排异反应，可允许人体软硬组织慢慢长入碳的空隙中，而且它还具有优良的力学性能。将碳纤维植入人体后，不但能替代损坏了的韧带，而且能促使新的韧带形成和成长。碳材料由于具有优良的耐疲劳性和耐磨损性，因此可以用作为人工心脏瓣膜。据报道 LTI-Si 碳瓣膜在金属支撑上经 4 亿次循环后，磨损深度仅为 2μm 左右，这表明磨损并不会影响瓣膜寿命，即使用在年轻的患者身上也是可行的。

第二类是生物活性无机非金属材料，如生物活性玻璃、羟基磷灰石（$Ca_{10}(PO_4)_6(OH)_2$）、磷酸三钙陶瓷等。这类材料的组成中含有能够通过人体正常的新陈代谢途径进行置换的钙（Ca）、磷（P）等元素，或含有能与人体组织发生键合的羟基（-OH）等基团，使材料在人体内能与组织表面发生化学键合，表现出极好的生物相容性。羟基磷灰石和磷酸钙在人体组织液及酶的作用下可在体内完全被吸收降解，并诱发新生骨的生长。但磷酸钙陶瓷强度不高，植入人体后需经较长时期的代谢方能与自体骨长合在一起，因此不能直接用作承受载荷大的种植体。

1971 年美国佛罗里达大学的 Hench 教授发明了 $Na_2O\text{-}CaO\text{-}P_2O_5\text{-}SiO_2$ 系的生物活性玻璃，与人体相容性好，可与骨骼牢固地结合在一起。经多年临床试验，现由美国 Biomaterials 公司正式批量生产，商标为 Bioglass®。1997 年该公司用溶胶-凝胶法制备了多孔玻璃材料，以提高原材料的生物活性。在德国东部的 Jena 市，Vogel 教授研制出了 $CaO\text{-}K_2O\text{-}MgO\text{-}Na_2O\text{-}P_2O_5\text{-}SiO_2$ 系统的生物微晶玻璃，商品名为 Bioverit®。柏林自由大学的 Gross 教授研究出的微晶玻璃可具有不同的表面活性，商品名为 Ceravital。在芬兰的 Turku 大学，Yli-Urpo 教授正在制作具有生物活性的玻璃纤维，以用作为复合材料的增强介质。$Na_2O\text{-}K_2O\text{-}CaO\text{-}MgO\text{-}P_2O_5\text{-}Al_2O_3\text{-}SiO_2\text{-}F$ 系统玻璃含有金云母相，可发展为可加工生物活性微晶玻璃。由日本京都大学小久保正教授发明的 A-W 微晶玻璃具有很高的抗折强度和优异的生物活性，成分的系统为 $CaO\text{-}MgO\text{-}P_2O_5\text{-}SiO_2\text{-}F$，是迄今为止最好的生物微晶玻璃材料，可用于脊椎、胸骨等部位。1992 年日本厚生省批准了 A-W 生物活性微晶玻璃的临床应用许可。日本电气玻璃公司已批量生产，商品名为 Cerabone®。

二、生物高分子材料

1. 用于人工脏器的医用高分子材料

人工脏器的研究目标是替代人体原有脏器的生理功能。以高分子材料制作的人工脏器主要有：人工心脏、人工肾、人工肺、人工肝、人工气管、人工输尿管和尿道、人工眼、人工耳、人工舌、人工乳房、人工子宫和人工喉等。表 8-2 为以高分子材料制作的部分人工脏器。

表 8-2　高分子材料制作的部分人工脏器

用　　途	材　　料
人工心脏	聚氨酯橡胶、聚四氟乙烯、硅橡胶、尼龙等
人工肾	赛珞玢（玻璃纸）、聚丙烯、硅橡胶、酯酸纤维素、聚碳酸酯、尼龙 66
人工肺	硅橡胶、硅酮/聚碳酸酯共聚物、聚烷基砜
人工肝脏	赛珞玢（玻璃纸）膜、聚苯乙烯型离子交换树脂
人工气管	聚乙烯、聚乙烯醇、聚四氟乙烯、硅橡胶、聚氯乙烯
人工输尿管和尿道	硅橡胶、聚四氟乙烯、聚乙烯、聚氯乙烯
人工眼球和角膜	硅橡胶、聚甲基丙烯酸甲酯
人工耳	硅橡胶、聚乙烯
人工乳房	聚乙烯醇缩甲醛海绵、硅橡胶海绵、涤纶
人工喉	涤纶、聚四氟乙烯、硅橡胶、聚氨酯、聚乙烯、尼龙

以人工心脏材料的开发为例，自 1957 年美国的 W. J. Kolff 和 T. Akutsu 开始进行人工心脏的实验研究以来，人们一直在为制作高性能的人工心脏材料而艰苦努力。近年来各国学者从生物膜的组成和结构得到启发，认为具有亲水-疏水微相分离结构的高分子材料，最有可能用作为血液相容性材料。至今用作为人工心脏的商品有两大类：①具有微相分离结构的聚氨酯嵌段共聚物；②具有微相分离结构的亲疏水型嵌段共聚物。前者是由软、硬段交替组成的多嵌段共聚物：软段通常由聚醚、聚丁二烯、聚二甲基硅氧烷等连续相构成；硬段包括脲基和氨基甲酸酯基，高键能的氢键使硬段聚集成微区，形成分散相。后者可以作为亲水性材料的有聚丙烯酰胺、聚乙烯醇、聚丙烯酸羟乙酯、聚甲基丙烯酸羟乙酯、聚氧化乙烯等，可作为疏水性材料的有聚氨酯、聚四氟乙烯、硅橡胶、聚乙烯、聚酯、聚丙烯脂、尼龙（聚酰胺）等。若人工心脏的使用寿命为 10 年，则须经过 3 亿多次的往复搏动。故作为永久性人工心脏的泵体材料要具备极高的弹性和机械强度，与血液、体液长期接触而不被腐蚀和老化，因此理想人工心脏材料的研制任重而道远。

2. 用作为人工组织的医用高分子材料

以高分子材料制作的人工组织可包括：人工皮肤、人工血管、人工骨、人工关节、人工细胞、人工血液、人工神经、人工肌腱、人工软骨、人工齿、人工晶状体、人工玻璃体等材料。表8-3列出了以高分子材料制作的一些人工组织。这方面材料的发展可谓日新月异。如高分子材料制作人工血管已有40多年的历史，材料也由初期使用的聚氟乙烯、尼龙及聚丙烯腈发展到现在的聚酯、聚四氟乙烯及聚氨酯等。生产厂商主要有美国的杜邦、日本的旭化成和东洋人造丝、德国的IG等公司。最近日本Tovay公司所研制的由聚酯纤维编织成的人工血管，其最细直径仅为头发的1/20，水能透过管壁而血液则不能。植入不久即有活组织覆盖形成血栓层，其性能类似天然血管，临床应用效果很好。

表8-3　高分子材料制作的部分人工组织

用途	材料
人工皮肤	聚乙烯醇缩甲醛、胶原纤维、聚丙烯织物、聚氨酯、尼龙等
人工血管	聚四氟乙烯、聚乙烯醇缩甲醛海绵、硅橡胶、尼龙等
人工骨和人工关节	聚甲基丙烯酸甲酯、聚四氟乙烯、超高相对分子质量聚乙烯、聚酯
人工软骨	软骨膜细胞＋海绵状骨胶原
人工血细胞	氟碳化合物乳剂、人或动物的血红蛋白＋聚乙二醇
人工血液	葡聚糖（右旋糖酐）、聚乙烯醇、聚乙烯砒咯烷酮
人工神经	明胶、骨胶原、聚羟基乙酸
人工肌腱	尼龙、聚氯乙烯、涤纶、聚四氟乙烯、硅橡胶
人工齿	聚甲基丙烯酸甲酯、聚碳酸酯、聚苯乙烯、环氧树脂
人工晶状体玻璃体	液状有机硅、骨胶原、聚乙烯醇水凝胶

人工皮肤应是柔软、与创面有良好的相容性、具有透气性和吸水性。初期使用的替代材料为涤纶、尼龙及丙纶等合成纤维；为增加透气性，宜采用聚四氟乙烯膜，但这种膜材料的强度较差。为此将聚氨酯泡沫层粘附在多孔聚四氟乙烯表面上，或将尼龙粘贴在硅橡胶膜的表面上制成复合型人工皮肤。目前一种体内培养法正在临床应用，即将患者的表皮细胞移植到含有硫酸软骨素的骨胶原海绵纱布上，再把此纱布直接与患者接触，使纱布内的表皮细胞在体内培养，在与生物体的表皮层大致同样分裂形成多层结构的同时，纤维芽细胞、毛细血管侵入到骨胶原海绵纱布中，形成真皮层。

3. 体外使用的医用高分子材料

体外使用的医用高分子材料主要用于临床检查、诊断和治疗等医疗器具，很多产品已大量生产，如塑料输血袋、高分子缝合线、一次性塑料注射器、医用粘合剂、高分子夹板绷托、高吸水性树脂等。

高分子夹板绷托可采用醋酸纤维素及聚氯乙烯作材料，在加热后可按需求定型，冷却后变硬起固定作用。另一种尼龙纤维织物可在光照下定型，它的密度小，强度高，耐水性好。反式聚异戊二烯也是一种合适的固定材料。聚氨酯硬质泡沫是一种较新颖的夹板材料，将异氰酸酯、聚醚或聚酯多元醇等组成的反应物料涂布在患部,5~10min 即会发泡固化,其质量仅为石膏的17%。这些高分子材料正替代笨重、闷气、易脆断和怕水的石膏绷带,为骨折病人带来福音。

高分子医用粘合剂主要采用 α+氰基丙烯酸酯,它能在微量水分下迅速进行阴离子聚合,这种单体还可与蛋白质结合,因此可与机体组织有机地结合在一起。研究发现,在生物体中其长链化合物的聚合速度比短链化合物要快得多,即高级酯的止血效果较好。但从体内分解速度、抗菌性、组织反应来看,低级酯较好。因此可将不同碳链的酯结合起来以取长补短,折中方法可采用 α+氰基丙烯酸丁酯。α+氰基丙烯酸丁酯在临床上运用广泛,对用通常方法无法止血的病例具有迅速和持久的止血效果,可作为对肝、肾、肺部、食道、肠管等脏器手术中的粘合和止血剂。

4. 药用高分子

药用高分子包括药物的载体、带有高分子链的药物、具有药效的高分子、药品包装材料等。天然高分子作为药物,如乳糖和葡萄糖的应用已有较长历史;而合成高分子用于药物是从 20 世纪 50 年代初发展起来的。高分子材料在药物中的地位也从初期的从属、辅助作用逐渐向目前的主导作用方向转变。高分子药物具有长效、能降低毒副作用、增加药效、缓释和控释药性等特点。

一般的低分子药物在血液中停留时间短,很快排泄到体外,药效持续的时间不长。而高分子不易被分解,提高了药物的长效性,如将聚乙烯醇-乙烯胺的共聚物与青霉素相连接,其药理活性比低分子青霉素大 30~40 倍,同时显著改善抗青霉素水解酶的能力,提高了稳定性。某些低分子物本来可能是无药理活性或低药理活性的,高分子化后,其药理活性就大为提高。如 L-赖氨酸无药理活性,但聚 L-赖氨酸在 2.5mg/mL 的浓度下即可抑制 E. coli 菌。另如,水杨酸及其酯有抗紫外线作用,但毒性较大。当和乙烯基化合物作用并形成高分子化合物后,作为抗射线药其毒性就降低了很多。

高分子载体药物如微胶囊包裹的药物,具有缓释作用,可减少用药次数和延长药效。合成高分子如聚葡萄糖酸、聚乳酸、乳酸与氨基酸的共聚物、聚羟基乙酸、聚己内酯及 β-羟基丁酸酯等,可作为药物的微胶囊材料。不同溶解性的包膜可根据不同的 pH 值在胃(pH = 1~2.5)或肠(pH = 5~8)内释放出药物。胃溶性高分子应采用在酸性条件下溶解的聚合物,如聚乙烯吡啶、聚乙烯胺类、聚甲基丙烯酸氨基酯及聚氨基甲基苯乙烯等。肠溶性高分子有甲基丙烯酸与丙烯酸甲酯的共聚物、苯乙烯和马来酸酐共聚物、醋酸纤维邻苯二甲酸酯。

三、生物金属材料

生物金属材料早在 16 世纪就有人用于治疗颚开裂,但直到 1886 年 Hansman 用薄钢板和镀镍钢螺钉进行骨折治疗之后,整形外科领域中金属植入材料的研究才真正取得了飞跃发展。经过几十年的医学临床实践,以及随着金属材料科学的发展，金属材料工作者不断和临床医生的合作，经过筛选而发展了许多优秀的金属材料。

生物金属材料具有许多优越的性能。如较高的强度、良好的韧性等，在整形外科中起着重要作用。但其缺点是耐蚀和生物相容性差。因此关于此类材料的研究都十分注意其耐蚀性，从而进一步发展了钴金属、钛合金、钽及合金、钴铬合金等材料，并加强了金属材料表面钝化的研究，利用金属材料表面钝化来提高耐蚀性。钴系合金中添加钼，已用于生物体中。例如 Co-Cr-Ni-Fe-Mo 合金用在牙科和整形外科。这种高钴铬钼合金的耐腐蚀性比一般不锈钢强 40 倍。牙科常用的金属还有金合金和镍铬合金。金合金的主要组成是 86% Au-8% Pd-4% Pt；镍铬合金的主要组成是 80% Ni-13% Cr 及微量 Co、Mo 等。纯钴及 Ti-6Al-4V 合金虽强度不如钴合金，但具有优异的耐腐蚀性，可用于人工股关节的基干部分，呈现出良好的耐疲劳性。

近期为改善金属材料的生物相容性，已发展了许多表面处理方法。如对金属表面进行等离子喷涂，在金属（如 316L 不锈钢、Co-Cr-Mo 合金、Ti-6Al-4V 合金等）表面形成羟基磷灰石晶相层；或将生物活性玻璃粉末在 400～600℃ 下软化、摊薄于金属表面上；或通过电解法、浸涂法和化学处理法在金属表面形成生物活性陶瓷层。这些工艺方法均可赋予金属材料一定的生物活性，使之能与人骨牢固结合。

四、生物复合材料

这类生物材料包括无机纤维与高分子材料复合、无机纤维与陶瓷材料复合、陶瓷微粒与高分子材料复合、生物陶瓷涂层材料。通过多相材料的组合，使复合材料具有原有组成材料所不具备的优良性能。比如高弹性模量、高刚性的陶瓷材料与低弹性模量、柔软的高分子材料相组合，可制得力学性能与人骨特性近似的骨修复材料。用高强度、低模量的塑性纤维增强玻璃、陶瓷、合金钢等脆性基体，可提高这些材料的强度和断裂韧性。一些复合材料有：石墨纤维/铝复合材料，生物活性玻璃纤维/陶瓷基复合材料，高相对分子质量聚乙烯/羟基磷灰石，甲基丙烯酸甲酯和苯乙烯的共聚物增强羟基磷灰石或磷酸三钙等。羟基磷灰石作为金属材料的表面涂层，能大大提高人体骨长入孔洞的速度。聚甲基丙烯酸甲酯粉末与甲基丙烯酯单体的混合物与磷酸钙复合制备生物活性骨水泥具有较好的相容性和力学性能。

五、放射线治疗癌用和温热治疗癌用的玻璃

美国的 Day 教授在 20 世纪 80 年代末发明了以 Y_2O_3-Al_2O_3-SiO_2 玻璃微珠为载体、用中子线照射杀死癌细胞的方法，从 1992 年起在美国和加拿大开始临床用于治疗肝癌。但 ^{90}Y 的放射线的半衰期只有 64h，对治疗效果有影响。1997 年日本京都大学研制出了以磷硅酸盐玻璃为载体、用中子线照射杀死癌细胞的方

法。^{31}P 的放射线的半衰期可延长至 14d，提高了治疗效果。近期，用强磁性微晶玻璃 ZnO-Fe$_2$O$_3$-SiO$_2$ 为介质，对癌变部位进行局部加热，以杀死癌细胞的研究，也取得了积极的成效。

第四节 智能材料

一、智能材料的概况

智能材料是指能感知外部刺激、能判断并适当处理且本身可执行的材料。智能材料是集传感功能、处理功能和执行功能为一体的新型功能材料。

1989 年日本高本俊宜教授将信息科学融合于材料的物性和功能，提出了上述智能材料（Intelligent materials）概念。美国的 R. E. Newmham 教授提出了灵巧（Smart）材料概念，也有人称机敏材料。这种材料具有传感和执行功能。他将灵巧材料分为三种：仅能影响外界变化的材料称为被动灵巧材料；能识别变化，经执行线路能诱发反馈回路，而且影响环境变化的材料称为主动灵巧材料；将有感知、执行功能并能影响环境变化，从而改变性能系数的材料称为很灵巧材料。灵巧材料概念和高本俊宜教授提出的智能材料概念共同之处在于材料对环境变化的影响性。因此，人们逐渐将它们统称为智能材料和智能系统。

图 8-5 中示意出了智能材料和灵巧结构物的特征，可见灵巧结构物为智能材料的一种系统。其传感功能和执行功能置于复合材料中，它又为具有处理功能和记忆功能的外部信息装置驱动，而智能材料本身具有这些功能。

自 1989 年以来，先是在日本、美国，尔后是西欧，进而世界各国的材料界均开始研究智能材料。科学家们研究将必要的仿生（biominetic）功能引入材料。使材料和系统达到更高的层次，成为具有自检测、自判断、自结论、自指令和执行功能的新材料。智能结构常常把高技术传感器或敏感元件与传统结构材料和功能材料结合在一起，赋予材料崭新的性能，使无生命的材料变得有了"感觉"和"知觉"，能适应环境的变化，不仅能发现问题，而且还能自行解决问题。

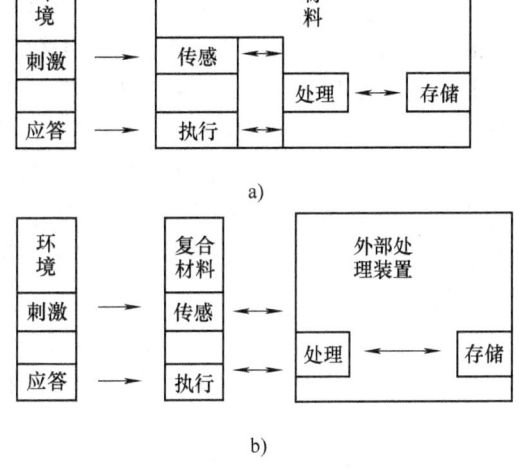

图 8-5 智能材料和灵巧结构物的特征
a）智能材料　b）灵巧结构物

智能材料包括压电材料、电致伸缩、磁致伸缩、形态记忆合金和智能凝胶等材料。前面四种均具有在外场下可以移动的由结晶边界界定的畴结构，它们响应刺激产生的形状变化使其可作为执行元件。高分子凝胶则为大分子构成的三维网络，其结构中含有能对外界环境（温度、电场及化学物质）响应的部分，利用其大分子链或链段的构象与结构或基团的重排，可使凝胶体积发生突变转变，由此可调控其刺激响应性。

由于智能材料和系统的性能可随环境而变化，其应用前景十分广泛。例如飞机的机翼引入智能系统后，能响应空气压力和飞行速度而改变其形状；进入太空的灵巧结构设置了消震系统，能补偿失重，防止金属疲劳；潜水艇能改变形状，消除湍流，使流动的噪声不易被测出而便于隐蔽；金属智能结构材料能自行检测损伤和抑制裂缝扩展，具有自修复功能，确保了结构物的可靠性；高技术汽车中采用了许多灵巧系统，如空气-燃料氧化装置和压电雨滴传感器等，增加了使用功能。其他还有智能水净化装置可感知而且能除去有害污染物；电致变色灵巧窗可响应气候的变化和人们的活动，调节热流和采光；智能卫生间能分析尿样，做出早期诊断；智能药物释放体系能响应糖浓度，释放胰岛素，维持血糖浓度在正常水平。

二、智能材料与仿生

一种新的概念往往是各种不同观念、概念的综合。智能材料设计的思路与以下几种因素有关：①材料开发的历史，结构材料→功能材料→智能材料。②人工智能计算机的影响，也就是生物计算机的未来模式、学习计算机、三维识别计算机对材料提出的新要求。③从材料设计的角度考虑智能材料的制造。④软件功能引入材料。⑤对材料的期望。⑥能量的传递。⑦材料具有时间轴的观点，如寿命预告功能、自修复功能，甚至学习、自增殖和自净化功能，因外部刺激时间轴可对应作出积极自变的动态响应，即仿照生物体所具有的功能。例如，智能人工骨不仅与生物体相容性良好，而且能依据生物体骨的生长、治愈状况而分解，最后消失。

智能材料的性能是组成、结构、形态与环境的函数，它具有环境响应性。生物体的最大特点是对环境的适应，从植物、动物到人类均如此。细胞是生物体的基础，可视为具有传感、处理和执行三种功能的融合材料，因而细胞可作为智能材料的蓝本。

从本质上说生命是蛋白质的存在形式，而蛋白质则是生物体的构成物质，其中的酶蛋白是生命的基本要素，生物和非生物的根本区别在于前者具有自复制能力。酶的化学反应能力极高，其反应速率是普通化学反应的10^{10}倍。这种超高效率的化学反应是现有非生物不能达到的。这归结于生物的基本原子组成及结构，涉及到量子生物学。

对于从单纯物质到复杂物质的研究，可以通过建立模型实现。模型使复杂的生物材料得解，从而创造出仿生智能材料。例如，高分子材料是人工设计的合成材料，在研究时曾借鉴于天然丝的大分子结构，然后合成出了强度更高的尼龙。目前，已根据模拟信息接受功能蛋白质和执行功能蛋白质，创造出由超微观到宏观的各种层次的智能材料。

三、功能材料的智能化

美国麻省理工学院的田中丰一教授1975年提出了"灵巧凝胶"（智能凝胶），至今已过去30年。现在能响应刺激溶胀的聚合物网络已开发成一项软、湿有机技术。各先进国家的官、产、学对此高度刺激响应材料的研究与开发甚为关注，他们试图将生物体组织所具有的智能型刺激响应功能引入工业材料。目前智能高分子材料的发展日新月异，有人预计21世纪可望向模糊（fuzzy）高分子材料发展。所谓模糊材料，其特征刺激响应性不限于一一对应，材料的本身能判断并依次发挥其调节功能，像动物大脑那样能记忆和判断，研究模糊高分子材料的最终目标是发展有机分子计算机。

为将生物体组装所具有的刺激响应功能引入到工业材料并开发成智能材料，发达国家正加大投入，组织共同研究实体，开展国际合作。例如日本的研究与开发集中于运动功能材料、分离功能材料和释放功能材料。以运动功能材料为例，早在20世纪50年代，Katchalsky等就在不同浓度的盐水溶液中浸渍胶原纤维，借助胶原的结晶-熔融伸缩，制备了机械化学发动机模型机，即利用凝胶将化学能直接转变成机械能，犹如肌肉那样做功，被称为"机械化学系统"或"化学机械系统"，此类高分子驱动元件可望在人工肌肉、微机械（分子机械）等独特领域应用。

一些共轭导电高分子经氧化过程可使其导电率增大数个数量级，同时产生伸缩变形。如电解聚合的聚苯胺酸性水溶液处于约0.4V电位时，响应状态的电导率最大达数十个S/cm。

导电高分子的伸缩率约为肌肉的1/10，故尚需改善性能，才能达到肌肉水平。导电聚合物常以卤素、ClO_4^-、BF_4^-、SO_4^{2-}等路易斯酸和硫酸负离子掺杂。电致伸缩的分子机理为氧化掺杂时高分子链由柔性螺旋转变成刚性棒状。高分子凝胶链内和链间电荷间静电排斥也是氧化伸缩的重要原因。

四、结构材料的智能化

陶瓷及其复合材料经常被用作结构材料，但由于可靠性低而使其应用受到局限。陶瓷承受应力时会因裂缝的扩展而引起其前端应力集中导致破坏。陶瓷的力学性质难于确保，而寿命预测又困难。陶瓷材料可靠性取决于：①确立能测定微细结构的非破坏性检验方法；②建立断裂行为解析为基础的可靠性试验法；③分散增强，纤维增强和层压等复合增韧。此类方法虽近年来进展显著，但不能充分确保其可靠性。因而出现了可对材料自身损伤诊断和寿命预告的智能材料。此类材料能检测和诊断其损伤程度,即具有"自行诊断功能",且有认知损伤程度的"损伤显示功能",更能使创伤自修复,即具有"自修复"和"自愈合功能"及使用环境下形成材料结构的"自组装功能"。再者从降低环境负荷和再循环角度,还要求材料具有"自分解性"和"自转变性"。因而,结构材料的智能化与功能材料相比要困难得多,它要求材料能检出(诊断)缺陷、热历史和力学历史伴生的微小裂纹、残余应力等引起的材料内部微小的损伤,以预测其危险性。

结构材料智能化的相关传感功能实施可利用入射激光损耗(光纤复合化)、导电率的变化(碳纤维复合化)、表面弹性波、声发射和磁变形效应等原理。执行功能常采用压电元件使基材变形即微裂缝闭合;或形状记忆合金通电加热产生相转变,使龟裂闭合。

结构材料的智能化不能损及力学性能。金属间化合物不仅耐热,且力学性能良好,还具有形状记忆功能、高导磁率、疲劳诱发相转变现象和贮氧功能等特点。日本学者利用 Ni、Al 金属间化合物的高强度和高熔点和 Al_2O_3 制备体积分数 10% $NiAl/Al_2O_3$ 分散型复合烧结体,经 1300~1450°C 氧化处理,材料表面自发形成 $NiAl_2O_4$ 致密氧化膜和 Ni、Al 密度差,诱发数百兆帕的表面压缩应力,即此氧化膜形成的"自组装"可使材料强韧化。

五、自诊断效应及自愈合陶瓷材料

材料在使用过程中常因内部缺陷的累积而出现性能的劣化,对于大型构件如飞机、航天器和桥梁来说,因内部裂纹或缺陷的累积而发生突然坠毁和倒塌等事故时有发生,造成生命财产的重大损失。其实这突发的事故是由于材料内部的微小缺陷的累积导致材料最终崩溃的。如何预防材料在使用过程中的突发事故已成为材料研究的重要组成部分。如果能使冷冰冰、硬邦邦的材料具有自我诊断和自我愈合的智能性,材料一旦出现微小的损伤,它自己可感知并自动修复,我们便可防患于未然。经过多年的努力,科学家们利用各种手段已赋予结构材料自诊断和自愈合性。从物理化学角度来说,自诊断也就是内部诊断,要是指依靠材料内部的组分或结构的变化所产生的信号而进行诊断的方法,诊断的内容包括应力状态、应变量、相交、缺陷或裂纹发展过程等。

"Ceramic"(陶瓷)这一术语来自希腊的"keramikos",意思是"烧成的材料",表明陶瓷材料一般是通过称为"烧成"的高温热处理工艺得到氧化物、碳化物、高强度的材料。这类材料的特点是性能多样,缺点是应变较小,使用可靠性低。由于多数陶瓷材料为电的绝缘体,并在高温下烧制,所以,用作陶瓷材料导电性检测的高温纤维的种类有限,常用的是耐高温的半导性碳化硅晶须。高强度碳纤维是常用的导电添加剂之一。

理想的自诊断方法应是所复合的纤维不仅具有增韧机制,并且具备损伤传感功能。其中常用的增韧机制有长纤维的复合、桥接、分散相的复合、增韧相的拔出、相变增韧、晶体结构的微细化等。断裂感知功能则来自导电相（连续长纤维、分散增韧相）、晶界相、多层结构、介电体、压电体等的应用。

从宏观到微观，陶瓷材料的强韧化技术具有多个层次，陶瓷材料缺陷的位置和裂纹发生的时间也不一样。因此，只有同时具备多种强韧化机制及多种缺陷论断和裂纹预警方式，才可获得安全可靠的陶瓷材料。

大家知道树木在受到损伤后其内部会分泌一种粘液填充到损伤缺口，粘液固化后在表面形成坚硬的物质，达到自愈合目的。从仿生角度，可在人造材料中加入一些容易扩散的元素或物质，当材料表面出现裂纹时，内部组分向纵深发展。树木的智能性为设计自诊断和自愈合材料提供了新的思路。

1. 高温下陶瓷涂层的自动成膜机制

在高温真空器件使用的不锈钢中加入少量的 B 和 N 元素，B 和 N 元素会在温度和压力作用下向表层迁移扩散，从而在表层聚集并结合成一层致密的氮化硼（BN）高温陶瓷保护层。由于这种保护层从母体材料中"自生"出来的，成分和结构与基体材料呈现递变过渡状态，有很好的亲和性和相容性，结合牢固，解决了金属表面陶瓷涂层容易剥落的技术问题（图 8-6）。

2. 高温陶瓷的高温氧化自适应性

氮化硅等高温陶瓷材料是未来发动机的新型候选材料。现在人们的目标是继续提高其强度和韧性，并研制在高温下破损时的自我诊断和修复功能。研究表明，陶瓷材料在高温状态下的破坏过程是内部组分高温氧化和表面裂纹纵深发展的相互促进过程。组分在高温下的氧化，容易形成表面微细裂纹，而表面的微细裂纹的产生，会使高温氧化向材料内部移动而

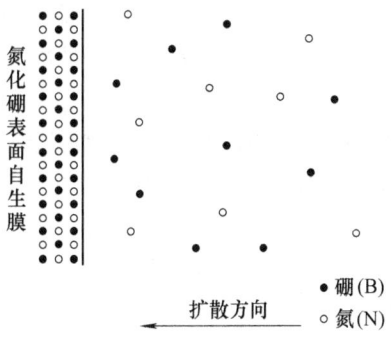

图 8-6 真空金属容器内壁在高温下自动形成 BN 陶瓷热障膜原理

导致内部组分的进一步氧化。如果有一种物质能够在高温下自动"流入"裂纹并屏蔽内部组织与氧气的接触，一定能有效阻止陶瓷材料在高温下的破坏过程。研究人员在氮化硅陶瓷中加入少量 Nb 的化合物，发现能够有效地阻止氮化硅陶瓷在 1000°C 高温下的氧化。这是因为在高温下，一般的氮化硅陶瓷表面氧化而形成氧化硅层，此氧化硅层极容易进一步结晶化并伴随体积收缩。从而在表面形成微细裂纹。而当添加一定量铌化合物时，铌在氮化硅表面形成 NbC-Nb_2O_3-NbO_2-Nb_2O_5 的过渡氧化物层，这些氧化物为玻璃态，呈致密状覆盖在表面，隔断了氧气向内部侵入。

3. 氧化锆自增韧陶瓷

氧化锆 ZrO_2 增韧陶瓷（ZTC）是一类很有前途的新型结构陶瓷材料。这类陶瓷中氧化锆有相变特性，可增加材料的断裂韧度和抗弯强度，这类材料还具有优良的力学性能、低的热导率和良好的耐温急变性。最可贵的是它能响应外界环境的变化，吸收环境冲击能，防止结构整体被破坏，具有自诊断和自修复的功能。

氧化锆晶体一般有三种晶型：单斜相（$m\text{-}ZrO_2$）、四方相（$t\text{-}ZrO_2$）和立方相（$c\text{-}ZrO_2$）。其中 $t\text{-}ZrO_2$ 转化为 $m\text{-}ZrO_2$ 具有马氏体相变的特征，并且相变伴随有3%~5%的体积膨胀。不加稳定剂的 ZrO_2 陶瓷在烧结温度冷却的过程中，就会由于发生相变而严重开裂。解决的办法是添加离子半径比 Zr 小的 Ca、Mg、Y 等金属的氧化物。氧化锆相变可分为烧成冷却过程中相变和使用过程中相变，造成相变的原因，前者是温度诱导，后者是应力诱导。两类相变的结果都可使陶瓷增韧，按照增韧机理分别称为微裂纹增韧和应力诱导下的相变增韧。

研究表明，当 ZrO_2 晶粒尺寸比较大而稳定剂比较小时，陶瓷中的 $t\text{-}ZrO_2$ 晶粒在烧成后冷却至室温的过程中发生相变，相变所伴随的体积膨胀在陶瓷内部产生压应力，并在一些区域形成微裂纹。当主裂纹在这样的材料中扩展时，一方面受到上述压应力的作用，裂纹扩展受到阻碍；同时由于原有微裂纹的延伸使主裂纹受阻改向，也吸收了裂纹扩展的能量，提高了材料的强度和韧性。这就是微裂纹增韧。

材料中的 $t\text{-}ZrO_2$ 晶粒在烧成后冷却至室温的过程中仍保持四方相形态，当材料受到外应力的作用时，受应力诱导发生相变，由 t 相转变为 m 相。由于 ZrO_2 晶粒相变吸收能量而阻碍裂纹的继续扩展，从而提高了材料的强度和韧性。相转变发生之处的材料组成一般不均匀，因结晶结构的变化，导热和导电率等性能随之弯曲变化，这种变化就是材料外应力的信号，从而实现了材料的自诊断。

4. 自愈合混凝土

目前建筑物抗地震能力的提高通常是通过构筑整体框架，增大结构尺寸，在建筑物底部加装缓冲装置等方式实现的，而这些做法都是在结构上对建筑物进行改进。通常建筑物在修建完工后会产生大量裂纹，尤其是当受到动态载荷的作用后。这些裂纹的产生对建筑物的抗震极为不利。最近，一种自愈合混凝土的出现有可能克服这种缺点，使建筑物的抗震能力得到极大提高。

在这种混凝土中埋入粘接剂后，粘接剂可以在建筑物的裂纹处释放出来，把裂纹修补好。研究表明，这可以提高开裂部分的强度，并增强延性弯曲的能力。

埋入混凝土的低模量粘接剂可以改善建筑物结构的阻尼特性；较硬粘接剂可以使受损的建筑结构重新获得横向强度；不同凝固时间的粘接剂可以用于对结构的弯曲进行控制。如果将这些粘接剂填入中空玻璃纤维，以使粘接剂在混凝土中长期保持性能，直到结构开裂导致玻璃纤维断裂时被释放出来。为防止玻璃纤维断裂,将填充了粘接剂的玻璃纤维用水溶性胶粘接成束,然后平直地(无卷绕)加入混凝土中。这是一种被动智能材料,即在材料中没有埋入传感器监测裂痕,也没有在材料中埋入电子芯片来"指导"粘接裂开的裂痕。

据文献报道,美国科学家正在研究一种主动智能材料,能使桥梁出现问题时自动加固。他们设计的一种方式是:如果桥梁的某些局部出现问题,桥梁的另一部分就自行加固予以弥补。这一设想在技术上是可行的。随着电脑技术的发展,完全可以制造出极微小的信号传感器和微电子芯片及计算机。桥梁材料可以用各种神奇的材料构成,例如用形状记忆材料。把这些传感器、微型计算机芯片埋入桥梁材料中。埋在材料中的传感器得到某部分材料出现问题的信号,计算机就会发出指令,使事先埋入桥梁材料中的微小液滴变成固体而自动加固。

第五节　非晶态合金

近几十年来,由于无机非金属材料和有机高分子材料的迅速发展,在不少地方,金属材料大有被取代之势。非晶态合金(又名金属玻璃)具有许多优异的物理性能和化学性能,成为金属王国的后起之秀,有可能肩负起振兴金属王国之责,因而成为世界各国材料科学家们所争相瞩目的新领域。

非晶态合金在化学成分上是金属或合金,在原子结构上是典型的玻璃态,故又称为金属玻璃。与晶态相比较,玻璃态没有可辨认出来的长程有序,即在大于几个原子间距之后,原子的位置就没有规律或周期性了,属于非晶态结构。

一提到玻璃,人们很快就会想到十分熟悉的硅酸盐或硅的氧化物之类的普通玻璃。它们的显著特点是脆而透明。长期以来,人们一直认为金属只能形成晶态,不能形成玻璃态。现在的大量实验证明,在一定的条件下,许多金属和合金都能形成玻璃态。由于金属玻璃的化学成分不同于普通玻璃,它们的基本性质也就完全不同。虽然二者的结构组态相似,金属玻璃却与普通玻璃相反,它是韧而不透明的。

金属玻璃与晶态金属相比,虽然二者的化学成分相似,甚至相同,但由于二者的结构组态不同,因而在性质方面也有许多明显的不同。实验发现,有的金属玻璃具有显著的高强度、高韧性、高抗腐蚀性等可贵的力学性能和化学性能,有的具有高电阻率、高磁导率、低铁损等优良的电学和磁学性能,其应用前景非常广阔。美国的金属玻璃专家卢博尔斯基曾估算过,仅美国使用的电力变压器和电动机一项,如将目前使用的硅钢片换成金属玻璃以后,由于降低能量损耗,能耗费用就可由每年18亿美元降为8亿美元,节约达10亿美元之巨,可以预言,金属玻璃的出现必将引起金属材料的一场重大变革。

为了让大家对非晶态合金这一新材料领域有一个比较粗略而全面的了解,我们将从下列三个方面来加以阐述：①非晶态合金的制造方法；②非晶态合金的微观结构；③非晶态合金的特异功能。

一、非晶态合金的制造方法

非晶态合金的基本特征是缺乏长程序，即没有三维的长程结构的周期性。因而非晶态合金的各种制备方法殊途同归，均以获得缺乏长程序的固态结构为目的。

从历史上来看，早在 20 世纪 30 年代，克达默就宣布过用气相沉积方法制备出一系列的非晶态金属薄膜；1947 年布雷纳等人又利用电沉积方法获得非晶态 Ni-P 合金。但是，他们的工作在当时的科学技术界并未引起人们的注意，没有发生多大的影响。真正开始对非晶态合金进行认真研究，是在 1959 年由杜沃兹等人发明了能以超过 $10^6 \, ℃/s$ 急冷速度将 Au-Si 合金熔液制成非晶态金属箔片的工作发表以后，才极大地促进了非晶态合金研究工作的发展。

目前制备非晶态合金的方法大致可以分为三种：液态淬火法、淀积法和注入法。所有方法均有优缺点，以下分别进行介绍。

1. 液态淬火法

非晶态没有长程序，即至少在几十埃（Å，1Å = 0.1nm）以上的大范围内，它是处于无周期性的原子排列状态。液态金属的原子位形组态是比较理想的、没有长程序的无序原子组态。因此，若在液态合金冷却固化过程中，能有足够快的冷却速度，就有可能绕过通常的结晶过程，而把液态时的原子位形组态较好地冻结下来，形成金属玻璃——非晶态合金。

要避免在固化过程中结晶的最重要的实验条件是将热量高速传输至冷却介质。而实验表明：高温的液态金属掉落到低温的高导热衬板上，其热传导速率可高达 $10^6 \, ℃/s$ 以上。但是与衬底金属板接触的液态金属薄层不能超过一定的厚度，因为离开衬底某一点处的冷却速率随着它与衬底距离的增加而降低。杜沃兹首次制备的液态淬火非晶态合金 $Au_{75}Si_{25}$ 的方法正是体现了这些要求，才获得成功。后来所发展起来的单辊法、双辊法、锤钻法、雾化法和激光上釉法等，其基本原理皆出于此。

目前用得较多的是单辊法，其基本装置如图 8-7 所示。将所研究的合金试样放进石英管中，接上高频感应电源，石英管用具有一定压力的惰性气体 Ar（或 N_2）保护，使合金材料熔融，然后再使气体的压力升高，将熔融合金从石英底部的扁平口喷出，落在以高速度旋转的装有冷却装置的铜辊轮上，经过

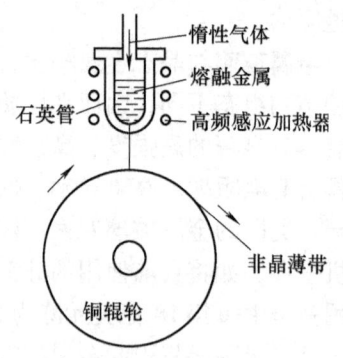

图 8-7 单辊制造非晶薄带示意图

急冷立即形成很薄的非晶条带。如果喷射的熔融合金量较多，或辊轮转动较慢，使得急冷速度达不到形成晶态所需的临界值，则有可能成就微晶条带。

通用的非晶态合金薄带的生产工艺大都采用单辊或双辊法，每次最多可达几十公斤，最宽为20cm，一般在几个厘米左右，长可达几百到几千米，厚约为几十微米，Fe-Si-B系的最厚条带已达到250μm。

总之，要制备出非晶态合金，关键问题是使合金快速冷却。每种金属或合金都有各自的临界冷却速度R_c。目前，许多材料在$R_c \leq 10^7 \,^\circ\mathrm{C/s}$下就可制成薄带。

2. 真空蒸镀和溅射法

在真空中用蒸气镀和高能粒子溅射，可获得非晶态薄膜。

气相淀积主要是在高真空中进行的，将金属材料汽化成为蒸气再淀积在冷底板上而获得非晶态合金。它提供了一种使金属材料直接从气相转变为固相的淬火速度很高的方法。由于金属蒸气中的原子彼此相距很远，其撞击在衬底上的过程与其先后的原子无关，但是一旦到了衬底上，则扩散距离很短（原子间距范围内），只要形成了稳定核，晶体就会很快长大，这就是为什么蒸气法的衬底必须处于很低温度，有时甚至需要低至4.2K（液He温度）才能获得非晶态金属和合金的主要原因。而且这样形成的许多非晶薄膜很不稳定，当温度高达30~50K便会晶化。但是，冷衬底真空淀积至今仍然是许多金属赖以获得非晶态的惟一方法。例如Ag、Au、Ni、Fe、Co等。非晶态合金较非晶态金属更稳定，有些可以直接淀积在室温的衬底上。例如Cu-Ag、Ni-P等。

一般磁性材料非晶薄膜的蒸发温度多数在1000~2000K之间，所以蒸发源材料的熔点必须高于这一温度。而且在合金材料的蒸发温度下，蒸发源材料不应与蒸发材料发生任何化学反应或扩散形成化合物与合金，否则蒸发源的熔点就会大大下降而易于熔断。

在溅射法制备非晶态合金中，原材料中的原子是用具有高能的惰性气体的离子碰撞而不是用蒸发溅出的。如果合金中各元素的蒸气压差别很大，则蒸发时要获得一定成分的非晶态合金就很困难。而溅射则不成问题。就是在室温衬底上也可以用溅射法得到非晶态合金，并较蒸发淀积者更为稳定。因而近来对用溅射法制造非晶态金属的兴趣正在迅速增长。

3. 电沉积和化学沉积法

在溶液中用电镀和化学沉积可以获得大面积的非晶态薄膜或厚膜。关键在于配制出可发生反应的所需成分的溶液，并且使沉积物在一定温度范围内不发生晶化。

常用的电镀金属和合金的方法可参考专门著述，此处不予详述。对于用电镀获得非晶态合金的方法及溶液成分的配制都比一般电镀金属和合金要求更高、限制更严。所以目前只有少数非晶态合金可以电沉积制备成功。例如，Co-P、Ni-

P、Fe-P、Ni-B 等。

化学沉积与电沉积方法的主要区别在于：化学反应过程与外界是否存在一定的电的作用无关。化学沉积是通过某种电极电位较负的离子去置换电极电位较正的离子，使后者呈中性而淀积在其片上。这时溶液中只有基片而无需用金属电极。不过溶液的浓度要保持恒定，否则沉积层的成分或淀积的速度很不均匀。

二、非晶态合金的原子结构

1. 实验研究的结果

大量的实验研究结果指出：非晶态结构是一种长程无序、短程有序的结构。即其中的原子排列已失去晶体的长程周期性，但是，并非是完全混乱的无规则排列。就每个原子周围来看，其邻近原子的排列仍具有一定规律的几何特征。多数非晶态结构的最近邻配位与相应的规则排列称为短程序。非晶态结构的短程序一般分为两类：一类是拓扑短程序，与近邻原子的几何配位有关；一类是化学短程序，与近邻原子的化学特性有关。

2. 非晶态结构模型

在大量实验研究的基础上，对非晶态金属和合金的结构曾作过不少实验室和计算机模拟的研究，提出过多种非晶态结构模型，并取得了不少的进展。这里简要介绍微晶模型和无规密堆硬球模型。

（1）微晶模型　微晶模型认为：非晶态金属是由许多未应变、已应变或错位的、大小为数十埃的微晶原子团构成的。这些微晶原子团的取向是杂乱无章的。这样就可得到短程有序、长程无序的非晶结构。它用于 Pd-Ni-P 和 Pd-Fe-P 非晶系相当成功。

但是，目前一般认为，微晶模型与实际非晶结构存在许多不相符之处。例如：微晶模型无法解释非晶态金属的密度只比同种成分的晶态小 1%～2% 的实验事实。此外，如果非晶态金属是由微晶组成，则由于已有晶核，其晶化过程应该是连续变化的热力学过程，不应存在实验上获得的与形核相当的不连续的热力学过程。

（2）无规密堆硬球模型　非晶态金属的比较理想的模型是 1960 年由伯纳尔为了模拟液态金属或分子液体的几何结构提出的无规密堆硬球模型（DRPHS）。后来，科亨和特恩巴尔根据自由体积理论提出，伯纳尔模型也适用于非晶态金属和合金。

伯纳尔将他的无序结构作成"球-辐"模型进行仔细观察，发现这种结构中不存在周期重复的晶体有序区。但无规密堆结构仅由 5 种不同的伯纳尔多面体组成。多面体面为三角形，其顶点为球心，边长可允许有 20% 的畸变。这 5 种伯纳尔多面体依次为①正四面体；②正八面体；③盖有半八面体的三棱柱；④盖有半八面体的阿基米德反棱柱；⑤12 面体。且在非晶态结构中，各多面体所占的百分比分别为86.2%；5.9%；3.8%；0.5%；3.7%。在这5种多面体中，前两种在密排晶体中也同样存在，但所占的百分比不同（四面体占66.7%，八面体占33.3%）；后3种多面体则为非晶态所特有，即这三种类型的堆积方式可以防止结晶的形成。同时可见，在非晶态固体中，主要含的是正四面体，占有将近90%。

博尔克提出，在非晶态金属-类金属合金中，原子半径较大的金属原子位于伯纳尔多面体的顶点，原子半径较小的类金属原子则嵌入由金属原子所构成的伯纳尔多面体的较大间隙（或称为空洞）中，若全部间隙为类金属原子所填满，则合金中金属含量为79%（原子分数），即类金属含量为21%（原子分数）。这与大多数较易形成非晶态的金属-类金属合金的成分的实验结果符合得相当好。类金属为金属原子所包围，即类金属原子彼此不为最近邻，这一点与X射线衍射结果十分相符。

非晶态金属和合金的许多性质都直接取决于它的原子结构组态。因此，原子排列的微观结构研究，一直是非晶态金属研究的一个中心问题。在实验上，至今还没有一种实验手段可以准确地确定非晶态结构，即给出全部原子的坐标。因此，借助于理论模型来讨论非晶态结构就具有特别重要的意义。目前，虽然还不能由结构模型来回答非晶态合金与成分有关的许多问题，但是，这些模型已能用来解释非晶态合金的某些结构与性能及成分的关系，诸如弹性、磁性等。反过来，又将进一步促进人们对非晶态结构的深入认识。

3. 非晶态合金的亚稳结构

由于非晶态金属材料是由高温液态（或气态）急冷而形成的，在结构上，它是处于亚稳定状态，内能较高。因此，它在高温环境下使用或长期使用过程中，就会在热涨落的作用下改变其原来的状态，逐步向能量更低的晶态转变。这就是目前非晶态合金所存在的一个严重缺点。

对于新淬火而成的非晶态材料，它有两种变化的方式：

1）由非晶态向晶态转变，即经过晶核长大转变成为晶态。

2）只在非晶态的范围内作局域的几何短程序和化学短程序变化，但未形成长程有序的晶态，亦称为结构弛豫。如果回火的温度高于玻璃化温度 T_g，则很快就会晶化；如果回火温度低于 T_g，则材料将不发生晶化，而进行结构弛豫。

结构弛豫是非晶态金属材料的一个重要属性，它直接影响着材料的各种使用性能。由于结构弛豫引起原子分布、电子组态、化学键位等一系列变化，从而影响到材料的力学、电学和磁学性能等。

三、非晶态合金的特异性能

非晶态合金的优异性能是多方面的，无论在力学、电学、磁学及化学性能等方面都有其一定的独特之处。正因为如此，才得到世界各国科技界的空前重视。

这里只能作一个非常粗略的介绍。

1. 强韧兼蓄的力学性能

（1）**强度和硬度**　非晶态合金的强度和硬度都比现有的一般晶态金属为高。表 8-4 列出几种主要的非晶态合金的抗拉强度 σ_b 和显微硬度 HV，以便进行分析比较。

表 8-4　几种非晶态合金的强度和硬度

非晶态合金	σ_b/MPa	HV/MPa	E/σ_b	HV/σ_b
$Pd_{80}Si_{20}$	1340	3190	50	2.4
$Pd_{64}Ni_{16}P_{20}$	1440	4430	63.8	3.07
$Fe_{80}B_{20}$	3630	10790	46.5	2.97
$Fe_{80}P_{13}C_7$	3040	7450	40	2.5
$Fe_{78}Si_{10}B_{12}$	3340	8920	35	2.6
$Ni_{75}Si_8B_{17}$	2650	8410	26	3.2
$Fe_{72}Cr_8P_{13}C_7$	3780	8340	—	2.2

由表 8-3 可见，非晶态合金的硬度 HV 和强度 σ_b 是非常高的，其中 $Fe_{80}B_{20}$ 的硬度 HV 高达 10790MPa，$Fe_{72}Cr_8P_{13}C$ 的强度 σ_b 高达 3780MPa。非晶态合金的硬度强度比值 HV/σ_b 大约在 2.5~3.4 之间，十分接近理论比值 2.9。许多非晶态合金的弹性模量与强度之比 $E/\sigma_b \approx 50$。可以与目前强度最高的 Fe 的晶须 $E/\sigma_b \approx 15.5$ 相比较，只相差 3 倍。但金属晶须存在着严重的尺寸效应，其强度随尺寸增大而急速下降。Fe 晶须在直径为 1.6μm 时达到 13140MPa，但直径为 2~3μm 时就降为 9810MPa。当直径大至 6μm 时，就只有 1960MPa 了。

非晶态合金之所以具有如此高的强度和硬度，主要是由于非晶态的结构特征。它可能具有短程序的原子团尺寸在 30Å 以内，原子位移的大小和方向都没有晶态金属中所特有的晶格滑移系统的限制。同时非晶态合金中存在着活动性很高的局部区域，外力作用时这些局部区域将重新排列形成另一稳定的组态，使得非晶态金属屈服时呈整体屈服而不是晶态中的局部屈服。另外，非晶态金属接近于是一个连续的均匀体，基本上是各向同性的，没有晶界、孪晶、位错等微观缺陷。因而，使非晶态金属具有比晶态高得多的强度和硬度。

但非晶态合金的强度随温度的升高而急速下降，拉伸应变却显著增大，且在常温附近，应变速率愈大，强度下降倾向也愈大，这一行为恰与晶态金属相反。晶态金属由于应变硬化，强度随应变速率的增加而增大。

（2）**韧性和脆化**　非晶态合金显示出奇特的综合力学性能：同时具有高强

度和高韧性。这是一种诱人的、具有广阔应用前景的特异功能。

例如，前述 Fe 基非晶态合金的强度 $\sigma_b = 3630\text{MPa}$，可以与最好的冷拉钢琴丝相当。但冷拉钢琴丝却是相当脆的，容易弯折而断，可非晶态合金却不是这样。许多淬火态的非晶态金属具有很高的韧性，即使把它们弯曲到接近 180° 也不会断裂破损。

(3) 形变与断裂　非晶态合金的塑性变形过程与晶态金属有明显的不同，形变与温度关系很大。当温度 $T \ll T_g$ 时，非晶态金属的拉伸和压缩变形将以高度局域化的切变形变带的形式出现，因而是不均匀的塑性形变。曾用透射电镜发现，在约 $20\mu\text{m}$ 厚的切变带中，可以包含有近 $200\mu\text{m}$ 长的切变位移，即真实变量为 10，或者更大。这样大的切应变，显示了非晶态金属的内禀延展性很大。其原因在于它的金属键没有方向性，因而原子间的角位置容易允许变动。

非晶态合金中没有（或者只有很小的）加工硬化现象，这也是与晶态金属完全不同的。因为具有未被硬化的物质中，形变才容易发生。例如，已经弯曲过的非晶态金属薄带再次弯曲时，结果切变带在原来弯曲的基础上又再次出现。因为非晶态金属结构中没有晶体的点阵结构和滑移系统，从宏观上看，它是均匀的连续体。

非晶态合金具有高的弹性极限，在接近断裂强度时，应力作用下的弹性行为，使材料中不容易出现裂纹，其疲劳寿命高于晶态金属。

2. 高电阻、低温度系数的电学性能

非晶态合金在室温下具有很高的电阻率，一般约为 $100 \sim 180\mu\Omega \cdot \text{mm}$，比晶态合金高 $2 \sim 3$ 倍。在温度为 0K 时剩余电阻率远远大于晶态合金。非晶态合金的高电阻率是与原子的无序排列导致导电电子的附加散射有关的。

多数非晶态合金具有负的温度系数。有一类合金，温度升高时电阻率下降，到一定极小值后，温度系数又变正。这种行为叫做康都效应。另一类合金，温度从低至 1.5K 直到即将晶化的温度，电阻率连续下降。非晶态合金的迅速发展提供了许多合金，可用来系统地研究成分对于康都效应的影响以及很小、正的或负的电阻温度系数。电阻率最小和温度系数为零的非晶态合金，在一些仪表测量中具有广阔的应用前景。

3. 高导磁、低铁损的软磁特性

非晶态合金具有高磁导率、高磁感、低铁损、低矫顽力等特性，是目前金属玻璃获得广泛应用的重要原因，也是研究得最多的重要领域。

非晶态 $(\text{Fe}_{80}\text{Ni}_{20})_{78}\text{SiB}_{14}$ 合金的最大磁导率可达 200T/Oe，剩磁 $B_r = 1.24\text{T}$，$B_r/B_s = 0.95$ (B_s 为饱和磁感)，矫顽力 $H_c = 0.006\text{Oe}$。费尔施测定了 Fe 基非晶合金膜 (20K) 的矫顽力 $H_c \approx 10\text{Oe}$，而相应的单相结晶膜的 $H_c \approx 40\text{Oe}$；Co-Si 非晶态合金膜的 $H_c \approx 15\text{Oe}$，而相应的单相晶态高达 140Oe。

高磁感、低铁损的非晶磁性材料，多为 Fe 基非晶态合金。最早开发的是 $Fe_{80}B_{20}$，其 $B_s = 0.16T$，其铁损 $P_{14.5/60} = 0.44W/kg$。磁感虽较最好的取向 Si-Fe 约低 20%，铁损却只有 Si-Fe 的 1/3。后来发展了 Fe-B-C-Si 系合金获得较高的饱和磁感 $B_s = 1.7T$，进行退火处理后，可达 1.73T。而 $Fe_{81}B_{13}Si_5C_1$ 非晶态合金的 H_c 可低到 0.008Oe。该类合金主要用来作变压器及电动机铁心材料。

非晶态合金的磁损耗、矫顽力均较晶态合金为低的主要原因是由于非晶材料中原子的无序密堆，不存在晶界、位错及堆垛层错等类可构成磁畴壁被钉扎的缺陷。同时，非晶态合金的电阻率一般较晶态高 2~3 倍，因而大大减少了涡流损失。

4. 耐强酸、强碱腐蚀的化学特性

非晶态合金具有非常强的防腐蚀性能，这也是金属玻璃具有广阔应用前景的原因之一。

实验证明，非晶态合金中含有一定量的 Cr 和 P 时，它就具有极高的抗腐蚀能力。1974 年增本健等人发现非晶态 $Fe_{80}P_{13}C_7$ 合金本来在腐蚀环境中相当不稳定的，例如，30°C 时置于 1N 的 HCl 溶液中的腐蚀速度比纯 Fe 的晶态还要快 10 倍。但添加了第二种金属元素（如 Cr、Ni、Co）后，其耐蚀性能大大提高，而晶态 Fe 基合金却反而腐蚀更快。Cr 的加入明显地提高了非晶态 $Fe_{80-x}Cr_xP_{13}C_7$ 的抗腐蚀能力。当 Cr 含量超过 8%（原子）时，该类合金就表现出远远超过 18Cr-8Ni 不锈钢和各种含 Ni 的耐盐酸腐蚀钢的抗腐蚀能力。其腐蚀速度已接近于 0，即几乎不被腐蚀。Cr 和 P 对于提高 Fe 基非晶态合金的耐蚀性能是非常必要的，它们在腐蚀环境中可以迅速形成保护作用很强的均匀稳定的钝化膜。

非晶态合金的高耐腐蚀性能是由于它的结构和化学上高度均匀的单相特点。它没有晶态合金的晶粒、晶界、位错、杂质偏析等缺陷。在晶态金属中，这些缺陷密集处具有高活性，起着腐蚀成核的作用，引起局部腐蚀。非晶合金将不发生局部腐蚀而形成"均匀"的钝化膜，因而具有更高的抗腐蚀能力。

总之，非晶态合金的应用范围十分广泛。而且大部分非晶态合金是直接由液态急冷而成，不需要一般晶态金属带材和丝材所需经过的铸造、锻造、轧制或拉丝等多种工序，因而工艺简单，生产费用低。加上非晶态合金的组分有许多是较便宜的原料。因此，非晶态合金的成本应当是比较低廉的，是一种有广阔应用前景的新型材料。

第六节 形状记忆材料

在茫茫太空中，一颗同步通信卫星进入预定轨道，卫星上一团天线在阳光加热下迅速张开，恢复它原来半球面的形状，像一把倒开着的伞，指向太空，开始了自己的通信工作。是什么神奇的力量使这团天线张开的呢？是遥控？是自动化器械？都不是。而是一种新型的功能材料——形状记忆合金。今天，科学正在使古代的神话变成现实，形状记忆材料与可逆形状记忆合金器件，在科学家手中，就像魔术师手中的魔棍一样，变幻莫测，令人惊叹！形状记忆材料是近年发展起来的一种新型功能材料，由于它具有非常特异的性能，科学家已将它应用到宇航、航空、自动控制、医疗、能源变换等领域。

形状记忆是指具有初始形状的制品变形后，通过加热等手段又回复到初始形状的功能。最初具有形状记忆功能的材料是一些合金材料，如 Ti-Ni 合金。如今，高分子形状记忆材料因其优异的综合性能而成为热门材料。

一、形状记忆合金

某些具有热弹性马氏体相变的合金材料，处于马氏体状态进行一定限度的变形或变形诱发马氏体后，在随后的加热过程中，当超过马氏体相消失的温度时，材料就能完全恢复变形前的形状和体积，这种现象称为形状记忆效应（SME）。具有形状记忆效应的合金材料称为形状记忆合金（SMA）。自 1962 年美国海军军械实验室发现 Ti-Ni 合金的形状记忆效应以来，科技界对这一特殊现象进行了大量的研究，目前关于形状记忆效应的研究在马氏体相变领域占据着首要地位。现已发现的具有形状记忆效应的合金有：①Ti-Ni、Ti-Nb、Ti-Ni-x（Fe，Cu）；②Au-Cd、Au-Cu-Zn；③Cu-Zn、Cu-Zn-Al、Cu-Zn-Sn、Cu-Zn-Ni、Cu-Zn-Si、Cu-Zn-Ga、Cu-Al、Cu-Al-Ni、Cu-Al-Mn、Cu-Al-Si；④Ag-Cd、Ag-Zn-Cd、Ag-Zn；⑤Ni-Al、Ni-Al-Co、Ni-Al-Ga、Ni-Al-Ti；⑥Co、Co-Ni；⑦Fe-Ni、Fe-Ni-Ti-Co、Fe-Mn、Fe-Mn-C、304 型不锈钢和 Fe-Pt 等。

形状记忆效应分为两种。材料在高温下制成某种形状，在低温下将其任意变形，若将其加热到高温，材料恢复高温下的形状，但重新冷却时材料不能恢复低温时的形状，这是单程记忆效应；若低温下材料仍能恢复低温下的形状，就是双程记忆效应。

目前比较成熟的形状记忆合金有 Ti-Ni 合金和 Cu-Zn-Al。这两种合金的应用领域很广，包括各种接头、电路的连接、自控系统的驱动器以及热机能量转换材料等。大量使用形状记忆合金的是各种管件接头。用形状记忆合金制成的接头内径比待接管子小约 4%。目前正在开发各种温度控制仪器上使用的形状记忆驱动器，如温室窗户的自动开闭装置、防止发动机过热用风扇的离合器等。Ti-Ni 合金具有良好的耐蚀性和对生物的相容性，是应用于医疗的极好材料。此外，合金的强度、延展性、加工性均优，但价格昂贵。Cu 系合金相对较便宜，但需改善其延展性。

继钛镍和铜合金之后，又发展了铁基形状记忆合金，如 Fe-Mn-Si 系合金。其形状记忆效应来源于应力诱导 $\gamma \longleftrightarrow \varepsilon$ 可逆马氏体相变，属应力诱导记忆合金，有很好的应用前景。

二、形状记忆高分子材料

高分子材料的形状记忆机理与金属不同。目前开发的形状记忆高分子材料具有两相结构，即固定成品形状的固定相和在某种温度下能可逆地发生软化和固化的可逆相。固定相的作用是记忆初始形状，第二次变形和固定是由可逆相来完成的。固定相可以是高分子化合物的交联结构、部分结晶结构、高分子化合物的玻璃态或分子链的缠绕等；可逆相可以是产生结晶与结晶熔融可逆变化的部分结晶相，或发生玻璃态与橡胶态可逆转变的相结构。通常是通过热刺激产生形状记忆的，也有通过光、电或化学物质等方法的刺激而产生形状记忆功能。

形状记忆高分子材料与形状记忆合金材料相比较，有质量轻，加工容易，变形率大，成本低等优点。凡是有固定相和软化⟵⟶固化可逆结构的高分子化合物都可作形状记忆高分子材料。根据固定相的种类，分为热固性和热塑性两类。

形状记忆高分子材料已应用在医疗、包装材料、建筑、玩具、运动用品及传感元件等方面。作为医疗材料，可用作固定器具替代石膏，具有质轻、强度好的特点，容易做成复杂的形状，易于卸下。此外，还用作牙齿矫正材料、导尿管、止血材料等。

在建筑、施工方面，可作为热收缩管，用于异径管的接合材料。先将管状记忆高分子材料加热软化，插入大于管内径的棒，冷却定形后取走插入棒，得到热收缩管。使用时，将不同直径的金属管插入热收缩管中加热，使管子收缩而紧固在不同直径的金属管子上。已广泛用作管子接头以及包覆或衬里材料、销钉等。

形状记忆高分子材料也可使变形物复原：形状记忆材料用于汽车的缓冲器、保护罩等材料时，当汽车受冲击保护装置变形后，只需加热即可恢复原形状。此外，各种携带用容器、玩具等，用形状记忆高分子材料二次成型压成平板状，使用时加热即回复原来形状。

形状记忆高分子材料这一新型功能材料，还处于起步阶段，目前开发的品种还不多，不能满足各种使用条件对材料回复温度、回复力等的要求，有待开发更多的新品种，开拓新的用途。

本 章 小 结

新材料是指最近发展或正在发展之中的具有传统材料无法比拟的特殊功能和效用、或优异性能的材料。新材料的种类很多，本章简要介绍了六种新材料：纳米材料、超导材料、生物材料、智能材料、非晶态合金和形状记忆材料。纳米材料是指材料的显微结构中，包括颗粒直径、晶粒大小、晶界、厚度等特征尺度都处于纳米尺度水平的材料。超导材料是指在一定的温度以下，材料电阻为零，物体内部失去磁通成为完全抗磁性的材料。生物材料是指与生物体相联系的、移植入生物体起某种生物体功能的材料。智能材料是指能感知外部刺激、能判断并适当处理且本身可执行的材料。非晶态合金即金属玻璃，它在化学成分上是金属或合金，在原子结构上是典型的玻璃态，具有许多优异的物理性能和化学性能。形状记忆材料是指具有初始形状的制品变形后，通过加热等手段又回复到初始形状的功能材料。通过本章的学习，可以对新材料有一个较全面和基本的认识，从而拓展材料科学与工程领域的视野。

复习思考题

1. 纳米材料的制备方法有哪些？
2. 超导体的两个基本特征是什么？
3. 生物材料应该具备哪些基本性能？
4. 智能材料设计的思路与哪些因素有关？
5. 简述单辊法制造非晶态合金的工作原理。
6. 何谓形状记忆合金的单程记忆效应和双程记忆效应？

第九章　材料的强化与表面处理

好材料之所以好，是因为它具有好的性能，人类对材料性能的追求是无止境的，随着经济和技术的发展，对工程材料的力学性能要求越来越高。人们在利用材料的力学性能时，总是希望所用材料既有足够的强度，又有较好的韧性。但通常的材料往往两者只能居其一，要么是强度高韧性差；要么是韧性好，但强度却达不到要求。寻找办法来弥补材料各自的缺点，这就是材料的强化和增韧所要解决的问题。

结合键和原子排列方式的不同，是金属材料、非金属材料力学性能不同的根本原因。通过改变材料的内部结构可以达到控制材料性能的目的。不同种类的材料提高其强度和韧性的机理方法也不同。

第一节　金属材料强化与韧化的途径

金属材料有较好的韧性，可以拉伸得很长，但是强度不高，所以对金属材料而言重点需要的是增加强度，强化成为关键的问题。

一、金属材料的强化原理

提高金属强度的途径有两条：一是完全消除内部的位错和其他缺陷，使其强度接近于理论强度，目前实验室条件可以实现，但实际大量应用还存在技术困难。强化金属的另一条途径是在金属中引入大量缺陷，以阻碍位错的运动，例如加工硬化、合金强化、细晶强化、马氏体强化、沉淀强化等。

1. 细晶强化

细晶强化是指通过晶粒粒度的细化来提高金属的强度，多晶体金属的晶粒边界通常是大角度晶界，相邻的不同取向的晶粒受力产生塑性变形时，部分施密特（Schmid, E.）因子大的晶粒内位错源先开动，并沿一定晶面产生滑移和增值。滑移至晶界前的位错被晶界阻挡。这样一个晶粒的塑性变形就无法直接传播到相邻的晶粒中去，且造成塑变晶粒内位错塞积。在外力作用下，晶界上的位错塞积产生一个应力场，可以作为激活相邻晶粒内位错源开动的驱动力。当应力场作用于位错源的作用力等于位错开动的临界应力时，相邻晶粒内的位错源开动、滑移与增殖，造成塑性变形。塞积位错应力场强度与塞积位错数目和外加切应力值有关，而塞积位错数目正比于晶粒尺寸，因此当金属材料的晶粒变细时，必须加大外加作用力以激活相邻晶粒内位错源，这就意味着，细晶粒产生塑性变形要求更高的外加作用力，也就体现了细晶粒对金属材料强化的贡献。

在材料强度学上重要的霍耳-佩奇（Hall，E. O. -Petch，N. J.）公式 $\sigma_s = \sigma + K_y d^{-1/2}$ 中，d 为晶粒平均直径，K_y 为 Petch 斜率。K_y 反映了位错被溶质原子特别是 C、N 等原子的钉扎程度和塑性变形时可以参加滑移的滑移系数目。滑移系少则 K_y 大。面心立方结构金属形变时滑移系多，K_y 值较小。体心立方点阵金属具有较大的 K_y 值，这与 C、N 溶质原子强烈钉扎位错有关，钉扎位错强烈则 K_y 值大。

应该指出，Hall-Petch 公式适用的晶粒尺寸有一个界限，例如 0.3～400 μm。因为 $d < 0.3$ μm 的非常细小的晶粒内提供不出足够数量的位错，以构成足够强度的应力集中应力场，而比 400 μm 更为粗大的晶粒再多些塞积位错数目，对应力集中应力场强度的影响也不大。

低碳位错马氏体在形态上的特征是板条状马氏体和残余奥氏体集结而构成束状，束间大都是大角度晶界，故板条束对屈服强度贡献的估算可采用前述公式，也可采用 Hall-Petch 的推广式来计算，即

$$\sigma_s = \sigma_1 + K_y D_m^{-1} \tag{9-1}$$

式中，D_m 为平均板条束直径。

2. 固溶强化

纯金属经过适当的合金化后，强度、硬度提高的现象，称为固溶强化。其原因可归结于溶质原子和位错的交互作用，这些作用起源于溶质引发的局部点阵畸变。固溶体可分为无序固溶体和有序固溶体，其强化机理也不相同。

（1）无序固溶强化　固溶强化的实质是溶质原子的长程应力场和位错的交互作用导致位错运动受阻。溶质和位错的交互作用是二者应力场之间的作用。作用的大小要看溶质本身及溶质与基体之间的交互作用，这种作用使位错截交成弯曲形状。如图 9-1 所示。

图 9-1 中的 A、B、C 表示溶质原子强烈地钉扎了位错。x—x' 为未被钉扎的平直位错线，被钉扎后呈 ABC 曲线形状。处于位错线上的少数溶质原子与位错线的相互作用很强，这些原子允许位错线的局部曲率远大于根据平均内应力求出的曲率。钉扎的第一个效应就是使位错线呈曲折形状。相对于 x—x' 的偏离为 x。在受到垂直方向的外加切应力 τ

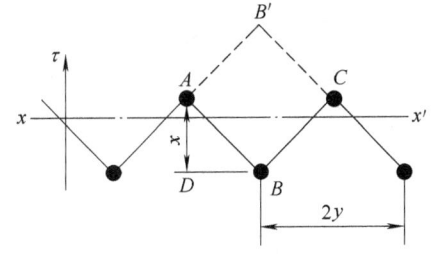

图 9-1　溶质原子对柔性位错的强化作用

作用下，由于 B 点位错张力的协助作用，将使 ABC 段位错移到 $AB'C$，在 B' 处又被钉扎起来。位错之所以能够这样弯曲，其原因是因位错长度的增加而升高的弹性能，被强钉扎所释放的能量抵偿而有余，位错的弹性能反而有所降低。位错经热激活可以脱钉，因而被钉扎时相对处于低能态。在切应力 τ 的作用下，ABC 段移动到 $AB'C$。ABC 和 $AB'C$ 是相邻的平衡位置，阻力最大在位错处于中间位置 AC 时产生，外加切应力要克服这样的阻力方可使位错移动。若 $AC \approx 2y$，ABC 比 $2y$ 略大，近似地当作 $2y$。由 ABC 变为 AC 一方面要脱钉需要能量，另一方面要缩短位错长度释放能量。总共需要

$$(E_b - E_1)2y \approx E_b 2y \tag{9-2}$$

式中，E_b 是位错脱扎所需能量；E_1 为单位长度位错由于加长而升高的能量，E_1 与 E_b 相比小而略去。由 ABC 变为 AC，平均位移为 $x/2$，外加切应力需要做功为 $\tau b (2y) x/2$，故

$$\tau b_{xy} = (E_b - E_1)2y \approx E_b 2y \tag{9-3}$$

从图 9-1 看，沿着 xx' 方向，单位长度上有 $1/y$ 个溶质原子。用柯氏气团的概念，如果位错和溶质原子交互作用能为 U_0，则单位长度位错受溶质钉扎将降低的能量为

$$E_b = U_0/y \tag{9-4}$$

所以

$$\tau = 2U_0/b_{xy} \tag{9-5}$$

设 C 为溶质原子百分数，在滑移面单位面积上有 $1/b^2$ 个原子，其中有 C/b^2 个为溶质原子又注意到面积 xy 上只摊上一个原子，所以 $C/b^2 \approx 1/xy$，式 (9-5) 可写为

$$\tau = (2U_0/b^3)C \tag{9-6}$$

此式表明在强钉扎下，推动位错所需的临界切应力既与溶质—位错相互作用能 U_0 成正比，温度升高时，有热激活的协助使位错越过障碍。假设位错被溶质的内应力场阻碍，如图 9-2a，溶质对位错的阻力 $F = \tau bL$，L 为位错所跨越的两个溶质原子间距。设位错需要克服的最大阻力为 f_m，且 $F < f_m$，需要额外得到补助的能量等于图中斜线所画面积，用 ΔG 表示。这就是所需的激活能。变形的速率将取决于位错越过此势垒的几率，故应变速率 $\dot{y}$ 可以写为

$$\dot{y} = \dot{y}_0 \exp\left(-\frac{\Delta G}{kT}\right)$$

式中，$\dot{y}_0$ 是一个和几何因素有关的量，可当作一个常数。ΔG 和 F 的大小有关，是外加应力 τ 的函数。故上式可写为

$$\Delta G(\tau) = kT\ln(\dot{y}_0/\dot{y}) \tag{9-7}$$

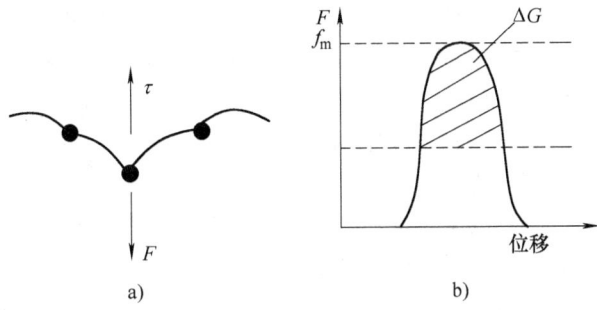

图 9-2 热激活使位错越过障碍
a) 位错被阻碍之前 b) 热激活所需的能量

当温度 T 和应变速率 $\dot{\gamma}$ 一定时，ΔG 或 F 应该不变，故 $\tau b L =$ 常数。可见这种情况下外加应力 $\tau \propto C$。因为 $(1/L)^2$ 是和滑移面溶质原子面密度成正比，即 $(1/L)^2 \propto C$，C 为固溶体中的溶质浓度。因此外加切应力应该是

$$\tau \propto C^{1/2} \tag{9-8}$$

这和常温固溶强化时 τ 与 C 一次方成正比的关系不同。

(2) 有序固溶强化 当一个位错在具有短程有序固溶体中运动时，由异类原子对构成的局部有序受到破坏，引起能量升高，必须付出破坏短程有序提高能量的代价，位错才能运动。若位错扫过单位面积而增高的能量为 E，则位错运动的阻力是

$$\tau = E/b \tag{9-9}$$

设固溶体短程有序度为 α，N 为二元合金的原子总数，x 为 B 组元的摩尔分数，$1-x$ 为 A 组元的摩尔分数，w 是原子对作用能差值，即

$$w = W_{AB} - (W_{AA} + W_{BB})/2 \tag{9-10}$$

对于面心立方结构的短程有序固溶体，位错扫过 (111) 上的单位面积提高的能量是

$$E = \frac{16}{\sqrt{3}a^2}[\alpha w x(1-x)] \tag{9-11}$$

式中，a 为晶胞参数。位错所遇到的阻切应力应等于 E/b，故

$$\tau = \frac{16\sqrt{2}}{\sqrt{3}a^2}[\alpha w x(1-x)] \tag{9-12}$$

注意 $b = a/\sqrt{2}$。这是面心立方结构二元合金具有短程有序度 α 时所产生的强化作用。如果固溶体呈长程有序（超结构），其塑性变形就有特殊性。从图 9-3 可以看到超结构使晶体对称性下降，经平移一个原子间距后晶体不能复原，故晶胞大

于无序状态的晶胞，位错的柏氏矢量增大，且分解为2个位错成为位错对，称为"超位错"。如体心立方结构的合金有序化后柏氏矢量变大，分解为2个1/2<111>的位错对。单个位错在有序晶体中运动时需要更大的外加应力，当一对位错一起运动时，由于反相畴界并不增加，不能引起能量的增高，故应力不需提高。但是当随着变形量增大而进行多组滑移时，位错要穿过与其滑移面相

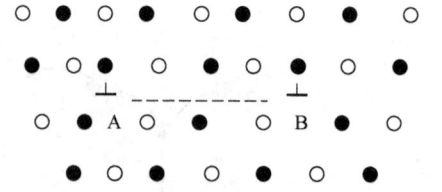

图9-3　长程有序合金的超位错
A，B面上下为反相畴；AB为反相畴界

交的反相畴界，这就增大了无序区域的面积，导致流变应力的额外增高；此外，当位错对的前一个位错交滑移到另一个滑移面后，而后一个位错未能随之交滑移时，就形成了固定位错对，阻碍该位错的继续滑移。

3. 位错强化

从金属晶体完整的概念出发，提高强度最为直接的方法是消除其中所存在的缺陷，主要是消除位错，制造完整晶体。但金属晶体的缺陷理论又指出，晶体中的位错密度 ρ 达到一定值后也可以有效地提高金属的强度。位错间的弹性交互作用可造成位错运动的阻力，表现为强度的增高。通过热处理和冷塑性变形以提高位错密度是钢材强化的重要手段之一。

当晶体中的位错的分布比较均匀时，流变应力 τ 和位错密度间存在培莱—赫许（Bailey, J. E—Hirsch, P. B）关系式，即

$$\tau = \tau_0 + \alpha G b \rho^{1/2} \tag{9-13}$$

式中，ρ 为位错密度；G 为切变模量；b 为柏氏矢量；α 为系数，多晶体铁素体 $\alpha = 0.4$；参量 τ_0 表示位错交互作用以外的因素对位错运动所造成的阻力。由上式可见，当 ρ 增高时，τ 也增大。在金属晶体受到外力作用时，内部增殖大量位错。位错的增殖是塑性变形造成的，所以流变应力的增大率与塑性应变的增大率有关，即流变应力的增大率取决于塑性形变引起的位错密度的增大率。

现在我们从面心立方金属单晶的应力—应变曲线所表现的形变行为分析形变强化问题。当沿图9-4a中方向 A 拉伸时，得到以 τ 和 γ 表示的真应力—真应变曲线，如图9-4b实线所示。该曲线亦称加工硬化曲线，完整的加工硬化曲线分3个阶段。

第Ⅰ阶段：仅存在于单晶体最初的单滑移中，因为只需很小的应力就会产生显著的塑性变形，故称易滑移阶段。开始时应力轴处于图9-4a的 A 位置，最先开动的滑移系为 $[\overline{1}01]$（111），因为它的施密特因子最大，此时为单滑移。图9-4b中，第一阶段是应变较大，而应力不高，加工硬化率 $d\tau/d\gamma$ 很小。这是因为在此阶段中，可以通过弗兰克—瑞德源机制使位错大量增殖，且位错在滑动时

受到阻力很小。由于位错可动性高可通畅地滑到晶体表面，晶体中位错密度不会明显增加。

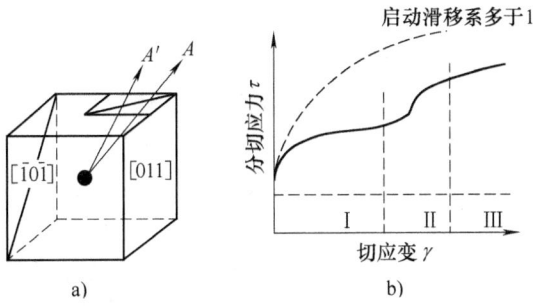

图 9-4　面心立方单晶体的加工硬化曲线
a) 力轴位置及滑移系　b) τ-γ 曲线

第Ⅱ阶段：伴随着单滑移的进行，晶体发生转动，也可以相对地看作力轴发生转动。当力轴达到位置 A'（图 9-4a）时，等效的滑移系 [011]（$\bar{1}\bar{1}1$）和 [$\bar{1}$01]（111）同时启动而发生多滑移。多滑移的出现标志了第Ⅱ阶段的开始，其特点是 $d\tau/d\gamma$ 约为第Ⅰ阶段的 30 倍）接近于常数，应力—应变呈直线关系，所以这一阶段又称为线性硬化阶段。金属显著硬化的原因是：多系滑移时，位错彼此交割，结果使许多位错被钉扎住。一个被钉扎的位错，对后进的位错有一斥力，阻止了同一滑移面上其他同号位错的运动，造成塞积。由于位错塞积群对产生它的位错源的反作用，迫使位错源停止动作。若想塑性变形继续进行，须进一步提高外加应力。在第Ⅱ阶段位错相互交割、被钉扎，相互缠结，同时新的位错源不断增殖，使位错密度显著增加，所以变形抗力明显增加，有较高的加工硬化率。

第Ⅲ阶段：力轴仍处于位置 A' 不再滑动。当应力高到足以使被钉扎位错开始运动时，加工硬化率逐渐降低，应力—应变呈抛物线关系，被钉扎的位错重新启动，主要是靠了螺型位错的双交滑移，即被阻塞的位错通过连续两次交滑移，过渡到另一个平行的滑移面上。避开了障碍，恢复了可动性。并且在这个平行面上遇到异号螺型位错，会互相吸引而湮灭。由于交滑移和位错互毁，促使原位错源再度动作。由于刃型位错不能发生双交滑移，随着位错源的继续开动，位错环的刃型部分将驻留在晶体中，导致位错密度的增加。

由以上讨论可知，金属的强度和塑性，是受位错的可动性控制的。位错的可动性降低引起位错密度增加。现在已经知道，任何一种强化机制，都在一定程度上与位错之间的交互作用有关，这种交互作用又控制着位错的运动，影响着位错的可动性。在实际金属材料中，虽然位错的组织和交互作用非常复杂，以致难以定量地加以描述，但如果掌握了位错滑移运动的本质，就可以理解：只要能阻碍位错滑移，就能提高金属材料的强度，同时也就降低了金属的塑性。

4. 沉淀强化

沉淀强化，即材料强度在时效温度下随时间而变化的现象，是铝合金和高温合金的主要强化手段，其基本条件是固溶度随温度下降而降低。它是提高材料强度的最有效的办法，是在 20 世纪初首先在铝合金中发现的。

奥罗万（Orowan）首先提出沉淀强化来源于沉淀颗粒对位错运动的阻碍作用提高了材料对塑性形变的抗力。具体的过程是：在外加切应力的作用下，材料中运动着的位错线遇到沉淀相粒子时，位错线会产生弯曲，并最终绕过沉淀粒子，结果在该粒子周围留下一个位错环（图 9-5），这就造成了所需切应力的增加，提高了材料的强度。使位错继续运动取决于绕过颗粒障碍的最小曲率半径 $d/2$，所对应的临界切应力为

$$\tau = \frac{T}{bd/2} \tag{9-14}$$

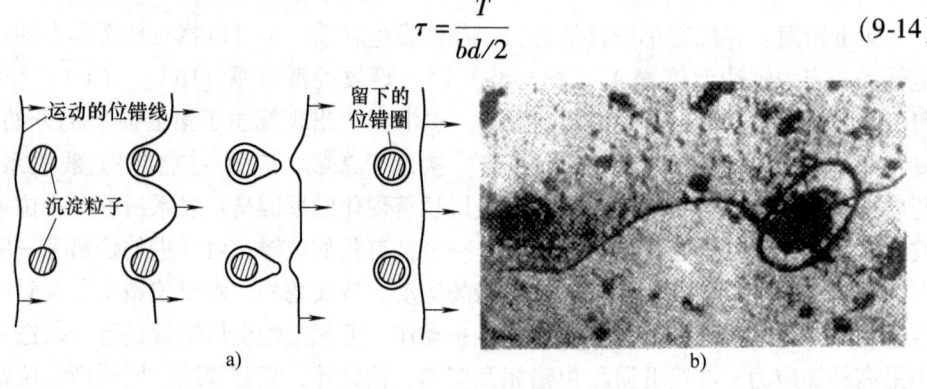

图 9-5 沉淀颗粒对位错运动的阻碍作用
a) Orowan 机制的示意图　b) Cu-30Zn 合金中 Al_2O_3 粒子周围的位错圈

此处 T 为位错的线张力，利用线张力的近似关系式 $T \approx \frac{1}{2}\mu b^2$，则

$$\tau = \frac{\mu b}{d} \tag{9-15}$$

这个强化机制称为 Orowan 机制，该机制与沉淀粒子的分布有关，粒子越细，分布越弥散，强化效果越好。

实际使用的高强度合金，大多数含有沉淀相，其中强度最高的是沉淀相质点尺寸不大、而高度弥散分布在基质之中的合金。这些沉淀相往往是金属化合物或氧化物，要比基质硬得多。在基质中渗入沉淀相的方法有好几种，最常用的是利用固溶体的脱溶沉淀，进行时效热处理。近年来又发展了加沉淀相粉末的烧结、

内氧化等方法,统称为弥散强化。虽然渗入沉淀相的方法不同,但强化机制却有其共性。

含有非共格的沉淀相粒子的合金的屈服强度均可以用上述的机制来解释,实验结果也基本上符合理论的预期。表9-1列出了对于含Si,Al,Be的内氧化铜合金单晶体实测出的,和根据式(9-15)计算出的结果,它们在绝对值上符合得也很好,特别是77K的数据。

表9-1 内氧化铜合金临界切应力实验值与理论值的比较

合金	粒子大小/nm	粒子间距/nm	20℃		77K	
			τ(计算值)/10MPa	τ(实验值)/10MPa	τ(计算值)/10MPa	τ(实验值)/10MPa
0.3%Si	48.5	300	3.08	2.5	3.3	3.4
0.25%Al	10	90	10.5	6.4	11.2	8.0
0.34%Be	7.6	45	19.4	11.2	20.7	15.7

当沉淀相粒子的强度达不到Orowan机制的要求,在$\theta_c < \pi$的情况下,位错将切过沉淀相的粒子。与Orowan机制比较起来,位错切过粒子的情形就复杂得多,牵涉到沉淀相粒子本身的结构和它的基质的关系。下列的各种效应可能对强度有影响:①位错切过粒子,形成表面台阶,增加了界面能(文献中称之为化学强化);②位错扫过有序结构的粒子形成的错排能(即反相畴界);③位错与粒子周围的应力场有交互作用;④在粒子内部扩展位错的宽度产生变化(粒子的层错能与基质不同);⑤粒子的弹性模量与基质不同,引起位错能量的变化。这些效应中起主要作用的是①,②,③三种情况。综上所述,对于沉淀强化的基本轮廓已经有所了解,我们可以对时效合金在时效过程中强度的变化给出如下的解释:最初合金的强度相当于过饱和固溶体,开始阶段的沉淀相和基质共格,而且尺寸很小,因而位错可以切过沉淀相,而且对温度也比较敏感,在此阶段屈服应力决定于切过沉淀相所需要的应力,包括共格应力、沉淀相的内部结构和相界面的效应等。当沉淀相体积含量增加,切割粒子所需要的应力加大。终于,位错绕过粒子所需要的应力会小于切割粒子,从此以后,Orowan绕越机制起作用,屈服应力将随粒子间隙的增加而减小。

除Orowan绕越机制外,位错与沉淀颗粒的交互作用还有以下几种机制:化学强化机制,层错强化机制,模量强化机制,共格强化机制,有序强化机制等。

实际的材料往往会综合有多种强化机制在起作用,钢中马氏体相变强化就是这样,它实际上是固溶强化、弥散强化、形变强化、细晶强化的综合效应。

二、金属材料的韧化原理

韧性是断裂过程的能量参量,是材料强度与塑性的作用综合表现。当不考虑外因时，断裂过程实际上包括裂纹形核所要求的塑性形变，以及裂纹的形核和扩展。通常是以裂纹形核和扩展的能量消耗或裂纹扩展抗力来标志材料韧性的。

裂纹形核前的塑性形变、裂纹的扩展是与金属组织结构密切相关的，从而反映出不同的断裂方式，以及不同的断裂机制；它涉及到位错的运动，位错间弹性交互作用，位错与溶质原子和沉淀相弹性交互作用，以及组织形态，其中包括基体、沉淀相和晶界的作用。这些作用结果体现了组织结构对裂纹的形核和扩展的促进或缓和，显示为材料的韧化或脆化。

金属材料的断裂类型主要分为韧性断裂和脆性断裂。韧性断裂系指在断裂之前发生一定的塑性变形，例如宏观塑性变形不小于5%；脆性断裂则包括解理断裂、沿晶断裂。韧性断裂是微孔形成、聚集长大的过程，在这种断裂机制中，塑性变形起着主要作用。因此改善金属材料韧性断裂的途径是：①减少诱发微孔的组成相，如减少沉淀相数量；②提高基体塑性，从而可增大在基体上裂纹扩展的能量消耗；③增加组织的塑性形变均匀性，这主要为了减少应力集中；④避免晶界的弱化，防止裂纹沿晶界的形核与扩展；⑤金属材料的各种强化方法都会对其韧性产生影响，下面分别予以讨论。

1. 位错强化与塑性和韧性

金属材料的位错密度 ρ 对其塑性和韧性的影响是双重的。一般地，位错密度提高，其金属材料的拉伸塑性和韧性都降低。现在认为，均匀分布的位错对韧性的危害小于位错列阵，所以，可动的未被锁住的位错对韧性损害小于被沉淀物或固溶原子锁住的位错。位错遭到钉扎，表明塑性变形受到抑制，塑性就将降低。

当位错密度增大时，位错间的交互作用便增强，使位错的可动性降低，并提高流变应力。

金属材料的塑性和韧性是受屈服强度 σ_s、裂纹形核应力 σ_τ 和裂纹扩展临界应力 σ_c 等因素控制的。在室温下，α-Fe 的流变过程中，易于发生交滑移，同一滑移面上的位错密度不会提高很快、塞积程度不高的，σ_τ 就有可能提高。而当 σ_τ 与 σ_s 相差较大（$\sigma_\tau > \sigma_s$），在裂纹形核前可出现明显塑性变形。σ_τ 的数值是十分重要的，在平面应力时，有

$$\sigma_\tau = \left(\frac{2E\gamma_P}{\pi a}\right)^{\frac{1}{2}} \tag{9-16}$$

式中，a 为裂纹长度的一半；γ_P 为比表面能，表示在裂纹扩展时产生新表面的单位面积表面能。γ_P 值的高低反映 σ_c 的大小。如若位错密度 ρ 值高，一部分位错，特别是其中的螺位错又有一定的可动性，则在裂纹尖端塑性区内的应力集中可因位错运动而缓解。又塑性区中 ρ 值大，可动的位错越多，有效比表面能就越

高，σ_c 值便大，当 $\sigma_\tau > \sigma_s$，但相差不大，而 σ_τ 很低时，材料表现为脆性；若 σ_c 足够高，可转化为韧性状态。因此提高 σ_τ 且使之高于 σ_s，又有足够高的 σ_c，材料可有好的塑性与韧性。如此，根据这个分析可知，提高可动位错密度对塑性和韧性却又都是有利的。

2. 固溶强化与塑性

（1）强度若保持不变而提高塑性，则可以提高材料的韧性。合金元素中，Si 和 Mn 对铁的塑性损害较大，且置换固溶量越多，塑性越低。

体心立方点阵金属（如 α-Fe）应用很广，提高他们的脆性解理断裂抗力具重要意义。为了改善塑性在 α-Fe 中置换固溶 Ni 很常用。另外加入 Pt，Rh、Ir 和 Re 也可优化塑性。其中 Pt 的作用尤为明显，它不但改善塑性，也有相当大的强化效应。Ni 改善塑性的原因是促进交滑移，特别是基体金属在低温下易于发生交滑移。关于 Pt 等元素的塑化机制还没有确切的解释。

（2）低碳马氏体（w_C 低于 0.2%）的 $a/c \approx 1$，不出现点阵正方度的畸变，全部溶质原子偏聚于刃位错线附近（$\rho = 10^{11} \sim 10^{12}\,\text{cm}^{-2}$）。严格说，低碳位错型马氏体并不是真实的间隙固溶体，只有当 $w_C > 0.2\%$ 时才出现 α-Fe 点阵的间隙固溶。因此低碳位错型马氏体，位错可带着气团在铁原子完全规则排列的基体中运动，表现出良好的塑性。低碳位错型马氏体的强韧配合是比较合理的。

间隙固溶体的固溶度和错配度是支配间隙强化的两个主要因素。马氏体组织充分利用了间隙固溶强化作用。当马氏体间隙固溶碳量 w_C 增至 0.4% 时其硬度猛升到 60HRC，塑性指标 φ 低到 10%，继续提高碳量，如 $w_C = 1.2\%$，硬度为 68HRC，而 φ 则低于 5%。碳的间隙固溶造成晶格畸变，因而增高 α-Fe 中碳的固溶量，提高强度；由于间隙固溶原子靠得比较拢，长程的畸变应力场可相互抵消，因而减弱强化效应。在间隙固溶高碳量时，发生点阵畸变的位置多，原子有规则排列区域明显缩小，这意味着切变抗力增高，正断抗力减低，在晶界或障碍前位错塞积所引起的应力集中难以通过塑变来松弛，而只能以裂纹的发生和扩展的过程来松弛，表现为脆性断裂，低的塑性和韧性。

3. 细化晶粒与塑性

细化晶粒既能提高强度，又能明显优化塑性和韧性，这是一种非常好的强韧化材料的方法。实际生产中有多种办法可实现晶粒细化且非常有效。依据裂纹形成的断裂理论，晶粒尺寸 d 与裂纹扩展临界应力 σ_c，以及冷脆转化温度 T_c 的关系为

$$\sigma_c \approx \frac{2\mu\gamma_P}{k_y} d^{-\frac{1}{2}} \tag{9-17}$$

又

$$\beta T_c = \ln B - \ln C - \ln d^{-\frac{1}{2}} \qquad (9\text{-}18)$$

式中，γ_P 为比表面能，即裂纹扩展时每增加单位表面积所消耗的功（大部分消耗于塑性变形）；k_y 为 Petch 斜率；β、B 和 C 为常数，当 γ_P 定值时，d 小则 σ_c 高。凡是可提高 σ_c 值的因素均能改善塑性。显微组织结构分析表明，当晶粒尺寸较小时，晶粒内的空位数目和位错数目都比较少，位错与空位，以及位错间的弹性交互作用的机遇相应减少，位错将易于运动，亦即表现出好的塑性；又位错数目少，位错塞积数目减少，只能造成轻度的应力集中，从而推迟微孔和裂纹的萌生，增大断裂应变。此外，细晶粒为同时在更多的晶粒内开动位错和增殖位错提供了机遇，亦即细晶粒能使塑性变形更为均匀，表现出较高的塑性。

4. 沉淀相颗粒与塑性

总的来说，析出相沉淀强化危害塑性。这是因为沉淀相颗粒常以本身的断裂，或颗粒与基体间界的脱开作为诱发微孔的地点，从而降低塑性应变，以致断裂。已经知道：①沉淀相颗粒越多，提高流变应力越显著，而塑性越低；②呈片状的沉淀相对塑性损害大，呈球状的析出相损害小；③均匀分布的沉淀相对塑性削弱小；④沉淀相沿晶界的连续分布，特别是网状析出降低晶粒间的结合力，明显危害塑性。

不可形变的沉淀相与基体的间界面可出现位错或位错圈，造成应力集中，极易形成裂纹源，引起断裂韧性降低，提高冷脆转化温度。且沉淀相颗粒尺寸越大（如图 9-6 所示，当碳化物厚度 $>4\mu m$ 时，冷脆转化温度明显升高），韧性降低越明显。

粗大的析出相或群集体如珠光体和夹杂物对钢的塑性和韧性的影响是显著的。珠光体明显降低钢的塑性和韧性，提高冷脆转化温度。碳化物以及硫化物均降低塑性。

三、金属材料强韧化常用方法

金属材料的强韧化方法很多，其强化或韧化侧重点可能有所不同，大多数是在提高其强度的同时兼顾其韧性，下面介绍常用的方法。

1. 钢的普通热处理

热处理是改善金属材料性能的一种重要加工工艺。它是在固态下通过加热、保温和冷却的方法，改变合金的内部组织，从而获得所需性能的一种工艺操作。钢的热处理主要有普通热处理（退火、正火、淬火、回火）和表面热处理（表面淬火和表面化学热处理）。

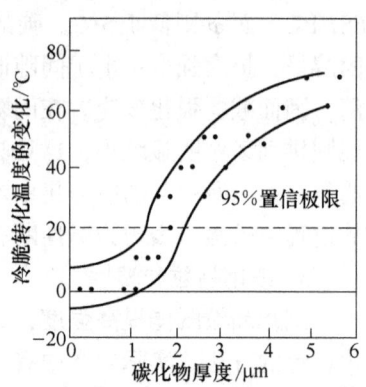

图 9-6 不形变碳化物对脆性转变温度的影响

(1) 钢的退火和正火 所谓退火是将工件加热到临界点（Ac_1、Ac_3、Ac_{cm}）以上或者在临界点以下某一温度保温一定时间后，以十分缓慢的冷却速度（炉冷、坑冷、灰冷）进行冷却的一种操作工艺。最常用的退火工艺有完全退火、球化退火和去应力退火。

所谓正火是将工件加热至 Ac_3、Ac_{cm} 以上 30~80℃，保温后从炉中取出在空气中冷却。与退火的明显区别是正火的冷却速度较快，正火后形成的组织比退火组织细，因而使钢的硬度和强度有所提高。正火和退火都是使钢件非正常的组织常态化，可用于钢件预先热处理，在用作普通结构件的最终热处理时，可以细化组织，适当提高硬度和强度。

(2) 钢的淬火和回火 所谓淬火就是将钢件加热至 Ac_3（对亚共析钢）或 Ac_1（对共析和过共析钢）以上 30~50℃，保温一定时间后快速冷却（一般为油冷或水冷）以获得马氏体（或下贝氏体）组织的一种操作工艺。因此，淬火的目的就是获得马氏体（或下贝氏体）。淬火及随后的回火处理是许多机器零件必不可少的最终热处理，是发挥钢铁材料性能潜力的重要手段之一。

所谓回火是将淬火钢重新加热至 Ac_1 点以下的某一温度，保温一定时间后冷却至室温的一种工艺操作。钢件在淬火过程中，钢中的过冷奥氏体转变为马氏体，并残留部分残余奥氏体。马氏体和残余奥氏体不稳定，在使用过程中会发生转变，引起工件尺寸和形状改变。此外，淬火钢硬度高、脆性大、具有较大内应力，不宜直接使用。回火的目的就是降低淬火钢的脆性，减少或消除内应力，使组织趋于稳定并获得所需要的力学性能。根据回火温度及组织的不同，钢的回火可分为以下三种：

1) 低温回火。回火温度范围为 150~250℃，回火后的组织为回火马氏体 M（回）。钢具有高硬度和高耐磨性，并使内应力和脆性降低。主要应用于高碳钢和高碳合金钢制造的工模具和滚动轴承，以及经渗碳和表面淬火的零件，回火后的硬度一般为 58~64HRC。

2) 中温回火。回火温度范围为 350~500℃，回火后的组织为回火托氏体 T（回）。主要应用于 w_C 为 0.5%~0.7% 的碳钢和合金钢制造的各类弹簧。其硬度为 35~50HRC，具有一定韧性和高的弹性极限及屈服强度。

3) 高温回火。回火温度范围为 500~650℃，回火后的组织为回火索氏体 S（回）。主要应用于 w_C = 0.3%~0.5% 的碳钢和合金钢制造的各类连接和传动的结构零件，如轴、齿轮、连杆、螺栓等。其硬度为 25~35HRC，具有适当的强度与足够的塑性和韧性，即良好的综合力学性能。生产上习惯将淬火并高温回火称为"调质处理"。

2. 铝合金的时效强化

为了提高纯铝的强度，有效的方法是通过合金化及对铝合金进行时效强化。

铝与主加元素的二元相图一般都具有如图 9-7 所示形式。成分在 $D \sim F$ 点之间的铝合金，其 α 固溶体成分随温度而变化，可用热处理强化，属于热处理可强化铝合金。

含碳量较高的钢，在淬火后其强度、硬度立即提高，而塑性则急剧降低，而热处理可强化的铝合金却不同，当它加热到 α 相区，保温后在水中快冷，其强度、硬度并没有明显升高，而塑性却得到改善，这种热处理称为固溶淬火（或固溶热处理）。淬火后的铝合金，如在室温下停留相当长的时间，它的强度、硬度才显著提高，同时塑性下降。例如，铜质量分数为 4% 并含有少量镁、锰元素的铝合金，在退火状态下，抗拉强度 σ_b = 180 ~ 200MPa，伸长率 δ = 18%，经淬火后其强度为 σ_b = 240 ~ 250MPa，伸长率 δ = 20% ~ 22%，再经 4 ~ 5 天放置后，则强度显著提高，σ_b 可达 420MPa，伸长率下降为 δ = 18%。

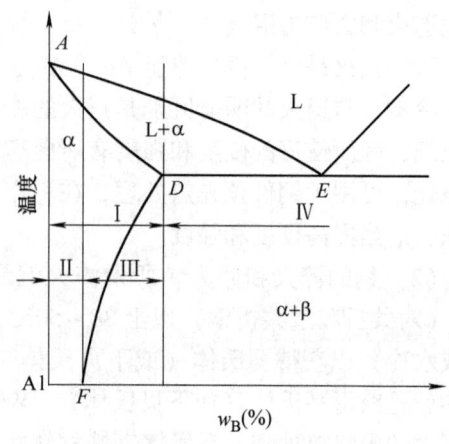

图 9-7　铝合金分类示意图
Ⅰ—变形铝合金　Ⅱ—热处理不可强化铝合金
Ⅲ—热处理可强化铝合金　Ⅳ—铸造铝合金

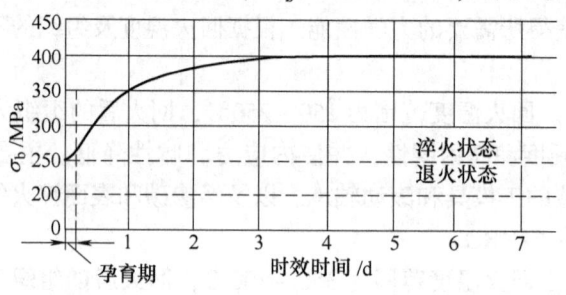

图 9-8　w_{Cu} 为 4% 的铝合金自然时效曲线

淬火后，铝合金的强度和硬度随时间而发生显著提高的现象称为时效强化或沉淀硬化。室温下进行的时效称为自然时效，加热条件下进行的时效称为人工时效。图 9-8 表示上述铝合金淬火后，在室温下其强度随时间变化的曲线（自然时效曲线）。由图可知，自然时效在最初一段时间内，对铝合金强度影响不大，这段时间称为孕育期。在这段时间内，对淬火后的铝合金可进行冷加工（如铆接、弯曲、校直等），随着时间的延长，铝合金才逐渐被显著强化。

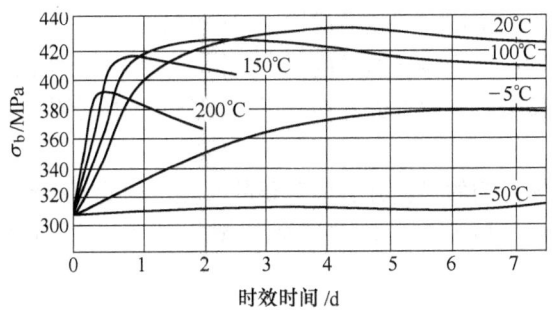

图 9-9 w_{Cu} 为 4% 的铝合金在不同温度下的时效曲线

铝合金时效强化的效果还与加热温度有关。图 9-9 表示不同温度下的人工时效对强度的影响。时效温度增高，时效强化过程加快，即合金达到最高强度所需时间缩短，但最高强度值却越低，强化效果不好。如果时效温度在室温以下，原子扩散不易进行，则时效过程进行很慢。例如，在 -50℃ 以下长期放置后，淬火铝合金的力学性能几乎没有变化。生产中，某些需要进一步加工变形的零件（铝合金铆钉等），可在淬火后于低温状态下保存，使其在需要加工变形时仍具有良好的塑性。若人工时效的时间过长（或温度过高），反而使合金软化，这种现象称为过时效。

上述铝铜合金时效机理和效果，也基本适用于其他铝合金，如 Al-Cu-Mg、Al-Zn-Mg、Al-Si-Mg 等。而且在其他许多合金中也有时效强化现象。

3. 两类典型钢种的强韧化例子

（1）低碳马氏体钢的强韧化　近些年来，低碳马氏体钢的研制受到了广泛重视，原因是在研究中发现低碳马氏体组织使钢具有良好强韧配合。低碳马氏体的 σ_b 和 $\sigma_{0.2}$ 在 $w_C = 0.1\% \sim 0.29\%$ 的范围内保持线性的函数关系，证明低碳马氏体的强化主要依赖于碳的固溶强化。在通常的淬火条件下，低碳钢马氏体都不可避免要发生自回火。自回火碳化物颗粒小而又分布均匀，从而产生粒子沉淀强化作用。低碳马氏体具有高密度位错，位错强化对条状位错马氏体屈服强度的贡献可由 $\Delta\sigma_s = \alpha Gb\rho^{1/2}$ 来表达。式中，α 为比例常数；G 为切变模量；b 为位错的柏氏矢量；ρ 为位错密度。

低碳马氏体条的亚结构是位错缠结的胞状结构，亚结构内位错有较大的可动性。由于位错运动能缓和局部地区的应力集中，从而延缓了裂纹的萌生。另外马氏体条间位错存在着 10nm 厚度的稳定的奥氏体薄膜。奥氏体是一个高塑性相，裂纹扩展遇到奥氏体将受到阻挡。因此低碳的板条状马氏体也具有很好的塑性和韧性。

由以上分析看到，位错在低碳马氏体钢中既起到了强化作用，又因其可运动性对韧性做出了贡献；奥氏体虽然强度低，但因在低碳马氏体钢中占有很小的体积分数，不会降低其强度，而且因其在马氏体板条间的薄膜状分布提高了低碳马氏体的韧性。

淬火获得马氏体是钢的强化方法中重要的手段，因此提高钢的淬透性尤为重要。位错型马氏体钢中加入 C、Si、Cr、Mn、Mo、B 等元素，能有效提高其淬透性。

低碳马氏体强韧性优良的配合，使其获得了广泛的应用，如汽车轮胎螺栓，原来使用 40Cr 调质钢，改用低碳马氏体强化的 20Cr 后，产品质量获得提高。40Cr 与 20Cr 热处理后的性能对比见表 9-2。

表 9-2　40Cr 调质钢与低碳马氏体钢 20Cr 性能对比

钢的类别	热处理工艺	σ_b/MPa	σ_s/MPa	φ_K(%)	α_K/(kJ·m^{-2})
40Cr	调质 850℃淬火 500℃回火	1100	1050	57	600
20Cr	880℃淬火 200℃回火	1500	1200	49	700

(2) 马氏体时效钢的强韧化　马氏体时效钢是运用强韧化理论的一个成功例子。这类钢的一个重要的特点是不依靠 C 强化。研究表明，当 w_C 超出 0.03% 时这类钢的冲击韧性陡然下降。它的强韧化思路是：以高塑性的超低碳位错型马氏体和具有高沉淀硬化作用的金属间化合物作为组成相，将这两个在性能上相互对立的组成相组合起来构成具有优异强韧配合的钢种。

马氏体时效钢典型代表为 Fe-Ni (w_{Ni} = 18%)，按屈服强度可分为 1350、1650、1950MPa 3 个级别。该类钢加入 Ni、Mo、Ti 和 Al 等元素，可形成 AB_3 型的 η-Ni_3Mo 或 Ni_3Ti、γ-Ni_3(Al、Ti) 和 Ni_3Nb 等金属间化合物，在时效过程中沉淀析出，起到强化作用。加入 Co 有利于促进沉淀相形成，而且能够细化沉淀相颗粒，减小沉淀相颗粒间距。由于低碳，马氏体时效钢消除了 C、N 间隙固溶对韧性的不利影响，可使基体保持固有的高塑性的性质。Ni 能使螺型位错不易分解，保证交叉滑移的发生，提高了塑变的性能。同时 Ni 降低位错与杂质间交互作用的能量，这意味着马氏体将存在着更多的可动螺型位错，从而可改善塑性，降低解理断裂倾向。所以马氏体时效钢的马氏体实际上是一种含 Ni 的马氏体。

为获得马氏体时效钢的预期设计组织，须采用相应的热处理。一般为 850～870℃加热，随后空冷或水淬，再加热到 480℃时效 3h。可获得屈服强度为 1290～2080MPa、冲击值达 14～81 的高强韧性。

马氏体时效钢主要应用于航空器航天器构件、冷挤冷冲模具及要求高强度高韧性的构件。如用以制造火箭发动机壳体和零件、飞机起落架部件、高压容器,以及压铸模和塑料模等。

4. 钢的特种热处理

在空气炉中进行加热时,钢件表面常发生氧化、脱碳,影响工件热处理后的表面质量和性能,这是由于空气中存在氧气的缘故。要避免上述缺陷,工件在加热过程中应将炉内氧气排除掉。一种方法是把空气抽掉,这就是真空热处理;另一种方法是向热处理炉内通入能够保护钢件不氧化、不脱碳的气体,这就是可控气氛热处理。另外,如前所述,塑性变形和热处理都能使钢强化,若将两者紧密结合,会收到更好的强化效果,这就是形变热处理。

(1) 真空热处理 真空是指压强远低于一个大气压(101325Pa)的气态空间。在真空中进行的热处理称为真空热处理,包括真空退火、真空淬火、真空回火及真空化学热处理等,通常可在低真空($133.3 \sim 133.3 \times 10^{-3}$Pa)、高真空($133.3 \times 10^{-4} \sim 133.3 \times 10^{-6}$Pa)或超高真空($<133.3 \times 10^{-6}$Pa)热处理炉内进行。

1) 真空热处理的作用:

i) 表面保护作用。真空热处理能够防止钢件表面的氧化和脱碳,具有表面保护作用。

ii) 表面净化作用。当钢件表面有氧化物时,在真空状态下进行分解可使其中的氧排除掉,使表面得到净化。

iii) 脱脂作用。真空热处理时,钢件表面油污中的碳、氢、氧的化合物易分解为氢、水蒸气和二氧化碳气体,随后被抽走。

iv) 脱气作用。在真空下长时间加热时,零件在前几道工序(熔炼、铸造、热处理等)中所吸收的氢、氧等气体会慢慢地释放出来,从而降低钢件的脆性。

2) 真空热处理的应用。真空状态对固态相变的热力学、动力学不产生明显影响,因此完全可以依据常压下固态相变的原理,并参考常压下各种类型组织转变的数据进行真空热处理。

i) 真空退火。采用真空退火的主要目的是使零件在退火的同时表面具有一定的光亮度。除了钢、铜及其合金外,还可用于处理一些与气体亲和力较强的金属,如钛、钼、铌、锆等。

ii) 真空淬火。采用真空淬火的主要目的是实现零件的光洁淬火。零件的淬火冷却在真空炉内进行,淬火介质主要是气(如惰性气体)、水和真空淬火油等。真空淬火已大量应用于各种渗碳钢、合金工具钢、高速钢和不锈钢的淬火,以及各种时效合金、硬磁合金的固溶处理。

iii) 真空渗碳。真空渗碳是近年来在高温渗碳和真空淬火基础上发展起来的一种新工艺。它是将工件入炉后先抽真空，随即通电加热升温至渗碳温度（1030～1050℃）。工件经脱气，净化并均热保温后，通入渗碳剂进行渗碳，渗碳结束后将工件进行油淬。与普通渗碳相比，真空渗碳主要有以下优点：①由于渗碳温度高，加之净化作用使工件表面处于活化状态，渗碳过程被大大加速，时间显著缩短；②工件表面光洁，渗层均匀且碳浓度梯度平缓，渗层深度易精确控制，无反常组织和晶间氧化产生，因此渗碳质量好；③改善了劳动条件，减少了环境污染。

3）真空热处理的优点。与普通热处理相比，真空热处理的主要优点是：①工件变形小，特别是在淬火的情况下。其主要原因是真空状态下加热缓慢，工件内温差很小，因此时主要靠辐射传热，而在600℃以下辐射传热作用很弱；②工件的力学性能较好。由于真空热处理有防止氧化和脱碳及脱气（尤其是脱氢）等良好作用，对钢件的力学性能会带来有益影响。主要表现在使强度有所提高，特别是使与钢件表面状态有关的疲劳性能和耐磨性等提高。对模具寿命来说，真空热处理比盐浴处理的一般高40%～400%；对工具寿命来说可提高3～4倍；③工件尺寸精度较高。

由于真空热处理存在设备投资大、辅助材料（保护性气体、淬火油等）价格高等缺点，目前仅适宜于处理下述产品：刀具、模具和量具；性能要求高的结构件和精密零件；形状与结构复杂的渗碳件及难以渗碳的特殊材料。

（2）可控气氛热处理　为了一定的目的，向热处理炉内通入某种经过制备的气体介质，这些气体介质总称为可控气氛，工件在可控气氛中进行的各种热处理叫可控气氛热处理。

1）可控气氛的组成及性质。常用的可控气氛主要由一氧化碳（CO）、氢（H_2）、氮（N_2）及微量的二氧化碳（CO_2）、水分（H_2O）和甲烷（CH_4）等气体及氩、氖等惰性气体组成。根据这些气体与钢铁发生化学反应的性质，可将它们分为四类。①具有氧化和脱碳作用的气体。除了氧是强烈氧化和脱碳性气体外，二氧化碳和水蒸气同样使钢铁零件在高温下产生氧化和脱碳。因此，必须严格控制气氛中的这两种气体。②具有还原性的气体。氢和一氧化碳不仅能够保护在高温下不氧化，而且还具有将氧化铁还原成铁的作用。一氧化碳还是一种增碳性气体。③具有强烈渗碳作用的气体。甲烷是一种强渗碳性气体，在高温下能分解出大量活性碳原子，渗入钢的表层，使之增碳。④中性气体。氩、氖、氮气等高温下与钢铁零件既不发生氧化、脱碳，也不还原，也无渗碳作用。

实际上通入炉内的可控气氛常采用多种气体的混合气体。在高温下，这些混合气体究竟使钢铁氧化、脱碳，还是不氧化不脱碳，或是增碳，这取决于组成混合气体的各种气体的性质及相对含量。控制上述混合气体的相对含量，便可使加热炉内分别获得渗碳性、还原性和中性气氛，进行各种热处理。

2) 可控气氛的类型及应用。目前尚无统一的可控气氛分类方法。若根据气体制备的特点，可分为放热式气氛、吸热式气氛、分解氨气体以及氮气和惰性气体等，前两种是可控气氛的主要类型。

i) 放热式气氛。燃料气（如甲烷或丙烷、丁烷等）与一定比例的空气混合后通入发生器，靠自身的放热燃烧反应而制成的气体，称为放热式气氛，这是可控气氛中最便宜的一种。气氛中除大量 N_2，部分 CO、H_2，微量 CH_4 外，尚有部分 CO_2 和微量 H_2O，只能用作防止氧化的保护气氛，而不能作为防止脱碳的气氛。因此，放热式气氛常用于低碳钢零件的光亮退火，以及短时加热的中碳钢小件的光洁淬火。

ii) 吸热式气氛。燃料气（如丙烷或丁烷、甲烷等）与一定比例（较放热式气氛为低）的少量空气混合后，通入发生器进行加热，在触媒的作用下，经吸热反应而制成的气体，称为吸热式气氛。气氛中的主要成分是 N_2、H_2、CO 及少量 CH_4，几乎不含 CO_2 和 H_2O，因此可以保护中碳钢和高碳钢在热处理时不氧化、不脱碳。吸热式气氛的用途较广，可用于各种碳钢的光亮热处理，以及作为渗碳或碳氮共渗的稀释气体，还可以进行钢板的穿透渗碳或进行对脱碳钢的复碳处理。

iii) 分解氨气氛。分解氨气氛是将氨气（NH_3）分解为氢气和氮气的混合气体，其中氢气的摩尔分数 x_{H_2} 为 75%，氮气为 25%。由于氮气为中性气体，因此分解氨气体的性质和氢气是一样的。分解氨气氛可用于各种金属的光亮处理，最适于含铬较高的钢和合金钢、不锈钢的光亮退火，光亮淬火及钎焊等。此外还用于硬质合金的粉末冶金烧结处理。如果在分解氨气体中加些水蒸气则具有强烈的脱碳作用，可用于硅钢片的脱碳退火。分解氨的制备较简单，原料价廉、储运方便，但需专用设备，目前中、小型厂应用较广。分解氨气体具有强烈的可燃性，在制备和使用时应注意不可使其与空气混合，以防发生爆炸事故。

此外，还有氮气和惰性气体。氮气无爆炸危险，且价廉；惰性气体保护效果好，但较昂贵，适用于精密机器零件热处理。

3) 可控气氛热处理主要有以下优点：①减轻或避免钢件加热过程中的氧化和脱碳，改善热处理后的表面质量，提高零件的耐磨性、抗疲劳性和使用寿命，达到光亮热处理的目的；②可进行钢件的渗碳或碳氮共渗处理，使表面含碳量控制在合理范围内，确保产品质量；③对于某些形状复杂、且要求高弹性或高强度的薄形工件，若用高碳钢制造，则加工不便，可选用低碳钢冲压成型，然后进行穿透渗碳，以代替高碳钢，大大节省加工程序；④所需设备较真空热处理简单，成本较低，易于推广。

(3) 形变热处理　形变热处理就是将塑性变形与热处理操作相互结合，使金属材料同时受到形变强化和相变强化的一种综合强化工艺。这不仅能获得由单一强化方法难以达到的良好强韧化效果，而且还可简化工艺流程、节省能耗、实现连续化生产，带来很大经济效益。它可适用于各类金属材料，这里仅简单介绍钢的形变热处理。钢的形变热处理工艺方法繁多，其中主要的工艺方法示意于图9-10。若按形变与相变过程的先后顺序，可将形变热处理分为三种基本类型：相变前变形的形变热处理；相变中变形的形变热处理；相变后变形的形变热处理。

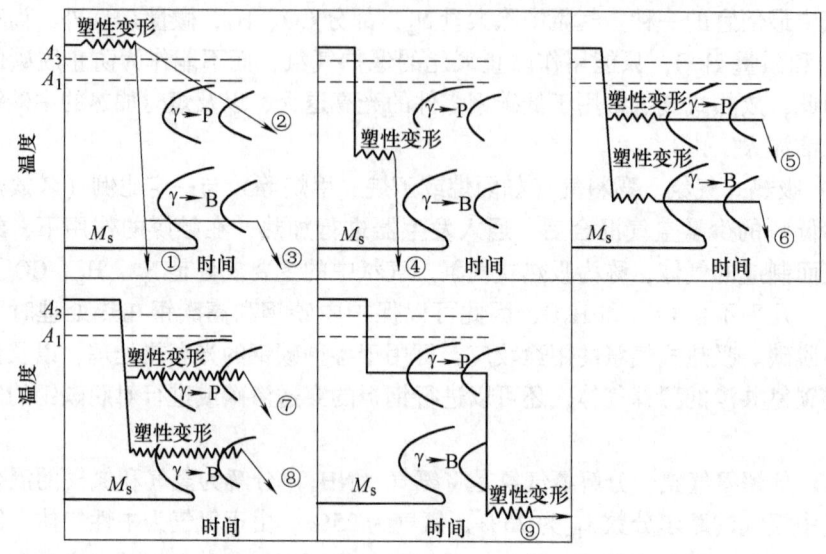

图9-10 钢的形变热处理工艺方法示意图

1）相变前变形的形变热处理。这类形变热处理是将钢加热奥氏体化，在奥氏体转变前先进行塑性变形，其工艺如图9-10中曲线①～⑥所示。从图中可见，塑性变形可以在奥氏体化温度下进行，也可以在过冷奥氏体温度范围进行（这要求过冷奥氏体有较高的稳定性）。变形后或淬火，或正火，或等温转变，分别获得马氏体（如曲线①、④的情况）、珠光体（如曲线②、⑤的情况）或贝氏体（如曲线③、⑥的情况）组织。

相变前的变形细化了奥氏体晶粒，提高了位错密度，使转变产物的组织细化、位错密度提高，从而提高了强度，改善了塑性和韧性。例如，V63钢（w_C为0.63%，w_{Cr}为3%，w_{Ni}为1.6%，w_{Si}为1.5%）普通热处理后的性能为：$\sigma_{0.2}$=1700MPa，σ_b=2250MPa，δ=1%。当将其加热奥氏体化后，在540℃变形90%，立即淬火并经100℃回火后，其性能为：$\sigma_{0.2}$=2250MPa，σ_b=3200MPa，δ=8%，其强度和塑性都明显提高。对强度要求很高的零部件，如飞机起落架、固体火箭壳体、板弹簧、炮弹及穿甲弹壳、模具、冲头等，都可采用类似图9-10中曲线④的形变热处理工艺。

2) 相变中变形的形变热处理。将钢加热奥氏体化后快速冷至亚稳奥氏体区，在珠光体转变温度或贝氏体转变温度下进行等温变形，使奥氏体在变形中发生转变，获得珠光体组织（如曲线⑦的情况）或贝氏体组织（如曲线⑧的情况）。

在过冷奥氏体向珠光体转变的过程中，同时发生的变形使珠光体中的渗碳体倾向于以球状颗粒析出，而铁素体中位错密度提高且组织细化，在最佳工艺条件下，形成细小的球状渗碳体弥散分布于铁素体细小亚晶粒基体上的球状珠光体。这种组织在提高强度方面效果并不大，但大大提高冲击韧性和降低韧脆转化温度。如 En18 钢（w_C 为 0.48%，w_{Cr} 为 0.98%，w_{Ni} 为 0.18%，w_{Mn} 为 0.86%）经 950℃奥氏体化后，速冷至 600℃进行总变形量为 70%的轧制后空冷，与普通轧制空冷工艺相比，其 $\sigma_{0.2}$、δ 和 φ 均有相当提高，特别是其室温夏氏冲击吸收功提高 30 多倍。这种获得珠光体组织的等温形变热处理工艺适用于低碳或中碳的低合金钢。

获得贝氏体组织的等温形变热处理能够使强度、塑性和韧性均得到提高，适用于通常进行等温淬火的小型零件，如细小轴类、小齿轮、弹簧、垫圈、链节等。

3) 相变后变形的形变热处理。其典型的例子是高强度钢丝的铅淬冷拔工艺。将钢丝坯料加热至奥氏体状态后通过铅浴，使之发生等温转变，得细片状珠光体，随后进行冷拔（如图 9-10 中曲线⑨）。大量冷变形使珠光体中的渗碳体和铁素体层片的取向与拔丝方向趋于一致，构成了类似复合材料的强化组织，而且珠光体的片间距变小，铁素体中的位错密度大大提高，故可获得极高的屈服强度。铅浴温度愈低，冷变形量愈大，则钢丝强度愈高。但铅淬和冷拔工艺参数的选择也必须考虑到防止钢丝的断裂。

第二节　非金属材料强化与韧化的途径

一、非金属材料的强化原理

1. 高分子材料的强化原理

对高分子材料机械强度的研究表明，大分子链的主价键力、分子间力和大分子的柔顺性是决定其机械强度的主要因素。单个大分子无法承受机械力的作用，只有当无数大分子链靠分子间力（氢键力、范德华力）聚集起来，才显示其强度特性。因此，在研究高分子材料的力学性能时，必须充分注意分子间作用力的影响，并且还应注意聚集状态、结构不均一性等对分子间作用力的影响。

高分子材料受外力作用时，主价链和次价链必然都是负载的承担者。从构成大分子链的化学链的强度和大分子链相互作用力的强度，可以估算出高分子材料的理论强度。但实际上，高分子材料的强度一般仅为其理论强度的 1% ~ 1‰。

高分子材料实际强度比理论强度小得多的原因，是实际材料的结构具有缺陷。此外，还由于分子链不能同时承载和同时断裂，尤其是次价链更不会同时发生。一般情况下是链段间次价键先断裂，并使负载逐渐地转移到处于薄弱环节的主价键上，这时尽管主价键的强度比分子间力大10倍，但因应力的过分集中而断裂。实验温度低，速度高，链段不易运动，就更容易产生应力集中使主价键断裂，脆性断裂的特征也越明显。

在一切材料中存在着各种缺陷即薄弱环节。在高分子材料中这种薄弱环节就是材料中结构的不均一的部位，如裂纹、银纹、表面刻痕、气孔和杂质等。高分子材料常包含着自然发生的裂纹，长度为 $10^{-3} \sim 10^{-4}$ cm，宽度接近分子大小。因此在裂纹的末端集中着非常大的应力，可能超过分子断裂的理论强度。高分子材料的不均一性会导致裂纹的产生。

所以，高分子材料的强化主要有以下几个方面。

(1) 引入极性基　链间作用力对高聚物的机械强度有着很大的影响。对不同的高聚物，为了比较它们分子链间作用力的大小，一般取长度为0.5nm，配位数为4时计算出来的作用能数值。其数据如表9-3。

表9-3　某些聚合物的链间作用能

聚合物名称	聚乙烯	聚异戊二烯	聚氯丁二烯	聚苯乙烯	聚氯乙烯	聚醋酸乙烯	聚乙烯醇	三醋酸纤维素	聚酰胺	纤维素
链间作用能/(J·mol^{-1})	1.0	1.3	1.6	2.0	2.6	3.2	4.2	4.8	5.8	6.2

上面数据表明：链上极性部分越多，极性越强，链间作用力就越大。有意思的是，上面数据依次递增的次序，刚好是橡胶、塑料、纤维3类物质的序列（聚乙烯例外）。据此可以看出，纤维类高聚物的链间作用力最大，橡胶类高聚物的链间作用力最小，塑料高聚物介于两者之间，而它们之间并无严格界限。因此，如能改变它们的链间作用力就能改变它们的强度。在大分子链中引入极性基团的办法，增加链间作用力，可以改善高聚物的力学性能。例如，在聚丁二烯的大分子链上引入适当的极性基（羧基），增强了链间作用力，得到了强度较高的羧基橡胶。

(2) 链段交联　在环境温度高于玻璃化温度 T_g 时，随着交联程度的增加，交联键的平均距离缩短，高分子材料的断裂强度将会进一步增大，屈服强度和弹性模量也会大幅度提高。交联使单位面积内承载的网络键数目增多，并且可以均匀承载，这是交联强化的基本原因。

(3) 结晶度和取向　结晶性高分子材料的结晶度和大分子取向对其强度有着明显的影响。实际的结晶性高聚物中存在着晶区和非晶区，一个大分子链可以贯穿好几个晶区和非晶区。在非晶区分子链是卷曲和互相缠结的,因而当结晶性高聚物受力时,可使应力分散并导致分子微晶取向化,使强度得到提高。结晶度的增大使高分子的密度增大,而且微晶还会起到物理交联的作用,使应力均匀分布,断裂强度上升。人们用电子显微镜等仪器观测结晶性高聚物时发现,在聚合物中存在着各种大小(10nm~1cm)、各种形状(片状、纤维状、球状)的有序结构单元。它们的出现随着聚合物的性质、结晶条件和后处理情况不同而有所差别。如聚合物熔体冷却时,常常得到一种球状晶体,称为球晶。高分子材料处于玻璃化温度 T_g 以下时,未取向的晶粒,特别是大的球状晶的增加,有使强度减小、脆性增大的倾向。缓慢冷却或在 T_m 以下退火会使结晶度提高,但形成的球状晶体尺寸也随着增大。反之,淬火能获得结晶度低的、球晶尺寸小的高聚物。这种高聚物具有低的屈服强度和很好的韧性。

实验表明:使高聚物熔体在高压下结晶,或高度拉伸结晶性高聚物,可以获得由伸直链形成的纤维状晶体结构。这样就可以获得高的抗拉强度,屈服强度和弹性模量也相应提高。

(4) 定向聚合 定向聚合是提高高分子材料结构上均一性的有效方法。人们研究了大分子链的空间结构后,发现在聚合过程中,三乙基铝和四氯化钛型催化剂对大分子的空间排列有一种特殊的定向作用,可以使 α-烯烃单体生成空间排列规整的大分子链。因而使聚乙烯的密度、拉伸弹性模量和物理性能、力学性能都有了提高。定向聚合的出现,在高分子合成和结构研究方面是个重大的突破,它开辟了改性高分子材料的新途径。

2. 陶瓷材料的强化原理

我们可把微裂纹看作材料各种缺陷的总和,陶瓷材料的强化措施就是要尽量消除陶瓷的各种缺陷和阻止已有缺陷的发展,即要减少微裂纹或缩小其尺寸。研究表明可通过以下方法提高陶瓷强度。

(1) 制造微晶、高密度、高纯度陶瓷,提高晶体完整性 使陶瓷尽量"细、密、匀、纯"。热压工艺制成的 Si_3N_4 陶瓷,几乎没有气孔,强度接近理论值。把陶瓷制成截面很小的纤维及晶须,大大减少缺陷存在的几率,强度可提高 1~2 数量级。表 9-4 为几种陶瓷制成块体、纤维及晶须强度的差别。

表 9-4 几种陶瓷制成块体、纤维及晶须的强度

材料	抗张强度/(kg/mm^2)		
	块体	纤维	晶须
Al2O3	28	210	2100
BeO	14	—	1330
ZrO$_2$	14	210	—
Si-N4(反应烧结)	12~14	—	1400

（2）在表面生成一层残余压应力　脆性断裂经常从表面受拉应力处发生，通过某种工艺在陶瓷表面造成一层残余压应力，它可抵消部分外加拉应力，从而减小了表面处拉应力峰值。这种方法对承受横向弯曲载荷的板材非常有效。图 9-11 为表面有残余压应力的玻璃板受力后应力分布。

将玻璃加热至熔点以下某温度，然后淬火即可造成表面残余压应力（玻璃钢化处理）。把其他结构的陶瓷淬火，不仅可在表面形成残余压应力，还可使晶粒细化。

采用离子交换的化学强化方法，可在表层数百微米范围内形成很高的残余压应力。方法是通过用大离子置换小离子的办法，改变表面化学组成。由于表层体积膨大受到内部材料的制约而造成压应力层。

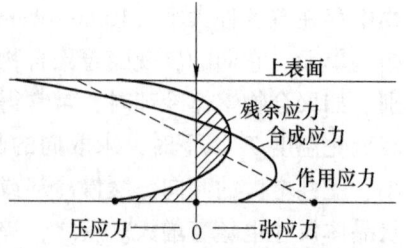

图 9-11　表面有残余压应力的玻璃板受力后应力分布

此外，将表面抛光或施以化学处理消除表面缺陷也能提高实际强度。

复合强化是发挥陶瓷材料优势的重要途径。这方面内容将在本节后面部分介绍。

二、非金属材料的韧化原理

1. 高分子材料的韧化原理

高分子材料在拉伸中由于内部结构的不均一性导致裂纹尖端应力集中，产生塑性应变，引发大量银纹，称为银纹化。银纹首先在与应力垂直的方向上增厚，直到增厚的银纹进一步演变成裂缝。这个过程加快了裂纹尖端区域弹性应变能的释放，即应变能释放率 g_c 加大。对于韧性高分子材料 g_c 有一临界值 g_{ic}，当 $g_c > g_{ic}$ 时，材料会发生韧—脆转变。研究显示，材料的韧性是拉伸试验速率的函数，裂纹尖端的有效应变速率往往比标称应变速率高得多。随着应变速率的增加，g_{ic} 减小，即越容易出现 $g_c > g_{ic}$，导致材料发生韧—脆转化。在银纹化过程中 g_{ic} 主要消耗在银纹的形成和变形上。

材料经不同拉伸速度拉伸后所得到的应力—应变曲线如图 9-12，曲线下的面积是材料的冲击韧性值。拉伸速度增大，应力—应变曲线向纵轴靠近，断裂强度增大，伸长率减小，曲线下的总面积减小，即冲击韧性下降。如果提高温度，使试验温度高于 T_g，则断裂强度下降，断裂伸长率增大。断裂伸长率的大小往往

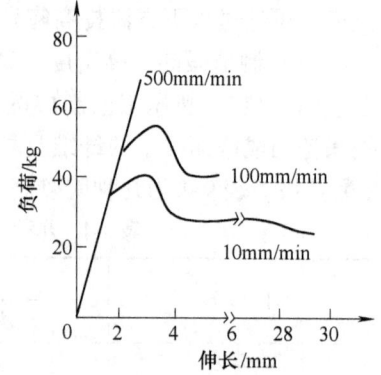

图 9-12　拉伸速度对硬聚氯乙烯的应力—应变曲线的影响

对材料的冲击韧性起着更大的作用,通常材料冲击韧性随着伸长率增大而增大。非晶态高分子链越柔顺,相对分子质量越大,在外力作用下,能将较多的外加动能变为热能(由分子内摩擦产生),则其冲击韧性越高。

试验温度升高,冲击韧性增加。聚氯乙烯的冲击韧性与温度关系,见表9-5。

表 9-5　硬聚乙烯的冲击韧性与温度的关系

温度/℃	-20	-10	-5	0	5	10	20
冲击强度/(kJ·m^{-2})	30	34	40	42	48	58	150

当温度上升至材料的玻璃化温度附近或更高时,非晶态高聚物的冲击韧性急增。大多数结晶性高分子材料,在 T_g 以上时,也比在 T_g 以下具有更大的冲击韧性。温度在 T_g 附近时应力集中可以缓和,分子运动较易,于是外力所做的功在冲击短时间内也能变成分子间的内摩擦热而散逸。

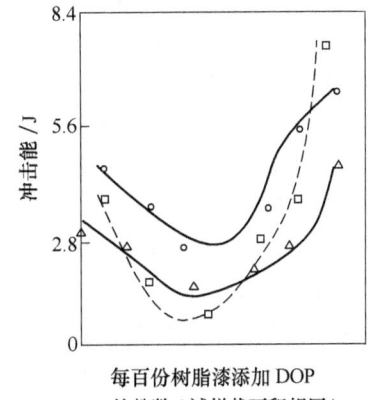

图 9-13　增塑剂临苯二甲酸二辛脂（DOP）对冲击强度的影响
□—聚氯乙烯
○—氯乙烯-偏二乙烯共聚物
△—氯乙烯-醋酸乙烯共聚物

(1) 增塑剂与冲击韧性　添加增塑剂使分子间作用力减小,链段以至大分子易于运动,则使得高分子材料的冲击韧性提高。但某些增塑剂在添加量较少时,有反增塑作用,反使冲击韧性下降。如图 9-13 所示,当增塑剂含量小于 10% 时,聚氯乙烯等材料的冲击韧性随增塑剂含量的增加而明显下降。越过最低点后,冲击韧性随增塑剂含量的增加而迅速上升。

(2) 分子结构、相对分子质量与冲击韧性　热塑性塑料的大分子结构及分子间力是决定材料性能的主要因素,这两个因素若使堆砌密度小,玻璃化温度低时,则冲击韧性就高。大分子链的柔顺性好,可提高结晶性高分子材料的结晶能力,而结晶度高,常使冲击韧性下降。

非晶态高聚物的脆化温度比玻璃化温度低得多,如聚氯乙烯等均可在 T_g 以下正常使用,并能承受一定的冲击载荷。链柔性大的非晶态高聚物 T_g 低,耐冲击性较好。

分子结构以玻璃化温度与结晶结构两方面影响着冲击韧性:晶态高聚物在 T_g 以上抗冲击性较好,T_g 以下脆性骤增。热固性塑料中的交联键与晶粒一样,起着束缚链段运动的作用,交联密度较大时,抗冲击性能下降。

相对分子质量增大使分子键的构象和缠结点均增多,有利于伸长率及强度的提高,而伸长率和强度的提高都使冲击韧性获得改善,所以冲击韧性随相对分子质量的增大而上升。如图9-14所示。相对分子质量达数百万的超高相,对分子质量聚乙烯具有极其优越的抗冲击性能。相对分子质量对晶态高聚物冲击韧性的影响还与结晶度有关。相对分子质量降低使结晶度提高,冲击韧性就降低,同时使冲击韧性对温度的敏感性也降低。

提高相对分子质量对高聚物冲击韧性的作用会因长分子链的缠结而削弱,因为分子链的缠结、交联会降低其柔性,在温度和拉伸速率一定的条件下,高聚物的相对分子质量有一临界值 M_c,当相对分子质量大于 M_c 时高聚物为韧性,反之为脆性。高聚物长分子链上部分发生缠结,缠结部分相对分子质量为 M_e,那么当 $M_c > 2M_e$ 时,应变能释放率 g_c 下降,材料的韧性上升。高聚物中相对分子质量的平均值 M_n 称为数均相对分子质量,只要满足 $M_n > M_c$,就会使韧性增加。

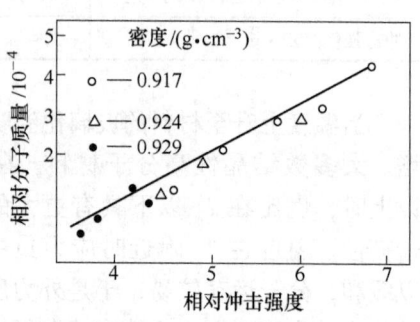

图9-14 平均相对分子质量对低密度聚乙烯冲击强度的影响

(3) 嵌段共聚与冲击韧性 采用多元嵌段是增加高分子材料韧性的有效方法。在玻璃化温度高的链段中间嵌入玻璃化温度低的链段,在使用中刚性高的链段发挥保证硬度、强度的作用,而具有低的玻璃化温度和高度柔性的软链段可保证共聚物的韧性。如加入少量聚乙烯嵌段的聚丙烯和韧化效果更为明显的加入无定型乙烯-丙烯共聚物嵌段的聚丙烯。

(4) 共混与冲击韧性 共混增韧聚合物的发展令人十分瞩目。其中最重要的是与橡胶态的高聚物掺混在一起的玻璃态或接近玻璃态的树脂,当配合适宜时能得到高度的韧性。成功的产品有抗冲聚苯乙烯、ABS和改良型抗冲聚氯乙烯等。

2. 陶瓷材料的韧化原理

陶瓷实际上是各种无机非金属材料的通称,同金属和高聚物一起成为现代工程材料的支柱。陶瓷受载时不发生塑性变形就在较低的应力下断裂,因此韧性极低,这是阻碍陶瓷作为结构材料广泛应用的主要原因。

一般情况下陶瓷材料中发生相变会引起内应力而造成开裂。因此,陶瓷工艺中往往将相变视为不利因素,尽量避免。但研究发现,在某些情况下,可以利用相变提高陶瓷材料的韧性和强度。如 ZrO_2 陶瓷增韧,就是通过四方相 ZrO_2 (t-ZrO_2) 转变为单斜相 ZrO_2 (m-ZrO_2) 的马氏体相变完成的。其增韧机制主要有相变增韧和微裂纹增韧。

（1）相变增韧　处于陶瓷基体内的 ZrO_2 存在着 $m\text{-}ZrO_2 \rightleftharpoons t\text{-}ZrO_2$ 的可逆相变特性，晶体结构的转变伴有3%～5%的体积膨胀。ZrO_2 颗粒弥散分布于陶瓷基体中，由于两者具有不同的热膨胀系数，烧结完成后，在其冷却过程中，ZrO_2 颗粒周围则有不同的受力情况。当 ZrO_2 粒子受到基体压抑时，其相变也将受到压制。ZrO_2 还有一个特性，其相变温度随着颗粒尺寸的减小而下降，一直可降到室温。当基体对 ZrO_2 颗粒有足够的压应力，且 ZrO_2 的颗粒又足够小，则其相变温度可降至室温以下，这样在室温下 ZrO_2 仍可保持四方相结构。当材料受到外应力作用时，基体对 ZrO_2 的压抑作用得到松弛，ZrO_2 颗粒即发生四方相到单斜相的转变，并在基体中引发微裂纹，从而吸收了主裂纹扩展的能量，达到提高断裂韧性的效果。

（2）微裂纹增韧　在大多数情况下，陶瓷体内存在有裂纹。当受外力或存在应力集中时，裂纹会迅速扩展，致使陶瓷体破坏。因此，如何防止裂纹扩展，消除应力集中是解决问题的关键。

ZrO_2 中的陶瓷在由四方相向单斜相转变过程中，相变出现体积膨胀而产生微裂纹。无论是陶瓷冷却过程中产生的 ZrO_2 相变激发微裂纹，还是裂纹扩展过程中在其尖端区域形成的应力激发 ZrO_2 相变导致的微裂纹，都将起着分散主裂纹尖端能量的作用。从而提高了断裂能，称为微裂纹增韧。

不同尺寸的 ZrO_2 颗粒的相变起始温度 M_s 是不同的，并有其相应的膨胀程度，即 ZrO_2 颗粒越大，则其相变温度越高，其膨胀也越大。

当 ZrO_2 颗粒的相变温度低于室温，陶瓷基体中储存着相变弹性压应变能 U_T。如果 ZrO_2 颗粒的相变温度高于室温，则 ZrO_2 颗粒会自发地由四方相转化为单斜相，此时在基体中会激发出微裂纹，在有微裂纹韧化作用的情况下，主裂纹尖端的应力将重新分布，如图9-15所示。一般说来，为了阻止主裂纹的扩展，在主裂纹尖端应有一个较大范围的相变诱导微裂纹区，如图9-16所示。而主要途径是减少 ZrO_2 的颗粒度，并控制 ZrO_2 的颗粒度分布状态和颗粒直径范围。

总之，在相变未发生之前，在裂纹尖端区域诱导出的局部压应力，起着提高抗张强度的作用；一旦相变发生诱导出微裂纹带，就能在裂纹扩展过程中吸收能量，起到提高 K_{Ic} 值的作用。

三、非金属材料强韧化常用方法

1. 高分子材料的强韧化方法

任何改善抗冲击性能的方法都离不开设法提高抗拉强度或增大断裂伸长率这两个方面。高分子材料的强韧化途径主要为填料增强、共混共聚、添加增塑剂和成核剂以及淬火等方法。

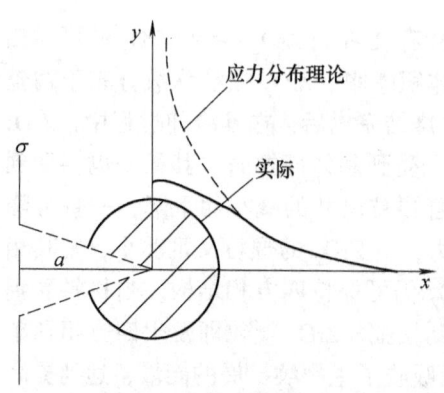 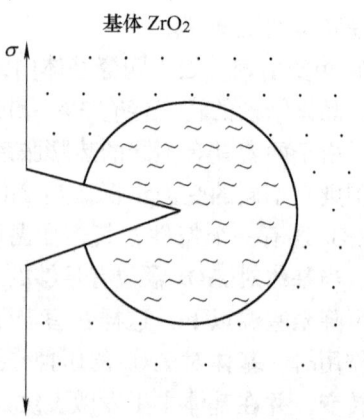

图 9-15 微裂纹区导致主裂纹尖端应力重新分布　　图 9-16 含 ZrO_2 陶瓷基体中主裂纹尖端的相变诱导微裂纹区

(1) 填料增强　高度交联的热固性树脂脆性很大，无多用处。加入纤维类填料（如石棉、玻璃纤维）之后，即成为广泛应用的玻璃钢。这种改性酚醛的伸长率增加不多，但抗冲击性能却大大提高。将长玻璃纤维与聚丙烯树脂直接挤出，切成粒料再回挤，制得增强聚丙烯，其抗冲击性能提高 1.5～4.5 倍，而抗拉强度也提高 2～5 倍。

(2) 共混与共聚　高聚物用机械混炼等手段加工成兼具二者优点的新材料称为共混。最成功的共混实例是聚苯乙烯的改性。脆性的聚苯乙烯因为添加了橡胶成分，可以变为高耐冲击的材料。塑料与橡胶共混提高抗冲击性能的原因在于橡胶颗粒能够给出较大的形变，这种能量可变成热能散逸；橡胶颗粒也可起到应力集中体的作用，在其上生成很多放射状银纹，将冲击能转变成表面能和弹性能贮存起来。这样能将冲击强度提高几倍乃至几十倍。为了得到耐冲击的聚合物共混体，至少应满足下列 3 个条件：①橡胶的玻璃化温度必须低于使用温度；②橡胶应作为第二相存在，而不能溶解在刚硬性高聚物中；③两种高聚物既有一定的互容性，又不能充分互容，即部分互容。

例如将聚苯乙烯和丁苯橡胶按质量比 80/20 混炼，在双滚筒混炼机上，温度控制在 150℃ 左右，时间约 20min，其抗冲强度可提高 2 倍以上。近来，有人研究用 S-B-S 热塑性弹性体（苯乙烯-丁二烯-苯乙烯嵌段共聚物）与增韧改性的聚苯乙烯进行第二次共混改性，以得到超高抗冲性的聚苯乙烯产品。抗冲聚苯乙烯除韧性卓越外，还具备聚苯乙烯的大多数优点，如刚度、易加工性、易染性等。抗冲聚苯乙烯的加工性较好，可用注射成型法生产各种仪表外壳、纺织用器材（纱管等）、电器零部件；也可挤出成型的管、板以及由板材二次加工制取容器、杯盘等。

(3) 增塑剂和成核剂　增塑剂的加入能减少分子间作用力，使 T_g 下降，有效地提高抗冲击性能。如在环氧树脂中加入邻苯二甲酸二丁脂，作为粘接剂使用；丁腈橡胶氯丁橡胶改性的酚醛树脂既有较高强度，又极耐冲击。

(4) 淬火　淬火是提高结晶性高分子材料冲击韧性的有效方法，如三氟氯乙烯是极优良的耐腐蚀衬里材料。但如将喷涂三氟氯乙烯的制品从塑化温度 270℃ 缓慢冷却，尤其是在其最佳结晶温度（190～200℃之间）长时间停留的话，只会得到大晶粒（球晶）和结晶度高（可达 80%～90%）的浑浊体，其性质硬而脆，冲击强度仅为 $4\sim6kJ/m^2$。如将熔融状态的涂层迅速投入水中，使之尽快通过最佳结晶温度区域，就能得到结晶度低（25%～30%）及晶粒小的透明体，这种涂料坚韧而且富于弹性，冲击强度甚至可达 $100\sim200kJ/m^2$。

2. 陶瓷材料的强韧化方法

如前所述，ZrO_2 对陶瓷的韧性、强度都有增强作用。目前增韧效果最好的有 2 个系统，一是氧化锆增韧氧化铝；另一个是氧化锆增韧氧化锆，即相变韧化氧化锆，也称为部分稳定氧化锆（PSZ）。

这类陶瓷具有很高的韧性和强度。最近研制成功的部分稳定氧化锆，平均抗弯强度已达 2400MPa，达到了高强度合金钢的水平，而断裂韧性可达 $17MPa\cdot m^{-1/2}$，相当于铸铁和硬质合金的水平。这种陶瓷制品甚至可抗住铁锤的敲击，因此有陶瓷钢的美称。

(1) 氧化锆韧化氧化铝（ZTA）　在 ZrO_2 中添加 $x=2\%$ 的 Y_2O_3 可以得到较多的四方相 ZrO_2，而且可以使四方相 ZrO_2 的相变临界尺寸增大。所谓相变临界尺寸是在高温时能保住 ZrO_2 的四方结构的最大颗粒尺寸。而且 Y2O3 还有抑制 ZrO_2 颗粒长大的作用。因此人们研制了 Al_2O_3-ZrO_2（加 $x=2\%$ 的 Y_2O_3）系列增韧陶瓷。实验证明，Al_2O_3 经增韧后其断裂韧性 K_{Ic} 可由 $4.89MPa\cdot m^{-1/2}$ 提高到 $8.12MPa\cdot m^{-1/2}$。

(2) 氧化锆韧化氧化锆（PSZ）　氧化锆陶瓷基体内部分氧化锆在烧结降温中不发生马氏体相变，而在使用中因外界张应力诱发马氏体相变，起到微裂纹增韧的作用，这样的氧化锆陶瓷称为部分稳定氧化锆增韧陶瓷。研究发现添加氧化铝对 Y-PSZ 中添加 $w=20\%$ 的 Al_2O_3，可使 Y-PSZ 的平均抗弯强度达到 2400MPa，而断裂韧性 K_{Ic} 达到 $17MPa\cdot m^{-1/2}$，是目前陶瓷中的最高水平。

部分稳定氧化锆具有低的导热率（比氮化硅低 80%），绝热性好，热膨胀系数接近于发动机中使用的金属，因而与金属部件的连接比较简易。部分稳定氧化锆在常温下具有卓越的力学性能，如抗弯强度和断裂韧性。但随着温度的增高，Y-PSZ 的强度和韧性显著降低。在 Mg-PSZ 和 Al_2O_3-ZrO_2 中也观察到了这一现象。根据相变韧化理论，高温强度低是由于应力诱发相变的韧化效果在高温下减小的缘故。实验发现加入大量的氧化铝可以大大提高 Y-PSZ 的高温强度。例如在 ZrO_2 中加入 $w=2\%$ 的 Y_2O_3 和 $w=40\%$ 的 Al_2O_3 可使其在 1000℃ 以上保持 1000MPa 的强度。虽然其原因尚不清楚,却给 Y-PSZ 的高温应用打开了光明前景。

将韧化陶瓷应用于绝热发动机,还有诸如 Y-PSZ 高温稳定性等许多问题需要解决,但部分稳定氧化锆增韧陶瓷已成为主要候选材料。

3. 复合改性

将两种或两种以上的不同性质或不同组织的物质,以微观或宏观的形式组合而成的材料称为复合材料。人们熟悉的钢筋混凝土、玻璃钢、金属陶瓷和橡胶轮胎等均属于复合材料的范畴。从工程角度来看,复合材料主要是一种通过人工的方法,将某种材料均匀分布于另一材料之中以达到改善性能的目的。复合材料的结构通常是一个基体相为连续相,而另一增强相是以独立的形态分布于整个连续相中的分散相。与独立的连续相相比,这种分散相的存在,会使材料的性能发生显著的变化。因此,可以按分散相对复合改性材料进行分类。主要有纤维增强复合材料、颗粒改性复合材料和夹层增强复合材料等。

复合材料提高基体强度的物理原因与第二相弥散强化类似:强度与增强体均匀分布的平均间距的平方根成正比(Hall-Petch 公式)。而基体或增强体中某一软相有利于应力弛豫则是韧性提高的原因。在外应力作用下,复合材料发生断裂的机制是增强体与基体之间界面的分离,增强体本身的断裂并最终从基体中拔出。显然,决定复合材料性质的不仅是基体和增强体的性质、分布、尺度,而且决定于两种材料结合的界面的完整性。为了最大限度地发挥复合材料的潜力,必须充分保证基体和增强体之间的物理和化学相容性,如两相之间良好的界面化学浸润性;热膨胀系数的匹配,如陶瓷基复合材料的理想匹配是增强体的热膨胀系数小于基体的热膨胀系数,以使陶瓷基体处于压应力状态,增强体则处于张应力状态;弹性模量匹配,增强体的弹性模量和应变值大于基体的对应值时,是理想的匹配。

复合材料已经广泛地应用于建筑、交通运输、船舶、汽车、化工等部门,高能复合材料在航空航天、船舶等国防应用中起到的作用越来越重要。

第三节 金属表面强化与表面改性技术

实际应用中有很多零件(如齿轮、凸轮、曲轴、活塞销等)是在弯曲、扭转等变动载荷、冲击载荷以及摩擦等复杂条件下工作,零件表层承受着比心部高的应力,而且表面还要不断地被磨损。因此,这种零件的表层必须强化,使其具有高的强度、硬度、耐磨性和疲劳强度,而心部为了能承受冲击载荷,仍应足够的塑性和韧性。还有不少零件除了受复杂应力作用的同时，还要承受腐蚀性介质以及高温环境的影响，因此零件表面还应具备高的耐蚀性、抗咬合、抗氧化、抗热粘附、抗冷热疲劳等性能。解决的办法是对材料进行表面热处理或者采用其他表面工程技术进行处理。

一、钢的表面淬火

表面淬火是将工件表面快速加热到奥氏体区，在热量尚未传到心部时立即迅速冷却，使表面得到一定深度的淬硬层，而心部仍保持原始组织的一种局部淬火方法。工业上广泛应用的有火焰加热表面淬火、感应加热表面淬火和激光加热表面淬火。

1. 感应加热表面淬火

感应加热表面淬火示意于图9-17。它是利用通入交流电的加热感应器在工件中产生一定频率的感应电流，感应电流的集肤效应使工件表面层被快速加热到奥氏体区后，立即喷水冷却，工件表层获得一定深度的淬硬层。电流频率愈高，淬硬层愈浅。根据电流频率不同，感应加热可分为：高频感应加热（100～1000kHz），淬硬层为0.2～2mm，适用于中小型齿轮、轴等零件；中频感应加热（0.5～10kHz），淬硬层为2～8mm，适用于大中型齿轮、轴等零件；工频感应加热（50Hz），淬硬层深度＞10～15mm，适用于直径＞300mm的轧辊、轴等大型零件；超音频感应加热（20～40kHz），淬硬层为2～5mm，用于模数为3～6的齿轮表面淬火、导轨表面淬火等有良好效果。

感应加热表面淬火的优点是淬火质量好，表层组织细、硬度高（比常规淬火高2～3HRC）、脆性小，生产效率高，便于自动化。缺点是设备较贵，形状复杂的感应器不易制造，不适于单件生产等。

对感应加热表面淬火零件，其设计技术条件应注明表面淬火部位、淬硬层深度、表面硬度等。感应加热表面淬火的工件常选用中碳钢或中碳合金钢制造，常用的工艺路线为：锻造→退火或

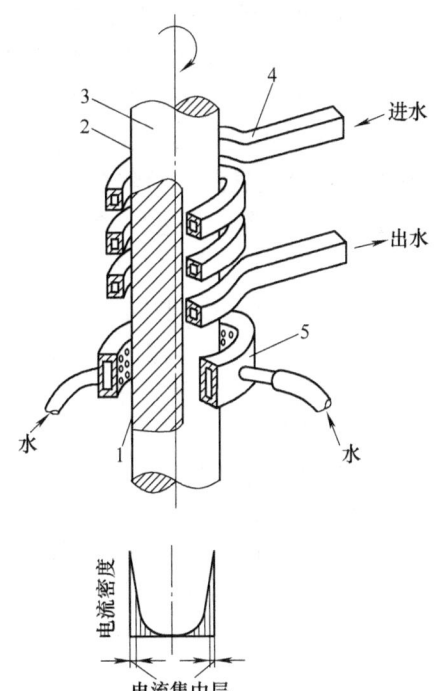

图9-17 感应加热表面淬火示意图
1—加热淬火层 2—间隙 3—工件
4—加热感应圈 5—淬火喷水套

正火→粗加工→调质或正火→精加工→感应加热表面淬火→低温回火→精磨→成品。

2. 火焰加热表面淬火

火焰加热表面淬火示意于图9-18。它是将乙炔—氧或煤气—氧的混合气体燃烧的火焰喷射到工件表面,使表面快速加热至奥氏体区,立即喷水冷却,使表面淬硬的工艺操作。淬硬层深度一般为2~6mm。此方法简便,无需特殊设备,适用于单件或小批量生产的各种零件,如轧钢机齿轮、轧辊、矿山机械的齿轮、轴、机床导轨和齿轮等。缺点是要求熟练工操作,否则加热不均匀,质量不稳定。

3. 激光加热表面淬火

激光加热表面淬火是将高功率密度的激光束照射到工件表面,使表面层快速加热到奥氏体区或熔化温度,依靠工件本身热传导迅速自冷而获得一定淬硬层或熔凝层。由于激光束光斑尺寸只有20~50mm^2,要使工件整个表面淬硬,工件必须转动或平动使激光束在工件表面快速扫描。激光束的功率密度越大和扫描速度越慢,淬硬层或熔凝层深度越深。调整功率密度和扫

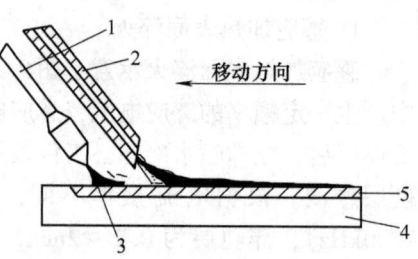

图9-18 火焰加热表面淬火示意图
1—烧嘴 2—喷水管 3—加热层
4—工件 5—淬硬层

描速度,硬化层深度可达1~2mm,已应用于汽车和拖拉机的汽缸、汽缸套、活塞环、凸轮轴等零件。目前我国应用较多的是1~5kW激光发生装置。

激光加热表面淬火的优点是淬火质量好,表层组织超细化、硬度高(比常规淬火高6~10HRC)、脆性极小,工件变形小,自冷淬火,不需回火,节约能源,无环境污染,生产效率高,便于自动化。缺点是设备昂贵,在生产中大规模应用受到了限制。

二、钢的化学热处理

化学热处理是将工件置于某种化学介质中,通过加热、保温和冷却使介质中某些元素渗入工件表层以改变工件表层的化学成分和组织,从而使其表面具有与心部不同性能的一种热处理。与表面加热淬火相比,表面化学热处理的主要特点是工件表面层不仅与心部组织不同,而且成分也不同。渗入不同的元素,可赋予钢件表面不同的性能。例如渗碳、渗氮、碳氮共渗、渗硼可提高硬度、耐磨性及疲劳强度,渗铬可提高耐磨和耐腐蚀性,渗铝、渗硅可提高耐热抗氧化性,渗硫可提高减摩性等。在一般机器制造业中,最常用的是渗碳、渗氮和碳氮共渗。

1. 钢的渗碳

渗碳是向低碳钢或低碳合金钢工件表层渗入碳原子的过程。其目的是提高工

件表层的碳含量,使工件经热处理后表面具有高的硬度和耐磨性,而心部具有一定的强度和较高的韧性。这样,工件既能承受大的冲击,又能承受大的摩擦。齿轮、活塞销等零件常采用渗碳处理。根据渗碳剂的不同,渗碳可分为固体渗碳、液体渗碳和气体渗碳。这里仅介绍工业上常用的气体渗碳。

气体渗碳法示意于图9-19。工件被置于充有气体渗碳剂的渗碳炉中,在渗碳温度(900~950℃)下加热至奥氏体状态并保温,气体渗碳剂分解出的活性碳原子被工件表面吸收并向工件内部扩散,形成一定深度的渗碳层。常用的气体渗碳剂是裂化混合气体(天然气或煤气 + CH_4 + C_3H_8)或有机液体(煤油、苯、甲醇、丙酮等)在高温下分解成的混合气体(CO、CH_4、C_2H_4 等)。

渗碳后工件中的碳浓度从表面向心部逐渐降低。表面碳的质量分数最高,通常在0.8% ~1.1%范围内,心部则保持原始成分。低碳钢渗碳缓冷后的组织由表面向心部依次为过共析组织、共析组织、过渡亚共析组织、原始亚共析组织。通常把过渡亚共析组织区一半处到表面的深度(对低碳钢)或过渡亚共析组织区终止处到表面的深度(对低碳合金钢)作为渗碳层深度。显然,渗碳的温度愈高,时间愈长,则渗碳层深度愈大。

工件渗碳后还需进行淬火和低温回火处理,才能使表面具有高硬度、高耐磨性和较高的接触疲劳强度及弯曲疲劳强度,心部具有一定强度和高韧性。淬火可采用直接淬火法(自渗碳温度直接淬火)、一次淬火法(渗碳后出炉空冷,再重新加热进行淬火)或二次淬火法(渗碳后出炉空冷,先根据工件心部成分重新加热进行淬火,再根据工件表面成分加热进行淬火)。

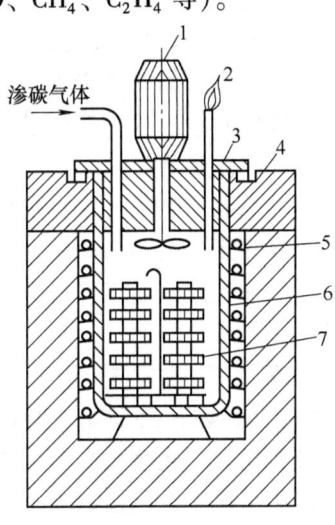

图9-19 气体渗碳法示意图
1—风扇电动机 2—排出废气火焰
3—炉盖 4—砂封 5—电炉丝
6—耐热罐 7—工件

经淬火 + 低温回火后,工件表层组织为高碳回火马氏体 + 粒状渗碳体或碳化物 + 少量残余奥氏体,其硬度为58~64HRC,而心部组织则随钢的淬透性而定。对于普通低碳钢如15、20钢,其心部组织为铁素体 + 珠光体,硬度相当于10~15HRC;对于低碳合金钢如20CrMnTi,其心部组织为回火低碳马氏体 + 铁素体,硬度为35~45HRC,具有较高的心部强度及足够的塑性和韧性。

渗碳是汽车和拖拉机齿轮、活塞销等零件常用的表面热处理工艺,工件表面的碳含量及渗碳层深度对零件的性能有很大影响。对承受磨损的零件,表面 w_C 以1.0%~1.1%为宜;对于承受多次冲击压缩负荷或接触疲劳负荷的零件,表

面 w_C 以 0.8%~0.9%为宜。渗碳层深度随零件的截面尺寸及工作条件而定,可在 0.3~3mm 范围内变化。以齿轮为例,通常规定渗碳层深度为模数的 15%~20%。当冲击或弯曲疲劳是主要危险时,应取下限,渗碳层较薄;当接触疲劳是主要危险时,应取上限,渗碳层较厚。对渗碳零件,其设计技术条件应注明渗碳层深度、表面硬度、心部硬度、不允许渗碳的部位等。

采用渗碳工艺的零件常选用低碳钢或低碳合金钢制造,常用的工艺路线为:锻造→正火→机械加工→渗碳→淬火→低温回火+精加工→成品。

2. 钢的渗氮

渗氮是向钢件表层渗入氮原子的过程。其目的是提高工件表面硬度、耐磨性、疲劳强度和耐蚀性以及热硬性(在 600~650℃ 温度下仍保持较高硬度)。渗氮的方法很多,如气体渗氮、液体渗氮、低温氮碳共渗、离子渗氮、镀钛渗氮等,这里仅介绍工业中应用最广泛的气体渗氮。

气体渗氮是将工件放入充有氨气的渗氮炉中,在渗氮温度(500~560℃)下加热并保温,氨气分解出的活性氮原子被工件表面的铁素体吸收并向内部扩散,形成一定深度的渗氮层。工件在渗氮前一般先经调质处理,获得回火索氏体组织,以保证渗氮后工件心部有良好的综合力学性能,渗氮后不再进行淬火、回火处理。

渗氮用钢通常是含有 Al、Cr、Mo、V、Ti 等的合金钢,典型的是 38CrMoAlA,还有 35CrMo、18CrNiW 等。这些合金元素极易与氮元素形成颗粒细小、分布均匀、硬度很高而且非常稳定的各种氮化物,对提高工件性能有重要作用。采用渗氮工艺制造的零件常用的工艺路线为:锻造→退火(或正火)→粗加工→调质→半精加工→去应力退火→粗磨→渗氮→精磨→(或研磨)→成品。

渗氮后工件表面氮浓度最高,并向心部逐渐降低。钢的氮化层显微组织表层为氮化物 $Fe_2N(\varepsilon)+Fe_4N(\gamma')$,其硬度为 1000~1100HV,耐磨性和耐蚀性好;过渡区组织为 $Fe_4N(\gamma')$+含氮铁素体(α);心部组织为回火索氏体,具有良好的综合力学性能。通常把从工件表面到过渡区终止处的深度作为渗氮层深度,一般为 0.15~0.75mm。实际上,由于钢中含有一定量的碳,渗氮层内要形成碳氮化合物。工件最表层的 ε 相是脆性的,在工作过程中易产生龟裂及剥落,故不应过厚,通常在渗氮后精磨时将该层磨去后再用。

与渗碳相比,渗氮的主要优点是工艺温度低,变形小,渗层薄,硬度高,耐磨性好,疲劳强度高,并具有一定耐蚀性和热硬性。其主要缺点是生产周期长(30~80h),渗氮层脆性大,而且需要使用专用合金钢以形成合金氮化物来提高渗层的硬度和耐磨性。因此,渗氮主要应用于在交变载荷下工作的、要求耐磨和尺寸精度高的重要零件,如高速传动精密齿轮,高速柴油机曲轴,高精密机床主轴,镗床镗杆,压缩机活塞杆等,也可用于在较高温度下工作的耐磨、耐热零件，如阀门、排气阀等。对于渗氮零件，其设计技术条件应注明渗氮部位、渗氮层深度、表面硬度、心部硬度等，对轴肩或截面改变处应有 $R>0.5mm$ 的圆角以防止渗氮层脆裂。

3. 钢的碳氮共渗

碳氮共渗是同时向钢的表层渗入碳、氮原子的过程。它是将工件放入充有渗碳介质（如煤油、甲醇等）和氨气的炉中，在 840～860℃温度下加热、保温，共渗介质分解出活性碳、氮原子被工件表面奥氏体吸收并向内部扩散，形成一定深度的碳氮共渗层。与渗碳相比，碳氮共渗温度低，速度快，零件变形小。在840～860℃保温4～5h即可获得深度为0.7～0.8mm的共渗层。经淬火+低温回火处理后，工件表层组织为细针状回火马氏体+颗粒状碳氮化合物 $Fe_3(C、N)$ +少量残余奥氏体，具有较高的耐磨性和疲劳强度及抗压强度，并兼有一定的耐蚀性，常应用于低中碳合金钢制造的重、中负荷齿轮。近年来国内外都在发展深层碳氮共渗以代替渗碳，效果很好。其缺点是气氛较难控制。

上述各种表面热处理方法都能使钢件获得"表硬心韧"的性能，从而具有既耐磨，又抗冲击和疲劳的能力。但是，它们又各有其特点，应根据不同零件的工作条件合理选用。以齿轮为例，对于齿面硬度要求45～55HRC的齿轮，若模数大，如矿山、冶金机械上的大型齿轮，应选用中碳合金钢如40Cr钢制造，进行火焰加热表面淬火或中频感应加热单齿表面淬火；若模数较小，如机床上的齿轮，则用中碳钢如40、45钢制造，进行高频感应加热表面淬火；对于齿面硬度要求58～62HRC并承受较大负荷及冲击力的齿轮，如汽车、拖拉机的变速箱齿轮，应选用低碳合金钢如20CrMnTi钢制造，进行渗碳和淬火+低温回火处理；对于齿面硬度要求65～72HRC的齿轮，如冲击力小的高速传动精密齿轮，应选用38CrMoAlA钢渗氮处理。

三、表面热喷涂

现代高新技术的迅猛发展，不仅对材料提出了更多更高的性能要求，也对材料表面改性提供了更多更新的技术手段。近30多年来，热喷涂、激光束、离子束、电子束、气相沉积等新技术已被广泛地应用于材料表面工程，在国民经济各个领域收到日益明显的经济效益和社会效益。

热喷涂是一项应用较早的材料表面改性技术。随着现代科学技术的发展，热喷涂技术不断完善，特别是20世纪70年代以来，新的喷涂方法不断涌现。

1. 热喷涂的基本原理

热喷涂是将涂层材料加热熔化，用高速气流将其雾化成极细的颗粒，并以很高的速度喷射到工件表面，形成涂层。根据需要选用不同的涂层材料，可以获得耐磨损、耐腐蚀、抗氧化、耐热等方面的一种或数种性能。根据所用热源，热喷涂方法分为火焰喷涂、电弧喷涂、等离子喷涂、爆炸喷涂、超音速喷涂和高频感应喷涂等。火焰喷涂用材广，涂层结合力较高，设备简单，操作方便。这里以火焰喷涂为例，简要介绍热喷涂的基本原理。

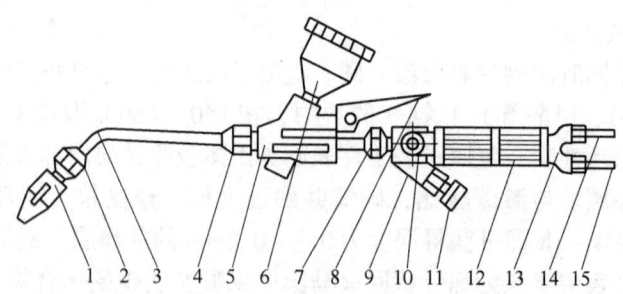

图 9-20　中、小型喷枪典型结构

1—喷嘴　2—喷嘴接头　3—混合气管　4—混合气管接头
5—粉阀体　6—粉斗　7—气接头螺母　8—粉阀开关
9—中部主体　10—乙炔开关阀　11—氧气开关阀
12—手柄　13—后部接体　14—乙炔接头　15—氧气接头

火焰喷涂是利用气体燃烧火焰的高温将喷涂材料（金属丝或粉末）熔化，并用压缩空气流将它喷射到工件表面上形成涂层。可燃气体常用乙炔气、氢气、煤气、丙烷和丁烷等，采用氧气作助燃剂。图 9-20 为中、小型氧乙炔火焰粉末喷枪的典型结构，基本上是在气焊枪上加一套供粉装置。先用火焰将工件预热到一定温度，开启送粉阀，粉末就在氧气的抽吸作用下进入枪体，并随混合气体一起由喷嘴喷出且被火焰加热到塑性状态，以高速冲向工件表面形成喷涂层。

热喷涂工艺过程通常分为喷涂前处理、喷涂、喷涂后处理三个基本步骤。喷涂前要对工件进行表面清洗及表面粗糙化处理（如车削、磨削、喷砂、点焊、化学处理等），以加强涂层与基体表面间的机械结合力；喷涂工艺视喷涂方法和设备而定；喷涂后还需进行机械精加工（如车削或磨削）以使工件的尺寸精度和表面粗糙度达到设计要求，有时还需进行喷丸和浸润涂料或硝酸纤维素等方法处理以提高涂层的气密性，必要时还可采用热处理（高频感应加热，或在普通炉中加热、保温）进一步提高涂层与基体间的结合力。

2. 涂层的结构与性质

热喷涂过程中，最先冲击到工件表面的喷涂颗粒变形为扁平状，与工件表面凹凸不平处产生机械咬合。后来的颗粒打在先到颗粒的表面也变为扁平状，与先到颗粒机械结合，逐渐堆积成涂层。因此，涂层的显微结构是大致平行的迭层状组织，疏松多孔（孔隙率最高达 25%）。因与空气接触，涂层中还存在氧化物和氮化物。另外，涂层中还有残余应力，外层为拉应力，内层和基体表面产生压应力。当涂层较厚或使用收缩率较高的材料时，涂层还可能产生裂纹。

涂层的上述结构使涂层的性质具有以下特点：①结合强度低；②良好的贮油和减摩性能，但干摩擦条件下往往不耐磨；③涂层的抗拉强度一般比基体材料低；④涂层的硬度取决于喷涂材料、喷涂方法及工艺，一般高于基体的硬度；⑤涂层强度低、硬而脆，且存在残余应力，因而其机械加工性能差，许多涂层不宜车削，只能磨削。

3. 热喷涂技术的特点及应用

热喷涂技术主要具有以下特点：①取材范围广。几乎所有金属、合金、陶瓷，甚至塑料等有机高分子材料都可作为喷涂材料；②可用于各种基体。金属、合金、陶瓷、玻璃、水泥、石膏、塑料、木材，甚至纸张都是可喷涂的基体材料；③基体可保持较低温度，以保证基体不变形，不弱化；④工效高。同样厚度的膜层，喷涂时间要比电镀短得多；⑤对喷涂工件的形状、尺寸一般无限制；⑥涂层厚度较易控制。薄者可为几十微米，厚者可达几毫米；⑦可赋予普通材料特殊的表面性能。可使工件满足耐磨、耐蚀、耐高温、隔热、密封、减摩、耐辐射、导电、绝缘等性能要求，节约贵重材料，提高产品质量。

热喷涂技术已广泛用于零构件及工模具的表面改性及修复，下面列举几个应用实例。

"探险者"号人造卫星外壳前部，用热喷涂等间隔地制成八条纵向条状氧化铝涂层，涂层占总表面积 25%。卫星每 118min 绕地球一周要经历一次温度从 100～315℃ 的变化，由于氧化铝涂层的隔热性和热辐射性交替地进行热的保持与辐射，使仪器舱内的温度得以保持在 10～30℃。

火箭发动机燃烧室、尾喷管、喷嘴等部件均喷涂保护层。如阿吉纳 B 火箭发动机出口燃烧室喷涂氧化铝涂层；冲压式发动机尾喷管喷涂氧化铝或氧化锆；石墨制造的"北极星"导弹第一级的喷嘴喷涂钨涂层，可经受 3315℃ 的固体推进剂高速排气的侵蚀，寿命提高 100 倍以上。

波音 737 双涡扇式飞机部分蒙皮采用玻璃纤维增强塑料以提高比强度，减轻噪声疲劳和降低制造成本，但由于静电荷积累而产生放电，以致造成气孔并对通信产生干扰。喷涂铝涂层后有效地防止了高速雨滴对塑料的水点腐蚀和静电积累，且颜色也与整体保持一致。

用 40 钢制成的石油化工反应器中直径为 152mm 的搅拌机轴，其密封部位长 152mm，使用寿命仅 7～8 个月。现在 330mm 长的范围内喷涂铬硼镍系合金涂层，再对涂层进行熔化处理，显著提高了轴的耐磨性和耐蚀性，寿命长达三年。

用工具钢加工制成的高熔点金属（钼、铌、钽、钨及其合金）的热挤压模具，挤压温度在 1320℃ 以上只能进行一次作业，且挤压材料因表面被模具合金化而变质，同时由于模具的磨损，挤压材在长度方向上直径与断面形状发生很大变化。喷涂 0.5~1.0mm 的氧化铝涂层后，挤压温度可达 1650℃。喷涂氧化锆涂层，挤压温度可达 2370℃，模具寿命可延长 5~10 倍。

用合金铸铁制成的机车柴油机缸套，过去遇到加工超差时都要报废，现在用喷涂法修复，修复费用不足新件单价的十分之一。

四、表面气相沉积技术

气相沉积是近 20 多年来迅速发展的材料表面改性新技术，在改善材料表面的耐磨性能、耐蚀性能、耐热性能、润滑性能、电性能、磁性能、光学性能以及表面装饰等方面的应用日益广泛。气相沉积是将含有形成沉积元素的气相物质输送到工件表面，在工件表面形成沉积层的工艺方法。依据沉积过程反应的性质，可分为化学气相沉积和物理气相沉积。

1. 化学气相沉积

化学气相沉积（Chemical Vapour Deposition）是利用气态物质在一定温度下于固体表面上进行化学反应，生成固态沉积膜的过程，通常叫 CVD 法。为了降低沉积温度，通常还采用一些物理激活方法。按照激活方法的不同，CVD 法又分为普通化学气相沉积（CCVD）、化学喷雾沉积（CSD）、等离子体活化气相沉积（PACVD）、化学离子镀（CIP）等不同种类。

（1）CVD 原理 将含有涂层材料元素的反应介质置于较低温度下汽化，然后送入高温的反应室与工件表面接触产生高温化学反应，析出合金或金属及其化合物沉积于工件表面形成涂层。

1）CVD 反应的基本条件：要想获得所需要的 CVD 涂层，CVD 的反应必须具有一定的条件，即能够形成所需的沉积层；反应物的汽化点较低，且易获得高纯度沉积层；沉积设备简单，操作方便，成本适宜。

2）CVD 反应机理：CVD 反应主要是利用化学反应进行气态沉积，可被利用的化学反应有热解反应、还原反应与置换反应等。

热解反应（800~1000℃）：$SiH_4 \rightarrow Si + 2H_2$

还原与置换反应：为获得 TiC、TiN 涂层可利用高温下的反应

$$TiCl_4 + CH_4 + H_2 \rightarrow TiC + 4HCl\uparrow + H_2\uparrow$$

$$TiCl_4 + N_2 + 4H_2 \rightarrow 2TiN + 8HCl\uparrow$$

3）CVD 涂层形成机制：CVD 法沉积层的形成机制是在基体（工件）触媒上进行的气体化学反应中产生析出物的结晶过程，沉积层的生成与生长是在基体表面上同时进行的，因此，它不能独立的加以控制。

沉积过程可以归纳为如下步骤：①反应气体介质向基体材料表面扩散并被吸附。②吸附于基体材料表面的各反应产物发生表面化学反应。③析出物（生成物）质点向适当的表面位置迁移聚集，形成晶核。④在表面化学反应中产生的气体脱离基体材料表面返回气相。⑤沉积层与基体材料的界面发生元素的相互扩

散，形成中间层。

（2）CVD 的装置　CVD 法所用的设备简图如图 9-21 所示。

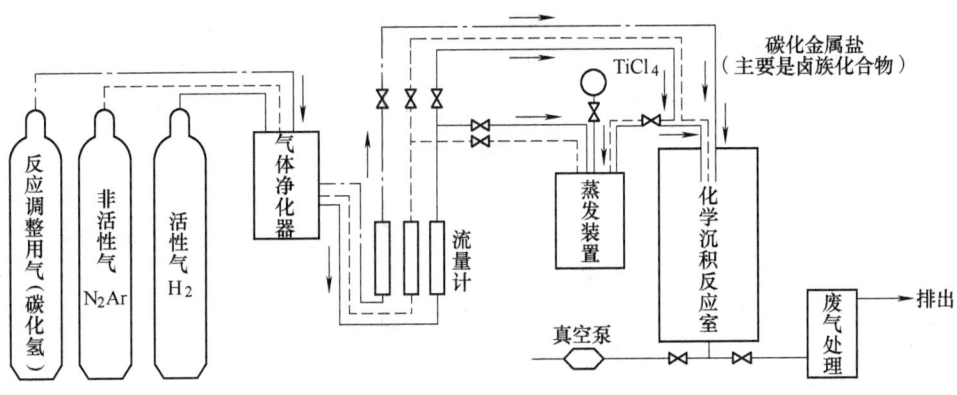

图 9-21　CVD 的装置简图

化学气相沉积反应需要获得真空并加热到 900~1100℃。如钢件要覆以 TiC 层，则将钛以挥发性氯化物（如 $TiCl_4$）形式与气态或蒸发态的碳氢化合物一道进入反应室内，用氢作为载体气和稀释剂，即会在反应室内的钢件表面上发生反应形成 TiC，沉积在钢件表面。钢件经沉积后，还需要进行热处理，可以在同一反应室内进行。

（3）CVD 涂层的应用　应用 CVD 法可以在钢铁、硬质合金、有色金属、无机非金属等材料表面制备各种用途的薄膜，主要是绝缘体薄膜、半导体薄膜、导体及超导体薄膜以及耐蚀耐磨薄膜。

常用于耐蚀耐磨的 CVD 涂层是各种金属陶瓷涂层，这些涂层一般都具有高硬度和高耐磨性、耐腐蚀性、抗氧化性等性能，在下述两方面得到广泛应用。

1）CVD 涂层硬质合金刀具。为了进一步提高硬质合金刀具的耐磨性，常在硬质合金刀具表面用 CVD 法沉积 TiC、TiN、α-Al_2O_3 涂层及 Ti（C，N）、TiC-Al_2O_3 复合涂层等。涂层刀具主要有滚刀、插齿刀、车刀、丝锥、钻头、铰刀等。

TiC 涂层硬度为 3000~3200HV，与无涂层刀具相比，TiC 涂层硬质合金刀具具有硬度高、摩擦因数小、切削速度高、耐磨性好、寿命长、机加工成本低等优点。例如，粗车 45 钢轴外圆时，加工数由 23 件增加到 80 件。

TiN 涂层硬度为 1800~2450HV，由于 TiN 涂层的特殊性质，TiN 涂层刀具比 TiC 涂层刀具更耐磨。

Al_2O_3 涂层的硬度为 3100HV，具有很高的化学稳定性和抗腐蚀能力，可承受 1000℃ 以上的高温，特别适合于高速切削。α-Al_2O_3 涂层刀具比无涂层刀具寿命高 5 倍，比 TiC 涂层刀具高 2 倍。

2）CVD 涂层钢制工模具及耐磨零件。CVD 涂层也适用于钢制切削刀具、螺纹加工刀具、成型刀具、冲头、模具及夹具和一些要求耐磨损、耐腐蚀的零件。

例如，为了提高冷成型加工的钢制冲头、阴模、刀具等的抗粘着磨损，采用 TiC、TiN 涂层或 TiC-TiN 复合涂层，可提高使用寿命近 10 倍。

2. 物理气相沉积

物理气相沉积（Physical Vapour Deposition）是气态物质在工件表面直接沉积成固体薄膜的过程，通常称为 PVD 法。

(1) PVD 法的基本原理　PVD 法有三种基本方法，即真空蒸镀、溅射镀膜和离子镀，它们的一般原理及特点分述如下。

1）真空蒸镀。真空蒸镀是在 $1.33 \times 10^{-3} \sim 1.33 \times 10^{-4}$ Pa 真空下将镀层材料加热变成蒸发原子或分子直接在工件表面形成沉积层。低熔点镀层材料采用电阻蒸发源，而高熔点材料需选用能量密度高的电子束或激光束作蒸发源。

真空蒸镀多用于透镜和反射镜等光学元件、各种电子元件、塑料制品等表面镀膜，在表面硬化方面用得不多。

2）溅射镀膜。溅射镀膜是不用蒸发技术的物理气相沉积方法。在气体压力为 2.66 ~ 13.3Pa 的气体辉光放电炉中，用正离子（通常用氩离子）轰击阴极（待沉积材料做的靶），将其原子溅射出，并通过气相沉积到工件表面上形成镀层。

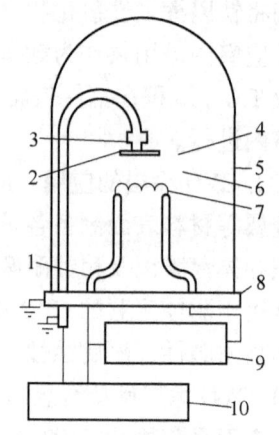

图 9-22　离子镀原理图
1—绝缘体　2—基体（阴极）　3—高压电板　4—阴极暗区　5—真空罩
6—辉光区　7—蒸发源灯丝（阳极）
8—底板　9—灯丝电源
10—高压电源

阴极溅射法的主要特点是：①任何物质均可以溅射；②镀膜密度高、气孔少，与基材结合力强；③沉积速度慢；④设备及工艺操作复杂。溅射法可用于沉积各种导电材料，包括高熔点金属及化合物。

3）离子镀。离子镀于 20 世纪 70 年代开始在生产上应用，其原理示意于图 9-22。它是借助于一种惰性气体（如氩气）的辉光放电使沉积材料蒸发离子化，离子经电场加速，沉积在带负电荷的工件表面。

离子镀的主要特点是：①工艺温度低，可在 600℃ 以下进行。而 CVD 一般需在 1000℃ 以上进行，要考虑工件变形及力学性能下降问题；②离子绕射能力强，镀层较均匀；③由于工件表面被溅射净化，镀层与基体结合力强；④镀层致密，气孔少；⑤沉积速度快；⑥高熔点合金及化合物的离子镀较困难；⑦设备及工艺操作复杂。

(2) PVD 涂层的应用

1) 耐磨涂层。TiC、TiN、CrN、VC、TaN、NbC、CrC_2 等涂层具有很高硬度，涂覆在刀具、工具、模具及耐磨零件表面，可大大提高耐磨性和使用寿命。例如高速钢的回火温度约为 560℃，而离子镀可在 600℃ 以下进行，这样就可将离子镀安排在回火工序中进行。经 550℃ 离子镀 TiC 的高速钢丝锥，其使用寿命可提高 4~5 倍。汽缸套内表面镀一层耐磨、耐热的金属镀层，使用寿命可提高 10 倍以上。

2) 耐蚀涂层。Al、Zn、Cd 等金属涂层具有很好的抗腐蚀性能。给普通钢制零件镀以耐蚀涂层，可大大节约贵重材料。例如离子镀铝涂层可以代替不锈钢，很适合于飞机、船舶、化工机械和桥梁结构件的表面处理。给低碳钢镀覆 10~12μm 铝镀层，在 w_{HCl}5% 盐水溶液中，其耐蚀时间长达 170~280h。

3) 耐热涂层。Al、W、Ti、Ta 等金属涂层具有良好的耐热性能。以前在航空上常用镀镉的方法制备耐热镀层，耐热温度仅有 230℃，现在，航空、汽车发动机中耐高温零件可用离子镀铝方法，耐热温度高达 480℃。

4) 润滑涂层。在较高温度及超高真空条件下，液体润滑材料是无法使用的，需要润滑时必须采用固体润滑。MoS_2、WS_2、Au、Ag、Pt、Pb、聚四氟乙烯等都是可用的固体润滑涂层。

5) 功能涂层。很多材料具有特殊性能，如导电性能、绝缘性能、磁性能、光学性能等，在电子工业及其他领域有广泛应用。如在塑料带上镀 Fe、Co、Ni 等金属，制造磁带；在透明塑料上镀玻璃，制成眼镜镜片；在陶瓷体上镀 Ni、Cr 电阻膜，可获得数百到数十欧姆的电阻值；将 Au、Ag 等镀覆在钴铁镍合金上，制造导线架。

6) 装饰涂层。PVD 法可以获得具有各种不同颜色的金属碳化物、氧化物和氮化物涂层，而且镀层具有极好的表面光泽度，用于表面装饰有良好的发展前景。目前用得最多的是 TiN 仿金镀。TiN 涂层呈金黄色，目前的技术已能得到相当于 18~24K 金的颜色，可用于手表表壳的仿金镀，既美观又耐磨。另外，氧化铝镀膜也有广泛用途。纯氧化铝是无色透明的，添加不同的发色物质就能得到不同的颜色，例如添加 Cr 呈红色，添加微量 V_2O_3 则呈蓝紫色。

五、激光束、离子束及电子束技术

采用激光束、离子束和电子束对材料进行表面改性是最近 30 多年迅速发展起来的材料表面新技术。

1. 激光束表面合金化

（1）激光热处理的基本原理　激光是 20 世纪 60 年代出现的重大科学技术成就之一，70 年代开始应用于金属热处理。激光是由激光器产生的，金属热处理大多使用 CO_2 激光器。

激光束具有以下特性：①高方向性。光束的发散角可小于一个到几个毫弧度，基本上是平行的；②高亮度性。光束非常强，并可聚集成很小的光斑，具有很高的能量密度；③高单色性。频率范围非常窄，有很好的相干性。

当激光束照射到金属表面时，其能量几乎全被表面层吸收转变成热，可在极短时间内将工件表层加热或熔化，而工件心部仍保持室温。当激光束离去后，通过向工件心部的传热，表层可获得极大的冷却速度，从而实现"自冷却"淬火或快速凝固。因此，可用激光束对钢铁零件进行表面淬火和表面合金化。钢的激光加热表面淬火已在本节前面部分介绍过，这里简要介绍激光表面合金化。

（2）激光表面合金化及其应用　预先通过蒸发、溅射、涂敷或喷涂等方法使金属工件表面附着一层合金元素表面膜，经激光束扫描使表面膜及工件浅表层熔化并迅速凝固成具有特殊性能的合金化表层，这种处理叫激光表面合金化。图 9-23 是激光表面合金化示意图，图中 A 区为表面膜；B 区为基体材料；d 为激光束尺寸；d_e 为激光束的有效光斑尺寸。当激光束照射时，通过熔化表面膜 A 和部分基体 B 把合金元素可控制地结合入基体 B 中。激光束离去后，混合液体快速凝固，从而使合金元素被结合到基体表面区附近。覆层一般厚 0.25mm，有光滑的表面。

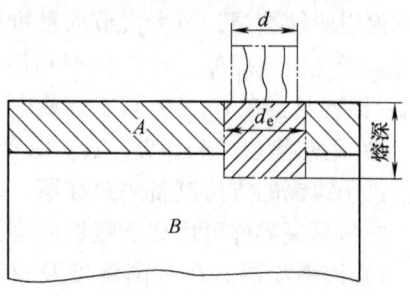

图 9-23　激光表面合金化示意图

激光表面合金化可制成表面合金，以节约贵重的合金元素。如向钢铁零件表面加入 Cr、Co、Ni 及其他元素，使普通材料制造的零件具有良好的耐磨、耐蚀、耐热等性能。激光表面合金化可用于阀座、涡轮叶片、活塞环、铝合金零件、核燃料容器及半导体器件等的表面改性。例如，灰铸铁制的阀座嵌套，如仅实施相变硬化是耐不住在 540℃ 温度下工作的，如再在阀座的关键部位进行激光表面合金化后，其回火抗力明显提高，在 540℃ 下保持 2h 也观察不到明显的软化。

2. 电子束表面热处理

（1）电子束表面热处理的基本原理　电子束表面处理技术是用电子枪发射的电子轰击金属工件的表面，电子可穿过被处理物的表面进入到一定的深度，给材料的原子以能量，增加晶格的振动，把电子的动能转化为热能，从而使被处理物表层温度迅速升高。而激光加热则是在被处理物表面吸收激光能量，激光未穿过表面，所以激光加热与电子束加热在性质上是不同的。

与激光一样。电子束的能量密度最高可达 $10^9 \mathrm{W/cm^2}$，在热处理中通常使用范围为 $10^3 \sim 10^5 \mathrm{W/cm^2}$。但由于目前激光器功率有限（市场上最大工业激光器的功率为 15kW 左右），而电子束设备的功率则可超过 100kW，这是激光器无法比拟的，因此电子束加热的深度和尺寸比激光大。电子束表面处理技术一般除表面淬火外，还可以进行表面重熔、表面合金化和表面非晶化。

（2）电子束表面处理的主要特点

1) 加热和冷却速度快。将金属材料表面由室温加热至奥氏体化温度或熔化温度仅用几分之一到千分之一秒，其冷却速度可达 $1\times 10^6 \sim 1\times 10^8 \mathrm{℃/s}$。

2) 与激光相比使用成本低。电子束处理设备一次性投资比激光少（约为激光的 1/3），实际使用成本也只有激光处理的一半。

3) 结构简单。电子束靠磁偏转动、扫描，而不需要工件转动、移动和光传输机构。

4) 电子束与金属表面耦合性好。电子束与表面的耦合不受反射的影响，能量利用率远高于激光，因此电子束处理工件前，工件表面不需加吸收涂层。

5) 电子束是在真空中工作的，以保证在处理中工件表面不被氧化，因而带来许多不便。

6) 电子束能量的控制比激光束方便，通过灯丝电流和加速电压很容易实施准确控制。

7) 电子束辐照与激光辐照的主要区别在于产生最高温度的位置和最小熔化层的厚度。电子束加热时熔化层至少为几个微米厚，这会影响冷却阶段固-液相界面的推进速度。电子束加热时能量沉积范围较宽，而且约有一半电子作用区几乎同时熔化。电子束加热的液相温度低于激光，因而温度梯度较小，激光加热温度梯度高且能保持较长时间。

8) 电子束易激发 X 射线，使用过程中应注意防护。

（3）电子束表面处理工艺

1) 电子束表面淬火。用电子束轰击金属工件表面，控制加热速度为 $1\times 10^3 \sim 1\times 10^8 \mathrm{℃/s}$，使金属表面加热到相变点以上，待电子束离开后，工件表面自冷淬火而硬化，表面可获得极高的硬度。此方法适用于碳钢、中碳低合金钢、铸铁等材料的表面强化处理。例如，用 $2\sim 3.2\mathrm{kW}$ 电子束处理 45 钢和 T7 钢的表面，束斑直径为 6mm，加热速度为 $3000\sim 5000\mathrm{℃/s}$，钢的表面生成隐针和细针马氏体，45 钢表面硬度达 62HRC，T7 钢表面硬度达 66HRC。

2) 电子束表面重熔处理。利用电子束轰击工件表面使表面产生局部熔化并快速凝固，从而细化组织，达到硬度和韧性的最佳配合。对某些合金来说，电子束重熔可使各组成相间的化学元素重新分布，降低某些元素的显微偏析程度，改善工件表面的性能。目前，电子束重熔主要用于工模具的表面处理上，以便在保持或改善工模具韧性的同时,提高工模具的表面强度、耐磨性和热稳定性。如高速钢孔冲模的端部刃口经电子束重熔处理后,获得深1mm、硬度为66~67HRC的表面层,该表层组织细化,碳化物极细,分布均匀,具有强度和韧性的最佳配合。由于电子束重熔是在真空条件下进行的,表面重熔时有利于去除工件表层的气体,因此,可有效地提高铝合金和钛合金表面处理质量。

3) 电子束表面合金化处理。先将具有特殊性能的合金粉末涂覆在金属表面上,再用电子束进行轰击,加热熔化或在电子束作用的同时加入所需的合金粉末使其熔融在工件表面上,在工件表面上形成一层新的具有耐磨、耐蚀、耐热等性能的合金表层。电子束表面合金化所需电子束功率密度约为相变强化的3倍以上,增加电子束辐照时间,可使基体表层在一定深度内发生熔化。

4) 电子束表面非晶化处理。电子束表面非晶化处理与激光表面非晶化处理相似,只是所用的热源不同而已。利用聚焦的电子束所特有的高功率密度以及作用时间短等特点,使工件表面在极短的时间内迅速熔化,而传入工件内层的热量可忽略不计,从而在基体和熔化的表层之间产生很大的温度梯度,表层的冷却速度高达 $1\times10^4 \sim 1\times10^8 ℃/s$。因此这一表层几乎保留了熔化时液态金属的均匀性,可直接使用,也可进一步处理以获得所需性能。电子束表面非晶化处理目前还处在研究阶段。此外,电子束覆层、电子束蒸镀及电子束溅射也在不断发展和应用。

3. 离子注入

离子注入是把工件放在离子注入机的真空靶室中,将需要注入的元素在离子源中进行离子化,以几十至几百千伏的电压把形成的离子引入磁分析器,在磁分析器中把具有一定荷质比的离子筛选出来,并导入加速系统,高能离子在扫描电场作用下,可在材料表面纵横扫描,从而实现高能离子对材料表面的均匀注入。金属经离子注入后,在零点几微米的表层中增加注入元素和辐射损伤,从而使金属的耐磨性、摩擦因数、抗氧化性、耐腐蚀性发生显著变化。经离子注入后,某些金属材料的耐蚀、耐磨和抗氧化性能可提高近1000倍。

与通常的冶金方法不同,离子注入是用高能量的离子注入来获得表面合金层的,因而有以下优点:

1) 溶质原子靠高能量撞进金属晶格内,不受热力学平衡条件限制,原则上任何元素都可以注入任何基体的金属中。如室温下,氮在钢中的溶解度只有0.001%。但用离子注入可使溶解度达20%。注入所得合金层是亚稳态结构,如过饱和固溶体、非晶态等。

2) 注入是一个无热的过程,可以在室温或低温下进行,不会引起工件变形。

3) 注入是在真空中进行的,极少发生氧化。

第九章　材料的强化与表面处理

4）注入原子与基体金属间没有界面，因而注入层不会有剥落问题。

离子注入技术的缺点：设备昂贵，成本高，离子注入层较薄。如100keV的氮离子注入GCr15钢中的平均深度仅为$0.1\mu m$，这就限制了它的应用范围。目前离子注入中应用较多的有非金属元素N、C、B，耐蚀、耐磨合金元素Ti、Cr、Ni，固体润滑元素S、Mo等。

离子注入金属后能显著提高其表面硬度、耐磨性、耐蚀性。离子注入技术在工业上已得到广泛应用，并已取得良好的经济效益。例如，离子注入应用于塑料成型模具、冲压模具都取得了满意的效果，寿命延长数倍。

本 章 小 结

本章对工程材料强化及表面处理方面的有关知识做了较为全面的介绍，使我们对工程材料的性能特点及应用有了更好的了解。金属材料有较好的韧性，可以拉伸得很长，但是强度不高，通过加工硬化、合金强化、细晶强化、马氏体强化、沉淀强化等原理来提高其强度可使它用得更好。提高金属材料强度和韧性的工艺方法很多，包括普通热处理、特种热处理、表面改性技术等。

高分子材料的强化主要有以下几个方面：引入极性基、链段交联、结晶度和取向、定向聚合。采用填料增强，共混与共聚，增塑剂，淬火等方法可获得高强度和高韧性。陶瓷材料强度高，但韧性极低，因此增韧是解决陶瓷应用的主要课题，强化措施就是要尽量消除陶瓷的各种缺陷和阻止已有缺陷的发展。制造微晶、高密度、高纯度陶瓷，提高晶体完整性，在陶瓷表面造成一层残余压应力也有明显增强效果。采用相变增韧，微裂纹增韧等措施都可以提高陶瓷的强韧性。

当材料受复杂应力条件下工作时，在保持心部具有足够强韧性的同时，还需对其表面进行特别强化或改性处理，传统的方法采用表面淬火及化学热处理，新型的方法有表面热喷涂技术、激光束、离子束及电子束技术和表面气相沉积技术等。

复习思考题

1. 位错在金属晶体中运动可能会受到哪些阻力？
2. 在碳钢中碳原子以何种方式对位错产生作用？
3. Ni在钢的合金化中为一重要的合金元素，它既可提高钢的强度，又有韧化作用，为什么？
4. 时效铝合金从高温淬火下来为什么强度下降而塑性、韧性提高？
5. 塑料中的填料和固化剂有何作用？
6. 塑料中的增塑剂对塑料的力学性能有何影响？
7. 金属纤维陶瓷中纤维增强剂为钨丝、钼丝，它们与氧化铝、氧化锆结合成复合材料。

实验表明，它们之间没有化学反应，结合紧固。实验样品断口上有纤维拔出的痕迹，请预计这些材料的韧化如何。

8. 马氏体比铁素体强度高得多，分析马氏体的强化机理。

9. 钢的淬火与结晶性高分子材料淬火有何不同？

10. 喷丸处理是用高速弹丸流冲击工件表面。这种工艺提高了工件的疲劳强度，延长了使用寿命。简述喷丸处理强化机理。

11. 什么是淬火？淬火的目的是什么？

12. 什么是回火？回火的目的是什么？常用的回火方法有哪几种？指出各种回火的加热温度、回火组织、性能及应用范围。

13. 对钢进行表面热处理的目的何在？比较表面淬火、渗碳、渗氮处理在用钢，处理工艺、表层组织、性能、应用范围等方面的差别。

14. 选择下列零件的热处理方法，并制定工艺路线（各零件均选用锻造毛坯，且钢材具有足够的淬透性）：

（1）某机床主轴，要求良好的综合力学性能，轴颈部分要求耐磨（50~58HRC）。材料选用 45 钢。

（2）某机床变速箱齿轮（模数 $m=4$），要求齿面耐磨，心部强度和韧性要求不高。材料选用 45 钢。

（3）镗床镗杆，在重载荷下工作，精度要求极高，并在滑动轴承中运转，要求镗杆表面有极高的硬度，心部有极高的综合力学性能。材料选用 38CrMoAlA。

（4）形状简单的车刀，要求耐磨（60~62HRC）。材料选用 T10 钢。

15. 何谓真空热处理？真空热处理有何作用？真空热处理有哪些应用，有什么优点？

16. 何谓可控气氛热处理？可控气氛主要由哪些气体组成，它们与钢铁发生哪些反应？说明可控气氛的类型及应用，以及可控气氛处理的优点。

17. 何谓形变热处理，它有哪几种基本类型？各类形变热处理对提高材料性能有何作用，其原因何在，在何种情况下应用？

18. 简要说明热喷涂技术的原理及工艺过程。举例说明其应用。

19. 应用激光束可进行哪些表面热处理？其基本原理是什么？

20. 简述离子注入技术的基本原理及特点，举例说明它的应用。

21. 应用电子束可进行哪些表面热处理？其基本原理是什么？与激光表面热处理相比，它有哪些优缺点？

22. 简要说明化学气相沉积的基本原理及特点，并举例说明 CVD 涂层的应用。

23. 物理气相沉积有哪些基本方法？简述它们的基本原理并比较各自的优缺点，举例说明 PVD 的应用。

第十章 材料的设计与选择

随着人类文明的进步，人类对材料的需求在质和量方面的不断增长，对材料品种和性能的要求越来越高，材料科学与工程领域的工作者一直在不懈地努力。有统计表明，至1976年底，全世界正式注册的材料有25万种，并估计每年以5%的速度递增。因此可以推算出，目前全世界的材料总数已经超过90万种。每一种材料的产生都凝聚着科技人员的辛勤劳动，有些材料是一批科技人员毕生精力的结晶。

为了得到符合人们需要的材料，可以通过二种途径：一是材料设计，这主要是针对研制新材料而言，在微观或宏观上通过物理或化学的方法制备新材料；二是材料选择，按照一定的原则，综合考虑材料的性能、价格、环境等因素，选用现有材料。

第一节 材料的设计

一、材料设计基础

1. 材料设计的一般过程

满足人们的需求是材料研制和开发的出发点和回归点，出发点和回归点的重合是通过若干个中间环节而实现的。图10-1为材料开发和改进过程示意图。

从图10-1中可以看出，对新材料的发现或研制及对已知材料的功能、性质的改进，一般的设计过程为：首先，分析材料功能需求，确定材料体系和加工方法，进行材料成分设计和工艺参数优化，研制新材料。然后，对新材料进行显微组织评价、实验室性能测试，并将预定指标与实际指标进行比较，从使用性能、工艺性能、经济效益、环境保护等方面进行综合评价，最后，将新材料应用于具体产品之中。如果产品失效，则进行失效分析，找出研制更好材料的方法。

2. 材料的微观结构与宏观性能的关系

实践中，人们经常按其宏观性能和使用情况，将材料分为结构材料和功能材料两大类。在微观上，这样的分类反映了电子结构特性的分类。材料由原子和电子组成，但本质上是电子起着主导作用，电子的状态决定了材料的特性。因此，要研究解决材料科学中的许多问题，必须研究电子的运动状态和边界条件，不能

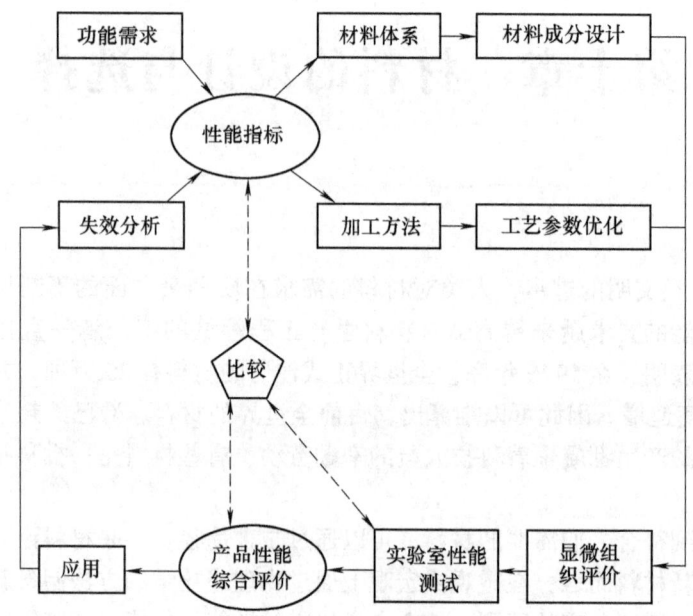

图 10-1　材料开发和改进过程示意图

用原子运动的经验规律来替代。从电子结构的角度来看，结构材料的基础是大量电子的集团，而功能材料则是基于少量电子的集团。按照通常的定义，将大量电子的集团和少量电子的集团分别称为多子和少子。多子和少子的运动应该遵循第一原理，即万物运动服从的基本原理。第一原理由牛顿力学三定律、电动力学和狭义相对论、量子力学和测不准关系以及泡利（Pauling）不相容原理四方面构成。然而，材料中的电子运动是十分复杂的，其粒子数之多，边界条件之无穷尽，使得人们想运用第一原理来解释某些现象，也因缺少必要的边界条件而无济于事，甚至连大型计算机也无能为力。因此，有人提出了实用的经验电子理论。许多结果表明，将第一原理与经验规律相结合是探索材料微观世界奥秘的有效途径。

图 10-2 是材料内部不同尺度结构示意图，它清晰地将物质形态从微观到宏观展现出来。从原子结构、晶体结构、显微结构、复合结构到工程部件，研究领域涉及基础科学、材料科学、工程科学。宏观物体由微观物质组成，所以，材料的宏观性能（包括热、电、磁、声、光等物理性能、化学性能、力学性能）由微观结构所决定。

（1）晶体结构与宏观性能　研究发现，材料的宏观性能并不完全取决于单个原子的结构，而与原子间的结合键性质及原子在空间中的排列形式有关，也就

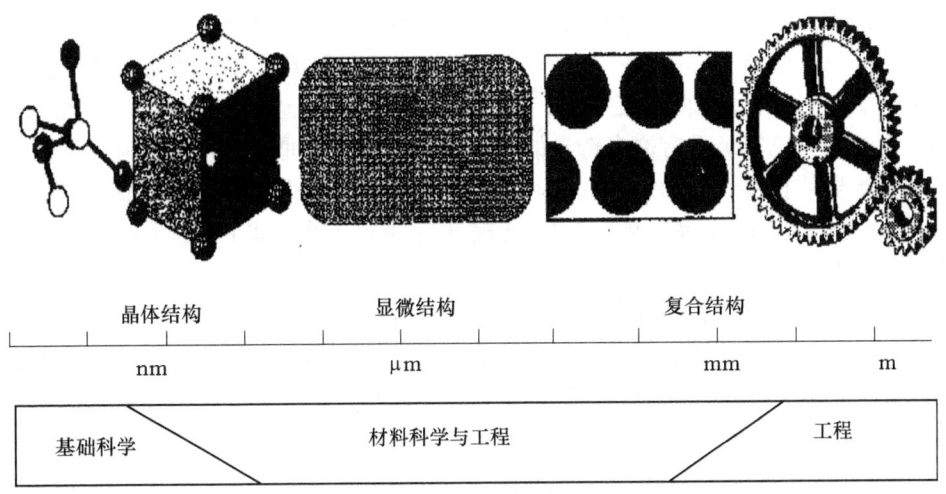

图 10-2 材料内部不同尺度结构示意图

是与材料的晶体结构有关，它的基本单元的长度为十分之几纳米。

迄今为止，人类发现碳元素有数种稳定的"同素异构体"，典型代表是石墨、金刚石和巴基球，如图 10-3 所示。

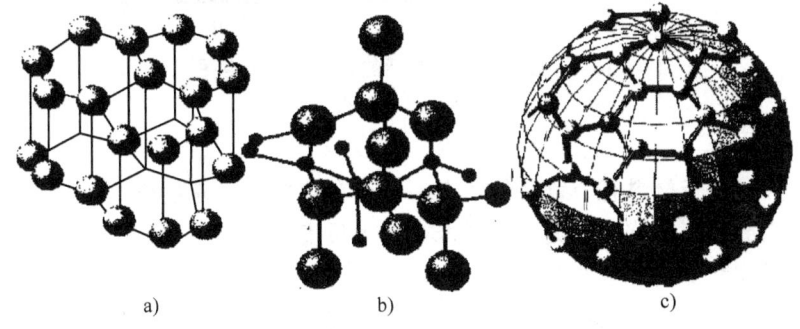

图 10-3 碳元素的三种不同晶体结构示意图
a) 石墨　b) 金刚石　c) 巴基球

石墨的晶体结构为六方结构，其空间形状有如一个六棱柱体（图 10-3a）。在同一六方原子层上，碳原子间以等距离（0.142 纳米）的共价键结合；而在相邻层之间的碳原子距离则较远（0.335 纳米），由范德华力连接，因此石墨很软，容易脆断。金刚石由正四面体分子结构组成，每个四面体由 4 个正三角形围成，四面体的 4 个顶点又分别与周围 4 个正四面体的中心重合（图 10-3b），碳原子间全部由共价键结合，构成了一个均匀、牢固的整体，因此金刚石是自然界中最坚硬的固体。相对于石墨、金刚石而言，巴基球是人类在20世纪80年代中期才发现的。巴基球是一种由60个碳原子组成的具有高度美学对称性的足球状分子（图10-3c）。碳原子之间相互键联，构成一个由12个五边形和20个六边形组成的球面结构。巴基球具有许多奇异的性能，是一种很好非线性光学材料，又是一种新型半导体材料，例如，掺杂巴基球是各向同性的三维超导体。目前，巴基球及其衍生物的各种物理、化学性能已被充分揭示出来，其应用领域也不断拓宽。

（2）显微结构与宏观性能　在更大的尺度条件下（一般为$1\sim1000\mu m$），材料内部呈现的各种化学成分、几何形貌分布特征也同样对材料的宏观性能有重要的影响。这种化学、几何分布特征随材料类型和加工工艺而变化，人们称这种分布特征为材料的显微结构。

碳的质量分数为0.45%的普通钢经过不同的加工工艺处理，力学性能变化很大。经退火工艺处理后，材料变软，显微结构如图10-4a所示；如果采用淬火方法，则材料变硬，显微结构如图10-4b所示。

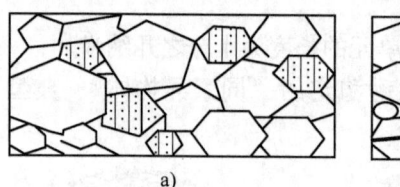 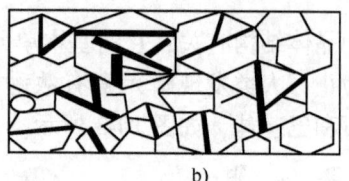

图10-4　普通钢热处理后的显微结构示意图
a）退火　b）淬火

人们知道陶瓷材料有个致命的弱点——存在脆性，容易断裂。但是，如果将陶瓷材料内部的多晶体晶粒细化至微米或纳米尺度，在一定的温度下，陶瓷材料的塑性将增加数十倍甚至上百倍。

用特殊工艺方法可以将金属铝加工成多孔泡沫状。多孔泡沫金属铝的宏观性能随显微结构的变化而变化。孔隙率大于63%的多孔泡沫金属铝能浮于水面，而低于63%的则沉于水中。闭孔的多孔泡沫金属铝的热导率很低，可用作绝热材料，通孔的则因其大的比表面积大而具有高的散热能力。

工程材料往往是多晶体材料，其内部存在着一种称为晶界的显微结构，它在材料内部的形态分布和所占比例的大小对材料的宏观性能有着重要的影响。

相对于晶体结构对材料宏观性能的决定性作用而言，显微结构对材料宏观性能的作用是一种附加性的作用，但这一作用是不可忽视的。

（3）复合结构与宏观性能　通过人工方法将两种或两种以上不同材料合成在一起，材料内部的结构叫做复合结构。复合结构所涉及的尺度一般大于1mm。

复合结构中常含有基体相和增强相，材料的性能随基体相和增强相的相对比例、形状和空间几何分布的不同而变化。图 10-5 为颗粒增强型和纤维增强型复合结构的二维示意图。

图 10-5 复合结构的二维示意图
a) 颗粒增强型 b) 纤维增强型

二、材料设计的内容

材料的微观结构有原子结构、晶体结构、显微结构和复合结构四个层次，而且，材料的微观结构决定材料宏观性能。从不同层次建立微观结构与宏观性能之间的定量关系是材料设计的主要目标。依据这种关系，人们可以按照性能需求科学地设计材料、选择加工方法，可以根据微观结构预测性能。因此，材料设计的内容一般有：

1) 在电子、原子尺度上研究其运动规律，探索这些规律对原子间的键合、晶体结构的形成、宏观性能的作用。

2) 在显微结构尺度上研究化学成分、加工方法、工艺参数的作用，并建立显微结构特征参数与宏观性能的定量关系。

3) 基于数据库、知识库和专家系统等技术，对以往所获得的大量有关材料的化学成分、加工工艺和宏观性能数据进行分析，从中找出经验规律，获取知识，从而利用这些规律和知识进行材料和加工方法的设计。

三、材料设计方法

材料设计方法主要有传统的经验设计方法和现代的科学设计方法。

1. 经验设计方法

经验设计方法是指研究者按照材料设计的功能需求选择适当的原材料，确定合适的材料加工方法和工艺参数，进行反复试验、比较，从中找出性能基本合乎要求的材料，然后再试验，再比较，直至满意为止的材料设计方法。因此，这个方法也叫"试错法"或"筛选法"。

经验设计方法的目标一般是需要什么样的材料就设计什么样的材料。但由于原材料的种类、组成比例、工艺参数组合无法穷尽，或者一些偶然因素的影响，在材料设计过程中有时也会出现"无心插柳柳成荫"的事情。例如：20 世纪 60

年代初，美国海军武器研究所的研究人员秘密进行钛镍合金的研究时，意外地发现，钛镍比为 1∶1 的合金试样在作弯曲试验后，竟能自动地恢复到试验前的笔直状态，从而导致了一种新型材料——形状记忆合金的诞生；1974 年末，日本松下电器产业中央研究所的研究人员将氢气装入钛锰合金压力容器中，发现钛锰合金具有吸氢能力，从而导致了贮氢材料的发明。

经验设计方法也不是盲目进行的，该方法要求设计者对原材料的组成、性能比较了解，而且对材料的加工方法比较熟悉，并能够提出合理的工艺参数组合，特别重要的是设计者对新材料的性能能够进行合理的预测。为了减少实验次数，一般要求设计者对原材料组成、工艺参数组合进行正交试验设计。

经验设计方法的主要特点有：

1) 试验结果直观，所得即所需，试验样品也就是材料产品。

2) 试验条件即为材料生产工艺条件。

3) 试验设计方法相对比较简单，一般不需要大量的复杂计算。

4) 试验次数较多，造成一定程度上的资源、人力和时间上的浪费。

5) 对于某些新材料的研制，特别是不能选用现有材料作原材料的新材料，经验设计方法显得无能为力，已不能保证材料科学与科学技术的同步发展。

2. 科学设计方法

科学设计方法是指通过理论与计算预报新材料的组分、结构与性能，或者说，通过理论设计来"订做"具有特定性能的新材料的设计方法。很明显，科学设计方法只是新材料研制过程的一部分，为了验证该方法是否合理，或者说对实际材料生产是否有指导意义，则科学设计方法必须经过具体试验的验证。

(1) 科学设计方法的主要技术途径

1) 计算机模拟技术。随着计算机技术的进步和人类对物质不同层次的结构及动态过程理解的深入，可以用计算机精确模拟的对象日益增多。材料设计中的计算机模拟对象遍及从材料研制到使用的全过程，包括合成、结构、性能、制备和使用等。

材料设计的计算机模拟，按模拟尺度可以分为三类：

i) 原子尺度模拟计算 所用的方法主要是分子动力学方法和蒙特卡洛方法。分子动力学方法应用极为普遍，它根据粒子间相互作用势，计算多粒子系统的结构和动力学过程，用这些方法可计算各种物系的结构和性质。

ii) 显微尺度模拟计算 这类计算以连续介质概念为基础。例如，功能梯度材料是物相或化学组成从一方向另一方连续过渡的复合材料，其最大优点是温度梯度大时热应力分散，适于在航天等领域中作结构材料。在研制梯度材料过程中，可用计算机模拟方法计算应力分布，为寻找合理的结构提供依据。此外，应用热力学方法，预测材料的相变过程及相变产物的显微结构，也属于此类研究范畴。

iii）宏观尺度模拟计算 该方法一般与材料或材料部件的工业生产有关。例如，非晶态合金一般用液态合金经激冷而成。在生产非晶态合金宽带时，必须保证宽带中没有晶化"缺陷"，这就要求所用设备工艺条件以保证获得均匀高速的冷却条件。采用计算机模拟计算液体合金快冷时的传热传质过程，有助于设计合理的设备和工艺，以保证产品质量。

2）知识库与数据库技术。计算机的材料知识库和性能数据库具有一系列优点，可与人工智能技术相结合，构成材料性能预测或材料设计专家系统。计算机的材料知识库和性能数据库还具有数据优化、数据独立、数据一致、数据共享和数据保护等优点。数据库管理系统又分为层次型、网络型和关系型三种。关系型数据库管理系统的出现，促进了数据库的小型化和普及化，使得在微机上配置数据库系统成为可能。除了数据管理软件外，数据的收集、整理和评价是建立数据库的关键。一个材料数据库通常应包括材料的性能数据、材料的组分、材料的加工、材料的试验条件以及材料的应用和评价等。

3）材料设计专家系统。材料设计专家系统是指具有相当数量的与材料有关的各种背景知识，并能运用这些知识解决材料设计中有关问题的计算机程序系统。专家系统的研究始于20世纪60年代中期，近年来应用范围越来越广。专家系统包括一个知识库和一个推理系统。专家系统还可以连接数据库、模式识别、人工神经网络以及各种运算模块。这些模块的综合运用可以有效地解决设计中的有关问题。

材料设计专家系统大致有以下几类：
1）以知识检索、简单计算和推理为基础的材料设计专家系统。
2）以计算机模拟和运算为基础的材料设计专家系统。
3）以模式识别和人工神经网络为基础的材料设计专家系统。
4）以材料智能加工为目标的材料设计专家系统。

（2）科学设计方法的应用举例

1）计算机模拟在晶体点缺陷计算中的应用。点缺陷是一类重要的晶格缺陷，它不仅与晶体的晶格常数、有序度等密切相关，而且对金属中扩散过程所决定的各种物理性质有很大影响。实验上一般通过测量与点缺陷相关的物理特性来研究点缺陷的性质。然而，无论是实验还是经典的理论数值计算模型，对于扩散机制问题的研究都因问题过于复杂，或者是计算量太大而难以取得很大进展。事实上，各种由点缺陷控制的物理过程，如扩散机制等，均需要运用计算机模拟的方法来发现和表明其中的物理现象。近年来，基于原子互作用势在原子尺度上进行计算机模拟的方法得到了迅速发展，特别是用计算机模拟金属与合金的扩散机制越来越成为人们感兴趣的课题，并发展成为一个新的研究领域。

用于模拟晶体缺陷的计算方法；主要有分子动力学方法和蒙特卡洛方法。点缺陷的模拟计算大多采用分子动力学方法，而蒙特卡洛方法则较多用于晶界偏聚和元素分布等的模拟研究。例如，点缺陷的稳定构型及其形成能是点缺陷计算的一个重要内容，通常，热平衡缺陷的浓度取决于缺陷形成能的大小。实验中一般可通过高温淬火、辐照损伤以及塑性形变等过程在金属中引入非平衡缺陷，然后根据缺陷的回复过程来判断缺陷的类型以及研究缺陷的回复机制。然而，很多点缺陷的可能类型是不稳定的，即便产生，也很快转化为其他构型。因此，通过计算机模拟确定哪些构型是稳定的，哪些是不稳定的，是一件很有意义的工作，对实验工作有着重要的指导作用。又如，迁移激活能是衡量缺陷可移动性，并进而研究金属扩散机制的一个重要参数，不少研究人员利用计算机模拟技术研究了点缺陷的交互作用。在金属中，一般同时存在间隙原子和空位，间隙原子的含量远小于空位，而空位的迁移对金属中原子的自扩散起着重要作用。但是，通过实验很难将间隙原子和空位的扩散区别开来。然而，模拟计算的结果却表明，在铜中，空位和间隙原子的迁移激活能分别为 $0.6 \sim 1.3\,\mathrm{eV}$ 和 $0.05 \sim 0.5\,\mathrm{eV}$，因此证明后者比前者更容易移动。

2) 分子模拟方法及在高分子材料中的应用。计算机在高分子领域的应用已经历了 30 多年。随着分子力场、计算机软硬件及模拟计算方法的发展，计算机分子模拟不仅能提供定性的描述，而且能模拟高分子材料的一些结构与性能的定量的结果。因此，计算机模拟又称"计算机实验"，一种根据实际体系在计算机上进行的实验。通过比较模拟结果与实际体系的实验数据，可以检验模型的准确性，并可检验由模型导出的解析理论所作的简化近似是否成功。用计算机不但可以模拟现实中能进行的实验过程，而且可以用来模拟、研究分子在各种表面上的动态行为、玻璃态的分子结构、分子运动的特征等现代物理实验方法难以测量的物理现象与物理过程。另外，它还可用来筛选新材料的设计方案，缩短新材料研制的周期。

分子模拟在高分子材料中的主要应用有：

i) 结晶高分子模拟。高分子晶体的力学性能是高分子晶体材料设计的关键，弹性常数是力学性能的一种度量。长期以来，从实验到理论一直未能得到一套完整的各向异性弹性常数。将分子动力学方法运用到结晶聚合物中，从模拟形变实验可得到全部的弹性常数（拉伸模量、切变模量、泊松比）。用这些结果可分析在剪切应力作用下聚合物的形变行为，能得到晶状聚合物分子形变行为与其宏观性质的精确关系，所得结果可与衍射和其他光谱技术所得的结果相比较。同时，还可考察高分子链在晶体中受力形变的机理。因为分子力场的组成是已知的，通过比较形变前后各组分的能量变化，可分析各组分对材料模量的贡献。

ii) 对无定形高分子的模拟。对于无定形高分子，即非晶形高分子而言，依据其微观结构来预测宏观性质是非常复杂而困难的事情。传统的方法是用X射线衍射法，以密度数据所得的径向分布函数来研究聚合物的结构信息，或者对散射线与从模型结构所计算的理论值进行比较。分子模拟技术成为研究大量非晶形高分子动态与静态性质的一门新技术。由模型所得的原子坐标的分析，能详细地估算近程结构。由于从无规链分布的非晶形高分子中不能确立分子几何参数与宏观形变行为的精确关系，分子模拟方法从定域非晶形结构的统计和动态学研究得出：某些体系的弹性常数可从整个系统应变的势能变化的二阶导数求出。从分子模拟还能得到热力学扩散系数，结果也与实验相符。这说明原子或分子水平的计算机模拟能更深入地预测非晶形高分子的性质。此外，分子模拟还能模拟各种表面动态行为（吸附、解吸），通过分析速率数据能得到速率自相关函数和能谱。这对预测非晶形高分子在高温时的振动性质非常有用。

　　iii）高分子材料性能的模拟。开发新型高性能高分子产品时，了解其相溶及共混性质是极其重要的。分子模拟可计算高分子与溶剂或高分子与高分子之间的相互关系，研制者可不必经过实验而直接利用这种相互作用来评价体系和预测相图，从而寻找聚合物的增塑剂以及定义聚合物的不溶和溶胀等问题。在日用化工工业中，可通过高分子材料性能的模拟，分析洗涤用品对油污或油垢的溶解能力，开发除油性能更好的洗涤用品。

　　此外，在石油开采和生产中，分子模拟还可有效地研究高分子除垢剂与无机残垢表面的相互作用，通过考察化合物对残垢生长的影响，选择有潜力的除垢剂。在药物开发中，许多重要的药理性质极大地依赖于药物晶体的结晶形态。分子模拟可帮助了解晶体生长与重要结构特征的相互关系，利用它可研究添加剂对晶体生产的影响，有助于表征及决定晶体结构。

　　3）对新材料的晶体结构预言。20世纪90年代初期，A. Y. Liu和M. L. Cohen采用第一性原理赝势能带计算方法，用定域密度近似处理，计算了一种新材料——C_3N_4的体模量、能带和晶格常数。1994年，A. Y. Liu公布了他的最新研究成果。他采用可变晶格模型分子动力学从头计算法，扩展了低能量C_3N_4固体的理论研究，计算结果表明，C_3N_4可能具有三种结构：六角晶系的β相、立方晶系的闪锌矿结构和三角晶系的类石墨结构，它们的体模量分别为437GPa、425GPa和0.51GPa。1996年美国的D. M. Teter和R. J. Hemley公布了C_3N_4的计算新结果。他们仍然采用第一性原理赝势法，但改变了计算过程。使用初始条件时，采用共轭梯度法使电子自由度达到最小；使用边界条件时采用周期函数，将电子的波函数以平面波展开；使用了扩展标准守恒和强度守恒赝势，进而得到了C_3N_4的五种结构，分别是：α相、β相、立方相、准立方相和类石墨相。除了类石墨相外，其他四种都是超硬度材料的结构。此后，许多国家的材料科学家采用不同的方法合成C_3N_4，经过几年的努力，少数获得了细小的纳米

尺寸的 C_3N_4 晶粒，大部分得到非晶态的 C_3N_4，比例在 5% 以下的结晶相散布于非晶态 C_3N_4 膜层中。到目前为止，尚未获得符合体模量计算值、足够数量的晶体结构的 C_3N_4 样品。

第二节　材料的选择

一、材料选择基础

产品设计完成之后，接下来的问题就是材料的选择。目前，全世界有从金属、陶瓷到高分子材料，从弱到强，从轻到重，从便宜到昂贵，从透明到不透明共 90 多万种材料。这些材料可以分作两类。一类是经典材料或称标准材料。材料的成分、规格、尺寸在政府或行业的标准中都有明确的规定，可以直接从标准中选择适当的材料。有些标准材料是与标准件结合在一起的，如螺钉、螺母、垫圈、齿轮、凸轮等零件一般都直接使用标准件。根据标准选择材料一般不会出什么问题。当然，标准材料也在不断进步，要尽量选择最新的标准。第二类是先进材料或称高技术材料。这些材料都是伴随航空、航天、电子、核技术、医药等领域的发展而诞生的。在这些高技术领域应用的材料也逐渐转向民用，最直接的民用领域是运动领域，如滑雪、高尔夫球、网球、钓鱼、赛艇、赛车等项目的器械。先进材料一般具有二个基本特点：性能优越和价格较贵。

在产品设计的同时就可以知道将使用标准材料还是先进材料。但无论哪一类材料的种类都浩如烟海，不掌握适当的方法无从下手。大多数情况下，所设计的产品有先例可以借鉴，即使材料选样不完全得当，也不会出现太大的差错。但如果产品是没有先例的，材料选择就显得特别重要。

如何选择产品所需要的材料，是摆在产品设计者或材料选择者面前的一大难题。最好的选择自然是理想材料。理想材料应具备下列特征：

1）来源广、市场购买容易；
2）价格低廉，加工方便；
3）具备产品所需的性能特征，如力学性能、电学性能、光学性能等；
4）能够适应产品使用的温度、湿度；
5）经久耐用，使用寿命长；
6）绿色环保，易于回收或生物降解。

为一个具体产品找到一种理想材料是很困难的事情，往往符合一条要求又不符合另一条要求。材料选择要注意许多方面，性能、来源、价格、可靠性甚至社会因素等都要考虑。性能中又有多种类别，如力学性能、物理性能、化学性能等。众多因素交织在一起，使问题更加复杂化。在实际情况中，材料选择的原则是综合考虑的。

人们在材料选择时，根据所设计产品的用途、使用要求、使用环境列出最重要的几项性能，同时给出各项性能以及价格等因素的权重因子。将不同的性能按档打分，就能够对材料进行量化评估，择优选用。但是，不可能也没必要对所有的材料都一一打分。因此，在材料选择的初期先要对材料进行粗略的筛选，集中对几种或十几种可供选择的材料进行打分，最后确定。例如选择制造切削工具与涡轮叶片材料的权重因子见表 10-1。

表 10-1 切削工具与涡轮叶片的权重因子

切 削 工 具		涡 轮 叶 片	
操作温度下的硬度	0.40	比断裂强度	0.27
室温硬度	0.25	耐热疲劳	0.23
韧性	0.15	比强度	0.20
断裂可靠性	0.10	抗氧化性	0.13
价格	0.15	价格	0.17
Σ	1.00	Σ	1.00

从表 10-1 可知，选择制造切削工具的材料首要因素是考虑材料的切削温度下的硬度，应当选择硬度高的材料，否则，很难满足切削工具的使用要求；选择制造涡轮叶片的材料主要考虑材料的比断裂强度及耐热疲劳强度。

二、材料的选择

一般来讲，材料选择所考虑的因素按重要性顺序排列应为：性能、价格、货源、社会因素。各个因素对材料选择的影响不能单独来考虑，应当综合分析与确定。材料性能显然是最重要的，性能不符合使用要求的材料其他方面再好也不能选用。价格的重要性是明显的，是制约使用高性能材料的主要因素，有时候为了降低成本，只好选择一般性能而放弃高性能的材料。货源问题一方面影响材料价格，另一方面还会影响产品的生产效率。社会因素主要是环境问题和政策问题等，有些情况下也会成为材料选择的决定性因素。

1. 材料性能与材料选择

材料性能是材料选择所考虑的首要因素。人们在材料选择时，总希望在最短的时间内选到所需要的材料。但材料的性能包含许多方面，按照材料的使用温度、强度、延展性、物理性能、耐腐蚀及老化性能、韧性、弹性模量来选择材料，可很快缩小选择范围，直至选到所需要的材料。

（1）使用温度 产品使用温度是室温，就可以优先考虑聚合物，因为在相同体积的材料中聚合物是最便宜的，加工方法也是最方便的，一般是低温低压成型。产品在高温下使用（例如高于 500℃），整个聚合物家族可以被排除在外，所有的低熔点合金也可以排除，只能选择高熔点或耐高温的金属材料或陶瓷材料。

(2) **强度** 强度分为极限强度和屈服强度、拉伸强度和压缩强度。室温下一般考虑屈服强度，高温下考虑极限强度。如果是在动态应力下工作，屈服强度就失去意义，必须考虑疲劳强度。如果材料需要较大的拉伸强度，则应当考虑韧性较好的材料，如不锈钢、复合材料等。如果材料需要较大的压缩强度，则应考虑脆性材料，如铸铁、陶瓷、石墨等，这些脆性材料都是化学键比较强的物质，具有较高的压缩强度。常用材料的极限拉伸强度如图10-6所示。

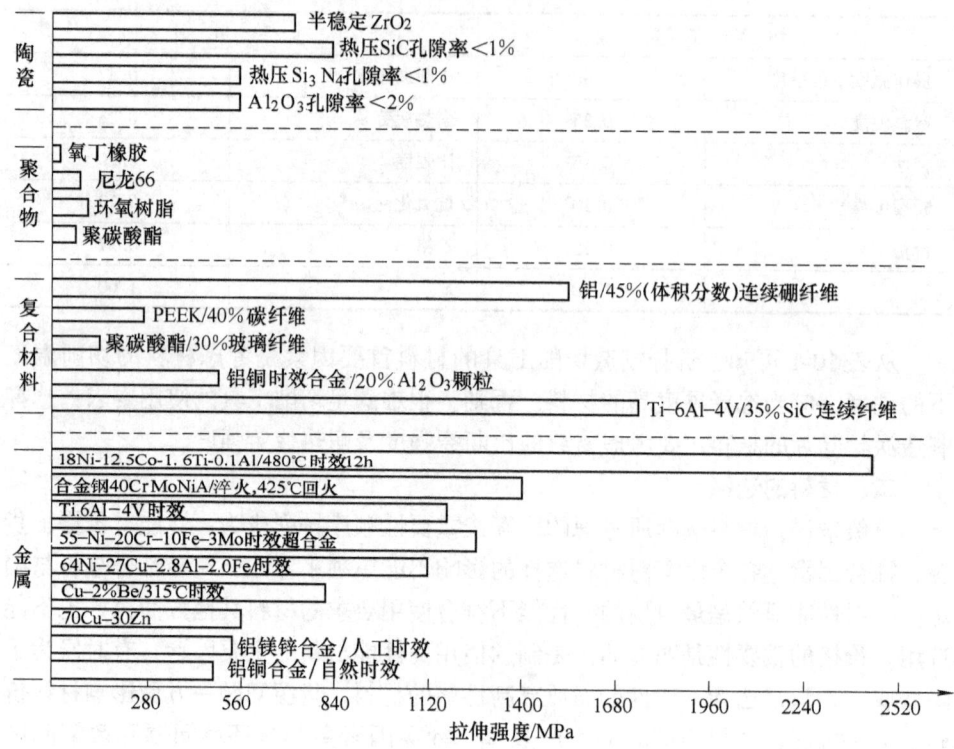

图10-6 常用材料的极限拉伸强度

(3) **延展性** 延展性与强度相互关联。一般情况下，强度越高的材料延展性越低，反之亦然。如果既要求材料有较好的延展性，又要求材料有较高的强度，则不能选择常规方法生产的材料。对于金属材料而言，降低晶粒尺度能够显著提高强度而使延展性降低不大。在复合材料中，通过改变纤维的体积分数与排列，可以提高延展性而使强度降低不大。在聚合物材料中，最常用的办法主要有改变聚合物合成条件和聚合物改性，可得到强度与延展性俱佳的材料。陶瓷材料由于没有延展性，在要求材料有延展性的使用情况下不能选用。图10-7为常用材料的延展性。

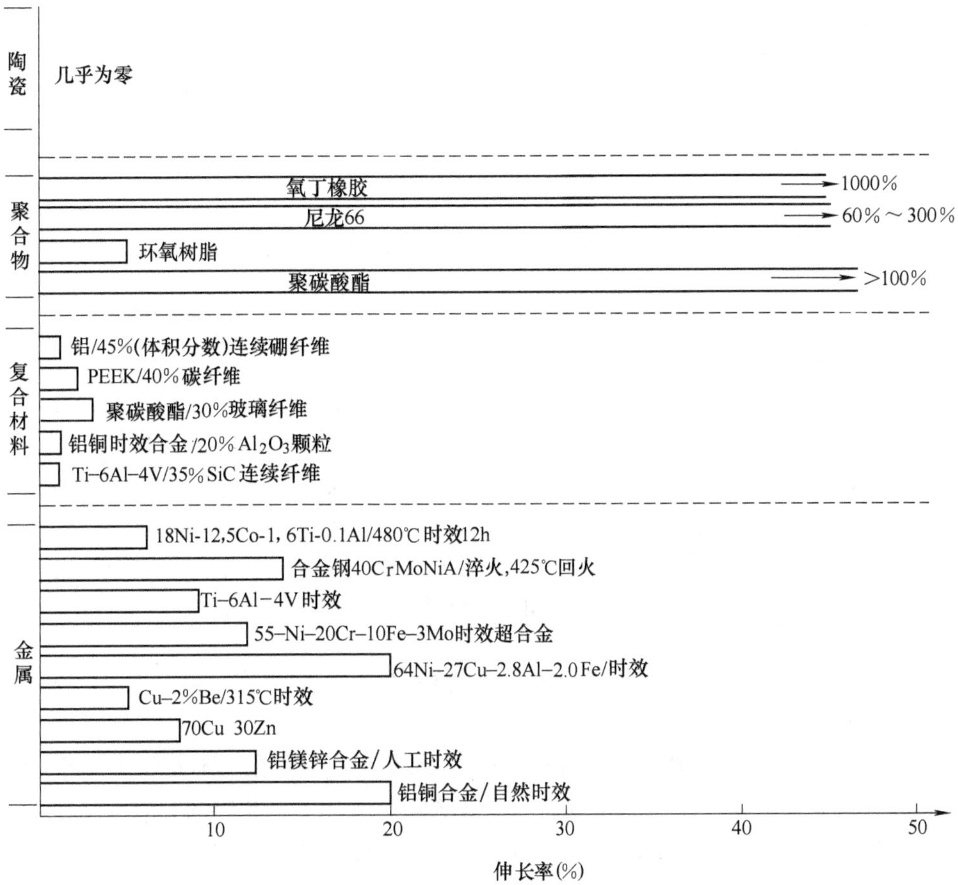

图 10-7 常用材料的延展性

（4）物理性能　热导率、热膨胀系数与电导率是材料最重要的物理性能，这些物理性能与温度有关，在不同温度下，它们的数值也不相同，因此，必须注意在使用温度下的物理性能。热导率、热膨胀系数都是材料的热性能。对于材料热导率的考虑主要有几种情况：一是设计导热设备时，如散热器、暖气片等，希望材料的热导率尽可能地大，这可以考虑选择金属材料；二是选择保温材料时，希望材料的热导率尽可能地小，这可以考虑选择聚合物材料；三选择抗热冲击材料，此时应考虑选择陶瓷材料，因为陶瓷的热导率与热膨胀系数都不大，可用于制作抗热冲击部件。图 10-8 为常用材料的热导率。

材料的电导率主要是材料用于导电或绝缘场合下的重要性能。对于导电材料，要求材料的电导率越大越好，则可以选择金属材料，如银、铜、铝等。对于绝缘材料，要求材料的电导率越小越好，则可以选择聚合物材料或陶瓷材料。

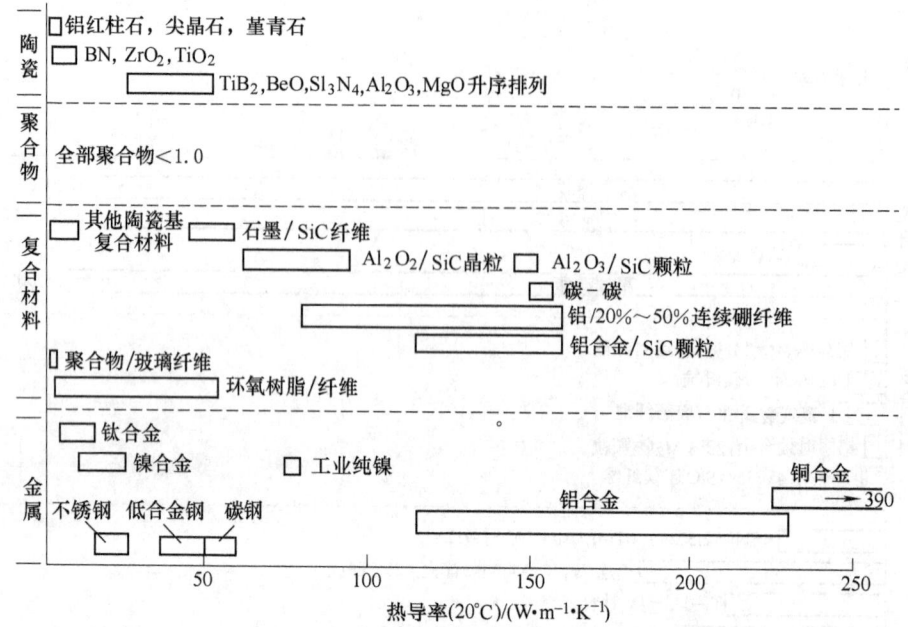

图 10-8 常用材料的热导率

(5) 耐腐蚀及老化性能　材料的腐蚀及老化无处不在，不管材料用于什么场所，或多或少存在一定程度的腐蚀及老化。实际上，材料的失效大多是由于材料的腐蚀及老化所引起的。正因为如此，所以材料的耐腐蚀及老化性能是材料选择时必须考虑的一种性能，但这也是最难预测的一种性能，因为材料的使用场合各种因素较多，很难一一考虑其对材料的腐蚀及老化影响，而且，材料使用环境随着时间的推移也会发生变化。

金属材料的腐蚀问题最为突出，无论是在水下环境还是大气环境，酸、碱、氧化剂等，对金属材料都会有影响。聚合物材料存在老化问题，有些会被有机溶剂溶胀并导致开裂。陶瓷材料最为稳定，但有些陶瓷也存在氧化或酸碱侵蚀的问题。因此，选择耐腐蚀及老化材料时，首先选择陶瓷材料，其次是聚合物材料，再次是金属材料。当然，也可以选择经过各种方法处理从而提高了耐腐蚀及老化性能的材料，如经表面防护的金属材料、含有防老化剂的聚合物材料。

(6) 韧性　如果材料在使用过程中发生震动或冲击，就必须考虑断裂韧性。聚合物的断裂韧性普遍较低，只有用玻璃纤维增强的复合材料才有较高的断裂韧性。陶瓷复合材料中 SiC/SiC 材料的韧性最高，可达 $25 MPa \cdot m^{1/2}$。金属具有最高的断裂韧性。根据热处理条件的不同，韧性可以有很大的变动。中碳钢最高可以达到 $200 MPa \cdot m^{1/2}$。因此，选择抗冲击或防震材料时，首先应考虑金属材料，其次是陶瓷基复合材料，再次是聚合物基复合材料。图 10-9 为常用材料的断裂韧性。

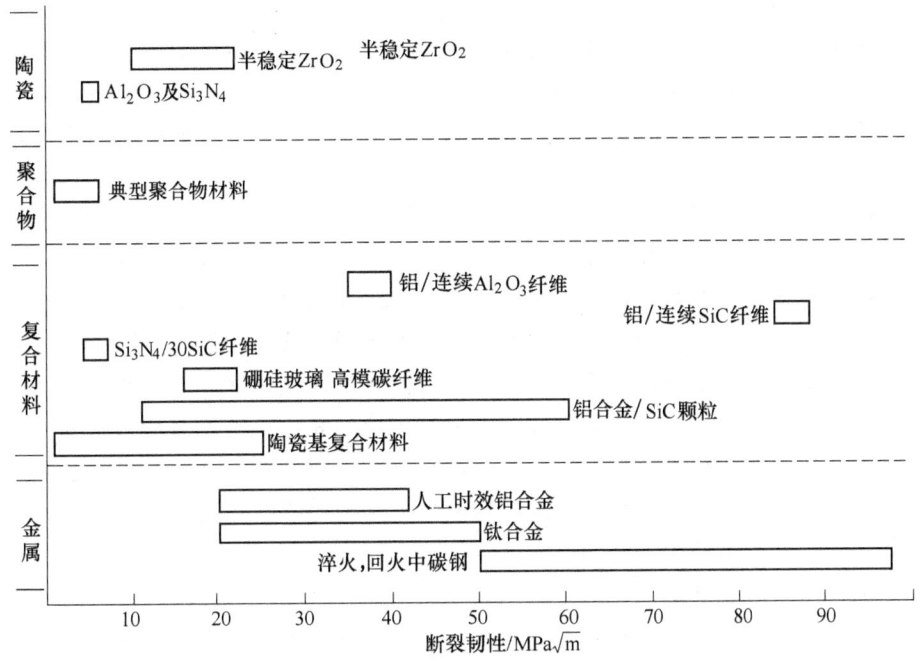

图 10-9　常用材料的断裂韧性

（7）弹性模量　弹性模量是衡量材料力学性能的一个重要参数。模量这个性质是与材料本身组成相关。不改变材料的组成不能改变材料的模量。例如钢铁的冷加工强化只能提高强度而不能改变模量。合金的时效强化能够将强度提高几十倍。但由于加入的合金元素仅为百分之几，对提高模量作用也不大。复合材料在提高模量方面有优势，将基体材料与高模量的纤维混合，使材料的化学组成有了显著的改变，就能够大幅度提高材料的模量。尤其是聚合物基的复合材料，基体本身的模量很低，与高模量纤维复合后，就能使弹性模量得到几十倍乃至上百倍的提高。对于陶瓷材料，复合对提高模量的贡献并不大，主要目的是提高韧性。因此，在选择高模量材料时，可考虑本身模量就很高的材料，如金属材料、陶瓷材料，也可考虑聚合物基复合材料。

2. 材料价格与材料选择

价格是仅次于性能的材料选择因素，有时价格比性能还重要。例如，尽管黄金、白银具备质地柔软、延展性好的特点，但人们绝不会选择它们制造一般的产品，因为黄金、白银价格太高，从而会使产品价格昂贵而没有市场。另外，材料的价格因地区不同而不同，因时间季节不同而不同。因此，必须考虑材料使用的地区和时间季节。材料的标价都是按质（重）量计，而实际使用的是材料的体积。因此，在估算价格时，必须将质（重）量价格换算成体积价格。

在考虑材料价格时，还要考虑材料的加工成本，有时材料加工成本甚至要超过原料成本。材料的加工成本与材料的批量大小、加工难易有关。如果一种产品的批量很大，加工成本就会较低；如果生产批量很小，加工成本就会占相当的比重。有些材料的加工很困难，成本自然就变高了。如陶瓷材料，尤其是金属陶瓷很难机械加工，甚至根本不能机械加工，只能用研磨、电火花或电化学方法加工。钛、镁的板或带只能用特殊的工具或热成型装置加工，成本自然很高。

选择材料考虑材料成本时，必须同时考虑产品的设计服务年限，服务年限的长短对材料成本有很大影响。有些产品的服务年限希望是无限长，如水电站的发电机、城市中的水电气供应系统，就应选择使用寿命长的材料，尽可能地延长其服务时间，虽然材料投入成本很高，但材料单位时间如每年或每月的使用成本不一定很高。有些产品更新换代比较快，如小汽车中的配件。小汽车的型号两三年就会更新，因此用于生产小汽车配件的模具、工装等的服务期只有两三年，这些模具、工装就不需使用太好的材料。

估算材料的成本最准确的方法是具体计算一件产品的单位时间使用成本，简单讲，也就是材料成本（包括原料成本和加工成本）除以材料使用年限。单位时间使用成本越低的材料，在材料选择中应优先考虑。

3. 材料货源与材料选择

材料货源与材料选择密切相关，对决定材料的取舍有重要影响。材料选择应遵循"现货供应、来源广泛、规格齐全"的原则。

现货供应就是说尽量选择能够现买现供、即买即得的材料，一方面材料质量有保证，另一方面，不会影响产品的正常生产。

来源广泛主要是指不要选择独家或少数几家厂家或商家能够供货的材料，而应该选择多家厂家或商家能够供货的材料，由于供货方的相互竞争，可进一步降低材料的成本。

规格齐全要求供货方能够供应所选择材料的各种规格，避免到多家供货方采购同品种不同规格的材料。例如订购尼龙，最好能够供应粒料、粉料、薄膜、片材、板材、管材等。

最后，除非万不得已，不要选用拥有专利权的材料。否则，需要支付专利费，这无疑会增加材料的成本。

4. 环境因素与材料选择

当今社会，人们越来越注重环境保护，越来越注重人与环境的协调。因此，在材料选择时，应越来越多地考虑材料对环境的影响，尽量选择绿色环保材料。

绿色材料是指对人或环境无害，且能在温和条件（微生物、普通的温度、湿度、光照）下降解而不成为垃圾的材料。考虑这一因素不仅仅是对社会的责任感，而是社会对环境的关心要求生产者必须注意环境保护。

材料的可回收性是应首先考虑的。这个问题在聚合物材料中较为突出。在选择聚合物时，应尽量选择热塑性材料，避免热固性材料，因为前者可以回收再利用，后者则不能回收且不易自然降解，会污染环境。设计组合制品时，尽量采用同一种材料或同一系列材料，以便于回收。例如，小汽车车门的门体使用聚丙烯，门中的齿轮、滑轮等机构也使用聚丙烯，里侧的衬垫使用高发泡聚丙烯。这一材料组合在回收时就不用拆卸分类，可以直接进行再加工。金属材料的回收也比较容易做到，这样有利于延续金属矿物资源的开采利用。陶瓷材料一般不回收，一方面其本身对环境没有多大影响，另一方面也不能回收再利用。

材料在生产与使用过程中的健康和安全因素也属于环境因素的范畴。目前使用的涂料大都是油基的，在房屋装修、家具涂饰过程中对人体有很大危害，也向环境排放了大量有机化合物。因此，涂料选用应首先考虑污染极小的水基涂料。阻燃与防静电也是值得考虑的问题，尤其是在交通工具中，不阻燃的材料被视为具有潜在的安全隐患。在有明火的场所，织物的静电会成为一个危险的因素。

使用绿色材料是一级环境保护，进行材料回收是二级环境保护，对丢弃物的治理是三级环境保护。在很多情况下，既不能使用绿色材料，也不能回收材料，就要考虑材料丢弃的问题。想出丢弃的途径，尽量减少被丢弃的数量，也是材料设计者所需要考虑的。

本 章 小 结

本章简要介绍了材料设计基础、材料设计的内容以及材料设计方法，并列举了计算机模拟在材料设计中的应用；介绍了材料选择基础、材料性能比较与选择、材料选择的价格、货源、环境等其他因素。通过本章的学习，对材料的设计与选择有一个初步认识；对材料设计方法，特别是计算机模拟在材料设计中的应用有所认识；了解材料选择的一般步骤；对从事材料的研究开发及选择奠定基础。

复习思考题

1. 理想材料的特征有哪些？
2. 与经验设计方法相比，材料科学设计方法的特点有哪些？
3. 材料选择应考虑的因素有哪些？
4. 怎样理解材料成本？
5. 举例说明有时使用贵金属在价格上是合理的。

参 考 文 献

[1] 杨瑞成，蒋成禹，初福民. 材料科学与工程导论 [M]. 哈尔滨：哈尔滨工业大学出版社，2000.

[2] 赵连泽. 新型材料学导论 [M]. 南京：南京大学出版社，2000.

[3] 励杭泉. 材料导论 [M]. 北京：中国轻工业出版社，2000.

[4] 朱静. 材料科学与工程学科建设 [C] // 全国首届高校材料学院院长论坛文集. 浙江台州，2004.

[5] 谢希文，过梅丽. 材料科学与工程导论 [M]. 北京：航空航天大学出版社，1991.

[6] 张继世. 机械工程材料基础 [M]. 北京：高等教育出版社，2004.

[7] 王从曾. 材料性能学 [M]. 北京：北京工业大学出版社，2001.

[8] 田莳. 材料物理性能 [M]. 北京：北京航空航天大学出版社，2000.

[9] 王运炎. 工程材料基础 [M]. 银川：宁夏人民出版社，1990.

[10] 邵潭华. 材料工程基础 [M]. 西安：西安交通大学出版社，2000.

[11] 李隆盛. 铸造合金及熔炼 [M]. 北京：机械工业出版社，2001.

[12] 孙树荪，顾开道，郑来苏. 有色铸造合金及熔炼 [M]. 北京：国防工业出版社，1983.

[13] 周美玲，谢建新，朱宝泉. 材料工程基础 [M]. 北京：北京工业大学出版社，2001.

[14] 王章忠. 机械工程材料 [M]. 北京：机械工业出版社，2000.

[15] 胡城立，朱敏. 材料成型基础 [M]. 武汉：武汉理工大学出版社，2001.

[16] 何红媛. 材料成型技术基础 [M]. 南京：东南大学出版社，2000.

[17] 韩建民. 材料成型工艺技术基础 [M]. 北京：中国铁道出版社，2002.

[18] 杨慧智. 工程材料及成型工艺基础 [M]. 北京：机械工业出版社，1999.

[19] 高濂. 纳米陶瓷 [M]. 北京：化学工业出版社，2002.

[20] W D 金格瑞，等. 陶瓷导论 [M]. 清华大学无机非金属材料教研组，译. 北京：中国建筑工业出版社，1982.

[21] 李家驹. 陶瓷工艺学（上册）[M]. 北京：中国轻工业出版社，2001.

[22] 李家驹. 陶瓷工艺学（下册）[M]. 北京：中国轻工业出版社，2001.

[23] 高瑞平，等. 先进陶瓷物理与化学原理及技术 [M]. 北京：科学出版社，2001.

[24] 关振铎. 无机材料物理性能 [M]. 北京：清华大学出版社，1995.

[25] 郭景坤，等. 陶瓷的结构与性能 [M]. 北京：科学出版社，1998.

[26] 李荣久. 陶瓷—金属复合材料 [M]. 北京：冶金工业出版社，1995.

[27] 周玉. 陶瓷材料学 [M]. 哈尔滨：哈尔滨工业大学出版社，1995.

[28] 迪希. 陶瓷的烧成 [M]. 北京：中国建筑工业出版社，1989.

[29] 张清纯. 陶瓷材料的力学性能 [M]. 北京：科学出版社，1987.

[30] 朱教群，等. 纳米陶瓷复合材料的制备方法 [J]. 现代技术陶瓷，2002 (2)：31-34.

[31] 韩桂芳，等. 氧化物陶瓷基复合材料研究进展 [J]. 宇航材料工艺，2003，33 (5)：8-11.

[32] 范志国，等. 金属基陶瓷复合材料的制备方法及其新进展 [J]. 昆明理工大学学报，

2003, 28 (4): 49-52.
[33] 张留成, 等. 高分子材料基础 [M]. 北京: 化学工业出版社, 2003.
[34] 倪礼忠, 陈麒. 复合材料科学与工程 [M]. 北京: 科学出版社, 2002.
[35] 刘雄亚, 晏石林. 复合材料制品设计及应用 [M]. 北京: 化学工业出版社, 2003.
[36] 王荣国, 等. 复合材料概论 [M]. 哈尔滨: 哈尔滨工业大学出版社, 1999.
[37] 周祖福. 复合材料学 [M]. 武汉: 武汉工业大学出版社, 1995.
[38] 陈华辉, 等. 现代复合材料 [M]. 北京: 中国物资出版社, 1998.
[39] 周达飞. 材料概论 [M]. 北京: 化学工业出版社, 2001.
[40] 李成功, 姚熹. 当代社会经济的先导——新材料 [M]. 北京: 新华出版社, 1992.
[41] 洪紫萍, 王贵公. 生态材料导论 [M]. 北京: 化学工业出版社, 2001.
[42] 殷景华, 王雅珍, 鞠刚. 功能材料概论 [M]. 哈尔滨: 哈尔滨工业大学出版社, 1999.
[43] 姚康德, 成国祥. 智能材料 [M]. 北京: 化学工业出版社, 2002.
[44] 赵秦生, 胡海南. 新材料与新能源 [M]. 北京: 轻工业出版社, 1987.
[45] 冯端, 师昌绪, 刘治国. 材料科学导论 [M]. 北京: 化学工业出版社, 2002.
[46] 高为国. 模具材料 [M]. 北京: 机械工业出版社, 2004.
[47] 徐恒均. 材料科学基础 [M]. 北京: 北京工业大学出版社, 2001.
[48] 梁光启. 工程非金属材料基础 [M]. 北京: 国防工业出版社, 1985.
[49] 肖纪美. 金属的韧性与韧化 [M]. 上海: 上海科学技术出版社, 1980.
[50] 沈莲. 机械工程材料 [M]. 北京: 机械工业出版社, 2000.
[51] 郑明新. 工程材料 [M]. 北京: 清华大学出版社, 1991.
[52] 王运炎, 叶尚川. 机械工程材料 [M]. 北京: 机械工业出版社, 2000.
[53] 俞德刚. 钢的强韧化理论与设计 [M]. 上海: 上海交通大学出版社, 1990.
[54] 徐祖耀, 李鹏兴. 材料科学导论 [M]. 上海: 上海科学技术出版社, 1986.
[55] 陈全明. 金属材料及强化技术 [M]. 上海: 同济大学出版社, 1992.
[56] 张振瀛. 复合材料力学基础 [M]. 北京: 航空工业出版社, 1989.
[57] 赖祖涵. 金属的晶体缺陷与力学性质 [M]. 北京: 冶金工业出版社, 1988.
[58] 谢长生. 人类文明的基石——材料科学技术 [M]. 武汉: 华中理工大学出版社, 2000.
[59] 曹茂盛, 黄龙男, 等. 材料现代设计理论与方法 [M]. 哈尔滨: 哈尔滨工业大学出版社, 2002.
[60] 周迅飞. 材料概论 [M]. 北京: 化学工业出版社, 2001.